高等学校交通运输与工程类专业规划教材
高等学校应用型本科规划教材

Gongcheng Zhaotoubiao yu Hetong Guanli
工程招投标与合同管理

(第二版)

主编 刘 燕
主审 刘开生

人民交通出版社股份有限公司
China Communications Press Co.,Ltd.

内 容 提 要

本书以公路工程项目为背景,以合同管理的工作过程为主线,以施工阶段招投标和合同管理为重点,以注重理论联系实际让读者掌握实践技能为目的而编写的。全书共分八章,主要内容包括:工程合同管理概述、合同法律基础、工程招投标概述、工程项目施工招投标、工程项目其他各阶段的招投标、合同范本、合同管理、索赔管理及工程项目合同终结管理等内容。每章均附有复习思考题。

本书可作为应用型本科院校学生、继续教育学院本专科学生和高职高专专升本学生的教材,也可作为培训教材或自学用书,对工程管理人员、工程技术人员也具有参考价值。

图书在版编目(CIP)数据

工程招投标与合同管理 / 刘燕主编. — 2版. — 北京:人民交通出版社股份有限公司,2015.6
ISBN 978-7-114-12308-5

Ⅰ. ①工… Ⅱ. ①刘… Ⅲ. ①建筑工程—招标②建筑工程—投标③建筑工程—经济合同—管理 Ⅳ. ①TU723

中国版本图书馆CIP数据核字(2015)第127382号

高等学校交通运输与工程类专业规划教材
高等学校应用型本科规划教材

书　　名:	工程招投标与合同管理(第二版)
著 作 者:	刘　燕
责任编辑:	郑蕉林
出版发行:	人民交通出版社股份有限公司
地　　址:	(100011)北京市朝阳区安定门外外馆斜街3号
网　　址:	http://www.ccpress.com.cn
销售电话:	(010) 59757973
总 经 销:	人民交通出版社股份有限公司发行部
经　　销:	各地新华书店
印　　刷:	北京虎彩文化传播有限公司
开　　本:	787×1092　1/16
印　　张:	21
字　　数:	520千
版　　次:	2007年3月　第1版　2015年6月　第2版
印　　次:	2023年1月　第6次印刷　总第15次印刷
书　　号:	ISBN 978-7-114-12308-5
定　　价:	39.00元

(有印刷、装订质量问题的图书由本公司负责调换)

高等学校应用型本科规划教材编委会

主　任　委　员：张起森

副主任委员：（按姓氏笔画序）

万德臣　马鹤龄　刘培文　伍必庆
汤跃群　张永清　吴宗元　武　鹤
杨少伟　杨渡军　赵永平　谈传生
倪宏革　章剑青

编　写　委　员：（按姓氏笔画序）

于吉太　于少春　王丽荣　王保群
朱　霞　张鹏飞　陈道军　谷　趣
赵志蒙　查旭东　唐　军　曹晓岩
葛建民　韩雪峰　蔡　瑛

主要参编院校：长沙理工大学　　　　　长安大学
重庆交通大学　　　　　东南大学
华中科技大学　　　　　山东交通学院
黑龙江工程学院　　　　内蒙古大学
交通运输部管理干部学院　辽宁省交通高等专科学校
鲁东大学

秘　书　组：李　喆　刘永超（人民交通出版社）

第二版前言

本书第一版于2007年出版,基于以下原因需对第一版进行修改:

在第一版出版后,国家及行业主管部门颁布了《中华人民共和国招标投标法实施条例》(国务院令第613号)《建设工程施工合同》(示范文本)(GF-2013-0201)《建设工程招标控制价编审规程》(CECA/GC 6—2011)《中华人民共和国标准施工招标文件》《中华人民共和国标准施工招标资格预审文件标准》(国家九部委令56号)《公路工程标准施工招标文件》《公路工程标准施工招标资格预审文件》《公路工程施工监理招标文件范本》等,这些与工程项目招投标相关的法规、标准的颁发,使教材内容与工程实践不相吻合,无法满足培养应用型人才的基本需求。

本书第一版在使用过程中,作者收到教材使用教师的一些宝贵意见和建议。

本书作为应用型本科的规划教材,需进一步丰富工程实践方面的内容,提高其实用性和实践指导性。

本书的修订在保留第一版总体结构的基础上,主要做了如下修改:

(1)按照国家和行业的最新法规、标准对相关内容进行了全面的修订;

(2)收集工程实践中新的案例素材对第一版中的案例进行更新和丰富;

(3)根据当前工程实践的实际需求,在第四章的施工招标文件编制中增加了招标控制价的编制。

本书在修改过程中,李丛、黄秋禾、蒋毅敏、汪杰、裴渌泠、陈沛、杨钟云、罗寒意等做了大量的资料收集整理、文稿校订等工作,为本书的出版付出了辛勤的劳动。

本书的修订引用了其他作者的成果、资料和数据,在这里向他们表示深深的感谢。由于编者水平有限,书中难免有疏漏或不足,恳请读者赐教。

编 者
2015年4月

第一版前言

工程项目的招投标与合同管理是工程项目建设管理中的重要组成部分,它直接影响着项目的成败。良好的项目招投标与合同管理对业主和承包人的利益保护都是至关重要的。

本书针对高等学校土木工程专业、道路桥梁与渡河工程专业及其相关专业应用型本科的教学要求而编写,理论和实际相结合,以让学生掌握实践技能为目的。本书在编写过程中力求做到内容新颖,结构清晰,力图反映我国新理论、新法规。

本书可作为高等学校应用型本科院校学生、继续教育学院本专科学生和高职高专院校专升本学生的教材,同时可作为工程管理人员的参考书籍。

本书由重庆交通大学刘燕任主编,由长沙理工大学刘开生教授担任主审。重庆交通大学李红镝、何寿奎、刘剑峰、李钢参加编写。其中刘燕编写第一章、第四章、第九章,李红镝编写第六章、第八章,何寿奎编写第二章、第三章,刘剑峰编写第五章,李钢编写第七章。

在本书编写过程中,作者参考了相关论著和相关资料,在此谨向相关文献的作者致谢。

由于学识水平有限,加上时间仓促,书中的缺点和错误恳请读者批评指正。

编 者
2007 年 1 月

目 录

第一篇 总 论

第一章 工程合同管理概述 1
  第一节 工程合同管理的重要性 1
  第二节 工程项目合同及其管理 3
  复习思考题 14

第二章 合同法律基础 15
  第一节 合同法律基础 15
  第二节 与建设工程相关的法律规范 37
  复习思考题 51

第二篇 工程招投标

第三章 工程招投标概述 53
  第一节 工程招投标的概念 53
  第二节 工程招标的方式和范围 54
  第三节 工程招标的类型 56
  复习思考题 57

第四章 工程项目施工招投标 58
  第一节 施工招标 58
  第二节 施工投标 139
  第三节 施工合同 176
  复习思考题 181

第五章 工程项目其他各阶段的招投标 182
  第一节 勘察、设计阶段的招投标 182
  第二节 监理招投标 187
  第三节 总承包招标投标 198
  第四节 物资采购招投标 203
  第五节 工程项目建设中涉及的其他合同 211
  复习思考题 219

第六章 合同范本 221
  第一节 《公路工程标准施工招标文件》概述 221
  第二节 FIDIC 合同条件概述 244

第三节 《建设工程施工合同(示范文本)》概述 ·· 256
第四节 《建设工程委托监理合同(示范文本)》概述 ·· 258
复习思考题 ··· 260

第三篇 合 同 管 理

第七章 合同管理 ·· 261
 第一节 合同的总体策划 ··· 261
 第二节 合同分析与交底 ··· 270
 第三节 合同控制 ··· 273
 复习思考题 ··· 290

第八章 索赔管理 ·· 291
 第一节 概述 ··· 291
 第二节 承包人对索赔的管理 ··· 301
 第三节 监理工程师对索赔的管理 ··· 303
 第四节 业主对索赔的管理 ·· 306
 第五节 工期索赔与费用索赔 ··· 307
 复习思考题 ··· 317

第九章 工程项目合同终结管理 ··· 318
 第一节 工程项目合同终结管理概述 ··· 318
 第二节 工程项目合同后评价的内容 ··· 319
 复习思考题 ··· 320

参考文献 ··· 321

第一篇 总 论

第一章 工程合同管理概述

本章要点

- 工程项目的实施,实际上是由各种合同来进行规范和运作的,因此合同管理在工程项目管理中居于核心地位。
- 工程项目涉及多方的经济利益,往往需要合同来调整各方关系,因此工程合同往往形成一个庞大的工程合同体系。
- 工程合同由于其标的物的特殊性,决定了工程合同具有其他合同所不具有的特点。
- 工程合同按不同的划分标准有不同的合同类型,在项目过程中应选择合适的合同类型。
- 合同的生命期,包括合同的形成阶段和合同的执行阶段,因此,合同管理也包括合同形成期的合同管理与合同执行期的合同管理。合同管理贯穿于项目管理的整个过程。

第一节 工程合同管理的重要性

一、合同在工程项目中的作用

工程项目涉及多方的经济利益,往往需要合同来调整各方关系。合同在工程项目中有着重要的作用,具体体现在以下方面:

(1)合同是工程项目任务委托和承接的法律依据。

工程过程中的一切活动都必须以合同为依据,双方的行为主要靠合同来约束,合同是工程实施过程中双方的最高行为准则。所以,工程管理以合同为核心。

合同是严肃的,具有法律效力,受到法律的保护和制约。订立合同是双方的法律行为。合同一经签订,只要合同合法,双方必须全面地完成合同规定的责任和义务。如果不能履行自己的责任和义务,甚至单方面撕毁合同,则必须接受经济的、甚至法律的处罚。除因特殊情况(如不可抗力因素等)使合同不能实施外,合同当事人即使亏本,甚至破产均不能解除这种法律约束力。

(2)合同规定了项目承发包方的权利与义务。

合同规定了项目承发包各方的权利与义务,分配了工程任务,并对工程任务相关的各种问题进行详细具体的规定。例如:

①责任人,即由谁来完成任务并对最终成果负责;

②工程任务的规模、范围、质量、工作量及各种功能要求;

③工期,即时间的要求;

④价格,包括工程总价格,各分项工程的单价、合价及付款方式等;

⑤违约责任等。

(3)合同是建设项目实施过程中整体协调运作的保证。

通过项目合同的规定,确定了项目的组织关系,直接影响着整个项目组织和管理系统的形态和运作,所以合同是工程项目各参加者之间经济关系的调节手段。

合同将项目所涉及的设计、生产、材料和设备供应、运输、施工等各种关系和环节通过规定联系起来,协调并统一了各参加者的行为。如果没有合同和合同的法律约束力,就不能保证工程的各参加者在工程的各个方面、工程实施的各个环节上都按时、按质、按量地完成自己的义务;就不会有正常的工程施工秩序;就不可能顺利地实现工程总目标。所以合同和它的法律约束力是工程施工和管理的要求和保证,同时它又是强有力的项目控制手段。

(4)合同是工程项目实施过程中争执解决的依据。

项目合同规定了争执解决的方法和程序,是工程项目实施过程中争执解决的依据。

由于双方经济利益的不一致,在工程过程中争执是难免的。合同争执是经济利益冲突的表现,它常常起因于双方对合同理解的不一致,合同实施环境的变化,有一方违反合同或未能正确地履行合同等情况。

合同对争执的解决有两个决定性作用:

①争执的判定以合同作为法律依据,即以合同条文判定争执的性质,谁对争执负责,应承担什么样的责任等。

②争执的解决方法和解决程序由合同规定。所以合同对整个工程项目的设计和计划、实施过程有着决定性作用。

二、合同管理在工程项目管理中的重要性

工程项目的实施实际上是由各种合同来进行规范和运作的。因此,在现代工程项目管理中,合同管理已越来越受到人们的重视。合同管理是工程项目管理的主要内容之一,合同管理的重要性主要表现在:

(1)在项目管理中合同管理居于核心地位。

合同将工程项目中的各项目标统一起来,划分各参与方的责任和权力,作为一条主线贯穿始终,所以在项目管理中合同管理居于核心地位。没有合同管理,项目管理目标不明确,各参与方无法协作配合,不能形成一个整体系统进行良好的运作。

(2)现代工程项目需专业化的合同管理。

现代工程项目的规模越来越宏大,技术越来越复杂,导致了项目合同越来越复杂。如工程中相关的合同多,且它们之间有复杂的关系;合同的文件多,合同条款越来越多;合同生命期长,实施过程复杂;合同过程中争执多,索赔多。因此,现代工程项目需要专业化的合同管理。

第二节　工程项目合同及其管理

一、工程项目合同及其特点

1. 工程项目合同

工程项目合同是指发包人和承包人为完成指定的工程项目任务而达成的、明确当事人双方的相互权利和义务的协议。一般的建设项目所涉及的合同主要有勘察设计合同、建设工程承包合同、设备采购合同、设备租赁合同、贷款合同、技术协作合同、保险合同等。

工程项目合同具有如下5个构成要素：
(1) 合法的合同目的；
(2) 依据法律确定的合同类型；
(3) 合同规章；
(4) 合同的彼此一致性；
(5) 报酬原则。

2. 工程项目的合同体系

现代社会化大生产和专业化分工，使得工程项目的相关合同达几十份，几百份，甚至几千份。这些合同都是为了完成项目目标，定义项目的活动及它们之间存在的复杂关系而形成项目合同体系。在这个体系中，业主和承包人的合同是最重要的。

(1) 业主的主要合同关系。

与业主签订的合同通常被称为主合同。业主必须将经过项目目标分解和结构分析所确定的各种工程任务委托出去，由专门的单位来完成。不同项目的主合同在工程范围、内容、形式上会有很大差别。根据工程分标方式的不同，业主可能订立几十份合同，例如将各专业工程分别甚至分段委托，或将材料和设备供应分别委托；也可能将上述委托以各种形式进行合并，只签订几份甚至一份主合同。通常业主必须签订咨询合同、勘察设计合同、供应合同（业主负责的材料和设备供应）、工程施工合同、贷款合同等。

(2) 承包人的主要合同关系。

承包人要完成合同所规定的工作。如施工承包人应完成的工作包括工程量表中所确定的工程范围的施工、竣工及保修，并为完成这些工作提供劳动力、施工设备、建筑材料、管理人员、临时设施。EPC承包人则应承揽整个建设工程的设计、采购、施工，并对所承包建设工程的质量、安全、工期、造价等全面负责。承包人在不具备相关优势或工期紧张等情况下，有可能签订工程分包合同、设备和材料供应合同、运输合同、加工合同、租赁合同、劳务合同等。

在许多大工程中，特别是总承包工程中，两个或两个以上的企业往往进行联合，组成联合体，则这些企业之间必须订立联合体协议。

所以在工程项目中，特别是在大型工程项目中，合同关系是极为复杂的。各工程项目根据工程项目的具体情况和业主能力、需求等的不同，通常会有不同的合同体系。图1-1为采用分别发包时某工程项目合同体系示意图，图1-2为某工程总包合同示意图。

3. 工程项目合同的特点

工程项目合同与一般合同相比，具有以下特点。

(1)合同的标的物具有特殊性。

项目合同的标的物是工程项目,工程项目具有固定性的特点,而其对应的生产具有流动性;由于时间、地点、技术、经济与环保等条件的不同,造成了工程项目具有一次性的特点,无法按重复的模式去组织建设;建筑产品体积庞大,消耗资源多,涉及面广,投资额度大,工程项目建设受自然条件影响大,不确定因素多。合同标的物的特殊性决定了项目合同管理的复杂性。

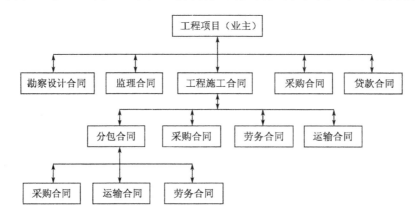

图 1-1　某工程项目合同体系示意图

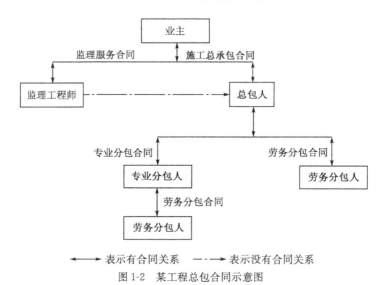

图 1-2　某工程总包合同示意图

(2)经济法律关系多元性。

工程项目实施过程中会涉及多方面的关系。如业主可能通过招标代理机构进行项目招标,聘请工程管理公司进行项目管理等;承包方则会涉及工程分包方、材料采购与供应方、银行保险公司等众多单位的关系。在大型工程项目中,甚至会有几十家分包单位,而国际工程招标投标中,还会涉及国外的工程单位。工程项目合同中必须明确所涉及的各方的关系,订立相应的条款。这就决定了项目合同涉及面广、管理复杂的特点。

(3)合同履行的期限长。

工程项目规模大、内容复杂,因而其实施周期长,这就导致了项目合同的履行期限长。由此,也决定了合同管理的长期性,必须保证合同各方在享有约定权利的基础上履行合同中约定的义务;同时,也必须加强对工程项目各种合同的整体管理,保证各种构成要素的协调配合。

(4)合同内容庞杂。

工程项目建设涉及诸方的因素和多方面的法律关系,这些都要反映到合同中。因此,项目合同往往分写成多个文件,既要涵盖项目实施全过程的各个环节,又要包含项目实施过程中的各种条款。比如,除了一般性条款(如作业范围、质量、工期、造价等)外,还会有一些特殊性条款(如保险、税收、专利、文物等),条款有的多达几十条或更多。因此,在签订合同时,一定要全面考虑多种关系和因素,仔细斟酌每一条款,否则可能产生严重的不良后果。

(5)合同的多变性。

由于工程项目庞大、复杂,施工周期长,因而在建设中相应地受到地区、环境、气候、地质、政治、经济及市场变化等多因素影响,在项目实施过程中经常出现设计变更及进度计划的修改,以及对合同某些条款的变更。所以,在项目管理中,且要有专人及时做好设计或施工变更洽谈记录,明确因变更而产生的经济责任,并妥善保存好相关资料,作为索赔、变更或终止合同的依据。

(6)合同风险大。

由于建设项目具有的多元性、复杂性、多变性、履约周期长及金额大、市场竞争激烈等特征,构成和增加了项目合同的风险性。慎重分析研究各种风险因素,在签订合同中应科学合理地拟订风险条款,在履行合同中采取有效措施,防范风险的发生,是十分重要的。

(7)工程合同具有国家管理的特殊性。

建设工程项目的标的为建筑物、构筑物等不动产,其自然与土地密不可分,承包人所完成的工作成果不仅具有不可移动性,而且须长期存在和发挥作用,是关系国计民生的大事。因此,国家对建设工程项目不仅要建设规划,而且实行严格的管理监督。从工程合同的订立到合同的履行,从资金的投放到最终的成果验收,都受到国家的严格管理和监督。

二、工程合同的类型

工程项目合同按不同的分类方法有不同的类型。最常用的分类方法是按承发包范围、计价方式等进行划分。

(一)按承发包范围分类

按照承发包范围的不同,工程合同可以划分为如下几种。

1. 工程勘察合同

工程勘察合同是指承包人根据发包人的委托,完成工程项目的勘察工作,并获取发包人支付报酬的合同。勘察的内容主要包括:提交有关基础资料和文件的期限、质量要求、费用以及其他协作条件等条款。

2. 工程设计合同

工程设计合同是指承包人根据发包人的委托,完成工程项目的设计工作,并获取发包人支付报酬的合同。设计合同的内容包括:提交有关基础资料和文件的期限、质量要求、费用以及其他协作条件等条款。

3. 材料设备采购合同

工程项目实施过程需要的材料设备,通常需要从项目组织外部获得,因此项目组织如业主(当采用业主供材时)和施工货物与服务而与供应商签订的合同。

4. 工程施工合同

工程施工合同是指承包人根据发包人的委托,完成工程项目的施工工作,发包人接受工作成果并支付报酬的合同。施工合同的主要内容通常包括:工程范围、建设工期、工程的开工和竣工时间、工程质量、工程造价、技术资料交付时间、材料和设备供应责任、拨款和结算、竣工验收、质量保修范围和质量保证期、双方相互协作等条款。

5. 工程总承包合同

工程总承包指从事工程总承包的企业受业主委托,按照合同约定对工程项目的勘察、设计、采购、施工、试运行(竣工验收)等实行全过程或若干阶段的承包。工程总承包企业按照合同约定对工程项目的质量、工期和造价等向业主负责。工程总承包企业可以依法将所承包工程中的部分工作发包给具有相应资质的分包企业;分包企业按照分包合同的约定对总承包企业负责,所有的设计、施工分包工作都由总承包对业主负责。工程总承包的类型见表1-1。

工程总承包类型 表1-1

总承包模式＼项目程序	项目决策	初步设计	技术设计	施工图设计	材料设备采购	施工安装	试运行
交钥匙	━	━	━	━	━	━	━
设计—采购—施工		━	━	━	━	━	━
设计—施工		━	━	━		━	
设计—采购		━	━	━	━		
采购—施工					━	━	

根据总承包的不同类型,其合同有如下几种形式。

(1)交钥匙合同

交钥匙合同的承包范围:总承包人不仅承包工程项目的建设实施任务,而且提供建设项目前期工作和运营准备工作的综合服务。交钥匙合同主要适用于:业主更加关注工程按期交付使用;业主只关心交付的成果,不想过多介入项目实施过程;业主希望承包人承担更多风险,而同时愿意支付更多风险费用;业主希望收到一个完整配套的工程项目。

(2)"设计—采购—施工"合同

"设计、采购、施工总承包"合同,其合同范围约定为:工程总承包企业承担工程项目的设计、采购、施工和试运行服务等工作,并对承包工程的质量、安全、工期和造价全面负责。

(3)"设计—施工"合同

"设计—施工"合同,其合同范围约定为:只承担工程项目的设计和施工,并对承包工程的质量、安全、工期与造价全面负责。而对于项目设备和主要材料采购,将由业主自行采购或委托专业的材料设备成套供应企业承担。

(4)"设计—采购"合同

"设计—采购"合同,其合同范围约定为:承包方只负责工程项目的设计和材料设备的采购,工程施工则由另外的承包人负责。

(5)"采购—施工"合同

"采购—施工"合同,其合同范围约定为:承包方只负责工程项目的材料设备的采购和施工,工程设计则由另外的承包人负责。

(二)按合同计价方式分类

在实际工程中,合同计价方式多种多样。不同计价方式的合同,有不同的应用条件,有不同的权力和责任的分配,有不同的付款方式,对合同双方有不同的风险。合同类型的选择应考虑工程项目的具体情况。现代工程中最典型的合同类型有单价合同、固定总价合同、成本加酬金合同。

1. 固定总价合同

固定总价合同指以图纸和工程说明书为依据,将工程造价一次包死的合同。对业主来说,只须配备少量管理和技术人员对项目实施进行监督、验收、服务,因而管理方便;对承包方来说,如果工程地质资料及设计图纸和说明书都相当详细,能据以精确估价,则采用固定总价合同也方便;但如果所需资料不详细,不能进行精确估价,则承包方会承担较大的风险。因此,固定总价合同通常适于规模小、技术不复杂的工程。

2. 单价合同

单价合同指根据工程单价进行招标投标所签订的合同。单价合同的特点是单价优先,业主在招标文件中给出的工程量表中的工程量是参考数字,而实际合同价款按实际完成的工程量和承包人所报的单价计算。在单价合同中通常应明确编制工程量清单的方法和工程计量方法。

单价合同适用范围广。在单价合同中,承包人仅按合同规定承担报价的风险,即对所报单价的正确性和适宜性承担责任;而工程量变化的风险由业主承担。由于风险分配比较合理,能够适应大多数工程,能调动承包人和业主双方的管理积极性。单价合同通常又分为固定单价和可调单价等形式。

3. 成本加酬金合同

成本加酬金合同指按照工程实际发生的直接成本(如人工、材料、施工机械使用费等)加上商定的总管理费用和计划利润来确定工程总造价的合同。其具体做法有4种。

(1)成本加固定百分比酬金

$$C = C_s(1+P) \tag{1-1}$$

式中:C——工程总造价;

C_s——工程实际发生的直接成本;

P——固定的百分数。

这种方法虽然简便,但是总价随直接成本的增加而增加,不能起到鼓励承包人降低成本的效果,现在较少采用。

(2)成本加固定酬金

$$C = C_s + F \tag{1-2}$$

式中:C_s——工程实际发生的直接成本,实报实销;

F——事先商定的酬金,为一固定数目。

这种方式仍然不能鼓励承包人降低成本,但是可鼓励承包人缩短工期,因为承包人总是希望尽快完工,尽早取得报酬。

(3)成本加浮动酬金

该承包方法是预先商定项目成本和酬金的预期水平,待实物工程完工后,根据实际成本与预期成本的差距,酬金上下浮动。

如果 $C_s = C_p$,则有:
$$C = C_s + F \tag{1-3}$$

如果 $C_s < C_p$,则有:
$$C = C_s + F + \Delta F \tag{1-4}$$

如果 $C_s > C_p$,则有:
$$C = C_s + F - \Delta F \tag{1-5}$$

式中:C_p——预先商定的直接成本水平(预期成本);

ΔF——因节约成本而可增加的酬金(可以是绝对数,也可以是百分比)。

这种方法的优点是可鼓励承包人降低成本,缩短工期;其缺点是不易于确定。

(4)目标成本加奖罚

这是在仅有初步设计和工程说明书即迫切要求开工的情况下采用的一种方法,其计价方式与成本加浮动酬金基本相同。通常先根据粗略估算的工程量和适当的单价表编制概算作为目标成本。另规定一个百分数作为酬金,如果实际成本高于目标成本并超过事先商定的界限,则减酬金,如果实际成本低于目标成本并超过事先商定的界限,则加酬金。

计算公式为:
$$C = C_s + P_1 C_m + P_2 (C_m - C_s) \tag{1-6}$$

式中:C_m——目标成本;

P_1——基本酬金百分数;

P_2——奖罚百分数。

总的来说,成本加酬金合同适用于工程设计招标后设计单位还没有提出施工图设计的情况,或遭受地震、水灾或战争破坏后急待修复的工程项目。

(三)按合同标的物分类

1. 工程监理委托合同

指业主(委托方)与监理咨询单位为完成某一工程项目的监理服务,规定并明确双方的权利、义务和责任关系的协议。

2. 工程勘察设计合同

指业主(委托方)与勘察设计单位(承包方)为完成某一工程项目的勘察设计任务,规定并明确双方的权利、义务和责任关系的协议。

3. 建筑安装工程施工准备合同

指在较大型或复杂的工程项目建设中,为了做好施工准备工作,保证工程顺利开工与进行,由业主与施工企业或相关单位所签订的明确双方在施工准备阶段的权利、义务及责任关系的协议。

4. 建筑安装工程承包合同

指业主与施工承包单位之间为完成某一工程项目建设任务或某一特定建筑安装工程任务,明确双方权利、义务及责任关系的协议。

5.建筑装饰工程施工合同

指业主与建筑装饰承包单位为完成某一工程项目的装饰工程施工任务,明确双方权利、义务及责任关系的协议。

6.建筑安装工程分包合同

指工程项目施工的承包单位(总包),将其所承揽的工程项目中的部分,分别委托给其他专业(如安装工程、机械施工工程)承包人(即分包)施工时,相互之间所签订的明确双方权利、义务及责任关系的协议。

7.物资供应合同(采购合同)

指需方为工程建设需要向供方购买建筑材料和设备而签订的明确双方权利、义务及责任关系的协议,特别应注意的是供应产品名称、数量、价格、质量检测标准、供应时间及送达地点等。

8.成品、半成品加工定货合同

随着建筑产品工业化程度的发展与提高,施工企业签订这类合同的种类和数量越来越大。其内容是根据承包人按施工图纸要求,由建筑构件厂、木材加工厂等构配件生产加工单位承揽制造,最后由承包人验收成品并支付加工费用而签订的合同。合同中要明确加工的产品名称、规格数量、质量标准、价格运输要求、送达时间地点等权利、义务及责任关系。

由于工程项目的规模、性质、要求不同及项目管理的需要,上述合同可根据实际情况进行合并、调整或增减。

(四)与建设工程有关的其他合同

严格地讲,与建设工程有关的其他合同并不属于建设工程合同的范畴。但是这些合同所规定的权利和义务等内容,与建设工程活动密切相关,可以说建设工程合同从订立到履行的全过程离开了这些合同是不可能顺利进行的。

1.国有土地使用权出让或转让合同

建设单位进行工程项目的建设,必须合法取得土地使用权,除以划拨方式取得土地使用权以外,都必须通过签订国有土地使用权出让或转让合同来获得。

2.城市房屋拆迁合同

城市房屋拆迁合同的有效履行,是建设单位依法取得施工许可的先决条件。根据《中华人民共和国建筑法》的有关规定,建设单位申请施工许可证时,应当具备的条件之一是拆迁进度符合施工要求。

3.建设工程保险合同及担保合同

建设工程保险合同是为了化解工程风险,由业主或承包人与保险公司订立的保险合同。建设工程担保合同是为了保证建设工程合同当事人的适当履约,由业主或承包人作为被担保人,与银行或担保公司签订的担保合同。

建设工程保险合同及工程担保合同是实施工程建设有效风险管理、提高合同当事人履约意识、保证工程质量和施工安全的需要,FIDIC和我国《建设工程施工合同(示范文本)》等合同条件中都规定了工程保险和工程担保的内容。

不同的合同类型有不同的特点,在使用时应依具体情况而定。通常在选择合同类型时一般考虑以下因素：

(1)合同双方的意愿，甲、乙双方的管理能力；
(2)项目规模、技术复杂程度及细节的可确认程度；
(3)项目实际成本与项目日常风险评价；
(4)竞价范围；
(5)项目工期要求的紧迫程度；
(6)项目周期；
(7)合作合同以及转包范围的限定；
(8)项目的外部因素和风险性。

[例1-1] 单价合同案例

某公司在参与南亚某国一公路改造项目的施工投标时，发现由于招标文件的错误，将长60km、宽3.6m的现有混凝土路面铲除，估算为20 000m²。经过现场踏勘后，该公司投标人员更进一步证实招标文件中20 000 m²是错的，应该为200 000m²。

承包公司在编标投标时，将铲除旧路面的单价提高，按400元/m²报价；同时将沥青混凝土路面单价按230元/m²报价（正常价位应为265元/m²），开标时，该公司以最低价而中标。

项目执行中，监理工程师才发现这个问题，是因为招标机构的失误所造成的。业主和监理工程师试图通过变更设计挽回被动局面和损失，拟取消"铲除"旧路面项目，然而在工程量清单中再找不出其他可以代替"铲除"的子项目；若不进行铲除直接在旧路面上铺设基层，经试验，又发生滑移。无奈中，业主只得付出较昂贵的费用作为代价。

由于咨询单位的工作失误，将旧路面"铲除"项目的工程量200 000m²少写了一个零，则变成20 000m²，承包人在核算工程量时发现这一差错，但承包人没有向业主提这个问题，且在现场考察时特别注意这个问题，进一步证实是标书错了。后承包人巧妙地利用了这个错误，在编标作价时，适当抬高了"铲除"项目的单价，同时又把沥青混凝土路面单价略作降低。结果该承包人以低价中标，而实施中又获得了较好的收益。该案例是巧妙的利用了业主招标文件中工程量的错误，采取了不平衡报价，提高了单价水平，而总价不高；同时"铲除"项目又是公路改造项目的先序工作，可以早收工程款，仅此一举就取得了事半功倍的效果，一举两得。

三、工程合同的生命期

不同种类的合同，有不同的委托方式和履行方式，它们经过不同的过程，就有不同的生命期。在项目的合同体系中比较典型的、也最为复杂的是工程承包合同，它一般要经历以下两个阶段。

1. 合同的形成阶段

合同一般通过招标投标来形成。合同的形成阶段，从起草招标文件开始，直到合同签订为止。

2. 合同的执行阶段

合同的执行阶段，从签订合同开始直到承包人按合同规定完成工程，并通过保修期为止。

图 1-3 为工程施工承包合同的生命期示意。

图 1-3　工程施工承包合同的生命期示意

四、工程合同管理的内容和工作过程

(一)合同管理意义

1. 工程项目合同管理的定义

工程项目合同管理是指对工程项目合同的签订、履行、变更和解除进行监督检查,对合同履行过程中发生的争议或纠纷进行处理,以确保合同依法订立和全面履行。工程项目合同管理贯穿于从合同签订、履行到合同终结直至归档的全过程。

2. 工程项目合同管理的任务

工程项目合同管理的任务是根据法律、政策和企业经营目标的要求,运用指导、组织、监督等手段,促使当事人依法签订、履行、变更合同和承担违约责任,制止和查处利用工程合同进行违法活动,保证工程项目建设顺利进行。

3. 工程合同管理的意义

(1)适应我国建立社会主义市场经济的需要。

我国建筑业社会主义市场经济体制正日益规范化。随着政府部门职能的转变,要求业主与承包企业双方的行为将主要依据合同关系加以明确及约束,其各自的权益也将依靠合同受到法律的合法保护。

(2)加强工程项目管理,提高合同履约率。

业主作为项目法人,必须树立合同法制观念,加强工程建设的合同管理。

(3)推行项目法人责任制、招标投标制、工程建设监理制和合同管理制的重要手段。

我国建筑市场管理中所推行的项目法人责任制、招标投标制、工程建设监理制和合同管理制,是建筑业规范化管理的保证。业主必须学会正确科学地运用合同管理手段,规范化地管理工程招标及合同的实施,以提高工程建设的经济效益和社会效益。

(4)提高对国际工程建设市场的竞争意识及合同管理的技能,打开和进入国际工程承包市场。

现代化建筑市场的模式应当是:市场机制健全,具有合格的市场主体,以完备的市场要素,通过建立健全市场保障体系及有关各类法规,保证建筑市场秩序良好。

(二)合同管理内容

合同管理是工程项目管理的主要内容之一。严格地讲,合同管理贯穿了项目合同从形成到执行的始终。合同的形成通常从起草招标文件到合同签订为止;而合同的执行则是从签订合同开始直到承包人按合同规定完成并交付工程,并在保修期结束为止。因此,我们也可以相应地把合同管理工作分为两个阶段:合同形成期的合同管理与合同执行期的合同管理。

1. 合同形成期的合同管理

这一阶段的合同管理工作主要是合同总体策划,通过招标投标签订合同。

合同总体策划是在工程项目开始阶段对与工程相关的合同进行合理规划,以保证项目目标和企业目标的实现。其主要内容包括:确定各合同的工程承包范围;选择合同种类和合同条件;选择的招标方式;重要的合同条款的确定等。

合同签订的过程,是当事人双方互相协商并最后就各方的权利、义务达成一致意见的过程。签约是双方意志统一的表现。签订合同时有关的法律、法规是签订合同的重要依据和保障,严格履行与科学管理工程建设合同是控制工程投资、确保工程质量的重要手段,并通过工程合同的管理防范和化解合同双方间的纠纷。因此,要求合同双方在签订有关合同时,应就合同条款的内容进行认真研究、推敲,力求条款内容完善、词句严密、签订合同程序合法、双方的权益和义务明确。合同双方认真地按有效合同履行其职,可以预防和减少合同纠纷的发生,而且即使发生合同纠纷,可以通过调解或仲裁的方式,依据合同来保护双方各自的合法权益。

工程项目合同签订阶段的管理工作,主要有工程合同的签订和合同的谈判。

(1)工程合同的签订

签订工程承包合同的准备工作时间很长。通常工程承包合同的准备工作时间是从准备招标文件开始,继而招标、投标、评标、中标,直至合同谈判结束为止的一整段时间。

工程项目合同一经签署就对签约双方产生法律约束力,任何一方都应严肃、认真、积极执行合同,否则将承担相应的违约责任。为此,在工程项目合同签订时通常应考虑:合同签订应该遵守的基本原则;合同签订的程序;合同的文件组成及其主要内容;合同签订的形式。具体应注意:

①签约前注意了解对方是否具有法人资格,对方的信誉如何及其他有关情况和资料。若由代理人签约时,则要了解是否有具有法律效力的法人委托书。

②合同文本用词要准确,不能发生歧义,要注意合同主要条款是否齐全,用词是否确切,合同双方的权利与义务是否对等,应尽可能使用标准文本或合同范本。

③合同签订前,应尽可能进行公证,以确保合同的有效性。

④合同签订后,应按有关规定及时送交合同主管部门审查及向有关部门备案。有的合同必须经批准方能生效的,要在规定的时间内完成。

⑤要主动及时地组织和督促各职能部门严格按合同规定履行义务。

⑥全部合同文件包括合同文本、附件、工程施工变更资料及有关会议纪要、来往函电等,应由专人保管,不得丢失。

⑦合同优先顺序。

(2)工程合同的谈判

合同应是双方共同认可并达成一致。欲达到此目标,双方的合同谈判是基本途径。对以招标方式进行发包的工程项目,合同谈判更具有其特殊的作用。决标后业主要与中标者进行谈判,即将过去双方达成的协议具体化,并最后签署合同协议书。

合同谈判的内容因项目情况、招标文件规定、发包人的要求和合同性质的不同而不同。一般来讲合同谈判会涉及合同的所有商务条款和技术条款,但谈判时必须抓住谈判的重点。以施工承包合同为例,其谈判的内容通常重点在合同价格条款、价格调整条款、支付方式条款、不可抗力、合同解除、违约责任与仲裁等内容。

2.合同执行阶段的合同管理

在合同执行阶段,项目各参与方必须严格履行合同中规定的职责,进行有效管理。

合同执行阶段的合同管理,主要是保证合同的履行,协调项目各参与方之间的关系,处理必要的合同变更,进行索赔管理。具体工作内容如下。

(1)建立健全工程项目合同管理制度,包括项目合同归口管理制度;考核制度;合同规章管理制度;合同台账、统计及归档制度。

(2)经常对项目经理及有关人员进行合同法及有关法律知识教育,提高合同管理人员素质。

(3)对合同履行情况进行监督检查。通过检查,发现问题及时协调解决,提高合同履约率。检查主要内容有:合同法及有关法规贯彻执行情况;合同管理办法及有关规定的贯彻执行情况;合同签订和履行情况,减少和避免合同纠纷的发生。

(4)对合同履行情况进行统计分析,包括:工程合同份数、造价、履约率、纠纷次数、违约原因、变更次数及原因等。通过统计分析,发现问题,及时协调解决,提高利用合同进行生产经营的能力。

(5)组织和配合有关部门做好有关工程项目合同的鉴证、公证和调解、仲裁及诉讼活动。

(6)做好工程项目合同的后评价工作。按照合同全生命期管理的要求,在合同执行后必须进行合同后评价,将合同签订和执行过程中的利弊得失、经验教训总结出来,提出分析报告,作为以后工程合同管理的借鉴。

在合同执行阶段,索赔管理是一项非常重要的工作,也是该阶段合同管理的难点,具体内容见本书第八章。

(三)合同管理工作过程

合同管理贯穿于项目管理的整个过程中,并与项目的其他管理职能协调。在项目全过程中合同管理工作过程见图1-4。

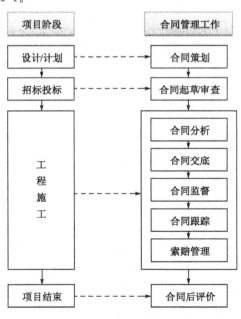

图1-4 合同管理工作过程

复习思考题

1. 合同在工程项目中有什么作用?
2. 工程合同有什么特点?
3. 按合同计价方式的不同,合同可分为哪几种?
4. 按承发包范围的不同,合同可分为哪几种?
5. 什么是合同管理?合同管理的内容有哪些?
6. 合同管理的工作过程是怎样的?

第二章 合同法律基础

> **本章要点**
> - 《中华人民共和国合同法》总则的基本内容：关于合同和订立、合同的效力、合同的履行、合同的违约责任、合同的变更和转让、合同的权力义务终止等合同法律基础知识及简单应用。
> - 与建设工程相关的法律法规，包括担保的5种形式、工程保险的种类、合同的公证与签证、合同的仲裁及程序。

第一节 合同法律基础

合同是平等主体的自然人、法人、其他组织之间设立、变更、终止民事权利义务关系的协议。合同作为一种协议，其本质是一种合意，必须是两个以上意思表示一致的民事法律行为。合同当事人作出的意思表示必须合法，这样才能具有法律约束力。

合同中当事人所确立的权利义务，必须是当事人依法可以享有的权利和能够承担的义务，这是合同具有法律效力的前提。如果在订立合同过程中存在违法行为，当事人不仅达不到预期的目的，还应根据违法情况承担相应的法律责任。

合同法是调整平等主体的自然人、法人、其他组织之间在设立、变更、终止合同时所发生的社会关系的法律规范总称。我国实行改革开放以来，一直十分重视合同法的立法工作。从传统的计划经济到市场经济的建立和不断完善，实际上也是从没有合同法到合同法逐步健全完善的过程。为了适应我国发展社会主义市场经济的需要，规范市场交易规则，保护合同当事人的合法权益，维护社会经济秩序，1999年3月15日，第九届全国人民代表大会第二次会议通过了《中华人民共和国合同法》（以下简称《合同法》），自1999年10月1日起执行，原有的三部合同法（《经济合同法》《技术合同法》《涉外经济合同法》）同时废止。

一、合同订立

订立合同的过程，就是双方当事人采用要约和承诺方式进行协商的过程。要约和承诺，是达成合意的方式。《合同法》第13条规定"当事人订立合同，采取要约、承诺方式。"合同中有关双方的合意，需要当事人相互交换意思表示，以求相互取得一致。往往由一方提出要约，另一方又提出新要约，反复多次最后有一方完全接受了对方的要约，这样才能使合同得以成立，这个过程被称为合同订立的程序。

要约，是订立合同过程中的首要环节。没有要约，就不存在承诺，合同也就无从产生。没有承诺，要约没有获得响应，也就失去了存在的价值。应当注意，一方提出要约，受要约人可能有4种应对方式：第一，作出承诺而成立合同。第二，提出新要约。第三，提出要约邀请，希望对方重新发出要约。第四,予以拒绝。后3种应对方式都使要约的效力消灭。正确地区分要约、要约邀请、新要约、承诺,对判断合同是否成立至关重要。

(一)要约

1.要约的概念

要约,在许多场合又称为发价、发盘。《合同法》第14条对要约的定义为:要约是希望和他人订立合同的意思表示。该定义强调了要约以追求合同成立为目的,没有限定受要约人是特定的当事人。因为按照《合同法》第15条第2款,向不特定多数人发出的广告,也视为要约。《联合国国际货物销售合同公约》在肯定要约是向一个或一个以上的人提出的订立合同的建议的同时,也不否认在特定情况下向不特定的人提出的建议,也可构成要约。

2.要约的要件

《合同法》第14条指出,作为要约的意思表示应当符合下列规定:

①内容具体确定;

②表明经受要约人承诺,要约人即受该意思表示约束。

通过对要约的含义作具体分析,要约应当具备以下要件:

(1)要约是特定当事人以缔结合同为目的的意思表示。所谓特定的当事人,是指要约人能为外界所确定。要约还必须是向相对人作出订立合同的意思表示。相对人,一般是指特定的相对人。要约一般是向特定的相对人发出的,但也可以向不特定的相对人发出。如正在工作的自动售货机、自选市场标价陈列的由消费者自取的商品等,都是针对不特定当事人发出的要约。没有相对人,也就没有受领要约的人,要约也就失去了它的意义。要约还应以订立合同为直接目的,这是要约与要约邀请的一个重要区别。

(2)要约应包含在被接受时就受其约束的意旨。要约以追求合同的成立为直接目的,要约是为了唤起承诺,并接受承诺的约束。要约在获得承诺后,当事人双方之间成立合同,进入债的锁链。若一项提议没有这样的法律效果,那么这项提议可能是要约邀请,而不可能是要约。

(3)要约的内容应当确定,能够在当事人之间建立起债权债务关系。合同的内容是以条款表现出来的,要约中应包含足以使合同成立的全部必要条款。哪些是必要条款,应当根据合同的性质和当事人的合同目的来确定,不可一概而论。标的条款是所有合同应当具备的条款,但只有标的尚不能构成合意,还需要设定其他条款。比如,买卖合同除标的条款外,还应有数量、价金条款。如果要约没有对数量、价金的具体约定,而有确定数量、价金的方法,合同也可以成立。

3.要约的方式

要约的方式,一般采用通知方式。通知,可以是口头通知,也可以是书面通知。口头方式可以当面提出,也可以用打电话的方式提出。书面方式,一般是通过寄送订货单、书信以及发送电子邮件、电报等形式提出。一方当事人也可以向相对人发出加盖公章或者签字的合同书作为要约。如果当事人在发出的合同书上未签字、盖章,说明当事人不愿受其约束,因此只能认为发出合同书为提出的要约邀请。

4.要约的效力

要约生效的时间。《合同法》第16条第1款规定:"要约到达受要约人时生效。"要约的生效时间依要约的形式不同而有所不同。采用数据电文形式订立的合同,收件人指定特定系统接收数据电文的,该数据电文进入特定系统的时间,视为达到时间;未指定特定系统的,该数据电文进入收件人的任何系统的首次时间,视为达到时间。一般地说,口头要约自受要约人了解时方能发生法律效力,因为口头要约被受要约人了解才算送达。

5.要约的失效

《合同法》第20条规定:有下列情形之一的,要约失效:①拒绝要约的通知到达要约人;②要约人依法撤销要约;③承诺期限届满,受要约人未作出承诺;④受要约人对要约的内容作出实质性变更。

(1)拒绝要约的通知到达要约人。受要约人在要约规定的承诺期之前,就明示予以拒绝,此时要约提前失去约束力。比如,甲3月1日向乙发出要约,要求乙在4月1日以前答复。乙拒绝的通知书于3月15日到达甲,此时,要约失效。

(2)要约人依法撤销要约。在符合撤销条件时,要约人可以撤销要约,被撤销的要约是一个已经生效的要约,被撤回的要约是尚未生效的要约,因此撤销发生要约失效(消灭)的问题,撤回不发生要约失效(消灭)的问题。

(3)承诺期限届满,受要约人未作出承诺。要约期限届满而未获得承诺,受要约人以沉默的方式表示拒绝,即受要约人在规定的期限内未予以答复,此时要约效力终止。具体来说,采用口头方式发出的要约,受要约人没有立即承诺,要约的效力即终止;如果要约采用书面方式,要约人规定了承诺期限的,受要约人没在规定的期限内送达承诺,要约的效力即终止。

(4)受要约人对要约的内容作出实质性的变更。受要约人对要约的内容作出实质性的变更,说明受要约人提出了新要约(《合同法》第30条),新要约意味着对原要约的拒绝,使要约失去效力。双方当事人的主体地位发生变化,原受要约人成为要约人,原要约人成为受要约人。

6.要约的撤回与撤销

(1)要约的撤回。要约的撤回,是指要约人阻止要约发生效力的意思表示。我国对要约的生效采取到达主义,如果不采取到达主义,就不存在撤回的问题。《合同法》第17条规定:"要约可以撤回。撤回要约的通知应当在要约到达受要约人之前或者与要约同时到达受要约人。"要约撤回有两种情况。其一,撤回通知先于要约到达受要约人,此时不会给受要约人造成任何损害,自应允许以撤回通知时取消要约,要约不发生效力。其二,撤回通知与要约同时到达受要约人,此时,受要约人也不会因信赖要约而行事,不会产生损害,撤回通知也足以抵销要约。在要约生效前对发送的要约的修改,其效果等于原要约撤回,新要约产生。比如,甲方对乙方发出要约,要以4 600元一吨的价格出卖1 000吨钢材,在要约生效之前,甲方又发出通知把钢材4 600元一吨改成4 800元一吨。这就等于以新要约撤回了旧要约。

(2)要约的撤销。

①撤销的含义。要约的撤销,是要约人消灭要约效力的意思表示。《合同法》第18条规定:"要约可以撤销。撤销要约的通知应当在受要约人发出承诺通知之前到达受要约人。"要约的撤销采用通知的方式。在要约生效后、承诺生效前对要约的修改,其效果等于旧要约撤销,新要约产生。要约到达受要约人后,要约对要约人产生约束力,此时不发生撤回的问题,但要约人尚有可能撤销要约。

要约撤销和要约撤回的区别是:目的上,要约的撤销在于消灭要约的效力;要约的撤回在于阻止要约生效。时间上,要约的撤销是在要约生效之后,承诺发出之前;要约的撤回是在要约生效之前。如果承诺生效,则合同成立,要约既不能撤回,也不能撤销,否则就等于允许当事人撕毁合同。

②不得撤销的情形。撤销,是撤销一个已经生效的要约,为了保护受要约人的信赖利益,对要约的撤销应当有所限制。根据《合同法》第19条的规定,有以下情况要约不得撤销:因为确定了承诺期限,也就是规定了要约的有效期限,即意味着要约人在要约期限内等待受要约人的答复。同时要约规定了承诺期限,就等于要约人承诺在承诺期限内不撤销。规定承诺期限,法律推定是要约人放弃撤销权的表示。

实践中对于承诺期限的表达方式多种多样。比如,有的要约中这样规定:"6月10日后价格及其他条件将失效。"要约中的"6月10日"就是承诺期限的最后一天。这种要约是不可撤销的。"请按要求在3天内将水泥送工地""请在15天内答复""3个月内款到即发货"等均属于规定了承诺期限。其二,以其他形式明示要约不可撤销。下列情形都可以认为是明示表达要约不可撤销:"我方将保持要约中列举的条件不变,直到你方答复为止""这是一个不可撤销的要约"等。如果当事人在要约中称:"这是一个确定的要约",仅仅这样表述,不能认为该要约不可撤销,因为要约本身就是确定的。明示要约不可撤销,并不等于要约永远有效,如果受要约人在合理的时间内未作答复,要约自动失效(《合同法》第20条、第23条)。其三,受要约人有理由认为要约是不可撤销的,并已经为履行合同做了准备工作。一般来说,要约中要求受要约人以行为作为承诺的,受要约人就有理由认为要约是不可撤销的。像"款到即发货""如同意,请尽快发货"等。除了受要约人有理由认为要约是不可撤销的以外,还有一个并列的条件,就是受要约人已经为履行合同做了必要的准备。比如:购买原材料;办理借贷筹备货款;购买车船机票准备到要约人指定的地点去完成工作等。没有规定承诺期限的要约有撤销的可能,没有规定承诺期限的要约也不会永久有效力,经过合理期限,要约会自动失效。

7. 要约邀请与要约的区别

(1)要约邀请的概念和表现形式。要约邀请又称为要约引诱。《合同法》第15条规定:"要约邀请是希望他人向自己发出要约的意思表示。寄送的价目表、拍卖公告、招标公告、招股说明书、商业广告等为要约邀请。商业广告的内容符合要约规定的,视为要约。"寄送的价目表、拍卖公告、招标公告和商业广告者都是对不特定相对人发出的信息。

(2)要约和要约邀请的区别。根据《合同法》第14条的规定,要约必须同时具备两个条件:一是内容具体确定;二是表明经受要约人承诺,要约人即受该意思表示约束。欠缺当中任何一个条件,都不能构成要约,欠缺当中的一个条件,可以构成要约邀请。要约邀请是行为人为寻找合同对象,使自己能发出要约,或唤起他人要约于自己的宣传引诱活动。要约和要约邀请者都包含着当事人订立合同的愿望,但两者又有很大区别。

第一,效力不同。要约对要约人具有约束力,即:要约送达,要约人就不得撤回,如果当事人想要撤销要约,也要符合法定的条件。要约邀请对要约人没有在撤回上的限制,当事人可以任意撤回,要约邀请不存在撤销的问题。但要约邀请也可能构成缔约责任和《中华人民共和国反不正当竞争法》《中华人民共和国广告法》上的责任。

第二,要约以订立合同为直接目的,受要约人承诺送达,合同即告成立。要约邀请则不是以订立合同为直接目的,它只是唤起别人向自己作出要约表示或使自己能向别人发出要约。

第三,要约必须包含能使合同得以成立的必要条款,或者说,要约必须能够决定合同的内容。如对一个买卖合同要约来说,通常需要标的、数量、价金三个条款。而要约邀请不要求包含使合同得以成立的必要条款。要约邀请一般只是笼统地宣传自己的业务能力、产品质量、服务态度等。

第四,要约一般是针对特定的对象进行。而要约邀请的对象则一般是不特定的大众对象。

这是就一般情况而言。但不宜以对象的不同作为划分要约与要约邀请的基本标准,要约可以针对不特定的多数人,这并不妨碍某特定人的承诺与要约的结合而成立合同;要约邀请亦不妨针对特定的当事人,特定的当事人可以根据要约邀请的内容提出自己的要约。

第五,要约一般是针对特定相对人的,故要约多采取一般信息传达方式,即口头方式和书面方式。要约邀请一般是针对不特定多数人的,故往往借助电视、广播、报刊等媒介传播。

总之,要约与要约邀请最根本的区别是:受要约人有承诺权;受要约邀请人没有承诺权。这是效力上的区别。

(二)承诺

1. 承诺的概念

承诺是对要约的接受,是指受要约人接受要约中的全部条款,向要约人作出的同意按要约成立合同的意思表示。承诺与要约结合,方能构成合同。《合同法》第21条规定:"承诺是受要约人同意要约的意思表示。"要约是一个诺言,承诺也是一个诺言,一个诺言代表一项债务,两个诺言取得了一致,就构成了一个合同。

2. 承诺的条件

(1)承诺是对要约同意的意思表示。承诺必须针对要约进行。对于有偿合同,要约与承诺是互为对价关系的两项允诺,一项不符合要约条件的提议,对其答复不是承诺,双方不能建立对价关系。没有有效的要约存在,承诺也就是无的之矢了。

(2)承诺必须是受要约人向要约人作出答复。非受要约人向要约人作出的表示接受的意思表示不是承诺,要约人并不因此与其成立合同。受要约人向非要约人作出的表示接受的意思表示也不是承诺,非要约人并没有成立合同的意图,一方的意思表示不能强加给无关的人。

(3)承诺必须是不附条件的同意要约的各项条款。如果受要约人对要约中的某些条款提出修改意见,这样的答复不能视作承诺,而是受要约人提出的反要约。

(4)承诺应当是在要约确定的期限内到达要约人。受要约人在承诺期限届满后作出的任何答复都不是承诺,而应视为新要约。《合同法》第23条规定:承诺应当在要约确定的期限内到达要约人。要约没有确定承诺期限的,承诺应当依照下列规定到达:

①要约以对话方式作出的,应当即时作出承诺,但当事人另有约定的除外。

②要约以非对话方式作出的,承诺应当在合理期限内到达。其一,要约中规定了承诺期限的,承诺应当在此期限内作出并到达要约人才能视为有效承诺。例如,以信件发出承诺,应当在承诺期内发出信件并到达要约人指定的地方或者要约人能够有效控制的地方。其二,要约未确定承诺期限的,应当依照法律规定的合理期限内到达要约人。这里又分为两种情况:第一种情况,要约以对话方式作出,如当面提出要约或者打电话提出要约,受要约人应当即时作出承诺,否则要约立即失效;第二种情况,要约以非对话方式作出,如以书面方式、行为方式作出,承诺应当在合理的期限内到达。合理期限的判断要综合考虑以下事实:

a. 要约发出的时间和到达的时间。例如,甲公司出售紧俏、鲜活物品,以信件在6月1日给乙公司发出要约,由于邮局的原因,到达的时间是6月10日,如果事过境迁(如鱼只能活5～7天),则合理的期限就不存在了。

b. 作出承诺所必要的时间。一般而言,都要给受要约人一个考虑期或者犹豫期。如果标的物的价值比较大,分析、犹豫期要长一些;反之,考虑期、犹豫期要短一些。如果标的物随市场行情变化,则犹豫期就比较短,反之可长一些。要以诚实信用原则为指导,结合要约的背景

(包括交易习惯)来具体判断"合理的期限"这个时间段的长度。

c. 承诺通知到达所需要的时间。承诺通知要占用一段路途时间,如以信件为承诺通知就是如此。

3. 承诺的期限

《合同法》第24条规定:"要约以信件或者电报作出的,承诺期限自信件载明的日期或者电报交发之日开始计算。信件未载明日期的,自投寄该信件的邮戳日期开始计算。要约以电话、传真等快速通信方式作出的,承诺期限自要约到达受要约人时开始计算。"承诺的期限从发出之日或者发出之时开始计算,是因为发出是固定的时间点,不从受要约人收到的时间开始计算,是因为受要约人收到要约的时间往往不固定,特别容易引起当事人的争议。

承诺的期限起算点有以下几种情况:

(1)要约人以电报发出要约的,承诺期限应当自电报交发之日起计算。

(2)要约人以信件发出要约的,承诺期限以信件所载明的日期起算。

(3)如果信件没有载明(发信)日期或者信件所载(发信日期与信封所载日期明显不符(因要约人的笔误可产生此问题)的,应按信封邮戳日期起算。

(4)要约人以电话、电传或者其他快速方法发出要约的,承诺期限应自要约到达受要约人时开始计算;如以电子邮件的方法发出要约,则以邮件发送成功到达时开始计算。

4. 承诺的方式

《合同法》第22条规定:"承诺应当以通知的方式作出,但根据交易习惯或者要约表明可以通过行为作出承诺的除外。"

(1)通知的方式。承诺的方式应当符合法律的规定或者要约的规定。要约没有规定承诺方式的,应依交易习惯、交易性质确定承诺的方式。一般情况下,受要约人接受要约应当向要约人发出承诺通知。承诺通知应为明示方式,沉默或不作为本身一般不构成承诺。但是,根据要约的规定以及当事人之间确立的习惯做法或惯例,受要约人可以作出某种行为诸如发货或支付价金等表示同意,而无须向发价人发出通知,则接受于该行为作出时生效,但其行为必须在规定的期限内实施,如未规定时间,则应在合理的时间内作出(第26条)。上述规定说明,沉默在特定情况下亦可构成承诺。所谓特定情况有两种:一是受要约人接受了履行或实际履行了要约提出的行为,据上述行为,可以推定当事人承诺的真实意思;二是根据交易习惯,使受要约人可以用沉默表示承诺。这种习惯,通常是指有相对固定联络的交易伙伴之间的习惯。

(2)行为可以构成承诺。比如,某建筑公司急需水泥,向甲、乙两个水泥厂发出要约,要求购买300t水泥,甲水泥厂回电报承诺,乙水泥厂为解建筑公司的燃眉之急,将水泥送至建筑公司。建筑公司以已经与甲水泥厂签订合同为由拒收。此案中,乙水泥厂的行为构成有效承诺,双方构成了事实合同,建筑公司无权拒收。以行为为承诺,被称为"意思实现"。

5. 承诺的生效

《合同法》第26条规定:"承诺通知到达要约人时生效。承诺不需要通知的,根据交易习惯或者要约的要求作出承诺的行为时生效。采用数据电文形式订立合同的,承诺到达的时间适用本法第16条第2款的规定。"《合同法》第26条第1款是对该法第22条的进一步规定。

关于承诺生效的时间,大陆法系采用到达主义;英美法系采用"投邮规则"(或称投邮主义)。我国《合同法》采用到达主义。

6.承诺的撤回

承诺的撤回,是阻止承诺发生效力的意思表示。《合同法》第27条规定:"承诺可以撤回。撤回承诺的通知应当在承诺通知到达要约人之前或者与承诺通知同时到达要约人。"承诺可以撤回,但不能撤销。也就是说,承诺尚未生效时,可以取消承诺;承诺于到达要约人时生效,如果承诺已经生效,则不能取消,即不能撤销。因为承诺生效,合同成立,如果允许撤销承诺,等于赋予承诺人任意撕毁合同的权利。如此,要约人的利益就得不到实现,交易安全就得不到保护。

7.承诺的内容

(1)对承诺内容的要求

承诺的内容应当与要约的内容一致,即承诺应当是对要约的接受。承诺与要约相一致的要求,在英美法系中被称为镜像规则。镜像规则要求承诺就像对着镜子反射一样与要约取得一致。这种规则,不能适应现代市场条件下的交易需要。

(2)实质性变更

所谓变更,是指受要约人在对要约的答复中对要约的内容作出了扩大、限制或者增删。所谓实质性变更,是指这种变更提出了不同于要约的权利义务。《合同法》第30条规定:"承诺的内容应当与要约的内容一致。受要约人对要约的内容作出实质性变更的,为新要约。有关合同标的、数量、质量、价款或者报酬、履行期限、覆行地点和方式、违约责任和解决争议方法等的变更,是对要约内容的实质性变更。"

(三)合同内容

合同内容由当事人约定,这是合同自由的重要体现。合同法规定了合同一般应当包括的条款,但具备这些条款不是合同成立的必备条件。

(1)当事人的名称或者姓名和住所。明确合同主体,对了解合同当事人的基本情况,合同的履行和确定诉讼管辖具有重要的意义。合同当事人包括自然人、法人及其他组织。

(2)标的。标的是合同当事人双方权利和义务共同指向的对象。标的表现形式为物、劳务、行为、智力成果、工程项目等。

(3)数量。数量是衡量合同标的多少的尺度,是以数字和其他计量单位表示的尺度。

(4)质量。质量是标的的内在品质和外观形态的综合指标。合同对质量标准的约定应当是准确而具体的,对于技术上较为复杂的和容易引起歧义的词语、标准,应当加以说明和解释。对于强制性的标准,当事人必须执行,合同约定的质量不得低于该强制性标准。而对于推荐性的标准,国家鼓励采用。

(5)价款或者报酬。价款或者报酬是当事人一方向交付标的的另一方支付的货币。标的物的价款由当事人双方协商,但必须符合国家的物价政策,劳务酬金也是如此。合同条款中应写明有关银行结算和支付方法的条款。

(6)履行的期限、地点和方式。履行的期限是当事人各方依照合同规定全面完成各自义务的时间,包括合同的签订期、有效期和履行期。履行的地点是指当事人交付标的和支付价款或酬金的地点,包括标的的交付、提取地点,服务、劳务或工程项目建设的地点,价款或劳务的结算地点。履行的方式是指当事人完成合同规定义务的具体方法,包括标的的交付方式和价款或酬金的结算方式。

(7)违约责任。违约责任是任何一方当事人不履行或者不适当履行合同规定的义务而应当承担的法律责任。当事人可以在合同中约定,一方当事人违反合同时,向另一方当事人支付一定数额的违约金;或者按约定的违约损害赔偿规则来计算。

(8)解决争议的方法。在合同履行过程中不可避免地产生争议,为使争议发生后能够有一个双方都能接受的解决办法,应在合同条件中对此作出规定。

(四)合同成立

依法成立的合同,在当事人之间建立起他们追求的法律关系。这种法律关系对当事人具有法律约束力。依法成立的合同,受法律保护。合同成立与合同订立不同。合同订立,强调的是订约的过程,即强调的是要约和承诺的过程。订立所追求的目标,就是成立合同,合同成立是订立的结果。当然,有订立行为,合同不一定成立。

《合同法》第32条规定:"当事人采用合同书形式订立合同的,自双方当事人签字或者盖章时合同成立。"签字、盖章有其一即可。签字或者盖章,是当事人达成合意的外在标志,也可以称为形式上的标志。签字,是当事人、法定代理人、负责人或者他们授权的代理人签字。自然人作为合同当事人在合同上不签字而只是盖上自己的私人名章,也是可以的,但我国私人名章没有备案,因此不签名而只盖章,在交易中存在不安全因素。对于法人、其他组织来说,其公章都应经过备案。

《合同法》第33条规定:"当事人采用信件、数据电文等形式订立合同的,可以在合同成立之前要求签订确认书。签订确认书时合同成立。"签订确认书是当事人附加的程序。

应当注意:要求签订确认书须在合同成立之前。合同成立之后,一方当事人要求签订确认书,实际上是要否定或者推翻已经产生约束力的合同。对这种做法当然不能予以支持。《合同法》第25条规定:"承诺生效时合同成立。"承诺生效是合同成立的实质要件,也是判断合同成立时间的标准。承诺是对要约的接受,承诺生效,两个意思表示取得一致,合同成立。为什么不规定"承诺生效时合同生效"呢?因为,学术上的主导观点认为合同成立不一定生效,如定金合同和自然人之间的借款合同成立时"未生效"。

[例2-1] 2010年6月15日,甲公司向乙公司发出一份订单,并要求乙公司在2010年7月10日之前答复。2010年7月初,该种货物的国际市场价格大幅度下跌,甲公司通知乙公司:"前次订单中所列货物价格作废,如你公司愿意降价20%,则要约有效期延长至7月20日。"乙公司收到通知后,立即于7月3日回信表示不同意降价,同时对前一订单表示接受。正常情况下,此信可以在7月8日到达,但由于邮局工人罢工,甲公司于7月15日才接到回信,甲公司立即答复:"第一次的订单已经撤销,接受无效。"乙公司坚持第一次的订单不能撤销,甲公司又于7月20日回复认为乙公司的承诺已经逾期,合同不成立。

(1)甲公司6月15日的订单是(　　)。

  A.要约　　　　　　　　B.要约邀请

(2)甲公司7月初的通知的效力是(　　)。

  A.是新要约

  B.是对原要约的撤销,且撤销有效

  C.是对原要约的撤销,如果乙公司及时对此表示反对,则撤销无效

  D.是对原要约的撤销,如果乙公司没有及时对此表示反对,则撤销有效

(3)乙公司7月3日的回信是(　　)。

  A.有效的承诺,因为未超过有效期限

B. 无效的承诺,因为已经超过有效期限,而且A公司已经及时提出反对
C. 不构成承诺,因为要约已经撤销
D. 有效的承诺,因为正常情况下,该信本来可以在要约有效期限内到达,且甲公司并没有及时以承诺逾期为理由表示反对

(4)如果乙公司在7月3日发出的信中没有对原订单表示是否接受,则( )。
A. 乙公司仍然有权接受原订单,只要接受的通知在7月10日以前到达甲公司
B. 乙公司仍然有权接受原订单,只要接受的通知在7月20日以前到达甲公司
C. 即使乙公司未在7月10日前接受原订单,仍然可以在7月20日以前降价20%接受订单
D. 如果乙公司未在7月10日前接受原订单,则不能再接受原订单

(5)如果乙公司在7月3日发出的信中表示同意降价10%,则此信( )。
A. 构成有效承诺   B. 构成反要约
C. 视为同意A公司撤销原要约   D. 视为拒绝A公司的新要约

答案:(1)A   (2)A   (3)D   (4)AC   (5)BCD

二、合同效力

1. 合同生效

(1)合同生效应当具备的条件。合同生效是指合同对双方当事人的法律约束力的开始。合同生效应具备下列条件:
①当事人具有相应的民事权利能力和民事行为能力;
②意思表示真实;
③不违反法律或者社会公共利益。

(2)合同的生效时间。一般来说,依法成立的合同,自成立时生效。具体地讲,口头合同自受要约人承诺时生效;书面合同自当事人双方签字或者盖章时生效;法律规定应当采用书面形式的合同,当事人虽然未采用书面形式但已经履行全部或者主要义务的,可以视为合同有效。当事人可以对合同生效约定附条件或者约定附期限。附条件的合同,包括附生效条件的合同和附解除条件的合同两类。附生效条件的合同,自条件成就时生效;附解除条件的合同,自条件成就时失效。附条件的合同一经成立,在条件成就前,当事人对于所约定的条件是否成就,应当听其自然发展。

2. 涉及代理的合同效力

当合同具备生效条件,代理行为符合法律规定,授权代理人在授权范围内订立的合同当然有效。但在有些情况下,涉及代理的合同效力则十分复杂。

(1)限制民事行为能力人订立的合同。无民事行为能力人不能订立合同,限制行为能力人一般情况下不能独立订立合同。限制民事行为能力的人订立的合同,经法定代理人追认以后,合同才有效。

(2)无权代理。无权代理的行为人以被代理人名义订立的合同,未经被代理人追认,对被代理人不发生效力,由行为人承担责任。相对人可以催告被代理人在一个月内予以追认。被代理人未作表示的,视为拒绝追认。

(3)表见代理。表见代理是善意相对人通过被代理人的行为足以相信无权代理人具有代理权的代理。基于此项信赖,该代理行为有效。善意第三人与无权代理人进行的交易行为(订立合同),其后果由被代理人承担。表见代理的规定,其目的是保护善意的第三人。表见代理一般应当具备以下条件:

①表见代理人并未获得被代理人的授权,是无权代理;
②客观上存在让相对人相信行为人具备代理权的理由;
③相对人善意且无过失。

3. 无效合同和可变更、可撤销的合同

(1)无效合同的概念和合同无效的情形。无效合同是指当事人违反了法律规定的条件而订立的,国家不承认其效力,不给予法律保护的合同。无效合同从订立之时起就没有法律效力。《合同法》第52条规定有下列情形之一的为合同无效:

①一方以欺诈、胁迫手段订立的合同,损害国家利益;
②恶意串通,损害国家、集体或第三人利益的;
③以合法活动掩盖非法目的;
④损害社会公共利益;
⑤违反法律、行政法规的强制规定。

合同当事人约定免除或者限制未来责任的下列免责条款无效:

①造成对方人身伤害的;
②因故意或者重大过失造成对方财产损失的。

上述两种免责条款具有一定的社会危害性,双方即使没有合同关系也可以追究对方的侵权责任。因此这两种免责条款无效。

无效合同的确认权归人民法院或仲裁机构,其他任何机构均无权确认合同无效。

(2)可变更、可撤销合同的概念和种类。可变更、可撤销的合同是指欠缺生效条件,但一方当事人可依照自己的意思使合同的内容变更或者使合同的效力归于消灭的合同。可变更、可撤销的合同不同于无效合同,当事人提出请求是合同被变更、撤销的前提。当事人如果只要求变更,人民法院或仲裁机构不得撤销其合同。《合同法》第52条规定有下列情形之一的,当事人一方有权请求人民法院或仲裁机构变更或撤销其合同:

①因重大误解而订立的;
②在订立合同时显失公平的。

一方以欺诈、胁迫等手段或乘人之危,使对方在违背真实意思的情况下订立的合同,受损害方有权请求人民法院或仲裁机构变更或者撤销。

由于可撤销的合同只是涉及当事人意思表示不真实的问题,因此法律对撤销权的行使有一定的限制。有下列情形之一的,撤销权消灭:

①具有撤销权的当事人自知道或应当知道撤销事由之日起1年内没有行使撤销权;
②具有撤销权的当事人知道撤销事由后明确表示或以自己的行为放弃撤销权。

(3)合同无效和被撤销后的法律后果。无效合同或被撤销的合同自始没有法律约束力。合同部分无效,不影响其他部分效力的,其他部分仍然有效。合同无效、被撤销或终止的,不影响合同中独立存在的有关解决争议方法的条款的效力。

合同被确认无效和被撤销后,合同规定的权利义务即为无效。履行中的合同应当终止履行,尚未履行的不得继续履行。对因履行无效合同和被撤销合同而产生的财产后果应当依法进行处理：

①返还财产。由于无效合同或被撤销的合同自始没有法律约束力，因此，返回财产是处理无效合同和可撤销合同的主要方式。合同被确认无效和被撤销后，当事人依据该合同所取得的财产，应当返还给对方。

②赔偿损失。合同被确认无效或被撤销后，有过错的一方应赔偿对方因此而受到的损失。如果双方都有过错，应当根据过错的大小各自承担相应的责任。

③追缴财产。双方恶意串通，损害国家或第三人利益的，应将双方取得的财产收归国库或返还第三人。无效和可撤销合同不影响善意第三人取得的合法权益。

三、合同履行

1. 合同履行概念

合同履行是指合同各方当事人按照合同的规定，全面履行各自的义务，实现各自的权利，使各方的目的得以实现的行为。合同依法成立，当事人就应当按照合同的约定，全部履行自己的义务。签订合同的目的在于履行，通过合同的履行而取得某种权益。合同的履行以有效的合同为前提和依据，因为无效合同从订立之时起就没有法律效力，不存在合同履行的问题。合同履行是该合同具有法律约束力的首要表现。

2. 合同履行原则

（1）合同全面履行的原则。当事人应当按照约定全面履行自己的义务。即按合同约定的标的、价款、数量、质量、地点、期限、方式等全面履行各自的义务，按照约定履行自己的义务，既包括全面履行义务，也包括正确适当履行合同义务。

合同生效后，当事人就质量、价款或者报酬、履行地点等内容没有约定或者约定不明的，可以协议补充，不能达成补充协议的，按照合同有关条款或者交易习惯确定。按照合同有关条款或者交易习惯确定，一般只能适用于部分常见条款欠缺或者不明确的情况，因为只有这些内容才能形成一定的交易习惯。如果按照上述办法仍不能确定合同如何履行的，适用下列规定进行履行：

①质量要求不明的，按国家标准、行业标准履行，没有国家、行业标准的，按通常标准或者符合合同目的的特定标准履行。

②价款或报酬不明的，按订立合同时履行地的市场价格履行；依法应当执行政府定价或政府指导价的，按规定履行。

③履行地点不明确的，给付货币的，在接收货币一方所在地履行；交付不动产的，在不动产所在地履行；其他标的在履行义务一方所在地履行。

④履行期限不明确的，债务人可以随时履行，债权人也可以随时要求履行，但应给对方必要的准备时间。

⑤履行方式不明确的，按照有利于实现合同目的的方式履行。

⑥履行费用的负担不明确的，由履行义务一方承担。

合同在履行中，既可能是按照市场行情约定价格，也可能执行政府定价或政府指导价。如果是按照市场行情约定价格履行，则市场行情的波动不应影响合同价格，合同仍然执行原价格。

《合同法》第63条规定，如果执行政府定价或政府指导价的，在合同约定的交付期限内政府价格调整时，按照交付时的价格计价。逾期交付标的物的，遇价格上涨时按照原价格执行；

遇价格下降时,按照新价格执行。逾期提取标的物或者逾期付款的,遇价格上涨时按照新价格执行;遇价格下降时,按照原价格执行。

(2)诚实信用原则。当事人应当遵循诚实信用原则,根据合同性质、目的和交易习惯履行通知、协助和保密的义务。当事人首先要保证自己全面履行合同约定的义务,并为对方履行创造条件。当事人双方应关心合同履行情况,发现问题应及时协商解决。一方当事人在履行过程中发生困难,另一方当事人应在法律允许的范围户给予帮助。在合同履行过程中应信守商业道德,保守商业秘密。

3. 第三人履行合同

第三人履行合同,包括债务人向第三人履行债务和第三人向债权人履行债务两种情况。

(1)债务人向第三人履行债务。债务人向第三人履行债务是指债务人本应向债权人履行义务,但由于债权人与债务人经过约定由债务人向第三人履行债务,但原债权人的地位不变。这类合同往往被称之为第三人利益订立的合同。当事人约定由债务人向第三人履行债务,债务人未向第三人履行债务或者履行债务不符合约定,应当向债权人承担违约责任。

债务人向第三人履行债务,但第三人仍不是合同的当事人。合同当事人需协商同意由第三人接受履行,向第三人的履行原则上不能增加履行难度和履行费用。

(2)第三人向债权人履行债务。第三人向债权人履行债务是指经当事人约定由第三人代替债务人履行债务。当事人约定由第三人向债权人履行债务的,第三人不履行债务或者履行债务不符合约定的,债务人应当向债权人承担违约责任。

第三人向债权人履行债务,第三人也不是合同的当事人。但这种代替履行的行为必须征得债权人的同意,并且对碳权人没有不利的影响。

4. 合同履行中的抗辩权

抗辩权是指双方在合同的履行中,都应当履行自己的债务,一方不履行或者有可能不履行时,另一方可以据此拒绝对方的履行要求。

(1)同时履行抗辩权。当事人互负债务,没有先后履行顺序的,应当同时履行。同时履行抗辩权包括:一方在对方履行之前有权拒绝其履行要求;一方在对方履行债务不符合约定时,有权拒绝相应的履行要求。

同时履行抗辩权的适用条件是:

①由同一双务合同产生互负的对价给付债务;

②合同中未约定履行的顺序;

③对方当事人没有履行债务或没有正确履行债务;

④对方的对价给付是可能履行的义务。

所谓对价给付是指一方履行的义务和对方履行的义务之间具有互为条件、互为牵连的关系并且在价格上基本相等。

(2)先履行抗辩权。《合同法》第67条规定:"当事人互负债务,有先后履行顺序,先履行一方未履行的,后履行一方有权拒绝其履行要求。先履行一方履行债务不符合约定的,后履行一方有权拒其相应的履行要求。"先履行抗辩权的适用条件是:

①合同有先后履行顺序。从《合同法》第67条的规定来看,可以不基于同一双务合同。如一方不交付定金,另一方自然可以不履行合同。先履行义务人由于不可抗力不履行,后履行义务人有无抗辩权? 当然有,合同是商品交换的法律形式。商品交换最基本的规则是"你不给

我,我就不给你"。你不给我发货,我就不给你货款,尽管你不发货是因可抗力造成的。你不发货是因不可抗力造成的,我可以免除你的违约责任(免除违约金、赔偿金等),对我履行抗辩权并无影响。

②先履行义务人不履行合同义务或者履行义务不符合约定。当事人可以针对对方不履行进行抗辩,也可以针对对方履行合同不符合约定进行抗辩,还可以针对合同的权利瑕疵进行抗辩。具体地说,先履行抗辩权可以针对以下几种情况:其一,针对不履行、部分不履行进行抗辩;其二,针对迟延履行进行抗辩;其三,针对瑕疵履行进行抗辩;其四,针对权利瑕疵进行抗辩(参见《合同法》第152条、第228条)针对当事人的部分履行,相对人可以行使抗辩权。最简单的例子是甲方应当发货10批,但只发5批,乙方自然只支付5批的货款。

[例2-2] 甲方2010年1月将某桥梁工程发包给乙方,在建设工程合同中约定:甲方负责"三通一平"(通水、通电、通路,工地上住户迁走),"三通一平"于2010年6月完成,约定乙方2011年8月交工。但甲方"三通一平"的工作,至2010年9月才完成,乙方公司此时才可以进入工地。至2011年8月,乙方不能交工。请问,乙方是否承担违约责任?

答: 乙方不承担违约责任。乙方有权顺延工期(行使履行抗辩权)。《合同法》第283条规定:"发包人未按照约定的时间和要求提供原材料、设备、场地、资金、技术资料的,承包人可以顺延工程日期,并有权要求赔偿停工、窝工等损失。"顺延工程日期,是行使履行抗辩权的一种方式。行使履行抗辩权,不影响追究对方违约责任的权利。

(3)不安抗辩权。不安抗辩权是指合同中约定了履行的顺序,合同成立后发生了应当后履行合同一方财务状况恶化的情况,应当先履行合同的一方在对方未履行或提供担保前有权拒绝先为履行。设立不安抗辩权的目的在于预防合同成立后情况发生变化而损害合同另一方的利益。

《合同法》第68条第1款规定,应当先履行合同的一方有确切证据证明对方有下列情形之一的,可以中止履行:
①经营状况严重恶化;
②转移财产、抽逃资金,以逃避债务的;
③丧失商业信誉;
④有丧失或可能丧失履行债务能力的其他情形。

当事人没有确切证据中止履行的,应当承担违约责任。条文中所说的四种情形构成预期重大违约时,先履行义务人可以根据《合同法》第94条的规定解除合同。当事人中止履行合同的,应当及时通知对方,对方提供适当的担保时应恢复履行。中止履行后,对方在合理的期限内未恢复履行能力且未提供适当的担保,中止履行的一方可以解除合同。当事人没有确切证据证明应中止履行合同的,应承担违约责任。

[例2-3] 甲方、乙方在1月20日签订了合同,由甲方卖给乙方一台价款为320万元的机器,交货时间为1月23日,付款时间为2月25日。1月25日甲方交货后,乙方认为机器质量很好,又于25日与乙方签订合同,再购买一台机器。发货日期为3月25日。至3月25日,甲方公司未收到乙方公司支付的第一份合同的货款,以此为由,甲方公司可以拒绝第二份合同的发货,因为乙方欠缺商业信用。

(4)代位权。代位权是指债务人怠于行使其对第三人(次债务人)享有的到期债权,而有害于债权人的债权时,债权人为保障自己的债权而以自己的名义行使债务人对次债务人的债权的权利。《合同法》第 73 条规定:"因债务人怠于行使其到期债权,对债权人造成损害的,债权人可以向人民法院请求以自己的名义代位行使债务人的债权,但该债权专属于债务人自身的除外。代位权的行使范围以债权人的债权为限。债权人行使代位权的必要费用,由债务人负担。"具体地说,债权人行使代位权,是以自己作为原告,以次债务人为被告,要求次债务人对债务人履行到期债务,直接向自己履行。

债权人可以越过债务人以原告名义直接起诉次债务人,获得债权的清偿。因此,代位权对解决三角债、连环债,避免当事人的诉累,维护债权人的利益,维护交易安全具有重要的作用。代位权行使的结果,使债权人直接获得清偿。

[例 2-4] 甲方为工程的发包人,乙方为承包人,乙方经甲方同意,将土方工程(挖基坑)分包给工头张某,张某雇佣了 77 个农民完成了土方工程。临近春节,该 77 个农民找工头索要工钱,张某找乙方索要,乙方以甲方不给为由拒绝。张某无法支付工钱,又怕农民打他,就躲了起来。请问,农民还可以向谁索要?
答:可以提起代位权诉讼,向乙方索要,分包合同是否有效,不影响代位权的成立。当前的理论认为,不能向甲方索要。

[例 2-5] 甲方向乙方提供了 200 万元的借款,丙方又欠乙方 300 万元工程款。甲不是金融企业,无权放贷。按照目前的规定,甲乙之间的合同是无效的,利息应当给予追缴,但乙方对于本金是应当返还的。甲方对乙方 200 万元的本金是合法的。这样,甲方行使代位权就有了前提。甲可以起诉丙方,要求丙方直接向自己清偿 200 万元工程款。

四、合同违约责任

(一)违约责任概念

违约责任是指当事人任何一方不能履行或履行合同不符合约定而应当承担的法律责任。违约行为的表现形式包括不履行和不适当履行。不履行是指当事人不能履行或拒绝履行合同义务。不能履行合同的当事人一般也应承担违约责任。《合同法》第 107 条规定:"当事人一方不能履行合同义务或者履行合同义务不符合约定的,应当承担继续履行、采取补救措施或者赔偿损失等违约责任。"上述继续履行、采取补救措施或者赔偿损失等,都属于财产责任。违约责任,是违反有效合同构成的责任。未成立的合同、无效合同、被撤销的合同以及效力未定的合同(可追认的合同)未被追认时均不产生违约责任。因为上述合同不具有履行效力。当事人的约定不被法律所承认。

(二)承担违约责任条件和原则

1. 承担违约责任的条件

当事人承担违约责任的条件是指当事人承担违约责任应具备的要件。

(1)有违约行为。违约行为包括不履行和履行不符合约定。违约行为可以是预期违约(参见《合同法》第 94 条第 2 项和第 108 条的规定),也可以是届期违约。

(2)无免责事由。未按合同履行,但有免责事由,则不承担违约责任;未按合同履行,无免责事由则要承担违约责任。有无免责事由,由违约人举证。

过错责任原则要求:当事人因过错违约始构成违约责任。据此,其构成要件有两个:

①有违约行为；
②有过错。

免责事由分为法定的免责事由和约定的免责事由。约定免责事由属于当事人意思自治范畴。但约定免责不得违反《合同法》第53条的规定。

在这个问题上争论最多的是应当采用过错原则还是严格责任原则，过错责任原则要求违约人承担违约责任的前提是违约人必须有过错。而严格责任原则不要求以违约人有过错为承担违约责任的前提，只要违约人有违约行为就应当承担违约责任。我国合同法采用了严格责任原则，只要当事人有违约行为，即当事人不履行合同或履行合同不符合约定的条件，就应当承担违约责任。但对缔约过失、无效合同和可撤销合同依然适用过错原则。

当然，违反合同而承担的违约责任，是以合同有效为前提的。无效合同从订立之时起就没有法律效力，所以谈不上违约责任问题。但对部分无效合同中有效条款的不履行，仍应承担违约责任。所以，当事人承担违约责任的前提，必须是违反了有效合同或合同条款的有效部分。

2. 承担违约责任的原则

我国合同法规定的承担违约责任是以补偿性为原则的。补偿性是指违约责任旨在弥补或补偿因违约行为造成的损失。对于财产损失的赔偿范围，我国合同法规定，赔偿损失额应相当于因违约行为所造成的损失，包括合同履行后可获得的利益。

但是，违约责任在有些情况下也具有惩罚性。如合同约定了违约金，违约行为没有造成损失或损失小于约定的违约金；约定了定金等。

(三) 承担违约责任方式

1. 继续履行

继续履行是指违反合同的当事人不论是否承担了赔偿金或违约金责任，都必须根据对方的要求，在自己能够履行的条件下，对合同未履行的部分继续履行。因为订立合同的目的就是通过履行实现当事人的目的，从立法的角度，应当鼓励和要求合同的实际履行。承担赔偿金或违约金责任不能免除当事人的履约责任。特别是金钱债务，违约方必须继续履行，因为金钱是一般等价物，没有别的方式可以替代履行。因此，当事人一方未支付价款或者报酬的，对方可以要求其支付价款或者报酬。

当事人一方不履行非金钱债务或履行非金钱债务不符合约定的，对方也可以要求继续履行，但有下列情形之一的除外。

(1) 法律上或事实上不能履行

法律上不能履行的主要有以下几种情况：

①特定的标的物已经被他人善意取得。如卖方的物已卖或预期违约，其所有的标的物已经被一买受人善意取得，此时要求卖方继续履行合同则会侵犯第三人的合法权益。故实际履行属法律上不能。

②强制实际履行侵害债务人的人身自由。当继续履行涉及当事人的人身自由时，法院不能判决合同继续履行。对于雇佣合同、演出合同、科研合同、无偿保管合同等，均不得强制实际履行。

③债务人破产。当债务人进入破产程序，若强制债务人实际履行，则等于授予债权人以优先权。这对于债务人的其他债权人是不公平的，也违反了法律关于破产的规定。

④债务为自然债务。如果经过诉讼时效，债务人的债务转化为自然债务。自然债务是不

能强制执行的债务,因此不能强制实际履行。

⑤实践合同约定的债务。对于实践合同约定的债务,一方当事人强制实际履行的要求不能支持。因为实践合同通常是无偿合同,法律给无偿付出的一方以反悔权。这种反悔权是通过不交付标的物或不履行合同约定的其他义务体现的。在交付标的物或履行合同约定的其他义务之前,实践合同约定的义务,还没有发生履行效力,因此不能强制实际履行。否则,就等于法律赋予当事人的反悔权。比如,2012年5月1日黄某答应在同年5月6日借给李某一辆汽车用至5月6日,黄某并不提供汽车,李某向法院提起诉讼,要求黄某提供汽车。对李某的诉讼请求,法院不能予以支持。因为借用合同是实践合同,黄某有反悔权。

事实不能的情况:事实不能主要是基于自然法则的不能。比如一幅古画已经被火烧成灰烬或已经丢失。这幅古画是独一无二的,无法替代的。因而,强制实际履行在事实上不能。

(2)债务的标的不适于强制履行或履行费用过高

[例2-6] 如合伙合同不仅需合伙人的投资,还需要合伙人的主观努力。因而合伙合同不适于强制实际履行。再如,履行期限过长的合同,也是不适于强制实际履行的合同。

[例2-7] 甲应当卖给乙普通红砖100万块,甲违约,乙向法院要求强制甲履行。但甲已经停炉烧砖,若甲对乙赔偿,则赔偿50万元(包括了可得利益),如甲实际履行,重新开炉烧砖,则需花费150万元。普通红砖在市场上可以轻易买到,此时应当判决赔偿,而不应当判决强制实际履行。这种情况下,也不宜判决甲方买来普通红砖送给乙,因为这样仍然增加费用。

(3)债权人在合理期限内未要求履行

债权人在合理的时间内没有要求履行,视为放弃了要求实际履行的权利。"合理的时间",要根据具体情况来判断。如债权人甲要求债务人乙(果园主)交付9t苹果,但提出实际履行的要求时,季节已过。此时的要求不合理,不应当给予支持。不能把"合理的时间"理解为诉讼时效。

当事人就延迟履约定违约金的,违约方支付违约金后,还应当履行债务。

2. 采取补救措施

所谓的补救措施主要是指我国民法通则和合同法中所确定的,在当事人违反合同的事实发生后,为防止损失发生或扩大,而由违反合同一方依照法律规定或约定采取的修理、更换、重新制作、退货、减少价格或报酬等措施,以给权利人弥补或挽回损失的责任形式。采取补救措施的责任形式,主要发生在质量不符合约定的情况下。

3. 赔偿损失

当事人一方不履行合同义务或履行合同义务不符合约定的,给对方造成损失的,应当赔偿对方的损失。损失赔偿额应相当于因违约造成的损失,包括合同履行后可以获得的利益,但不得超过违反合同一方订立合同时预见或应当预见的因违反合同可能造成的损失。这种方式是承担违约责任的主要方式。因为违约一般都会给当事人造成损失,赔偿损失是守约者避免损失的有效方式。

当事人一方不履行合同义务或履行合同义务不符合约定的,在履行义务或采取补救措施后,对方还有其他损失的,应承担赔偿责任。当事人一方违约后,对方应采取适当措施防止损失的扩大;没有采取措施致使损失扩大的,不得就扩大的损失请求赔偿,当事人因防止扩大而支出的合理费用,由违约方承担。

4. 支付违约金

当事人可以约定一方违约时应根据违约情况向对方支付一定数额的违约金,也可以约定因违约产生的损失额的赔偿办法。约定违约金低于造成损失的,当事人可以请求人民法院或仲裁机构予以增加;约定违约金过分高于造成损失的,当事人可以请求人民法院或仲裁机构予以适当减少。违约金包括:不履行合同的违约金、逾期履行的违约金、瑕疵履行的违约金。

不履行合同的违约金是指当事人没有履行主债务应当支付的违约金,这种违约金一般是按合同标的额的一定比例计算。当合同部分未履行时,按未履行的部分计算。

[例2-8] A公司卖给B公司1000t钢材,总价款450万元。按照合同约定分10批发货,每批100t。A公司前7批钢材质量符合要求,第8批不符合要求,不能用于桥梁工程施工,B公司就该批解除,该批订货自始失去效力。按照《合同法》第166条第1款的规定,解除该批货物不影响今后各批。A公司后来所发第9、10批钢材符合要求。A、B公司在订立合同时,约定不履行的一方要按标的额的10%向对方支付违约金。B公司解除了第8批的订货。现B公司要求A公司支付违约金,请问应当支付多少?

答: 假如A公司一批货都没有发或者10批货都不符合质量要求,B公司解除10批订货,则A公司要支付45万元不履行的违约金。现B公司解除10批货中的第8批货,B公司则应将该批货返还给A公司,A公司补偿B公司4.5万元。

逾期履行,是当事人迟延给付主债务,逾期履行的违约金一般是按迟延日期(天数等)计算的违约金。瑕疵履行的违约金,是指当事人履行的质量不符合要求而约定支付的违约金。瑕疵履行的违约金不能与实际履行并用,因为被违约人接受了履行,并从违约金中得到了损失的补偿。

5. 定金罚则

《合同法》第115条规定:"当事人可以依照《中华人民共和国担保法》(以下简称《担保法》)约定一方向对方给付定金作为债权的担保。债务人履行债务后,定金应当抵作价款或者收回。给付定金的一方不履行约定债务的,无权要求返还定金;收受定金的一方不履行约定债务的,应当双倍返还定金。"定金是预交的违约金,但对定金的数额法律有限制(《担保法》第91条规定:"定金的数额由当事人约定,但不得超过主合同标的额的百分之二十。超过的部分,人民法院不予支持")。因此,定金又不具备违约金完全弥补损失的功能。我国《担保法》规定:定金合同从实际交付定金之日起生效。根据上述规定,定金合同应为实践合同而非诺成合同。基于定金的实践性,《最高人民法院关于适用〈中华人民共和国担保法〉若干问题的解释》(以下简称《解释》)第119条规定:"实际交付的定金数额多于或者少于约定数额,视为变更定金合同;收受定金一方提出异议并拒绝接受定金的,定金合同不生效"。与定金有关的法律条款见表2-1。

定金有关的条款 表2-1

序号	项目	内容	条款
1	定金的类型	(1)违约定金;(2)证约定金;(3)立约定金;(4)成约定金;(5)解约定金	《担保法》司法解释第115、116、117条
2	定金的实践性	(1)交付时生效;(2)交付时数额有变化,受领者无异议,以交付数额生效	《担保法》第90条、司法解释第119条
3	定金法则的适用	给付定金的一方不履行约定债务的,无权要求返还定金;收受定金的一方不履行约定债务的,应当双倍返还定金	《合同法》第115条

续上表

序号	项 目	内 容	条 款
4	定金适用类型	(1)不履行；(2)"相当于"不履行（瑕疵履行、迟延履行导致合同目的不能实现）	《担保法》司法解释第120条第1款
5	定金数额	标的额的20%以下，超过部分无效	《担保法》第91条
6	定金对部分不履行的适用	如果债务可以分割，定金对部分不履行也可以适用	《担保法》司法解释第120条第2款
7	定金与违约金	不能合并适用，只能由被违约人选择适用	《合同法》第116条
8	定金的最终归属	定金法则不适用时，定金应当返还或者折抵价款	《合同法》第115条
9	定金合同的形式	书面形式	《担保法》第90条
10	主合同无效时定金合同	主合同无效，定金合同必然无效	法理

当事人既约定违约金，又约定定金的，一方违约时，对方可以选择适用违约金或定金条款，具体见表2-2。但是，这两种违约责任不能合并使用。

违约金与定金并用　　　　　　　　　　　　　　　　　　表2-2

序号	内 容	可否并用	理 由
1	继续履行与不履行的违约金	否	矛盾（方向相反）
2	继续履行与迟延履行的违约金	可	违约之后的继续履行构成迟延
3	继续履行与瑕疵履行的违约金	否	矛盾（接受瑕疵履行时，支付瑕疵履行的违约金）
4	继续履行与定金	否	矛盾（定金适用于不履行）
5	定金与迟延履行的违约金	否	矛盾（定金适用于不履行）
6	定金与不履行的违约金	否	性质相同，简单相加造成不公平的结果
7	定金与瑕疵履行的违约金	否	定金适用于不履行，瑕疵履行是履行
8	定金与不履行的赔偿金	可	定金不足以弥补损失时，以赔偿金补充
9	定金与迟延履行的赔偿金	否	矛盾（方向相反）
10	定金与瑕疵履行的赔偿金	否	矛盾（方向相反）
11	不履行的违约金与不履行的赔偿金	否	性质相同
12	不履行的违约金与迟延履行的违约金	否	矛盾

[例2-9] A公司卖给B公司5 000t煤炭，合同价100万元，按照合同约定分10批发货，每批500t。A公司前7批煤炭质量符合要求，第8批不符合要求，不能用于锅炉的燃烧，B公司就该批解除，该批订货自始失去效力。按照《合同法》第166条第1款的规定，解除该批货物不影响今后各批。A公司后来所发第9、10批煤炭符合要求。B公司在订立合同时，付给A公司10万元定金。现B公司要求适用定金罚则。

答：如果B公司交付的10万元定金不折抵价款的话，那么A公司应当返还11万元（其中包含了双倍返还的2万）。其中10万元是B公司自己的。假如A公司一批货都没有发或者10批货都不符合质量要求，B公司解除10批订货，则A公司要双倍返还20万元，其中10万元是B公司自己的。每批货获得1万元的补偿。那末10批货中的1批货未履行和1批货被解除，则应当返还11万。该批货得1万元的补偿。

[例2-10] A公司与B公司签订买卖合同，由A公司卖给B公司一套价款为200万元的设备。B公司按照约定给了A公司10万元定金。双方当事人在合同中还约定，任何一方不履行合同都要给对方15万违约金。如果A公司不履行合同，B公司是要求其支付违约金呢，还是要求适用定金罚则？如果B公司撕毁合同，A公司是要求其支付违约金呢，还是要求适用定金罚则？

答：如果A公司不履行合同，B公司应当选择适用违约金，因为违约金的金额是15万元。如果选择适用定金罚则，A公司双倍返还定金20万元，其中10万元是B公司自己的，B公司只得到10万元的补偿。B公司选择违约金，不影响其向A公司交付的10万元定金。如果A公司不返还，则构成不当得利。

如果B公司撕毁合同，A公司也应当选择适用违约金，因为违约金有15万元。如果选择定金罚则，其只能没收B公司交付的10万元定金。A公司选择适用违约金，但应当返还已收的10万元定金。A公司依主动债权与被动债权相抵销，即实际上不需要返还10万元定金，B公司实际再向A公司交付5万元，等于向A公司交付15万元的违约金。

甲与乙以通用产品为标的物订立了一份买卖合同，甲向乙支付定金2万元。合同订立后，甲无理拒绝履行，给乙造成损失3万元，此时，甲无权要求乙返还定金，而且还应再支付乙1万元以弥补其损失。甲实际支出3万元。如果在这份合同中，乙无理拒绝履行合同，给甲造成损失1万元，则乙应按定金法则双倍返还定金，即返还4万元，而且还应支付给甲赔偿金1万元。乙实际支出3万元。

五、合同变更和转让

1. 合同变更

合同变更有狭义和广义之分。狭义的变更是指合同内容的某些变化，是在主体不变、标的不变、法律性质不变的条件下，在合同没有履行或没有完全履行之前，由于一定的原因，由当事人对合同约定的权利义务进行局部调整。这种调整，通常表现为对合同某些条款的修改或补充。如买卖合同标的物数量的增加或减少，交货时间的提前、延期，运输方式和交货地点改变等都可视为合同的变更。

广义的合同变更，除包括合同内容的变更以外，还包括合同主体的变更，即由新的主体取代原合同的某一主体，这实质上是合同的转让。合同内容的变更，是当事人之间民事关系的某种变化，它是本质意义上的变更，而合同主体的变更，则是合同某一主体与新的主体建立民事权利义务关系，因此，它不是本质意义上的变更。合同变更，是针对已经成立的合同或针对生效的合同。无效合同和已经被撤销的合同不存在变更的问题。对可撤销而尚未被撤销的合同，当事人也可以不经人民法院或仲裁机关裁决，而采取协商的手段，变更某些条款，消除合同瑕疵，使之成为符合法律要求的合同。

合同变更，通常要遵循一定的程序或依据某项具体原则或标准。协商一致是合同变更的必要条件，任何一方都不得擅自变更合同。这些程序、原则、标准等可以在订立合同时约定，也可以在合同订立后约定。有些合同需要有关部门的批准或登记。《合同法》第77条第2款规定："法律、行政法规规定变更合同应当办理批准、登记等手续的，依照其规定。"

有效的合同变更必须有明确的合同内容的变更。如果当事人对合同的变更约定不明确，视为没有变更。合同变更后原合同债消灭,产生新的合同债。因此,合同变更后,当事人不得再按原合同履行,而须按变更后的合同履行。

2.合同转让

合同转让是指合同一方将合同的权利、义务全部或部分转让给第三人的法律行为。合同的转让,体现了债权债务关系是动态的财产关系这一特性。合同的转让包括债权转让和债务承担两种情况,当事人也可将权利、义务一并转让。

(1)债权转让。债权转让是指合同债权人通过协议将其债权全部或部分转让给第三人的行为。债权人可以将合同的权利全部或部分转让给第三人。《合同法》第87条规定"法律、行政法规规定转让权利或者转让义务应当办理批准、登记等手续的,依照其规定。"但下列情形债权不可以转让:

①根据合同性质不得转让,如对公益事业的赠与合同,受赠人不能将债权转让。

②根据当事人约定不得转让。

③依照法律规定不得转让。如《担保法》第50条规定:"抵押权不得与债权分离而单独转让。"

《合同法》第80条、第84条规定,债权人转让债权,是依法转让,是通知转让,而债务人转让债务须得到债权人的许可。未通知的,该转让对债务人不发生效力。且转让权利的通知不得撤销,除经受让人同意。例如债权人甲方通知债务人乙方:"我的100万元债权已经转让给丙方,请向丙方履行。"第二天,甲方又通知乙方,要求乙方仍向自己履行,乙方可以提出权利已消灭的抗辩。乙方的理由是:"你甲方已经不是我的债权人了。"

受让人取得权利后,同时拥有与此权利相对应的从权利。若从权利与债权人不可分割,则从权利不随之转让。债务人对债权人的抗辩同样可以针对受让人。

有些从权利是专属于债权人自身的权利,在债权人转让债权时,该从权利不发生转移。例如:甲方租给乙方房屋2年,租金按年预付。甲方把租金债权转让给丙方,但解除权并不随着债权转移给丙方,当乙方不向丙方交付租金时,由甲方决定是否解除租赁合同。

(2)债务承担。债务承担是指债务人将合同的义务全部或部分转移给第三人的情况。债务人将合同的义务全部或部分转移给第三人的必须经债权人同意,否则,这种转移不发生法律效力。

债务人转移义务的,新债务人可以主张原债务人对债权人的抗辩。甲、乙双方订立承揽合同,约定甲方4月1日交付工作成果,乙方同年4月15日付款7万元。甲方履行义务后,乙方经甲方同意在4月2日将债务转让给丙方,乙方在4月3日又将检验结果通知丙方,说明接受的工作成果基本不符合要求。丙方可以向甲方行使履行抗辩权,在甲方修理或重作之前,拒绝支付7万元。

债务人转移义务的,新债务人应当承担与主债务有关的债务,但该从债务专属于原债务人自身的除外。

(3)权利和义务同时转让。当事人一方经对方同意,可以将自己在合同中的权利和义务一并转让给第三人。当事人订立合同后合并的,合并后的法人或其他组织行使合同权利,履行合同义务。当事人订立合同后分立的,除债权人和债务人另有约定外,由分离的法人或其他组织对合同的权利和义务享有连带债权,承担连带债务。

合同的转让,与合同的第三人履行或接受履行不同,第三人并不是合同的当事人,他只是代债务人履行义务或代债权人接受义务的履行。合同责任由当事人承担而不是由第三人承担。合同转让时,第三人成为合同的当事人。合同转让,虽然在合同内容上没有发生变化,但出现了新的债权人或债务人,故合同转让的效力在于成立了新的法律关系,即成立了新的合同,原合同应归于消灭,由新的债务人履行合同,或者由新的债权人享受权利。

六、合同权利义务终止

1. 合同终止概念

合同终止是指当事人之间根据合同确定的权利义务在客观上不复存在。合同终止是随着一定法律事实发生而发生的,与合同中止不同之处在于,合同中止只是在法定的特殊情况下,当事人暂时停止履行合同,当这种特殊情况消失以后,当事人仍然承担继续履行的义务;而合同终止是合同关系的消灭,不可能恢复。

合同的权利义务终止后,当事人应当遵循诚实信用的原则。根据交易习惯履行通知、协助、保密等义务。权利义务的终止不影响合同中结算和清理条款的效力。

2. 合同终止原因

《合同法》第91条规定:"有下列情形之一的,合同的权利义务终止:①债务已经按照约定履行;②合同解除;③债务相互抵销;④债务人依法将标的物提存;⑤债权人免除债务;⑥债权债务同归一人;⑦法律规定或者当事人约定终止的其他情形。"

(1)债务已按照约定履行。债务已按照约定履行即是债的清偿,是按照合同约定实现债权目的的行为。其含义与履行相同,但履行侧重于合同动态的过程,而清偿则侧重于合同静态的实现结果。

清偿是合同的权利义务终止的最主要和最常见的原因。清偿一般由债务人为之,但不以债务人为限,也可能由债务人的代理人或第三人进行合同的清偿。清偿的标的物一般是合同规定的标的物,但是债权人同意,也可用合同规定的标的物以外的物品来清偿其债务。

(2)合同解除。合同解除是指对已经发生法律效力,但尚未履行或尚未完全履行的合同,因当事人一方的意思表示或双方的协议而使债权债务关系提前归于消灭的行为。合同解除可分为约定解除和法定解除两类。

约定解除是当事人通过行使约定的解除权或双方协商决定而进行的合同解除。当事人协商一致可以解除合同,即合同的协商解除。当事人也可以约定一方解除合同的条件,解除合同条件成就时,解除权人可以解除合同,即合同约定解除权的解除。

法定解除是解除条件直接由法律规定的合同解除。当法律规定的解除条件具备时,当事人可以解除合同。它与合同约定解除权的解除都是具备一定解除条件时,由一方行使解除权;区别则在于解除条件的来源不同。有下列情形之一的,当事人可以解除合同:

①因不可抗力致使不能实现合同目的的。不可抗力是指不能预见、不能避免并且不能克服的客观情况。不可抗力往往导致合同当事人无法履行合同义务,这种无法履约不是当事人的过错引起的,受不可抗力影响一方可以解除合同。如果不可抗力对双方都有影响,则双方都享有解除权。

②预期违约。在履行期限届满之前,当事人一方明确表示或以自己的行为表明不履行主要债务。拒绝履行是指债务人能够履行而违法地作出不履行的意思表示,这实际上是英美法系中的预期违约。它既可以是明确表示,也可以自己的行为表明。因为在许多情况下,违约行为发生后到履行期限届满再追究违约人的违约责任,将给守约者造成无法挽回的损失,也会给

社会财富造成大量的浪费。在这种情况下,守约当事人可以解除合同。

③当事人迟延履行主要债务,经催告后在合理的时间内仍未履行。迟延履行是指债务人在履行期届满后仍未履行债务。当事人迟延履行主要债务,如果继续履行仍能实现合同目的或者债权的履行利益仍然能够实现的情况下,债权人不能径直通知债务人解除合同,而应催告债务人履行合同义务。经催告后,债务人在合理的时间内仍未履行,此时债权人获得单方解除权,可以通知债务人解除合同。催告是债权人向债务人发出的请求履行的通知,合理的期限,是指给予债务人必要的履行准备时间。合理期限的长短,应当根据合同的具体情况确定。

④当事人迟延履行债务或者有其他违约行为致使不能实现合同目的。当事人迟延履行合同或者有其他违约行为致使合同的目的不能实现,已经构成了根本违约,此时无须经催告程序,被违约人在违约人履行期限届满未履行合同时,即可通知对方解除合同。

[例2-11] 某甲定于4月12日举办中学生运动会,其与乙订立承揽合同,要求乙将特制的在运动会开幕式上使用的大钟于4月11日前送到。至4月11日,乙没有送货,甲了解到乙还没有将钟装好,根本不能保征4月12日的使用。遂通知乙解除合同,并要求赔偿损失。此例中,甲解除合同不需要事先经过催告程序。

⑤法律规定的其他情形的。由于上述4项合同解除的法定条件仅仅是列举式的,不能包含所有可以解除合同的情况。法律规定的其他情形可以解除合同的,当事人也可以解除。如质量不合格等。质量不合格构成重大违约的(不能实现合同目的),被违约一方无须催告,有权直接通知违约人解除合同。

(3)债务相互抵消。债务相互抵消是指两个人彼此互负债务,各以其债权充当债务的清偿,使双方的债务在等额范围内归于消灭。债务抵消可以分为约定债务抵消和法定债务抵消两类。

(4)债务人依法将标的物提存。标的物提存是指由于债权人的原因致使债务人无法向其交付标的物,债务人可以将标的物交给有关机关保存,以此消灭合同的制度。因为债务的履行往往要有债权人的协助,如果出于债权人的原因致使债务人无法向其交付标的物,仅仅要求债权人承担违约责任,将使债务人长期处于合同不合理的约束之下。提存制度正是为了解决这一问题。债务人可以将标的物提存后,合同的权利义务即告终止。我国目前的提存机构为公证机构。《合同法》第101条规定,有下列情况,债务人可以将标的物提存:

①债权人无正当理由拒绝领受;
②债权人下落不明;
③债权人死亡未确定继承人或丧失民事行为能力未确定监护人;
④法律规定的其他情形。

标的物不适用于提存,或提存费用过高的,债务人依法可以拍卖或变卖标的物,提存所得的价款。标的物提存后,除债权人下落不明外,债务人应当及时通知债权人或其继承人、监护人。

标的物提存后,毁损、灭失的风险由债权人承担。提存期间标的物的利息归债权人所有,提存费用由债权人承担。债权人可随时提取提存物,但必须以偿还债务人的到期债务或提供担保为基础;否则,提存部门根据债务人的要求拒绝其领取提存物。债权人领取提存物的权利,自提存之日起5年内不行使而消灭,提存物扣除提存费用后,归国家所有。

(5)债权债务同归一方。债权债务同归一方也称混同,是指债权债务同归于一人而导致合同权利义务归于消灭的情况。但是,在合同标的物上设有第三人利益的,如债权上设有抵押权,则不能混同。混同是一种事实,无需任何意思表示。

(6)债权人免除债务。指债权人免除债务人的债务,即债权人以消灭债务人的债务为目的而抛弃债权的意思表示。债权人免除债务人部分或全部债务的,合同的权利义务部分或全部终止。因债务消灭的结果,从债务如利息债务、担保债务等也同时归于消灭。免除债务是一种民事法律行为,必须有抛弃的意思表示而不能以事实行为的方式作出。免除是一种无偿行为,必须以债权债务关系消灭为内容。

(7)合同的权利义务终止的其他情形。除上述原因外,法律规定或当事人约定合同终止的其他情形出现时,合同也告终止。如时效(取得时效)的期满、合同的撤销、作为合同主体的自然人死亡而其债务又无人承担等。

第二节　与建设工程相关的法律规范

一、合同担保

担保,是指合同的当事人双方为了使合同能够得到全面按约履行,根据法律、行政法规的规定,经双方协商一致而采取的一种具有法律效力的保护措施。

我国《担保法》规定的担保形式有5种,即保证、抵押、质押、留置和定金。

(一)担保形式

1. 保证

(1)保证的概念

保证是指第三人为债务人的债务履行作担保,由保证人和债权人约定,当债务人不履行债务时,保证人按照约定履行债务或者承担责任的行为。

(2)保证人资格

不得作保证人的有以下几种情况:国家机关、学校、幼儿园、医院等以公益为目的的事业单位,社会团体、企业法人的分支机构、职能部门不得作为保证人(但注意其中国家机关、企业的分支机构在特殊情况下可以作为保证人,而学校、幼儿园、医院等以公益为目的的事业单位,社会团体,企业法人的"职能部门"不能作为保证人)。

(3)保证的方式

保证的方式:一是一般保证,二是连带责任保证。

一般保证。保证人在主合同纠纷未经审判或者仲裁,并就债务人财产依法强制执行仍不能履行债务前,对债务人可以拒绝承担保证责任。

连带责任保证。当债务人在主合同规定的债务履行期届满没有履行债务的,债权人可以要求债务人履行债务,也可以要求保证人在其保证范围内承担保证责任。

两者对比:

①一般保证中先执行债务人财产,不足清偿的,执行保证人财产(但是一定要先经过审判或者仲裁,并就债务人财产依法强制执行仍不能履行以后才可以执行保证人的财产)。

②连带责任保证中债权人可直接要求执行保证人的财产。

③当事人对保证方式没有约定或者约定不明确的,按照连带责任保证方式承担保证

责任。

（4）保证责任

①债权人转让债权。保证期间内债权人依法将主债权转让给第三人的,保证人在原保证担保的范围内继续承担保证责任。

②债务人转让债务。保证期间内债务人转让债务的,首先应取得债权人的同意,并取得保证人的书面同意,否则保证人不再承担保证责任。

③变更主合同。债权人与债务人协议变更主合同的,应当取得保证人的书面同意,未经保证人书面同意的,保证人不再承担保证责任。

④人保与物保并存。同一债权既有保证人又有物的担保的,保证人仅对物的担保以外的债权承担保证责任。债权人放弃物的担保的,保证人在债权人放弃权利的范围内免除保证责任。

⑤多个保证人。同一债务有两个以上保证人的,保证人应当按照保证合同约定的保证份额承担保证责任。没有约定保证份额的,保证人承担连带保证责任。

2. 抵押

（1）抵押的概念

抵押是指债务人或者第三人不转移对特定财产（主要是不动产）的占有,将该财产作为债权的担保。

（2）禁止抵押的财产

①土地所有权；

②耕地、宅基地、自留山等集体所有的土地使用权（抵押人依法承包并经发包方同意抵押的荒山、荒沟、荒丘、荒滩等荒地的土地使用权以乡镇村企业厂房等建筑抵押的除外）；

③学校、幼儿园、医院等以公益为目的的事业单位、社会团体的教育设施、医疗设施和其他社会公益设施；

④所有权、使用权不明确或有争议的财产；

⑤依法被查封、扣押、监管的财产；

⑥依法不得抵押的其他财产。

以抵押作不履行合同的担保,还应依据有关法律、法规签订抵押合同并办理抵押登记。

（3）抵押权的实现

当债务履行期届满而抵押权人未受清偿的,债权人可以与抵押人协议以抵押物折价或者以拍卖、变卖该抵押物所得的价款受偿。协议不成的,抵押权人可以向人民法院提起诉讼。

抵押物折价或者拍卖、变卖后,其价款超过债权数额的部分归抵押人所有,不足部分由债务人清偿。

法律规定,作为债务人抵押担保的第三人,在抵押权人实现抵押权后,有权向债务人追偿。此外,抵押权因抵押物灭失而消灭。因灭失所得的赔偿金,应当作为抵押财产。

3. 质押

（1）质押概念

质押,是指债务人或第三人将其动产或权利转移债权人占有,用以担保债权的实现,当债务人不能履行债务时,债权人依法有权就该动产或权利优先得到清偿的担保法律行为。

质押担保的当事人,即合同的债权人为质权人,债务人或者第三人为出质人；出质人移交的动产或权利为质物。质权因质物灭失而消灭,因灭失所得的赔偿金,应当作为出质财产。质权与其担保的债权同时存在,债权消灭的,质权也消灭。

(2)质押种类

质押包括动产质押和权力质押两种。

动产质押是指债务人或者第三人将其动产移交债权人占有,将该动产作为债权。债务人不履行债务时,债权人有权依照法律规定以该动产折价或者以拍卖、变卖该动产的价款优先受偿的法律行为。

权利质押的概念是指出质人将其法定的可以质押的权利凭证交付质权人,以担保质权人的债权得以实现的法律行为。

(3)质押合同生效时间

①以汇票、支票、本票、债券、存款单、仓单、提单出质的,质押合同自权利凭证交付之日起生效。

②以依法可以转让的股票、商标专用权、专利权、著作权中的财产权等出质的,应当办理出质登记,质押合同自登记之日起生效。

③以有限责任公司的股份出质的,质押合同自股份出质载于股东名册之日起生效。

4. 留置

(1)留置的概念

留置,是指合同当事人一方依据法律规定或合同约定,占有合同中对方的财产,有权留置以保护自身合法利益的法律行为。因保管合同、运输合同、加工承揽合同发生的债权,债务人不断债务的,债权人有留置权。法律规定可以留置的其他合同,债权人也享有留置权。

(2)留置权构成要件

①债权清偿期限已到;

②债权人依照合同的约定占有债务人的动产;

③债权与财产的占有存在牵连关系,是依照合同约定进行的。

(3)当事人的权利和义务以及留置权的消灭

①债权人与债务人应当在合同中约定相互之间的权利和义务。债权人留置财产后,债务人应当在不少于两个月的期限内履行债务。债权人与债务人在合同中未约定的,债权人留置债务人财产后,应当确定两个月以上的期限,通知债务人在该期限内履行债务。

债务人逾期仍不履行的,债权人可以与债务人协议留置物折价,也可以依法拍卖、变卖留置物。留置物折价或者拍卖、变卖后,其价款超过债权数额的部分归债务人所有,不足部分由债务人清偿。

[例2-12] 某甲有一仓库,乙有一批新鲜的香蕉摆放在甲的仓库里,因为乙没有缴纳仓租,甲行使留置权。可是香蕉不能摆放两个月以上的时间,如何处理?

答:按提存的相关规定:标的物不适合提存或提存费用过高的,可以依法拍卖或变卖标的物。如果在一定期限内乙不履行债务责任,那么甲可以先把香蕉依法变卖,将所得交存提存机关,比如公证处。

留置权人负有妥善保管留置物的义务。因保管不善致使留置物灭失或者毁损的,留置权人应当承担民事责任。

②留置权的消灭。留置权因下列原因而消灭:

a. 债权消灭的；
b. 债务人另行提供担保并被债权人接受的。

5. 定金

(1) 定金概念

定金,是指合同当事人一方为了证明合同的成立和担保合同的履行,在按合同规定应给付的款额内,向对方预先给付一定数额的货币。定金的数额由当事人约定,但不得超过主合同标的额的20%。定金与预付款的区别,预付款仅有预先支付的作用,无担保作用,即使合同一方有违约也不产生任何的法律作用。

(2) 定金合同和定金罚则

①定金合同。当事人采用定金方式作担保时,应签订书面合同。定金合同从实际交付定金之日起生效。

②定金罚则。给付定金的一方不履行约定债务的,无权要求返还定金;收受定金的一方不履行约定债务的,应当双倍返还定金。其他担保方式更多的是为了保障债权人,而定金则对合同双方都具有约束力,更显公平原则。

(二) 常见工程担保种类

(1) 投标担保 (Bid Bond/Tender Guarantee)。指投标人在投标报价之前或同时,向业主提交投标保证金(俗称抵押金)或投标保函,保证一旦中标,则履行受标签约承包工程。一般投标保证金额为标价的0.5%～5%。

(2) 履约担保(Performance Bond),是为保障承包人履行承包合同所作的一种承诺。一旦承包人没能履行合同义务,担保人给予赔付,或者接收工程实施义务,而另觅经业主同意的其他承包人负责继续履行承包合同义务。这是工程担保中最重要的,且是担保金额最大的一种工程担保。

(3) 预付款担保 (Advance Payment Guarantee),要求承包人提供的,为保证工程预付款用于该工程项目,不准承包人挪作他用及卷款潜逃。

(4) 维修担保(Maintenance Bond),即缺陷责任期担保,是为保障维修期内出现质量缺陷时,承包人负责维修而提供的担保。维修担保可以单列,也可以包含在履约担保内,有些工程采取扣留合同价款的5%作为维修保证金。

以上四种担保是国际上常见的工程担保种类。

(5) 反担保。担保人为了防止向债权人赔付后,不能从被担保人处取得补偿,往往要求被担保人另外提交反担保作为担保人开具担保的条件,这样,一旦发生担保人代被担保人赔付后,就可以从反担保的担保人处取得补偿。

(6) 付款担保(Payment Bond),是指业主要求承包人提供的为保证承包人按时向分包人、供货商支付款的担保。

(7) 业主支付担保,指业主向承包人出具的担保。业主如不按照合同规定的支付条件支付工程款给承包人,由担保人向承包人付款。

(8) 分包担保(Subcontract Bonds)。在工程建设中,总承包人要为分包人的工作对业主负完全的责任。因而,总承包人为了保障自己不被分包所累,防止分包人违约与负债,通常要求分包人提供履约担保。

(9) 留置权的使用。除了上述所讲的担保之外,为防止承包人在带资产至工地履行合同时失约,合同中还应做出具体规定,以使合同的正常履行有更可靠的保证。如 FIDIC 合同条件第 54 条规定:"所有承包人提供的施工机械、临时工程和材料,一经运至现场,就应被视为专门供本工程施工所用,没有工程师的书面同意,不得将上述任何物品或其任何部分运出现场"。FIDIC 合同条件的这些规定实质是业主在遇到承包人违约时,可以行使留置权这种合同担保形式。同样,承包人对其完成的工程项目行使留置权,直到业主付清一切工程费用。

二、合同保险

(一)保险与工程保险概念

1.保险概念

保险是一种受法律保护的分散危险、消化损失的经济制度。危险的存在是保险得以存在的前提条件,无危险即无保险。危险可分为财产危险、人身危险和法律责任危险三种。财产危险是指财产因意外事故或自然灾害而遭受毁损或灭失的危险;人身危险是指人们因生老病死和失业等原因而遭致财产损失的危险;法律责任危险是指对他人的财产、人身实施不法侵害,依法应负赔偿责任的危险。基于以上的危险,我们设立保险制度。保险应具备如下特征:

(1)必须有危险存在。无危险则无保险。

(2)被保险人对于保险标的须有某种能以金钱估量并为法律和公序良俗所认可的经济利益。

(3)保险必须有多数人参加,建立保险基金。

(4)保险人须对危险所造成的损失给予经济补偿。

(5)保险法律关系是通过保险合同建立的,保险合同具有法律约束力。

1995 年 6 月 30 日第八届全国人民代表大会常务委员会第十四次会议通过了《中华人民共和国保险法》,并于 1995 年 10 月 1 日开始实施。该法第二条规定:"本法所称保险,是指投保人根据合同约定,向保险人支付保险费,保险人对于合同约定的、可能发生的事故因其发生所造成的财产损失承担赔偿保险金责任,或者当被保险人死亡、伤残、疾病或者达到合同约定的年龄、期限时承担给付保险金责任的商业保险行为。"

2.工程保险

工程保险是指业主和承包人为了工程项目的顺利实施,向保险人(公司)支付保险金,保险人根据合同约定对在工程建设中可能产生的财产和人身伤害承担赔偿保险金责任。

(二)工程保险种类

国际上强制性的工程保险,主要有以下几种:建筑工程一切险,附加第三者责任;安装工程一切险,附加第三者责任险;社会保险(如人身意外伤害险,雇主责任险和其他国家法令规定的强制保险);机动车辆险;十年责任险和二年责任险;专业责任险。

国际上工程涉及的自愿保险,有以下几种:国际货物运输险(International Cargo Transport);国内货物运输险;财产险;责任险;政治风险保险。

1.建筑工程一切险

(1)建筑工程一切险的概念

建筑工程一切险,承保各类民用、工业和公用事业建筑工程项目,包括道路、水坝、桥梁、港埠等,在建造过程中因自然灾害或意外事故而引起的一切损失。

建筑工程一切险,往往还加保第三者责任险,即保险人在承保某建筑工程的同时,还对该工程在保险期限内因发生意外事故造成的依法应由被保险人负责的工地上及邻近地区的第三者的人身伤亡、疾病或财产损失,以及被保险人因此而支付的诉讼费用和事先经保险人书面同意支付的其他费用,负赔偿责任。

(2)被保险人

在工程保险中,保险公司可以在一张保险单上对所有参加该项工程的有关各方都给予所需的保险。具体地讲,建筑工程一切险的被保险人包括:业主;承包人或分包人;技术顾问,包括业主雇用的建筑师、工程师及其他专业顾问。

由于被保险人不止一个,而且每个被保险人各有其本身的权益和责任,为了避免有关各方相互之间追偿责任,大部分保险单还加贴共保交叉责任条款。根据这一条款,每一个被保险人如同各自有一张单独的保单,其应负的那部分"责任"发生问题,财产遭受损失,就可以从保险人那里获得相应的赔偿。如果各个被保险人之间发生相互的责任事故,每一个负有责任的被保险人都可以在保单项下得到保障。即这些责任事故造成的损失,都可由保险人负责赔偿,无须根据各自的责任相互进行追偿。

(3)承保的财产

建筑工程一切险可承保的财产为:

①合同规定的建筑工程,包括永久工程、临时工程以及在工地的物料;

②建筑用机器、工具、设备和临时工房及其屋内存放的物件,均属履行工程合同所需要的,是被保险人所有的或为被保险人所负责的物件;

③业主或承包人在工地的原有财产;

④安装工程项目;

⑤场地清理费;

⑥工地内的现成建筑物;

⑦业主或承包人在工地上的其他财产。

(4)承保的危险

保险人对以下危险承担赔偿责任:

①洪水、潮水、水灾、地震、海啸、暴雨、风暴、雪崩、地崩、山崩、冻灾、冰雹及其他自然灾害;

②雷电、火灾、爆炸;

③飞机坠毁,飞机部件或物件坠落;

④盗窃;

⑤工人、技术人员因缺乏经验、疏忽过失、恶意行为等造成的事故;

⑥原材料缺陷或工艺不善所引起的事故;

⑦除外责任以外的其他不可预料的自然灾害或意外事故。

(5)除外责任

建筑工程一切险的除外责任为:

①被保险人的故意行为引起的损失;

②战争、罢工、核污染的损失;

③自然磨损;

④停工;

⑤错误设计引起的损失、费用或责任;

⑥换置、修理或矫正标的本身原材料缺陷或工艺不善所支付的费用；
⑦非外力引起的机构或电器装置的损坏或建筑用机器、设备、装置失灵；
⑧领有公用运输用执照的车辆、船舶、飞机的损失；
⑨对文件、账簿、票据、现金、有价证券、图表资料的损失。

(6)制订工程保险费率应考虑的因素

由于工程保险的个性很强，每个具体工程的费率往往都不相同，费率范围为保险总额的 1.8‰～5‰。在制订建筑工程一切险费率时应考虑如下因素：承保责任范围的大小；承保工程本身的危险程度；承包人的资信情况；保险人承保同类工程的以往损失记录；最大危险责任。

2. 安装工程一切险

安装工程一切险，承保安装各种工厂用的机器、设备、储油罐、钢结构工程、起重机、吊车，以及包含机械工程因素的任何建造工程因自然灾害或意外事故而引起的一切损失。

由于目前机电设备价值日趋高昂，工艺和构造日趋复杂，这种安装工程的风险越来越高。因此，在国际保险市场上，安装工程一切险已发展成一种保障比较广泛、专业性很强的综合性险种，费率为保险总额的 2‰～5‰。

安装工程一切险的投保人可以是业主，也可以是承包人或卖方（供货商或制造商）。在合同中，有关利益方，如所有人、承包人、转承包人、供货人、制造人、技术顾问等其他有关方，都可被列为被保险人。

安装工程一切险，也可以根据投保人的要求附加第三者责任险。在安装工程建设过程中因发生任何意外事故，造成在工地及邻近地区的第三者人身伤亡、致残或财产损失，依法应由被保险人承担赔偿责任时，保险人将负责赔偿并包括被保险人因此而支付的诉讼费用或事先经保险人同意支付的其他费用。安装工程第三者责任险的最高赔偿限额，应视工程建设过程中可能造成第三者人身或财产损害的最大危险程度确定。

工程一切险的保险期限要根据合同条件要求确定，它至少应包括全部施工工期，如果业主要求缺陷责任期内由于施工缺陷造成的损害也属于保险范围，则可以在投保申请书中写明。一般来说，实际保期限可以比合同工期略长一些，这是考虑可能工期拖长，以免今后再办保险延期手续。

3. 第三方责任险

在 FIDIC 合同条件第 23 条中，明确规定承包人应当以承包人和业主的联合名义进行"第三方责任保险"，而且还规定了这种保险金额的最低限额。即此保险金额至少应为投标书附件中所规定的数额。承包人可以按 FIDIC 合同条件的规定，与"工程一切险"合并在一起向保险公司投保，第三方责任险的赔偿限额由双方商定，费率为 2.5‰～3.5‰。

业主要求承包人进行这种保险的目的是很明显的，因为工程是在业主的工程土地范围内进行，如果任何事故造成工地和附近地段第三者人身伤亡和财产损失时，第三者可能要求业主赔偿或提出诉讼，业主为免除自己的责任而要求承包人投保这种责任险。

在发生这种涉及第三方损失的责任时，保险公司将对承包人由此遭到的赔款和发生诉讼等费用进行赔偿。但是应当注意，属于承包人或业主在工地的财产损失，或其本公司和其他承包人在现场从事与工作有关的职工的伤亡不属于第三方责任险的赔偿范围，而属于工程一切险和人身意外险的范围。领有公共交通和运输用执照的车辆事故造成的第三方损失，也不属于这项第三方责任险赔偿范围，它们属于汽车保险范围。

4.人身意外险

承包人应对其施工人员（包括所雇职员和工人）进行人身意外事故保险，这是 FIDIC 合同条件第 24 条的规定。业主一般都要求承包人保证，不因这类事故而使业主遭到索赔、诉讼和其他损失，即业主对承包人的雇员所受伤亡不负责任，除非该损伤是由业主的行动或失误所造成的。

对于每一职员造成的意外事故保险金额，要按工程所在国的劳工法和社会安全法来确定，不能低于这些法律规定的最低限额。

在进行人身意外保险时，还可以同时附加事故致伤的医疗保险，这主要是指抢救和治疗工伤，平常的疾病不属于这一附加医疗保险的赔偿范围。

有些国家对于承包人雇用的外籍职员和工人，允许在外国的保险公司投保，但对工程所在国籍雇员和工人，规定必须在当地保险公司投保。这一点应当在签订合同时予以明确。

5.货物运输险

承包人购买的机具和各种材料，如果从工程所在国以外进口，材料和设备商往往报离岸价(FOB)或者成本加运费价(C&F)，在海运、空运和陆运过程中应当另投保运输险。通常卖方不承担运输风险责任，但如果买主要求，他也可以代买主投保运输险，并将保险费计入其货物报价中。例如"包括运费和保险费在内的到岸价(CIF)"等。货物运输险分为海上、陆上（火车、汽车）、航空三种货物运输险，保险条款大致相同。保险金额为货物到岸价格的 110%，保险费率视不同的运输方式、货物特性、运距、险别等不同因素而定。

各种运输险一般有平安险和一切险等。所谓一切险是指包括平安险和其他外来原因所致的损失保险，而平安险一般指在运输过程中各种自然灾害造成货物损失或损坏、运输工具遭受各种事故（如海轮的搁浅、触礁、沉没、碰撞、失火、爆炸等，空运的坠毁、失踪、碰撞、翻车、失火、爆炸等）造成的损害或灭失，以及失落、丢失等造成的损失。但是，保险公司对于装运前（运输保险责任开始之前）货物已存在的品质不良和数量短缺以及货物的自然损耗、特性改变等损失不承担责任。

如果运输工具通过战争地区，除非另投保战争险，承保运输一切险的保险公司也不负责赔偿战争引起的损害和灭失。

6.其他保险

在特殊情况下，可向保险公司投保战争险、投资险或其他政治险。例如，1980 年某公司在承包伊拉克的某项工程时，投保了战争险。后来两伊战争爆发，这项工程正处于前线地区而被迫中止施工，这家工程公司为遣散工人购买了飞机票，保险公司就赔偿了该工程公司的损失。

三、合同公证与鉴证

1.公证

合同公证是国家公证机构根据当事人的申请依法确认合同的合法性与真实性的法律制度。我国的公证机构是司法部领导下的各级公证处，它代表国家行使公证权。根据《中华人民共和国公证暂行条例》的规定，合同的公证实行自愿原则。任何合同是否需要经过公证，不是法定的必经程序。但是具体到某一地区或某类合同是否需要经过公证，应根据具体规定办理。没有经过公证的有效合同与公证后的合同，具有同等的法律约束力。

2. 鉴证

鉴证是指合同管理机关根据当事人的申请,依法证明合同的真实性和合法性的一项法律制度。除国家规定必须鉴证的合同外,合同的鉴证实行自愿原则。

合同的鉴证,应当依照国家法律和行政法规的规定,审查以下内容：

(1)签订合同的当事人是否合格,是否具有权利能力和行为能力。

(2)合同当事人的意思表示是否真实。

(3)合同的内容是否符合国家的法律和行政法规的要求。

(4)合同的主要条款内容是否完备,文字表述是否正确,合同签订是否符合法定程序。

合同鉴证,一般由合同签订地或履行地工商行政管理局办理,申请鉴证应当提供下列材料：

(1)合同正本、副本。

(2)营业执照或副本。

(3)签订合同法定代表人或委托代理人资格证明。

(4)其他有关证明材料。

合同在鉴证过程中,鉴证人员根据当事人双方提供的合同文本及有关证明材料和外调材料,依照国家法律、行政法规政策规定,进行严格审查。鉴证人员如果认为合同真实、合法、可行,符合鉴证条件,即予以证明。由鉴证人员在合同文本上签字并加盖工商行政管理局合同鉴证章。如果当事人提供的合同文本及证明材料不完备,当事人应予以补正。如果发现合同不真实,不合法,则不应予以证明,而且应在合同文本上注明不予以鉴证理由。如果工商行政管理局发现自己对合同的鉴证有错误,可以撤销证明。

3. 鉴证与公证的区别

(1)性质不同。鉴证是国家工商行政管理机关根据合同鉴证法规依法作出的管理行政行为;公证是国家司法部领导下的公证机构根据国家公证法规作出的司法行为。

(2)行使鉴证和公证权的国家机关不同。合同公证是由国家公证机关统一行使公证权;鉴证则是由政府鉴证机关,即工商行政管理局依法行使鉴证权。

(3)法律效力不同。公证后的合同具有法定证据效力,如人民法院审理案件时,收集的证据涉及的某项文书系公证文书,即确认具有法定证据效力,而予以强制执行。公证在国内外都起作用。鉴证则不具有强制执行的效力,且只能在国内起作用。

四、合同仲裁

(一)仲裁概念

仲裁是合同双方在争议发生前或争议发生后达成协议,自愿将争议交给第三者作出裁决,双方有义务执行的一种解决争议的办法。

(1)仲裁的发生是以双方当事人自愿为前提。这种自愿,体现在仲裁协议中。仲裁协议,可以在争议发生前达成,也可以在争议发生后达成。

(2)仲裁的客体是当事人之间发生的一定范围的争议。这些争议大体包括经济纠纷、劳动纠纷、对外经贸纠纷、海事纠纷等。

(3)仲裁须有三方活动主体,即双方当事人和第三方(仲裁组织)。仲裁组织以当事人双方自愿为基础进行裁决。

(4)裁决具有强制性。当事人一旦选择了仲裁解决争议,仲裁者所作的裁决对双方都有约束力,双方都要认真履行;否则,权利人可以向人民法院申请强制执行。

(二)合同仲裁的原则

1. 平等原则

(1)双方当事人在仲裁活动中地位完全平等。
(2)仲裁机构必须保障双方当事人平等地行使权利。
(3)仲裁机构应通过自己的全部仲裁活动,对法律赋予当事的各项权利和义务,毫无例外地给予保护。

2. 自愿原则

即合同的仲裁建立在仲裁协议的基础上,当事人要么在合同中订立仲裁条款,要么在经济纠纷发生后双方订立仲裁协议(明确仲裁事项、仲裁地点和仲裁机构)。

3. 独立仲裁原则

(1)仲裁机构为独立的实体单位,同其他仲裁机构和行政机关无隶属关系。
(2)合同纠纷仲裁过程中,不应受到各种行政和社会的干扰。
(3)合同的仲裁实行一裁终局制度,合同纠纷的仲裁结果具有最终法律效力,实行裁审分开的原则。
(4)合同纠纷的仲裁不受人民法院的司法管辖,经过仲裁的案件,人民法院也不再受理。

4. 先行调解原则

即仲裁机构在处理经济纠纷时,应当先行调解,只有在当事人不愿调解或调解不成时,才依法进行仲裁。仲裁须遵照《经济合同仲裁条例》和《经济合同仲裁委员会办案规则》的规定程序进行。

合同纠纷的仲裁结果生效后,当事人应当执行,当事人一方在规定的期限内不履行仲裁机构裁决的,另一方可向有管辖权的人民法院申请强制执行。

(三)合同仲裁解决的特点

(1)体现当事人的意思自治。这种意思自治不仅体现在仲裁的受理应当以仲裁协议为前提,还体现在仲裁的整个过程,许多内容都可以由当事人自主确定。
(2)专业性。由于各仲裁机构的仲裁员都是由各方面的专业人士组成,当事人完全可以选择熟悉纠纷领域的专业人士担任仲裁员。
(3)保密性。保密和不公开审理是仲裁制度的特点,除当事人、代理人,以及需要时的证人和鉴定人外,其他人员不得出席和旁听仲裁开庭审理,仲裁庭和当事人不得向外界透露案件的任何实体及程序问题。
(4)裁决的终局性。仲裁裁决作出后是终局的,对当事人具有约束力。
(5)执行的强制性。仲裁裁决具有强制执行的法律效力,当事人可以向人民法院申请强制执行。由于中国是《承认及执行外国仲裁裁决公约》的缔约国,中国的涉外仲裁裁决可以在世界上100多个公约成员国得到承认和执行。

(四)仲裁程序

1. 申请和受理

(1)当事人申请仲裁的条件

纠纷发生后,当事人申请仲裁应当符合下列条件:有仲裁协议;有具体的仲裁请求、事实和理由;属于仲裁委员会的受理范围。

(2)仲裁委员会的受理

仲裁委员会收到仲裁申请书之日起5日内,认为符合受理条件的,应当受理,并通知当事人;认为不符合受理条件的,应当书面通知当事人不予受理,并说明理由。

仲裁委员会受理仲裁申请后,应当在仲裁规则规定的期限内将仲裁规则和仲裁员名册送达申请人,并将仲裁申请书副本和仲裁规则、仲裁员名册送达被申请人。被申请人收到仲裁申请书副本后,应当在仲裁规则规定的期限内向仲裁委员会提交答辩书。仲裁委员会收到答辩书后,应当在仲裁规则规定的期限内将答辩书副本送达申请人。被申请人未提交答辩书的,不影响仲裁程序的进行。

2. 仲裁庭的组成

(1)仲裁庭的组成形式

仲裁庭可以由3名仲裁员或1名仲裁员组成。由3名仲裁员组成的,要设首席仲裁员。

(2)仲裁员的产生

当事人约定由3名仲裁员组成仲裁庭的,应当各自选定或各自委托仲裁委员会主任指定1名仲裁员,第三名仲裁员由当事人共同选定或共同委托仲裁委员会主任指定。第三名仲裁员是首席仲裁员。当事人约定由1名仲裁员成立仲裁庭的,应当由当事人共同选定或共同委托仲裁委员会主任指定仲裁员。当事人没在仲裁规则规定的限期内约定仲裁庭的组成的方式或选定仲裁员的,由仲裁委员会主任指定。

3. 开庭和裁决

(1)开庭与否的决定

仲裁应当开庭进行,当事人协议不开庭的,仲裁庭可以根据仲裁申请书、答辩书以及其他材料作出裁决。仲裁不公开进行。但当事人协议公开的,可以公开进行,但涉及国家秘密的除外。

(2)不到庭或者未经许可中途退庭的处理

申请人经书面通知,无正当理由不到庭或者未经仲裁庭许可中途退庭的,可以视为撤回仲裁申请。被申请人经书面通知,无正当理由不到庭或者未经仲裁庭许可中途退庭的,可以缺席裁决。

(3)证据的提供

当事人应当对自己的主张提供证据。仲裁庭认为有必要收集的证据,可以自行收集。仲裁庭对专门性问题认为需要鉴定的,可以交由当事人约定的鉴定部门鉴定,也可以由仲裁庭指定的鉴定部门鉴定,根据当事人的请求或者仲裁庭的要求,鉴定部门应当派鉴定人参加开庭。当事人经仲裁庭许可,可以向鉴定人提问。

(4)开庭中的辩论

当事人在仲裁过程中有权进行辩论。辩论终结时,首席仲裁员或者独任仲裁员应当征询当事人的最后意见。

(5)当事人自行和解

当事人申请仲裁后,可以自行和解。达成和解协议的,可以请求仲裁庭根据和解协议作出裁决书,也可以撤回仲裁申请。当事人达成和解协议,撤回仲裁申请后反悔的,可以根据仲裁协议申请仲裁。

(6)仲裁庭主持下的调解

仲裁庭在作出裁决前,可以先行调解。调解达成协议的,仲裁庭应当制作调解书或者根据协议的结果制作裁决书。调解书与裁决书具有同等法律效力。调解书经双方当事人签收后,即发生法律效力。在调解书签收前当事人反悔的,仲裁庭应当及时作出裁决。

(7)仲裁裁决的作出

裁决应当按照多数仲裁员的意见作出,少数仲裁员的不同意见可以记入笔录。仲裁庭不能形成多数意见时,裁决应当按照首席仲裁员的意见作出裁决。裁决书自作出之日起发生法律效力。

4.仲裁裁决的执行

仲裁委员会的裁决作出后,当事人应当履行。同时,我国建立了关于仲裁裁决的执行制度,当事人不履行仲裁裁决时,人民法院可以强制执行。

五、招投标法

招标投标法是调整在招标投标活动中产生的社会关系的法律规范的总称。《中华人民共和国招标投标法》(以下简称《招投标法》)已由第九届全国人大常委会第十一次会议于1999年8月30日通过,自2000年1月1日起施行。凡在我国境内进行招标采购项目的采购活动,必须依照该法的规定进行。

(一)招标

1.强制招标的工程建设项目范围

在我国境内进行下列工程建设项目,包括项目的勘察、设计、施工、监理以及与工程建设有关的重要设备、材料等的采购,必须进行招标:

(1)大型基础设施、公用事业等关系社会公共利益、公共安全的项目。

(2)全部或者部分使用国有资金投资或者国家融资的项目。

(3)使用国际组织或者外国政府贷款、援助资金的项目。

上述项目的具体范围和规模标准,由国务院发展计划部门会同国务院有关部门制定,报国务院批准。对上述必须进行招标的建设项目,任何个人或者单位不得将其化整为零或者以其他任何方式回避招标。

2.可以不进行招标的工程范围

(1)涉及国家安全、国家秘密或者抢险救灾而不适宜招标的。

(2)属于利用扶贫资金实行以工代赈需要使用农民工的。

(3)施工主要技术采用特定的专利或者专有技术的。

(4)施工企业自建自用的工程,且该施工企业资质等级符合工程要求的。

(5)在建工程追加的附属小型工程或者主体加层工程,原中标人仍具备承包能力的。

(6)法律、行政法规规定的其他情形。

3. 建设工程的招标方式

建设工程的招标方式分为公开招标和邀请招标两种。

(1)公开招标是指招标人以招标公告的方式邀请不特定的法人或其他组织投标,它是一种由招标人按照法定程序,在公开出版物上发布或以其他公开方式发布招标公告,所有符合条件的承包人均可以平等参加投标竞争,从中择优选择中标者的招标方式。

(2)邀请招标是指招标人以投标邀请书的方式邀请特定的法人或其他组织投标。邀请招标是由接到投标邀请书的法人或其他组织才能参加投标的一种招标方式,其他潜在的投标人则被排除在投标竞争之外,邀请招标必须向3个以上的潜在投标人发出邀请。邀请招标只有在有些项目不适合公开招标时才可以采用。

4. 招标公告与投标邀请书

招标公告是指采用公开招标方式的招标人(包括招标代理机构)向所有潜在的投标人发出的一种广泛的通告。依法必须进行招标项目的招标公告,应当通过国家指定的报刊、信息网络或其他媒介发布招标公告。投标邀请书是指采用邀请招标方式的招标人,向3个以上具备承担招标项目的能力、资信良好的特定法人或其他组织发出的参加投标的邀请。

5. 资格预审

资格预审是指在招标开始之前或者开始初期,由招标人对申请参加投标的潜在投标人进行资质条件、业绩、信誉、技术、资金等多方面的情况进行资格审查。只有在资格预审中被认定为合格的潜在投标人(或投标人),才可以参加投标。如果国家对投标人的资格条件有规定的,依照其规定。

招标人在规定时间内,按照资格预审文件中规定的标准和方法,对提交资格预审申请书的潜在投标人的资格进行审查。审查的重点是专业资格审查。

6. 编制和发售招标文件

招标人应当根据招标项目的特点和需要编制招标文件。招标文件是投标人准备投标文件和参加投标的依据,也是招标投标活动当事人的行为准则和评标的重要依据。因此,招标文件在招标活动中具有重要的意义。

招标人对已发出的招标文件进行必要的澄清或修改,应当在招标文件要求提交投标文件截止时间至少15日前,以书面形式通知所有招标文件收受人。该澄清或修改的内容为招标文件的组成部分。对招标人而言,对招标文件作出必要的澄清或修改后,以书面形式通知所有招标文件收受人是一项必须履行的义务。

招标文件是招标活动公平、公正的重要体现,招标文件不得要求或标明特定的生产供应者以及含有倾向或排斥潜在投标人的其他内容。

国家对招标项目的技术、标准和投标人的资格条件有规定的,应当按照规定在招标文件中载明。这些要求一般都是强制性的,不允许当事人通过协议降低这方面的要求。

(二)投标

1. 投标人及其资格要求

投标人是响应招标、参加投标竞争的法人或其他组织。自然人不能作为建设工程项目的投标人。投标人应当具备以下条件:

(1)投标人应当具备承担招标项目的能力。

(2)投标人应当符合招标文件规定的资格条件。

2. 编制和送达投标文件

不同的招标项目,其投标文件的组成也会有一定的区别。对于建设施工项目招标,投标文件的内容应当包括拟派出的项目负责人与主要技术人员的简历、业绩和拟用于完成招标项目的机械设备等。

(1)投标文件的编制。为了编制投标文件,除了应当搜集有关资料外,还应当参加投标预备会和勘察现场。

招标人将在资料表写明的地点和时间统一组织投标人对现场及其周围环境进行一次现场考察,以便投标人自行查明或核实有关编制投标文件和签订合同所必需的一切资料。

标前会议的目的,是澄清并解答投标人在查阅招标文件和现场考察后,可能提出的涉及投标和合同方面的任何问题。会后,招标人将其书面答复和澄清的内容以编号的补遗书形式发给所有已购买招标文件的投标人。投标人在收到书面答复(补遗书)后,应在 24 小时内以传真等书面形式向招标人确认收到。

(2)投标文件的送达。投标人应当在招标文件要求提交投标文件的截止时间前,将投标文件送达投标地点。招标人收到投标文件后,应当签收保存,不得开启。招标人在投标截止期以后收到的投标文件,将原封退给投标人。

(3)投标文件的补充、修改或撤回。投标人在招标文件要求提交投标文件的截止时间前,可以补充、修改或撤回已提交的投标文件,并以规定的书面形式通知招标人(应当与投标文件同样密封和递交)。补充、修改的内容也是投标文件的组成部分。

(4)联合体共同投标。联合体共同投标是指由两个以上的法人或其他组织共同组成联合体,以该联合体的名义即一个投标人的身份参加投标的组织方式。但是,联合投标应当是潜在投标人的自愿行为,招标人不得强制投标人组成联合体共同投标。

联合体各方应当具备承担招标项目的相应能力,联合体各方均应当具备规定的相应资格条件。由同一专业的单位组成的联合体,按照资质等级较低的单位确定资质等级。

联合体各方应当签订共同投标协议,明确约定各方应当承担的工作和责任,并将共同投标协议连同投标文件一并提交招标人。联合体中标者,联合体各方应当共同与招标人签订合同,就中标项目向招标人承担连带责任。

3. 开标、评标和中标

(1)开标。我国《招投标法》规定,开标应当在招标文件确定的提交投标文件截止时间的同一时间公开进行。开标由招标人或招标代理人主持,邀请所有投标人参加。评标委员会委员和其他有关单位的代表也应当应邀出席开标。投标人或他们的代表则不论是否被邀请,都有权参加开标。

(2)评标。评标由招标人依法组建的评标委员会负责。依法必须进行招标的项目,评标委员会由招标人和招标代理机构的代表,以及受聘或应邀参加该委员会的技术、经济等方面的专家组成。评标委员会的成员人数为 5 人以上单数,其中技术、经济等方面的专家不得少于成员总数的三分之二,并且这些专家应当从事相关领域工作满八年、具有高级职称或具有同等专业水平。

评标委员会可以要求投标人对投标文件中含意不明确的内容作必要的澄清或说明,但是澄清或说明不得超出投标文件的范围或改变投标文件的实质件内容。

评标委员会应当按照招标文件确定的评标步骤和方法,对投标文件进行评审和比较;设有标底的,应当参考标底。评标委员会完成评标后向招标人提出书面评标报告,并推荐合格的中标候选人。招标人根据评标委员会提出的书面评标报告和推荐的中标候选人确定中标人;招标人也可以授权评标委员会直接确定中标人。评标只对有效投标进行评审。

中标人的投标应当符合下列条件之一:
①能够最大限度地满足招标文件中规定的各项综合评标标准;
②能够满足招标文件的实质性要求,并且经评审的投标价格最低,但是投标价格低于成本的除外。

在建设项目的招标投标中,评价的方法有综合评议法和合理低标价法(也可称为最低评标价法)等。

(3)中标。中标人确定后,招标人应当向中标人发出中标通知书,并同时将中标结果通知所有未中标的投标人。中标通知书对招标人和中标人具有法律效力。中标通知书发出后,招标人改变中标结果的,或中标人放弃中标项目的,应当依法承担法律责任。

招标人和中标人应当自中标通知书发出之日起30日内,按照招标文件和中标人的投标文件订立书面合同。招标人和中标人不得再行订立背离合同实质性内容的其他协议。招标文件要求中标人提交履约保证金的,中标人应当提交。

依法必须进行招标的项目,招标人应当自确定中标人之日起15日内,向有关行政监督部门提交招标投标情况的书面报告。

复习思考题

1. 简述合同的成立条件。
2. 简述要约的含义与构成要件。
3. 要约邀请与要约主要有哪些区别?
4. 简述要约承诺的构成要件。
5. 简述合同成立的时间和地点。
6. 简述合同生效的要件。
7. 简述合同被确认无效或被撤销的后果。
8. 简述合同履行原则的主要内容。
9. 简述同时履行抗辩权的概念和构成要件,先履行抗辩权的概念和构成要件。
10. 试述代位权的含义、特征、要件与行使。
11. 简述变更与解除合同的基本条件及注意事项。
12. 比较约定解除与法定解除,简述合同解除的法律效力。
13. 简述违约责任的概念、特征、违约责任的构成要件。
14. 简述违约金的概念和特点。
15. 什么是合同转让?合同转让有何法律规定?
16. 合同担保的形式有哪些?各有什么特征?
17. 工程保险的种类及保险范围。
18. 合同的仲裁及程序。
19. 甲公司向乙公司签订了一份书面合同,甲公司签字、盖章后邮寄给乙公司签字、盖章。

该合同自何时成立?

A. 自双方口头协商一致并签订备忘录时成立
B. 自甲公司签字、盖章时成立
C. 自甲公司签字、盖章的合同交付邮寄时成立
D. 自乙公司签字盖章时成立

20. 被告甲(某市职业技术学院)因建造一栋大楼,急需水泥,其基建处遂向本省的青锋水泥厂、新华水泥厂及原告建设水泥厂发出函电,函电中称:"我公司急需强度等级为42.5的水泥100t,如贵厂有货,请速来函电,我公司愿派人前往购买。"三家水泥厂在收到函电以后,都先后向原告回复了函电,在函电中告知他们备有现货,且告知了各自的价格。而原告建设水泥厂在发出函电的同时,并派车给被告送去了50t水泥。但在该水泥送达被告之前,被告得知新华水泥厂所生产的水泥质量较好,且价格合理,因此向新华水泥厂发去函电,称:"我公司愿购买贵厂100t强度等级为42.5级水泥,盼速送货,运费由我公司负担。"在发出函电后第二天上午,新华水泥厂发函称已准备发货。下午,原告将50t水泥送到,被告告知原告,他们已决定购买新华水泥厂的水泥。原告认为,被告拒收货物已构成违约,双方因协商不成,原告遂向法院提起诉讼。请根据上述案情,运用合同法原理和我国《合同法》的规定分析以下问题:

①原、被告之间的合同是否成立,为什么?被告是否需要向原告承担违约责任?
②被告和新华水泥厂之间的合同是否成立?为什么?
③何谓缔约过失责任?本案被告是否需要承担缔约过失责任?为什么?

21. 王某与赵某于2006年5月1日签订了买卖一古画的合同。双方约定赵某花10万元购买王某所持的郑板桥字画一幅,名为《醉蟹抱石》。请问:

①若双方约定2006年5月30日到6月10日期间履行,但未约定先后顺序,王某在5月20日要求赵某先付款,此时赵某可否拒绝,为什么?

②若双方约定:在6月5日赵某付款;6月10日王某交货。5月30日赵某闻得王某曾因倒卖假画而入狱;又专家李某告诉赵某,郑板桥确曾画过《醉蟹抱石》,但听说该画早在民国期间已毁于战火,王某手中的画不知不真是假。6月5日王某要求赵某付款,赵某应如何处理?

第二篇　工程招投标

第三章　工程招投标概述

> **本章要点**
> - 工程招投标的概念：是引入竞争机制而订立合同的一种法律形式。
> - 工程招标的方式：公开招标、邀请招标。
> - 工程建设项目招标的范围，包括强制性招标范围、应当公开招标范围、邀请招标范围及可以不进行招标的工程范围。
> - 工程招标的类型：总承包招标、勘察设计招标、施工招标、监理招标及材料设备招标。

第一节　工程招投标的概念

从1949年建国以来，我国大型水电工程建设一直采用自营制方式。20世纪80年代初，经济建设成为发展重点，水电建设形成高潮，利用外资（世界银行贷款和政府贷款），借款人必须履行一些承诺和条件，因此，当时利用外资的直接动因是解决国内资金不足，而出乎很多人预想的是，利用外资产生了比解决一时资金匮乏更重要、更深远的结果，这就是开放促进了改革。

在引进外资的同时也引进了国外长期在市场经济条件下形成的并为社会公认的规则，即被称为"国际惯例"的市场运作法则以及项目管理的理论和方法。这种国际惯例就是招投标制度，鲁布革工程作为我国第一个推行国际竞争性招标和项目管理的工程，掀开了我国工程项目管理体制的一场深刻的革命，是我国工程项目管理体制改革的一个标记。

鲁布革工程概况：

第一部分，首部枢纽拦河大坝为堆石坝，最大坝高103.5m。

第二部分为引水系统，由电站进水口、引水隧洞、调压井、高压钢管四部分组成，引水隧洞总长9.38km，开挖直径8.8m，差动式调压井内径13m，井深63m。

第三部分为厂房枢纽，主付厂房设在地下，总长125m，宽18m，最大高度39.4m，安装15万kW的水轮发电机4台，总容量60万kW，年发电量28.2亿kW·h。

鲁布革水电站工程是改革开放后我国水电建设方面第一个利用世行贷款、对外公开招标的国家重点工程。这项工程按世界银行要求，对引水隧洞工程的施工及主要机电设备实行了国际招标。引水隧洞工程标底为14958万元，日本大成公司以8463万元（比标底低43%）的标价中标，1984年10月15日就正式施工。从下达开工令到正式开工仅用了两个半月时间，隧洞开挖仅用了两年半时间,于1987年10月全线贯通,比计划提前5个月。1988年7月引水系统工程全部竣工,比合同工期还提前了122天。实际工程造价按开标汇率计算约为标底的60%。鲁布革工程在施工组织上,承包方只用了30人组成的项目管理班子进行管理,施工人员是我国水电十四局的500名职工。在建设过程中,实行了国际通行的工程监理制(工程师制)和项目法人负责制等管理办法。大成公司先进的施工机械、精悍的施工队伍、先进的管理机制、科学的管理方法引起了人们极大的兴趣。大成公司雇佣中方劳务平均424人,劳务管理严格,施工高效,均衡生产。当时曾流传过"在大成公司施工的隧洞里,穿着布鞋可以走到开挖工作面"的佳话。

作为市场竞争主体的国内建筑企业,综合竞争能力普遍低于国外同行水平,具体表现在:竞争动力不足,习惯于寻找保护,竞争意识淡薄;管理水平低下,管理模式落后;技术应用层次不高,技术含量较低;国际经营承包经验欠缺,相应人才不足。国外公司靠的就是管理和技术。

招标投标的意义:形成了由市场定价的价格机制;不断降低社会平均劳动消耗水平;工程价格更加符合价值基础;体现了公开、公平、公正的原则。

招标投标是指招标人对工程建设、货物买卖、劳务承担等交易业务,事先公布选择采购的条件和要求,招引他人承接,若干或众多投标人作出愿意参加业务承接竞争的意思表示,招标人按照规定的程序和办法择优选定中标人的活动。招标投标是在市场经济条件下进行工程建设、货物买卖、财产出租、中介服务等经济活动的一种竞争形式和交易方式,是引入竞争机制订立合同(契约)的一种法律形式。

建设工程招标是指招标人在发包建设项目之前,公开招标或邀请投标人,根据招标人的意图和要求提出报价,择日当场开标,以便从中择优选定中标人的一种经济活动。

建设工程投标是工程招标的对称概念,指具有合法资格和能力的投标人根据招标条件,经过初步研究和估算,在指定期限内填写标书,提出报价,并等候开标,决定能否中标的经济活动。

《合同法》明确规定:建设工程招标是要约邀请;投标是要约;中标通知书是承诺。

第二节 工程招标的方式和范围

一、工程招标的方式

从竞争程度进行分类,可以分为公开招标和邀请招标;从招标的范围进行分类,可以分为国际招标和国内招标。

1. 公开招标

公开招标,又称无限竞争性招标,是指由招标人通过报纸、广播、电视等大众媒体,向社会公开发布招标公告,凡对此招邀项目感兴趣并符合规定条件的不特定承包人,都可自愿参加竞标的一种工程发包方式。公开招标是最具竞争性的招标方式。在国际上,谈到招标通常都是指公开招标。公开招标也是所需费用最高、花费时间最长的招标方式。

公开招标优点:有利于开展真正意义上的竞争,最充分地展示公开、公正、平等竞争的招标原则,防止和克服垄断;能有效地促使承包人在增强竞争实力上修炼内功,努力提高工程质量,缩短工期,降低造价,求得节约和效率,创造最合理的利益回报;有利于防范招标投标活动操作人员和监督人员的舞弊现象。

缺点:参加竞争的投标人越多,每个参加者中标的几率将越小,白白损失投标费用的风险也越大;招标人审查投标人资格、投标文件的工作量比较大,耗费的时间长,招标费用支出也比较多。

2. 邀请招标

邀请招标,又称有限竞争性招标或选择性招标,这种方式不发布广告,是由招标人根据自己的经验和掌握的信息资料,向有承担该项工程施工能力的3个以上(含3个)承包人发出招标邀请书,邀请他们参加工程的投标竞争;收到邀请书的单位才有资格参加投标。

邀请招标优点是:目标集中,招标的组织工作较容易,工作量比较小。其缺点是:由于参加的投标单位较少,竞争性较差,使招标单位对投标单位的选择余地较少,如果招标单位在选择邀请单位前所掌握信息资料不足,则会失去发现最适合承担该项目的承包人的机会。

公开招标和邀请招标都必须按规定的招标程序进行,投标人必须按招标文件的规定进行投标。

二、工程招标的范围

1. 强制招标的范围

凡在中华人民共和国境内进行下列工程建设项目,包括项目的勘察、设计、施工、监理以及与工程建设有关的重要设备、材料等的采购,必须进行招标。

(1)大型基础设施、公用事业等关系社会公共利益、公共安全的项目;
(2)全部或者部分使用国有资金投资或国家融资的项目;
(3)使用国际组织或者外国政府贷款、援助资金的项目。

原国家计委于2000年5月1日3号令发布实施了《工程建设项目招标范围和规模标准规定》(以下简称《规定》),《规定》中指出了关系社会公共利益、公众安全的基础设施项目的范围;关系社会公共利益、公众安全的公用事业项目的范围,使用国有资金投资项目的范围;国家融资项目的范围;使用国际组织或者外国政府资金的项目的范围,具体范围见表3-1。

工程建设项目强制招标范围　　　　　表3-1

关系社会公共利益、公众安全的基础设施项目的范围	①煤炭、石油、天然气、电力、新能源项目; ②铁路、公路、管道、水运、航空以及其他交通运输业等交通运输项目; ③邮政、电信枢纽、通信、信息网络等邮电通信项目; ④防洪、灌溉、排涝、引(供)水、滩涂治理、水土保持、水利枢纽等水利项目; ⑤道路、桥梁、地铁和轻轨交通、污水排放及处理、垃圾处理、地下管道、公共停车场等城市设施项目; ⑥生态环境保护项目; ⑦其他基础设施项目
关系社会公共利益、公众安全的公用事业项目的范围	①供水、供电、供气、供热等市政工程项目; ②科技、教育、文化等项目; ③体育、旅游等项目; ④卫生、社会福利等项目; ⑤商品住宅,包括经济适用住房; ⑥其他公用事业项目
使用国有资金投资项目的范围	①使用各级财政预算资金的项目; ②使用纳入财政管理的各种政府性专项建设基金的项目; ③使用国有企业事业单位自有资金,并且国有资产投资者实际拥有控制权的项目

续上表

国家融资项目的范围	①使用国家发行债券所筹资金的项目; ②使用国家对外借款或者担保所筹资金的项目; ③使用国家政策性贷款的项目; ④国家授权投资主体融资的项目; ⑤国家特许的融资项目
使用国际组织或者外国政府资金的项目的范围	①使用世界银行、亚洲开发银行等国际组织贷款资金的项目; ②使用外国政府及其机构贷款资金的项目; ③使用国际组织或者外国政府援助资金的项目

对以上的各类工程建设项目,包括项目的勘察、设计、施工、监理以及与工程建设有关的重要设备、材料等的采购,达到下列标准之一的,必须进行招标:

(1)施工单项合同估算价在 200 万元人民币以上的;
(2)重要设备、材料等货物的采购,单项合同估算价在 100 万元人民币以上的;
(3)勘察、设计、监理等服务的采购,单项合同估算价在 50 万元人民币以上的;
(4)单项合同估算价低于第(1)、(2)、(3)项规定的标准,但项目总投资额在 3 000 万元人民币以上的。

2. 应当采用公开招标的工程范围

国务院发展计划部门确定的国家重点建设项目和各省、自治区、直辖市人民政府确定的地方重点建设项目,以及全部使用国有资金投资或者国有资金投资占控股或者主导地位的工程建设项目,应当公开招标。

3. 可以采用邀请招标的工程范围

(1)项目技术复杂或有特殊要求,只有少量几家潜在投标人可供选择的;
(2)受自然地域环境限制的;
(3)涉及国家安全、国家秘密或者抢险救灾,适宜招标但不宜公开招标的;
(4)拟公开招标的费用与项目的价值相比,不值得的;
(5)法律、法规规定不宜公开招标的。

国家重点建设项目的邀请招标,应当经国务院发展计划部门批准;地方重点建设项目的邀请招标,应当经各省、自治区、直辖市人民政府批准。

4. 可以不进行招标的工程范围

(1)涉及国家安全、国家秘密或者抢险救灾而不适宜招标的;
(2)属于利用扶贫资金实行以工代赈需要使用农民工的;
(3)施工主要技术采用特定的专利或者专有技术的;
(4)施工企业自建自用的工程,且该施工企业资质等级符合工程要求的;
(5)在建工程追加的附属小型工程或者主体加层工程,原中标人仍具备承包能力的;
(6)法律、行政法规规定的其他情形。

第三节 工程招标的类型

一、建设工程项目总承包招标

即选择项目总承包人招标。其又分为两种类型,其一是指工程项目实施阶段的全过程招标;其二是指工程项目建设全过程的招标。前者是在设计任务书完成后,从项目勘察、设计到交付使用进行一次性招标;后者则是从项目的可行性研究到交付使用进行一次性招标,业主只需提供项目投资和使用要求及竣工、交付使用期限,其可行性研究、勘察设计、材料和设备采购、施工安装、生产准备和试运行、交付使用,均由一个总承包人负责承包,即所谓"交钥匙工程"。

我国由于长期采取设计与施工分开的管理体制,目前具备设计、施工双重能力的施工企业为数较少。因而在国内工程招标中,所谓项目总承包招标往往是指对一个项目全部施工的总招标,与国际惯例所指的总承包尚有相当大的差距,为与国际接轨,提高我国建筑企业在国际建筑市场的竞争能力,深化施工管理体制的改革,造就一批具有真正总包能力的智力密集型的龙头企业,是我国建筑业发展的重要战略目标。

二、建设工程勘察招标

招标人就拟建工程的勘察任务发布通告,以法定方式吸引勘察单位参加竞争,经招标人审查获得投标资格的勘察单位按照招标文件的要求,在规定的时间内向招标人填报标书,招标人从中选择条件优越者完成勘察任务。

三、建设工程设计招标

招标人就拟建工程的设计任务发布通告,以吸引设计单位参加竞争,经招标人审查获得投标资格的设计单位按照招标文件的要求,在规定的时间内向招标人填报标书,招标人从中择优确定中标单位来完成工程设计任务。

四、建设工程施工招标

建设工程施工招标,是指招标人就拟建的工程发布公告或者邀请,以法定方式吸引建筑施工企业参加竞争,招标人从中选择条件优越者完成工程建设任务的法律行为。

五、建设工程监理招标

招标人为了委托监理任务的完成,以法定方式吸引监理单位参加竞争,招标人从中选择条件优越者的法律行为。

六、建设工程材料设备招标

建设工程材料设备招标,是指招标人就拟购买的材料设备发布公告或者邀请,以法定方式吸引建设工程材料设备供应商参加竞争,招标人从中选择条件优越者购买其材料设备的法律行为。

复习思考题

1. 简述工程招标和投标的概念。
2. 简述工程招标的方式有哪些?
3. 按照《规定》,哪些工程建设项目必须进行招标?
4. 简述工程招标的类型。

第四章　工程项目施工招投标

> **本章要点**
> - 建设工程施工招标：建设工程施工招标的条件，施工招标文件的组成，施工招标程序。
> - 施工招标文件编制：施工招标文件的编制原则和依据，资格预审文件、招标公告、招标公告/投标邀请书、投标人须知、合同条款、技术规范、工程量清单、标底/招标控制价的编制要点。
> - 评标办法：最低投标价法，综合评估法。
> - 建设工程施工投标：投标程序，投标的基本决策，投标文件的编制。
> - 建设工程施工合同：建设工程施工合同的特点，订立施工合同的依据和原则，施工合同的主要内容。

第一节　施　工　招　标

通常建设项目设计工作完成后，业主就可开始进行建筑工程和安装工程的施工招标，以选择施工承包单位。施工招标过程可粗略地划分为3个阶段：第一阶段是招标准备阶段，从准备招标开始，到发出招标公告或发出投标邀请函为止；第二阶段是招标阶段，从发布招标公告或发出投标邀请函之日起，到投标截止日止；第三阶段是决标成交阶段，从开标之日起，到与中标单位签订施工承包合同止。

建设项目施工招标由招标人依法组织实施。任何单位和个人不得以任何方式非法干涉工程施工招标活动。本章根据我国《工程建设项目施工招标投标办法》（七部委30号令）介绍工程建设项目施工招标。

一、施工招标条件

1. 工程建设项目施工招标的条件

《工程建设项目施工招标投标办法》（七部委30号令）对工程建设项目进行施工招标的条件做了明确规定。依法必须招标的工程建设项目，应当具备下列条件才能进行施工招标：

（1）招标人已经依法成立；
（2）初步设计及概算应当履行审批手续的，已经批准；
（3）有相应资金或资金来源已经落实；
（4）有招标所需的设计图纸及技术资料。

2. 公路养护工程项目招标的条件

按照我国《公路养护工程施工招标投标管理暂行规定》，实施招标的公路养护工程项目，应具备以下条件：
(1)项目已列入年度养护维修计划；
(2)资金来源已落实；
(3)有关养护方案或者设计文件已经完成；
(4)招标文件已编制完毕；
(5)其他相关准备工作已完成。

当然，对公路养护工程项目，其实施招标的规模也有规定：
(1)公路小修保养最小标的为连续20km以上或者小于20km的整条路段，最短养护合同期限为一年。
(2)大中修公路养护工程投资100万元以上的项目。

二、施工招标文件的组成

在实际应用中，招标文件应分卷装订。工程施工招标文件通常包括：

卷次	篇次	内容
第一卷	第1章	招标公告（或投标邀请书）
	第2章	投标人须知
	第3章	评标办法
	第4章	合同条款及格式
	第5章	工程量清单
第二卷	第6章	图纸
第三卷	第7章	技术标准和要求
第四卷	第8章	投标文件格式

除上述内容外，招标人在招标期间对招标文件所作的澄清、修改，构成招标文件的组成部分。同时招标人根据项目具体特点和实际需要，可在前附表中载明需要补充的其他材料，如工程地质勘察报告。

三、施工招标程序

工程施工招标分为公开招标和邀请招标。采用公开招标方式的，招标人应当发布招标公告，邀请不特定的法人或者其他组织投标。依法必须进行施工招标项目的招标公告，应当在国家指定的报刊和信息网络上发布。采用邀请招标方式的，招标人应当向3家以上具备承担施工招标项目的能力、资信良好的特定的法人或者其他组织发出投标邀请书。

公开招标的程序一般可分为6个阶段，即招标准备阶段，编制资格预审文件和招标文件，发售招标文件，开标，评标，定标与签订合同。招标程序见图4-1。

四、资格审查

(一)资格审查的形式

按国际惯例，为保证投标人基本满足招标要求，必须对投标人进行资格审查。资格审查分为资格预审和资格后审。

1. 资格预审

资格预审是指在投标前对潜在投标人进行的资格审查。进行资格预审的,一般不再进行资格后审。招标人应当在资格预审文件中载明资格预审的条件、标准和方法。经资格预审后,招标人应当向资格预审合格的潜在投标人发出资格预审合格通知书,告知获取招标文件的时间、地点和方法,并同时向资格预审不合格的潜在投标人告知资格预审结果。资格预审不合格的潜在投标人不得参加投标。

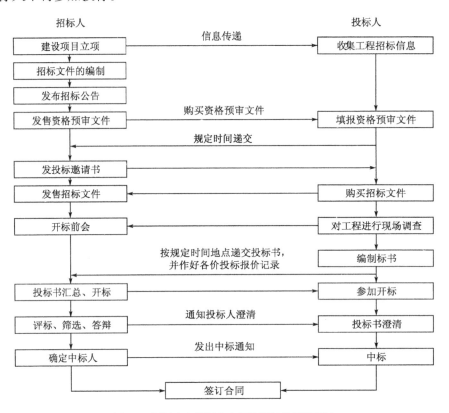

图 4-1 招标人和投标人之间的招标投标流程图

2. 资格后审

不采用资格预审的公开招标应进行资格后审,可在开标后进行资格审查,即资格后审。如对于一些开工期要求比较早,工程不算复杂的工程项目,为了争取早日开工,可不进行资格预审而进行资格后审。

资格后审是在招标文件中加入资格审查的内容。投标人在填报投标文件的同时,按要求填写资格审查资料。评标委员会在正式评标前先对投标人进行资格审查,对资格审查合格投标人进行评标,对不合格投标人的投标应予否决。

资格后审的内容与资格预审的内容大致相同,主要包括:投标人的组织机构、财务状况、人员与设备情况、施工经验等方面。

(二)资格审查的主要内容

按《工程建设项目施工招标投标办法》的规定,招标人应根据对招标项目的要求和相关法规,设定项目招标的投标人资格条件。投标人的资格条件可分为两部分,即基本资格条件和专业资格条件。基本资格条件是指对投标人的合法地位和信誉等提出要求;专业资格条件是指对投标人履行拟定招标项目的能力提出要求。因此,资格审查应主要审查潜在投标人或者投标人是否符合下列条件:

(1)具有独立订立合同的权力;

(2)具有履行合同的能力,包括专业、技术资格和能力,资金、设备和其他物质设施状况,管理能力,经验、信誉和相应的从业人员;

(3)没有处于被责令停业,投标资格被取消,财产被接管、冻结,破产状态;

(4)在最近3年内没有骗取中标和严重违约及重大工程质量问题;

(5)国家规定的其他资格条件。

资格审查时,招标人不得以不合理的条件限制、排斥潜在投标人或者投标人,不得对潜在投标人或者投标人实行歧视待遇。任何单位和个人不得以行政手段或者其他不合理方式限制投标人的数量。

(三)资格预审程序

资格预审是资格审查的主要形式。资格预审有严格的程序,一般分为3个步骤,即编制资格预审文件,邀请潜在投标人(或称申请人)参加资格预审;发售资格预审文件和有兴趣的潜在投标人提交资格预审申请书;接受申请书进行资格预审并确定合格的投标人名单。具体程序如图4-2所示。

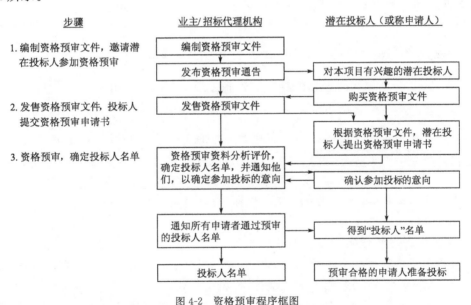

图4-2 资格预审程序框图

(四)资格预审文件的内容

资格预审文件主要包括资格预审公告、申请人须知、资格审查办法、资格预审申请文件格式、项目建设概况。

如果申请人有疑问,可在规定的时间内以书面形式要求招标人对资格预审文件进行澄清。招标人以书面形式对资格预审文件的澄清,也视为资格预审文件的组成部分。

在规定的时间内,招标人如果需要对资格预审文件进行修改,可以书面形式通知申请人。招标人对资格预审文件的修改,也应视为资格预审文件的组成部分。

当资格预审文件、资格预审文件的澄清或修改等在同一内容的表述上不一致时,以最后发出的书面文件为准。

(五)资格审查文件的编制

资格审查可采用资格预审和资格后审。通常采用资格预审,当时间紧张时,经招标主管部门批准后也可进行资格后审。采用资格预审时,应专门编制资格预审文件;采用资格后审时,应在招标文件中载明对投标人资格要求。资格预审文件由招标人或其代理机构编制。申请人提供的资格预审或资格后审材料基本一致,以下主要阐述资格预审文件的编制。

1. 资格预审公告

资格预审公告的作用:一是发布某项目将要招标;二是发布资格预审的详细信息。资格预审公告要说明以下主要内容:

(1)招标条件;
(2)项目概况与招标范围;
(3)申请人资格要求;
(4)资格预审方法;
(5)资格预审文件的获取;
(6)资格预审申请文件的递交;
(7)发布公告的媒介;
(8)联系方式。

[例4-1] 某高速公路路面工程施工招标资格预审通告示例。

××高速公路路面工程施工招标资格预审公告

1 招标条件

本招标项目××高速公路已由××省发展和改革委员会以《××省发展改革委关于××高速公路公路项目核准的批复》批准建设,项目业主为××高速公路有限公司(以下简称"招标人"),建设资金来自股东投资与国内银行项目贷款,项目出资比例为25%:75%。项目已具备招标条件,现进行公开招标,特邀请有兴趣的潜在投标人(以下简称"申请人")提出资格预审申请。

2 项目概况与招标范围

××高速公路路线全长约66.3km,设计速度100km/h,其中,××至××段(起点至K30+066)采用双向四车道,整体式路基标准宽度26m,××至××段(K30+066至K66+297)采用双向六车道,整体式路基标准宽度33.5m,分离式路基宽16.75m。本次路面工程施工招标划分为1个标段。本次路面工程招标主要包括形式为4cm上面层改性沥青混凝土、6cm中面层沥青混凝土和8cm下面层沥青混凝土路面及水泥混凝土路面(不包括所有隧道混凝土路面)、桥面铺装的沥青混凝土面层(不包括整体化层)、交通标志、标线、护栏、隔离栅等。

3 申请人资格要求

3.1 本次资格预审要求申请人具备住房和城乡建设部颁发的公路工程施工总承包特级资质,取得国家或省级有关部门颁发的有效安全生产许可证,具有类似高速公路施工经验,在设备、人员和资金方面均能满足执行本工程要求,且通过国家工商、税务行政主管部门年审合格的法人企业均可独家提出资格预审申请。

3.2 本次资格预审<u>不接受联合体资格预审申请</u>。

3.3 招标人不接受任何一家投标申请人除自己以外,又同时出现具有投资参股关系的关联企业,或具有相应资质的母子公司,或具有相应资质的母公司下属的子公司等关联公司同时提出申请。如有此种情况,最多只允许1个关联公司通过资格预审,详见资格审查办法相关规定。

3.4 免资审单位的报名信息。如申请人被××省交通运输厅通报表彰免资审且在有效期内的施工单位报名后,仍须购买资格预审文件,并按资格预审文件的规定向招标人做出相应承诺。

4 资格预审方法

本次资格预审采用<u>有限数量制</u>。

5 资格预审文件的获取

5.1 请符合上述条件的申请人于 2014 年 4 月 24 日上午 9:30 至 11:30 ,下午 14:00 至 16:00 (北京时间,下同),在××市××区××路333号广州建设工程交易中心,持企业法人营业执照副本原件、企业资质证书副本原件、企业安全生产许可证副本原件、单位介绍信或法定代表人委托书原件、经办人身份证及上述资料彩色复印件一套,及在××建设工程交易中心办理的IC卡和填写好的《××省建设工程投标报名申请表》购买资格预审文件。

IC卡的办理和《××省建设工程投标报名申请表》的下载详情参见××省建设工程交易中心网(http://www.××.gd.cn)服务指南栏目。

5.2 资格预审文件售价为 500 元/套,资料USB存储盘售价为500元/套,共计人民币1000元/套,售后不退。

6 资格预审申请文件的递交

6.1 递交资格预审申请文件截止时间(申请截止时间,下同)为2014年 5 月 6 日16时00分,申请人应于当日 14 时 00 分至 16 时 00 分将资格预审申请文件递交至××市××区××路××号××省建设工程交易中心。递交资格预审申请文件时须提交单位介绍信、经办人身份证原件及复印件。

6.2 逾期送达或者未送达上述指定地点的资格预审申请文件,招标人不予受理。

7 发布公告的媒介

本次资格预审公告同时在《××日报》、《中国采购与招标网》、××省建设工程交易中心信息网(http://www.××.gd.cn/××/)、××省招标投标监管网(www.××.gov.cn)上发布。如媒体发布公告内容不一致者,以××省建设工程交易中心网站公告为准。

8 联系方式

招 标 人:××高速公路有限公司

地 址:××省××市××路56号楼2305室

邮政编码:××××××

联 系 人:王小姐

电 话:×××—××××××××

传　真：×××—××××××××

　　　　　　　　　　　　　　　　招标人：××高速公路有限公司
　　　　　　　　　　　　　　　　日　　期：2014年4月18日

2.资格预审申请人须知

资格预审申请人须知是指导申请人按招标人的资格审查的要求，正确编制资格预审材料的说明。资格预审申请人须知的内容包括总则、资格预审文件、资格预审申请文件的编制、递交、审查，通知和确认等内容。

（1）总则

资格预审申请人须知的总则中，包括如下项目。

①项目概况

项目概况中阐明招标项目已具备招标条件，特邀请有兴趣承担该工程的申请人提出资格预审申请。同时对招标项目招标人、招标代理机构、招标项目名称合同段建设地点等予以说明。通常在申请人须知前附表列明。

②资金来源和落实情况

说明招标项目的资金来源、招标项目的出资比例、招标项目的资金落实情况等。通常在申请人须知前附表列明。

③招标范围、计划工期和质量要求

对招标项目的招标范围、计划工期、质量要求通常在申请人须知前附表列明。

④申请人资格要求

申请人的资格要求应载明承担工程施工的资质条件、能力和信誉。资质条件包括：财务要求、业绩要求、信誉要求、项目经理资格及其他要求。通常在申请人须知前附表列明。

如果项目接受联合体申请资格预审的，联合体申请人除应符合上述要求外，还应遵守做出相应的规定，如按资格预审文件提供的格式签订联合体协议书，明确联合体牵头人和各方的权利义务等。

在我国的《编制施工招标资格预审文件》中，对申请人的身份及其他方面也作了严格规定，规定申请人不得存在下列情形之一：

　　a.招标人不具有独立法人资格的附属机构（单位）；
　　b.为本标段前期准备提供设计或咨询服务的，但设计施工总承包除外；
　　c.本标段的监理人；
　　d.本标段的代建人；
　　e.为本标段提供招标代理服务的；
　　f.与本标段的监理人或代建人或招标代理机构同为一个法定代表人的；
　　g.与本标段的监理人或代建人或招标代理机构相互控股或参股的；
　　h.与本标段的监理人或代建人或招标代理机构相互任职或工作的；
　　i.被责令停业的；
　　j.被暂停或取消投标资格的；
　　k.财产被接管或冻结的；
　　l.在最近3年内有骗取中标或严重违约或重大工程质量问题的。

除以上内容外,在申请人须知中对语言文字和费用承担方面也应作相应的规定。在我国的《编制施工招标资格预审文件》中规定,来往文件均使用中文,申请人准备和参加资格预审发生的费用自理。

(2)资格预审文件

在总则中对资格预审文件的组成作出规定。资格预审文件包括资格预审公告、申请人须知、资格审查办法、资格预审申请文件格式、项目建设概况,以及对资格预审文件的澄清和对资格预审文件的修改规定等内容。

(3)资格预审申请文件的编制

①资格预审申请文件的组成

a. 资格预审申请函;

b. 法定代表人身份证明或附有法定代表人身份证明的授权委托书;

c. 联合体协议书;

d. 申请人基本情况表;

e. 近年财务状况表;

f. 近年完成的类似项目情况表;

g. 正在施工和新承接的项目情况表;

h. 近年发生的诉讼及仲裁情况;

i. 其他材料:见申请人须知前附表。

②资格预审申请文件的编制要求

资格预审申请文件应按规定的"资格预审申请文件格式"进行编写,如有必要,可以增加附页,并作为资格预审申请文件的组成部分。如果招标人在申请人须知前附表中表示接受联合体资格预审申请的,在规定的表格和资料中应包括联合体各方相关情况。

(4)资格预审申请文件的递交

资格预审申请文件的递交对资格预审申请文件的密封和标识及资格预审申请文件递交的截止时间、递交资格预审申请文件的地点等作出相应的规定。

(5)资格预审申请文件的审查

一方面对资格预审申请文件审查委员会的组建方式和审查委员会人数作出相应规定,另一方面应规定审查标准。

(6)通知和确认

招标人应明确在规定的时间内以书面形式将资格预审结果通知申请人,并向通过资格预审的申请人发出投标邀请书。如果应申请人书面要求,招标人应对资格预审结果作出解释。

通过资格预审的申请人收到投标邀请书后,应在规定的时间内以书面形式明确表示是否参加投标。如果在规定时间内未表示是否参加投标或明确表示不参加投标的,不得再参加投标。因此造成潜在投标人数量不足3个的,招标人重新组织资格预审或不再组织资格预审而直接招标。

(7)申请人的资格改变

通过资格预审的申请人,如果其组织机构、财务能力、信誉情况等资格条件发生变化,使其不再实质上满足"资格审查办法"规定标准的,其投标不被接受。

(8)纪律与监督

纪律与监督方面规定严禁贿赂、不得干扰资格审查工作、保密、投诉等规定。

(9)需要补充的其他内容

根据项目的实际情况可补充的其他内容。

3. 资格审查办法

资格审查方法有合格制和有限数量制两种。

(1)合格制

资格预审采用合格制的审查方法,凡符合资格初步审查标准和详细审查标准的申请人均通过资格预审。

①审查标准

资格初步审查标准的审查因素及审查标准见表4-1。

初步审查标准的审查因素及审查标准 表4-1

审查因素	审查标准
申请人名称	与营业执照、资质证书、安全生产许可证一致
申请函签字盖章	有法定代表人或其委托代理人签字或加盖单位章
申请文件格式	符合"资格预审申请文件格式"的要求
联合体申请人	提交联合体协议书,并明确联合体牵头人(如有)
…	…

资格详细审查标准的审查因素及审查标准见表4-2。

详细审查标准的审查因素及审查标准 表4-2

审查因素	审查标准
营业执照	具备有效的营业执照
安全生产许可证	具备有效的安全生产许可证
资质等级	符合申请人须知的相关规定
财务状况	符合申请人须知的相关规定
类似项目业绩	符合申请人须知的相关规定
信誉	符合申请人须知的相关规定
项目经理资格	符合申请人须知的相关规定
其他要求	符合申请人须知的相关规定
联合体申请人	符合申请人须知的相关规定
…	…

②审查程序

审查委员会依据初步审查标准对资格预审申请文件进行初步审查。有一项因素不符合审查标准的,不能通过资格预审。在审查中审查委员会可以要求申请人提交规定的有关证明和证件的原件,以便核验。

审查委员会依据详细审查标准对通过初步审查的资格预审申请文件进行详细审查。有一项因素不符合审查标准的,不能通过资格预审。

通过资格预审的申请人除应满足初步审查标准和详细审查标准外,还不得存在下列任何一种情形:

a.不按审查委员会要求澄清或说明的;

b. 有在"申请人须知"中关于申请人身份及其他方面的禁行规定的任何一种情形的;
c. 在资格预审过程中弄虚作假、行贿或有其他违法违规行为的。

在审查过程中,审查委员会可以书面形式,要求申请人对所提交的资格预审申请文件中不明确的内容进行必要的澄清或说明。申请人的澄清或说明应采用书面形式,并不得改变资格预审申请文件的实质性内容。申请人的澄清和说明内容属于资格预审申请文件的组成部分。招标人和审查委员会不接受申请人主动提出的澄清或说明。

③审查结果

审查委员会按照规定的程序对资格预审申请文件完成审查后,确定通过资格预审的申请人名单,并向招标人提交书面审查报告。如果通过资格预审申请人的数量不足3个,招标人应重新组织资格预审或不再组织资格预审而直接招标。

(2)有限数量制

资格预审采用有限数量制时,审查委员会依据规定的审查标准和程序,对通过初步审查和详细审查的资格预审申请文件进行量化打分,按得分由高到低的顺序确定通过资格预审的申请人。通过资格预审的申请人不超过资格审查办法规定的数量。

采用有限数量制这种形式审查时,其初步审查标准和详细审查标准的审查因素和审查标准、审查程序等与合格制相同,所不同的一是应事先确定通过资格预审的人数,二是应确定具体的评分标准。评分标准中应列明评分因素,通常应考虑财务状况、类似项目业绩、信誉、认证体系等因素,并具体规定各评分因素对应的评分标准。

4. 资格预审申请文件格式

为保证申请人在资格预审文件中清晰完整地反映资格审查的实质性内容,规范申请人提交的资格预审申请文件,在招标人的资格预审文件中应对资格预审申请文件的格式进行规定。我国对施工招标有《标准施工招标资格预审文件》,各行业也根据行业的特点编制颁发了行业的标准施工招标资格预审文件,如交通运输部颁发了《公路工程标准施工招标资格预审文件》(交公路发〔2009〕221号)。一些行业还根据工程项目的特点编制颁发了行业的其他项目主体的招标资格预审文件示范文本,如交通运输部颁发了《经营性公路建设项目投资人招标资格预审文件示范文本》(交公路发〔2011〕135号)。

在以上这些标准招标资格预审文件中,对资格预审申请人文件的格式都做了统一规定。

5. 项目建设概况

在资格预审文件的最后,招标人应对项目建设概况作说明,包括项目总体的说明、建设条件的说明、建设要求的说明及其他需要说明的情况。

[例4-2] 某高速公路施工招标资格预审申请人须知前附表示例(表4-3)。

申请人须知前附表　　　　　　　表4-3

条款号	条款名称	编列内容
1.1.2	招标人	名　称:××高速公路有限公司 地　址:××省××市××路××号302室 联系人:王先生 电　话:×××-××××××××
1.1.3	招标代理机构	无
1.1.4	项目名称	××高速公路

续上表

条款号	条款名称	编列内容
1.1.5	建设地点	××省××市
1.2.1	资金来源	股东投资,国内银行项目贷款
1.2.2	出资比例	25%:75%
1.2.3	资金落实情况	已落实
1.3.1	招标范围	路基、路面工程施工
1.3.2	计划工期	计划工期:20个月 计划开工日期:2014年5月1日 计划交工日期:2015年11月30日
1.3.3	质量要求	标段工程交工验收的质量评定:合格且综合评分不小于90分 竣工验收的质量评定:合格且综合评分不小于90分
1.4.1	申请人资质条件、能力和信誉	资质条件:(本教材略) 财务要求:(本教材略) 业绩要求:(本教材略) 信誉要求:(本教材略) 项目经理和项目总工资格:(本教材略)
1.4.2	是否接受联合体资格预审申请	不接受
2.2.1	申请人要求澄清资格预审文件的截止时间	递交资格预审申请文件截止之日10天前
2.2.2	招标人澄清资格预审文件的截止时间	递交资格预审申请文件截止之日7天前
2.2.3	申请人确认收到资格预审文件澄清的时间	收到澄清后24h内(以发出时间为准)
2.3.1	招标人修改资格预审文件的截止时间	递交资格预审申请文件截止之日7天前
2.3.2	申请人确认收到资格预审文件修改的时间	收到修改后24h内(以发出时间为准)
3.1.1	申请人需补充的其他材料	申请人认为其他与资格预审有关的所有资料
3.2.4	近年财务状况的年份要求	2011～2013年(近3年)
3.2.5	近年完成的类似项目的年份要求	2009年～申请文件递交截止日止(近5年)
3.2.7	近年发生的诉讼及仲裁情况的年份要求	2009年～申请文件递交截止日止(近5年)
3.3.1	签字或盖章要求	无
3.3.2	资格预审申请文件副本份数	3份,另加1份电子文件(U盘存储)
3.3.3	资格预审申请文件的装订要求	书脊上应列明资格预审申请人名称

续上表

条款号	条款名称	编列内容
4.1.2	封套上写明	招标人地址：××省××市××路××号302室 招标人全称：××高速公路有限公司 ××高速公路施工招标资格预审申请文件 在2014年6月6日16：00分前不得开启 申请人地址： 申请人全称： 邮政编码：
4.2.1	申请截止时间	2014年 4月6 日16：00分
4.2.2	递交资格预审申请文件的地点	××市××区××路××号××省建设工程交易中心
4.2.3	是否退还资格预审申请文件	否
5.1.2	审查委员会人数	人数为5人以上单数，由在符合规定的专家库随机抽取选定的专家组成
5.2	资格审查方法	有限数量制
6.1	资格预审结果的通知时间	上级主管部门批复资格预审结果后3天内
6.2	资格预审结果的确认时间	收到投标邀请书后24h内(以发出时间为准)予以确认
6.3	重新组织资格预审或不再组织资格预审而直接招标	造成潜在投标人数不足5个的
8.4	监督部门	①监督部门：××省交通运输厅监察室 地　　址：××市××路××号 电　　话：×××－×××××××× 传　　真：×××－×××××××× 邮　　编：×××××× ②××省交通集团有限公司
	需要补充的其他内容	
1.4		1.4　申请人资格要求增加下列条款： 1.4.4　申请人在资格预审申请时，若实际承担施工的是其直属的子公司，必须遵守以下规定： (1)在资格预审申请文件中应明确具体承担施工的子公司名称及负责施工的主要内容； (2)若该子公司具有相应的施工资质，其不得以任何形式同时申请本招标项目任一合同段类别的资格预审； (3)资格预审申请文件应提供子公司施工经验、施工能力(包括人员、设备)、管理能力和履约信誉等方面的资料。 1.4.5　如果资格申请是由一个申请人提出的，而其又是由若干个下属单位组成的机构，那么在申请中应明确指出工程的各主要部分将由哪一个下属单位承担。根据本条规定，提交的申请文件包括实际承担本工程的下属单位或专业单位的资料。资格的评审亦只考虑这些下属单位或专业单位在业绩、人员、设备和财力上是否合格。 1.4.7　××省交通运输厅通报表彰免资格预审且在有效期内的企业，申请本项目资格预审，在满足强制性的前提下，按资格预审文件的规定提交资格预审申请文件后直接通过资格预审

续上表

条款号	条款名称	编列内容
3.2.5		替换为: "近年完成的类似项目情况表"应附中标通知书、合同协议书、交工验收证书等三份资料的复印件。有关资料应能清晰表达申请人填写的有关业绩数据及程度,如上述三份资料不能体现工程项目的里程长度、结构类型,还需要附有发包人书面评价或发包人证明资料
6.2		替换为: 招标人保留拒绝或接受任何资格预审申请的权力,有权宣布资格预审过程无效或拒绝所有申请,对资格预审结果由此而引起的对资格预审申请人的影响不承担责任,也无须向资格预审申请人解释原因
9.1.2		细化如下: 申请人提交的资格预审申请文件(初步施工组织计划除外)将作为施工合同文件的组成部分。 如果申请人通过资格预审,资格预审申请文件中填列的拟投入本合同工程的人员、资金(包括信贷证明)以及拟设置的组织机构在投标时原则上应按原有内容填报。 在申请文件所填报的人员中,以下人员在投标期间不得调整:项目经理、项目总工(含备选)
9.4		增加第9.4款如下: 9.5 资格预审文件中所有复印件均指彩色扫描件或彩色复印件。资格预审文件中提到的货币单位除有特别说明外,均指人民币。
9.5		增加第9.5款如下: 申请人不得将本合同工程违法分包和转包

五、施工招标文件的编制

工程建设项目符合《工程建设项目招标范围和规模标准规定》规定的范围和标准的,必须通过招标选择施工单位。工程项目施工招标文件是招标人单方面阐述自己的招标条件和具体要求的意思表示,是招标人确定、修改和解释有关招标事项的各种书面表达形式的统称。

(一)编制原则

工程项目施工招标投标活动,依法应由招标人负责,任何单位和个人不得以任何方式非法干涉工程施工招标投标活动。在编制施工招标文件时应遵循以下原则。

1. 公正合理的原则

招标文件是具有法律效力的文件,双方都要遵守,都要承担义务,因此招标文件编制必须坚持公正合理的原则。公正是指不偏不倚、平等对待招标人和投标人。合理是指招标人提出技术要求、商务条件必须依据充分并切合实际。

2. 公平竞争的原则

招标文件编制必须坚持公平竞争的原则。只有公平、公开才能吸引真正感兴趣、有竞争力的投标人竞争。公平竞争是指招标文件不能存有歧视性条款。招标文件应载明配套的评标因素和标准,尽量做到科学合理,这样会使招标活动更加公开,人为因素相对减少,也会使潜在的投标人更感兴趣。

3. 科学规范的原则

招标文件编制必须坚持科学规范的原则。招标文件应该以规范的文字,把招标的目的、要求、进度、保修期服务等描述得简捷有序、准确明了。招标文件的用词、用语一定要准确无误,表述清楚,不允许使用大概、大约等无法确定的词汇以及表达上含糊不清的语句,尽量少用或不用形容词,禁止使用有歧义的语言,防止投标人出现理解误差。招标文件要做到格式统一、字体统一、语言统一、数字运用统一、技术要求使用标准统一等。

(二)编制的依据

1. 法律法规

法律法规是招标文件编制的主要根本依据。招标文件是招标投标活动中最重要的法律文件,招标文件的内容应符合国家法律法规。招标文件编制的主要依据是相关的法律、法规、规章和行政规范性文件,如《中华人民共和国招标投标法》《中华人民共和国合同法》《中华人民共和国招标投标法实施条例》等。

2. 招标文件范本

招标文件范本是招标文件编制的直接依据。国家有关部门颁发的相关招标文件示范本,是指导招标文件编制工作的规范性文件,招标文件都应按照范本编写。如2007年国家九部委以56号令联合颁发《中华人民共和国标准施工招标文件》。考虑行业的特点,各行业也有编制颁发了行业的标准文件,如交通运输部编制颁发了《公路工程标准施工招标文件》(交公路发〔2009〕221号)。

3. 招标人自身的需求

招标文件应全面满足招标人的需求。因此招标文件要充分体现以下3个方面:一是招标文件要充分反映招标策划与合同管理策划的成果;二是招标文件合同条款在体现公平的基础上,要体现招标人的主导地位和控制权;三是招标文件中合同风险应合理划分,尽可能规避招标人的风险。

技术条款是反映招标工程项目具体而详细的内容要求,是招标工程项目的一个比较清晰的框架。技术条款提供的要求越详细、越接近招标人合法的实际要求,才能使招标结果更符合需求。招标文件应能全面准确反映工程的技术指标、质量水平要求、验收标准、计量与支付条件等。这些问题没有明确,招标文件就不能贴近招标人需求,不仅给投标人编制投标文件带来很多困惑和疑问,最终影响了招标成效和质量。

(三)编制前的准备工作

1. 组建招标文件编制团队

招标文件编制团队的组建,主要包括两个方面的工作:一是对招标文件编制人员的选择。招标文件编制涉及技术、经济、法律等流域,是一项综合性的工作,因此要求招标文件编制人员应具有一定的专业知识储备,熟悉与招投标相关的国家、地方法律、法规及综合性文件,熟悉项目相关施工及管理技术标准、项目造价管理相关标准及知识、项目合同管理的相关知识。二是招标文件编制团队应有明确的分工和良好的协作配合,由一名具备以上知识和丰富经验的人员主要负责编制,由相关专业技术人员配合,招标标底或控制价应由专业造价人员编制。

2.收集整理招标资料

招标文件编制团队组建后,应开始着手收集整理招标资料,主要包括如下内容:
(1)与工程项目招投标相关的国家法律法规、行业和地方招投标相关规定等;
(2)国家及行业相关标准施工招标文件;
(3)工程施工技术标准、图纸、相关技术资料和相关技术标准、规范、综合性文件等;
(4)工程计价依据及工程造价管理相关依据。

3.制订招标工作计划

制订一个完整、严密、合理的招标工作计划,有利于招标工作能有条不紊地顺利进行,也便于检查;当中间环节出现问题时能及时发现,尽快修正,保证总计划的完成。

编制招标工作计划既要和设计阶段计划、建设资金计划、征地拆迁计划、工期计划等相互呼应,又要考虑合理的招标阶段时间间隔,并要结合工程规模和范围做不同的安排。在编制时应考虑:一方面,招标工作的时间不能太长,如果时间太长,不但可能影响建设计划的完成,而且还会造成人、财、物的浪费。另一方面,招标工作时间也不能安排得过紧。如果时间太短,不仅会影响招标工作的质量,而且使投标单位没有足够的时间编制标书,对招标单位和投标单位都不利。

[例4-3] ××高速公路工程施工招标工作计划示例(表4-4)。

××高速公路工程施工招标工作计划　　　　表4-4

工作阶段	序号	工作内容	日期	时间(日历天)	备注
准备阶段	1	确定招标方式、合同类型		30	初步设计和概算批准的前提下
	2	申请批准招标及采取的招标方式			
	3	准备资格预审文件送主管部门审定			
资格预审	4	发布资格预审通告	2月20日	0	3月20日起考察投标单位
	5	售资格预审文件	2月25日		
	6	交申请书截止日	3月15日		
	7	发投标邀请信	4月10日		
	8	完成招标文件编制、审定、出版	4月15日		
招标阶段	9	发售招标文件	4月20日	90	
	10	召开标前会议与组织现场考察	5月4~6日		
	11	截止投标并开标	7月20日		
评标签约阶段	12	初评提出名单	8月5日	60	从发中标通知书到监理工程师发开工令世行规定为84天内
	13	开澄清会	8月6~10日		
	14	终评提出推荐名单	8月25日		
	15	编制评标报告送审、决标	8月30日		
	16	发中标通知书	9月5日		
	17	签订合同→补充必要附件	9月20日		
开工阶段	18	承包人进入现场	10月5日	48	
	19	监理工程师签发开工令	11月1日		
	20	开工	11月8日		

以上例子是国内投资项目的资格预审工作计划。如果是世界银行等外资贷款项目,则不但要进行国际竞争性招标,还要报世界银行审批或认可,考虑中间环节增多和翻译,时间会更长。如果是地方上的中小型工程项目,不一定进行资格预审,编标、决标、签约到开工的时间也可大大缩短。总之,必须从实际出发,具体工程要具体对待。

4.合同数量的确定

业主依据自身的管理能力、设计的进展情况、建设项目本身的特点、外部环境条件等因素,经过充分考虑比较后,首先决定施工阶段的标段数量和合同类型。

建设项目的招标可以将全部工作内容一次性发包,也可以将工作内容分解成几个独立的阶段或独立的项目分别招标,如单位工程招标、土建工程招标和安装工程招标、设备订购招标和材料采购招标,以及特殊专业工程施工招标等。全部工程一次性发包,业主只与一个承包人(或承包人联营体)签订合同,施工过程中的合同管理比较简单,但有能力承包的投标人相对较少。如果业主有足够的管理能力,也可将整个工程分成几个单位工程或专项工程,采取分别招标方式。

业主在进行分标确定合同数量时,主要应考虑以下几个方面因素。

(1)工程特点

每一个建设项目都有其特殊性,通常会体现在以下方面:

①工程的类型、规模、特点、技术复杂程度;

②工程质量要求;

③设计深度和工程范围的确定性;

④工期的限制;

⑤项目的盈利性;

⑥工程风险程度;

⑦工程资源(如资金,材料,设备等)供应及限制条件;

⑧业主应根据以上因素合理分标,确定工程项目施工的合同数量。

(2)施工现场条件

进行分标时,应充分考虑各承包人在现场施工的情况,尽量避免或减少交叉干扰,以利于项目管理单位在合同履行过程中对各合同包之间的协调管理。如果施工场地比较集中,工程量不大,且技术上又不太复杂时,一般不用分标;当工作面分散、工程量大或有某些特殊技术要求时,则可以考虑分标或分包。

(3)对工程造价的影响

合同数量的多少对工程造价的影响,并不是一个绝对的、一概而论的问题,应根据工程项目的具体条件进行客观分析。如果工程项目实施总承包,则便于承包人的施工管理,人工、机械设备和临时施工设施便于统一调配使用,单位间的相互干扰少,并有可能获得较低报价。但对于大型复杂工程的施工总承包,由于有能力参与竞争的单位较少,也会使中标的合同价较高。如果采用细分合同包的方法分别招标,可参与竞争的投标人增多,业主就能够获得具有竞争性的商业报价。

(4)承包人的特长

一个施工企业往往在某一方面有其专长,如果按专业分合同包,可增加对某一专项有特长的承包人的吸引力,既能提高投标的竞争性,又有利于保证工程按期、优质、圆满地完成,甚至有时还可招请到在某一方面有先进专利施工技术的承包人,完成特定工程部位的施工任务。

(5)注意合同之间的衔接

建设项目由单项工程、单位工程或专业工程组成,在考虑确定合同段的数量时,既要考虑各施工单位之间的交叉干扰,又要注意各合同段之间的相互联系。合同段之间的联系是指各合同段之间的空间衔接和时间衔接。在空间上,要明确划分每一合同包的界限,避免在承包人之间对合同的平面或立面交接工作的责任产生推委或扯皮。时间衔接是指工程进度的衔接,特别是"关键线路"上的施工项目,要保证前一合同包的工作内容能按期或提前完成,避免影响后续承包人的施工进度,以确保整个工程按计划有序完成。

(6)其他因素影响

影响分标的因素有很多,如资金的筹措、设计图纸完成的时间等。有时为了照顾本国或本地区承包人的利益,也可能将其作为分标或分包的考虑因素。总之,业主在分标时,应在综合考虑上述各影响因素的基础上,拟定几个方案进行比较,然后再确定合同数量。

5.合同类型的选择

在实际工程中,合同类型多样。不同种类的合同,有不同的应用条件,有不同的权力和责任的分配,有不同的付款方式,对合同双方有不同的风险。现代工程中最典型的合同类型有单价合同、固定总价合同、成本加酬金合同、目标合同等。业主应综合考虑以下因素来确定合同类型。

(1)工程项目的复杂程度

规模大且技术复杂的工程项目,承包风险较大,各项费用不易准确估算,因而一般不宜采用固定总价合同。最好是有把握的部分采用固定价合同,估算不准的部分采用单价合同或成本补酬合同。有时在同一工程中采用不同的合同形式,是业主和承包人合理分担施工风险因素的有效办法。

(2)目的设计深度

施工招标时所依据的项目设计深度,经常是选择合同类型的重要因素。招标图纸和工程量清单的详细程度能否让投标人进行合理报价,决定于已完成的设计深度。表4-5列出了不同设计阶段与合同类型的选择关系,以供参考。

合同类型选择参考　　　　　　表4-5

合同类型	设计阶段	设计主要内容	设计应满足条件
总价合同	施工图设计	(1)详细的设备清单	(1)设备、材料的安排
		(2)详细的材料清单	(2)非标准设备的制造
		(3)施工详图	(3)施工图预算的编制
		(4)施工图预算	(4)施工组织设计的编制
		(5)施工组织设计	(5)其他施工要求
单价合同	技术设计	(1)较详细的设备清单	(1)设计方案中重大技术问题的要求
		(2)较详细的材料清单	(2)有关试验方面确定的要求
		(3)工程必需的设计内容	(3)有关设备制造方面的要求
		(4)修正概算	
成本加酬合同或单价合同	初步设计	(1)总概算	(1)主要材料、设备订购
		(2)设计依据、指导思想	(2)项目总造价控制
		(3)建设规模	(3)技术设计的编制

续上表

合同类型	设计阶段	设计主要内容	设计应满足条件
成本加酬合同或单价合同	初步设计	(4)主要设备选型和配置	(4)施工组织设计的编制
		(5)主要材料需要量	
		(6)主要建筑物、构筑物的型式和估计工程量	
		(7)公用辅助设施	
		(8)主要技术经济指标	

(3)施工技术的先进程度

如果施工中有较大部分采用新技术、新工艺,当业主和承包人在这方面没有经验,且在国家颁布的标准、规范、定额中又没有可作为依据的标准时,为了避免投标人盲目地提高承包价款,或由于对施工难度估计不足而导致承包亏损,不宜采用固定价合同,可考虑选用成本补酬合同。

(4)施工工期的紧迫程度

招标对工程设计虽有一定的要求,但在招标过程中,一些紧急工程(如灾后恢复工程等)要求尽快开工且工期较紧,此时可能仅有实施方案,还没有施工图纸,因此不可能让承包人报出合理的价格,宜采用成本补酬合同。

对一个建设项目而言,究竟采用何种合同形式不是固定不变的。在一个项目中各个不同的工程部分或不同阶段,可以采用不同形式的合同。

6. 工程招标方式的选择

工程施工招标分为公开招标和邀请招标。不同招标方式有其各自的特点及适用范围。一般要根据承包形式、合同类型、业主所拥有的招标时间(工程紧迫程度)等确定。

采用公开招标的方式,业主选择范围大,承包人之间充分地平等竞争,有利于降低报价,提高工程质量,缩短工期。但公开招标的招标期较长,业主工作量大。同时采用公开招标,许多承包人竞争一个标,除中标的一家外,其他各家的花费都是徒劳的,会导致许多无效投标,导致社会资源的浪费。这会导致承包人经营费用的提高,最终导致整个市场上工程成本的提高。

根据我国工程建设项目施工招标投标办法规定,依法必须进行公开招标的项目,有下列情形之一的,可以邀请招标:

(1)项目技术复杂或有特殊要求,或者受自然地域环境限制,只有少量潜在投标人可供选择;

(2)涉及国家安全、国家秘密或者抢险救灾,适宜招标但不宜公开招标;

(3)采用公开招标方式的费用占项目合同金额的比例过大。

采用邀请招标这种招标方式,业主的事务性管理工作较少,招标所用的时间较短,费用低,同时业主可以获得一个比较合理的价格,但其选择范围具有一定的局限性。

(四)招标公告编制/投标邀请书的编制

招标公告与投标邀请书是《标准施工招标文件》的第一章。对于未进行资格预审项目的公开招标项目,招标文件应包括招标公告;对于邀请招标项目,招标文件应包括投标邀请书;对于已进行资格预审的项目,投标文件应包括投标邀请书(代资格预审通过通知书)。

1. 招标公告(未进行资格预审)的编制

要告知潜在投标人招标项目已具备招标条件,现对该项目的施工进行公开招标。招标公告要列明的主要内容如下。

(1)项目概况与招标范围

项目概况主要从宏观角度简要介绍招标项目的建设地点、规模、计划工期等内容。招标范围则需针对招标项目的项目内容、标段划分及各标段的内容进行概括性的描述,使潜在投标人能够初步判断其是否感兴趣、是否有实力完成该项目的实施。

(2)投标人资格要求

招标人主要审查投标人是否具有独立订立合同的权利,是否有相应的履约能力等,但不得以不合理的条件限制、排斥投标人,也不得对投标人实行歧视待遇。

①招标人根据项目具体特点和实际需要,明确提出投标人应具有的最低资质要求、业绩要求及在人员、设备、资金等方面具有相应的施工能力。

②表明招标人是否接受联合体投标。如果接受联合体投标的,应明确各联合体投标人成员在资质、财务、业绩、信誉等方面应满足的最低要求。

③招标人可以依据项目特点和市场情况,对投标标段的数量进行限制,避免在后续招标时出现因允许同时参加多个标段投标而造成每个投标人均能获得一个合同的结果。

(3)招标文件的获取

招标文件的获取具体时间、详细地址及获取条件(持单位介绍信);招标文件每套售价等。

(4)投标文件的递交

招标人应当根据有关法律规定和项目具体特点合理确定投标文件递交的截止时间。投标文件递交地点的约定应具体明确,通常应包括街道、门牌号、楼层和房间号等。

(5)发布公告的媒介

公布招标公告发布的媒介名称。

根据中华人民共和国国家发展计划委员会第4号《招标公告发布暂行办法》和《国家计委关于指定发布依法必须招标项目招标公告的媒介的通知》,《中国日报》、《中国经济导报》、《中国建设报》和《中国采购与招标网》(http://www.chinabidding.com.cn)为发布依法必须招标项目招标公告的媒介。各地方人民政府依照审批权限审批的、依法必须招标的民用建筑项目的招标公告,可在省、自治区、直辖市、人民政府发展改革部门指定的媒介发布。

(6)联系方式

公布招标人的地址、邮编、联系人、电话、传真、电子邮件、网址、开户银行及账号等。如果招标人委托招标代理机构进行招标的,应同时公布招标代理机构的地址、邮编、联系人、电话、传真、电子邮件、网址、开户银行及账号等。

招标公告通常包括以上主要内容。具体的工程项目应根据项目的具体情况确定。[例4-4]是某高速公路路基土建工程的施工招标公告。

[例4-4] ××高速公路项目路基土建施工招标公告示例。

××高速公路项目路基土建工程施工招标公告

1 招标条件

××高速公路项目(以下简称"本项目")由国家发展与改革委员会批准建设,项目业主为××高速公路有限责任公司,资金来源为国家补助、省自有资金、国内银行贷款。项目已具备招标条件,经××省交通运输厅批准,由项目业主作为本项目招标人(以下简称"招标人"),对本项目的路基土建工程施工进行公开招标,资格后审。

2 项目概况与招标范围

2.1 工程概况

××高速公路项目起于××,止于××。路线全长150km,主线上共设置桥梁59 156m/107座,隧道87 668m/35座,桥隧总比例约83.6%;设置12处互通式立交,5处服务区、4处停车区、4处管理分中心和4处养护工区,1处主线收费站等必要的交通工程及沿线管养设施。

2.2 技术标准

双向四车道高速公路,设计速度80km/h;路基宽度:整体式路基24.5m;设计荷载:公路I级,设计洪水频率:1/100,特大桥1/300;隧道主洞建筑限界:净宽10.25×5.00m;路面结构类型:沥青混凝土。其他指标采用原交通部颁布的《公路工程技术标准》(JTG B01—2003)。

2.3 招标范围

本次招标为本项目路基土建工程施工招标(不含路面、安全设施、绿化、机电、房建工程及隧道)。本次招标划分为22个标段,标段号为G3~G24。本次招标标段分A、B、C、D四个类别进行资格后审。各标段所属类别、起讫桩号、主要工程规模(本教材略)。

2.4 预计合同工期

G3~G9标段工期为36个月,G10~G24标段工期为48个月。

缺陷责任期为24个月,质量保修期为60个月。

3 投标人资格要求

3.1 本次招标投标人需具有:

①独立法人资格、营业执照、安全生产许可证及基本账户开户许可证。

②资质条件要求(本教材略)。

③投标人(联合体投标时指牵头人)工地试验室的试验检测机构母体须具有省级及以上交通主管部门颁发的公路工程试验检测综合乙级及以上资质等级证书。

④近5年业绩条件要求(本教材略)。

投标人提供业绩的工程项目应以"全国公路建设市场信用信息管理系统"中登记为准,同时按招标文件的规定提交能够反映其工程规模的业绩证明材料。

⑤相应的财力:注册资金不少于人民币2亿元;近1年(2013年末)货币资金≥人民币5 000万元,或至投标截止日前1个月内银行授信额度余额≥人民币5 000万元(由支行及以上的国有或股份制商业银行开具);近1年(2013年)财务净利润≥0。

⑥投标人在人员、设备等方面具有相应的施工能力。

⑦投标人(联合体投标时含成员单位)必须在投标截止日前已纳入交通运输部"全国公路建设市场信用信息管理系统"中的"公路工程施工资质企业名录"(以在交通运输部网站上核查的结果为准),并已在××省交通运输厅办理了企业信用等级登记,评定等级为C级及以上,且未处于××省重点公路建设从业单位投标信用评价禁止投标期内(以投标截止日在××省交通运输厅网站上公布的结果为准,本招标文件所指信用等级均为××省交通运输厅信用评价等级)。

3.2 本次招标D类标段接受联合体投标申请,A、B、C类标段均不接受联合体投标申请。联合体投标的,应满足下列要求:

①联合体所有成员数量不得超过2家,联合体由1个牵头人和1个成员方共同组成,且本次联合体只允许具有公路工程施工总承包特级资质的企业和施工总承包一级资质的企业组成联合体。

②联合体各成员均应满足3.1款中除"④业绩条件要求"外的其他要求。联合体成员应具有2009年1月起至今完成国内新建高速公路主体工程累计长度不小于10km的业绩。联合体协议约定同一专业分工由两家单位共同承担的,联合体成员承担的工作量比例不能超过其提供业绩占"④业绩条件要求"专业业绩的比例,牵头人承担的工作量比例不能超过其提供业绩占"④业绩条件要求"专业业绩的比例,不同专业分工由不同单位分别承担的,按照各自专业资质确定联合体资质,业绩考核按其专业分别计算;联合体牵头人和成员的该专业业绩总和应满足3.1款中"④业绩条件要求"中该专业要求,其总业绩总和应满足3.1款中"④业绩条件要求"中总业绩要求。联合体成员单位不得超越其从业许可范围承担施工任务。

③联合体各方在本次招标中以自己的名义单独投标或者参加其他联合体投标的,相关投标均无效。

3.3 本次招标允许潜在投标人对2个标段进行投标,且只允许获得1个标段的中标资格。对××省重点公路建设从业单位信用管理系统中被评为AA级的潜在投标人(若为联合体投标的,联合体信用等级以联合体所有成员中信用等级较低的为准)允许获得2个标段的中标资格(人员不能相同,否则所投标段均无效;所中标段类别亦不能相同)。其他投标人中如同一投标人所投标段超过2个,则所投标段均无效。

3.4 投标人单位负责人为同一人或者存在控股、管理关系的不同单位,不得参加同一标段投标;否则,相关投标均无效。

3.5 根据交通运输部《关于对参与公路工程投标和施工的公路施工企业资质要求的通知》(交公路发〔2002〕544号文),在公路施工企业承包工程范围中,对公路工程施工总承包特级以下的企业资质,所申请标段必须满足"可承担单项合同不超过企业注册资本金5倍"的规定(含投标截止期前新增的注册资本金,单项合同额指算术性修正后的投标总价),在评标时评标委员会将按上述规定推荐中标候选人。

4 评标办法

本次招标采用资格后审,双信封形式;评标采用经评审的最低投标价法,其中第一信封采用合格制,第二信封采用经评审的最低投标价法。

5 获得招标文件的办法、地点、时间和费用

5.1 凡有意愿参加的潜在投标人,请于2014年8月28日~2014年9月9日上午9:00~12:00,下午14:30~17:30,在××省××市××路××号××大厦302室购买招标文件图纸、补充技术规范及参考资料等,招标人不登记任何投标人信息。招标文件的商务部分、固化工程量清单由投标人同步在××省交通运输厅网站(www.×××.gov.cn)、××省交通投资集团有限责任公司网站(www.×××.com)上免费匿名下载。

招标人对补充技术规范、图纸及参考资料每个标段收取成本费人民币3 500元,另每个标段收取工程量固化清单电子文件费人民币500元,售后不退。参加两个标段投标的投标人须分别交纳上述费用,并对每个标段单独递交投标文件。投标人应在5.1款要求的时间内交纳上述费用,并取得招标人开具的有效收据,招标人在开标结束后凭收据换取发票。

5.2 投标文件格式有关内容、补遗书(如果有)及有关通知由投标人在××省交通投资集团有限责任公司网站(www.×××.com)上自行下载。投标人应及时在网站下载上述内容,招标人不再另行通知。如有问题,应及时与招标人联系;否则,造成的一切后果由投标人负责;如逾期未联系的,招标人视为收到或默认已收到。

5.3 投标人在递交投标文件之前无需向招标人以任何方式提供有关投标人的任何信息和联系方式。

5.4 潜在投标人或者其他利害关系人对招标文件有异议的,应当在投标截止时间10日前提出。

6 投标文件的送交及相关事宜

6.1 现场踏勘及投标预备会。现场踏勘:本项目不组织现场踏勘。须踏勘现场的潜在投标人可自行组织前往,相关费用自理,安全责任自负。

投标预备会议:招标人不召开投标预备会。

6.2 投标文件送交。投标文件送交的时间为2014年9月27日上午8:30~10:30(北京时间),截止时间为2014年9月27日上午10:30(北京时间),投标人必须将按要求密封完好的书面投标文件以面交方式送达××市××路××号××大厦1605号。招标人定于投标文件送交截止时间的同一时间、同一地址举行公开开标(第一信封),投标人应派代表出席并签认开标结果。

6.3 逾期送达的或者未送达指定地点的投标文件,招标人不予受理。

7 投标保证金

投标人在送交投标文件时,每个标段应按投标人须知的规定向招标人提交如下金额的投标保证金:

(1)B级及以上信用等级投标人:人民币80万元的银行保函;

(2)C级信用等级投标人:人民币120万元的银行保函。

(3)处于××省交通运输厅信用处理限制投标期内,投标时按C级对待的投标人:人民币120万元的银行保函。

投标保证金采用银行保函形式。银行保函应由投标人开立基本账户的银行(支行及以上国有或股份制商业银行)开具;如投标人开立基本账户的银行不具备开具银行保函的资格,则应由该银行系统内具有开具保函资格的银行开具。

8 发布公告的媒介

本次招标公告同时在中国采购与招标网(http//www.chinabidding.com.cn)、××省交通运输厅网站(www.××.gov.cn)、××公共资源交易信息网(www.××.com)和××省交通投资集团有限责任公司网站(www.××.com)等媒体上发布。

9 招标工作公开接受社会监督

9.1 公示资料

(1)格式(后附):

公示表1.投标人基本情况(含资质等级、法人情况、关联企业等)

公示表2.近5年已完施工项目情况

公示表3.拟在本项目任职主要人员情况

(2)包封:

上述3表书面资料(装订成册并加盖单位公章)和电子文档(WORD格式,U盘应注明投标人名称)以密封方式(电子文档与书面资料统一包装在一个包封内,封套上应注明投标人名称、所投标段并加盖投标人公章)送交。

(3)送交时间及地点:同投标文件。

(4)投标人公示资料应遵循下述规定:

投标人应确保公示资料电子文档与书面资料的一致性,当不一致时,应以经盖章的书面公示资料为准进行公示。招标人按照各投标人所提供的公示资料原样在××省交通运输厅网站(http//www.××.gov.cn)上公示,公示期截止日为评标结果公示截止日,公示期间接受社会公开监督。

投标人的投标文件中其资质、业绩、人员最低条件要求应与公示内容一致,未经公示或虽经公示的资质、业绩、人员,其所附材料不符合招标文件要求的,作为无效的资质、业绩、人员。

9.2 评标结果的公示

招标人在收到评标报告之日起3日内,将评标结果即评标委员会推荐的中标候选人名单在××省交通运输厅网站(www.××.gov.cn)上公示5个工作日,以接受社会公开监督。投标人或者其他利害关系人对评标结果有异议的,应当在中标候选人公示期间提出。

9.3 投诉处理

招标人、招标人上级主管部门及交通运输主管部门按照《中华人民共和国招标投标法实施条例》(国办发〔2012〕第613号)、《工程建设项目招标投标活动投诉处理办法》(2004年7月6日国家发改委等七部委令第11号)、《××省交通厅关于规范交通重点建设项目招标投标处理行为的通知》的规定接受针对公示内容的投诉和举报。举报材料要求、举报受理条件及查处参照七部委令第11号和××交函××号对投诉的规定执行。超出投诉或举报时效的,可不予受理。

10 联系方式

招 标 人:××高速公路有限责任公司	招标代理机构:××建设管理有限公司
地 址:××市××路××号××大厦302室	地 址:××市××路××号
联 系 人: 刘女士	联 系 人: 张先生
电 话: ×××-××××××××	电 话: ×××-××××××××
传 真: ×××-××××××××	传 真: ×××-××××××××
电 子 邮 件:	电 子 邮 件:
开 户 银 行:	开 户 银 行:
账 号:	账 号:
网 址:	网 址:

招 标 人:××高速公路有限责任公司
招标代理机构:××建设管理有限公司
2014年8月25日

2.投标邀请书的编制

投标邀请书是招标人向资格合格的投标人正式发出参加本项目投标的邀请。投标邀请书是投标人具有参加投标资格的证明,而没有得到投标邀请书的投标人,无权参加本项目的投标。

(1)投标邀请书(适用于邀请招标)

投标邀请书(适用于邀请招标)适用于邀请招标的投标邀请书应当载明招标条件、项目概况与招标范围、投标人资格要求、招标文件的获取、投标文件的递交、确认和联系方式等事项。其中大部分内容与招标公告基本相同,唯一区别是投标邀请书无需说明发布公告的媒介,但对投标人增加了在收到投标邀请书后的约定时间内,以传真或快递方式予以确认是否参加投标的要求。

(2)投标邀请书(代资格预审通过通知书)

投标邀请书(代资格预审通过通知书)适用于代资格预审通过通知书的与投标邀请书一般应包括项目名称、被邀请人名称、购买招标文件的时间、售价、投标截止时间、收到邀请书的确认时间和联系方式等。与适用于邀请招标的投标邀请书相比,由于已经经过了资格预审阶段,所以在代资格预审通过通知书的投标邀请书内容里,不包括招标条件、项目概况与招标范围和投标人资格要求等内容。

此外,招标人应当投标邀请书中载明是否接受联合体投标。

[例4-5] 投标邀请书(代资格预审通过通知书)示例。

××高速公路××大桥施工投标邀请书

_____(被邀请单位名称):

你单位已通过资格预审,现邀请你单位按招标文件规定的内容,参加××高速公路××大桥施工投标。

1.请你单位于2014年 __4__ 月 __10__ 日上午 __10:00__ 至 __12:00__ ,下午 __14:00__ 至 __15:30__ (北京时间,下同),在××市××区××路××号××省建设工程交易中心持本投标邀请书(传真件)、单位介绍信(原件)、经办人身份证(原件及复印件)购买招标文件。

2.招标文件每套售价500元,工程量清单及投标报价系统软件数据盘每套售价 __500__ 元,售后不退。《标准施工招标文件》(2007年版)、《公路工程标准施工招标文件》(2009年版)由投标人另行购买。

3.招标文件的图纸另收押金人民币3 000元(汇票或现金),如采用汇票须确保图纸押金在2014年 __4__ 月 __9__ 日17:00前到达招标人指定账户,且在购买招标文件同时须提交汇票回执复印件。未中标单位押金在图纸保持完好并全部交还给招标人后,将以汇票方式全额退回投标人账号。

4.招标人将于下列时间和地点组织进行工程现场踏勘并召开投标预备会。

踏勘现场时间:2014年 __4__ 月 __14__ 日 __10:00__ ,集中地点:××省××市××路××号××大厦415号。

投标预备会时间:2014年 __4__ 月 __14__ 日 __15:30__ ,地点:××省××市××路47号××高速公路有限公司五楼会议室。

5. 递交投标文件的截止时间(投标截止时间,下同)为2014年 <u>5</u> 月 <u>7</u> 日 <u>15:30</u> ,投标人应于当日 <u>13:30</u> 至 <u>15:30</u> 将投标文件递交至 <u>××市××区××路××号××省建设工程交易中心</u>。

6. 逾期送达的或者未送达指定地点的投标文件,招标人不予受理。

7. 你单位收到本投标邀请书后,请于24h内以传真方式(<u>×××-××××××××</u>)予以确认,并明确是否准备参与投标。

  招标人:××高速公路有限公司
  地　　址:××省××市××路××号××大厦415号
  邮　　编:××××××
  联系人:刘小姐
  电　　话:×××-××××××××
  传　　真:×××-××××××××
  账户名:××高速公路有限公司
  开户行:中国工商银行××市分行营业部
  账　　号:××××××××××××××××

2014年4月8日

(五)投标人须知的编制

投标人须知是招标投标活动应遵循的程序规则和对编制、递交投标文件等投标活动的要求,通常不是合同文件的组成部分。因此,投标人须知中对合同执行有实质性影响的内容,如招标范围、工期、质量、报价等要求,应在构成合同文件组成部分的合同条款、技术标准与要求、工程量清单等文件中载明,但各部分文件中载明的内容应当一致。投标人须知包括投标人须知前附表、正文和附表格式等内容。

1. 投标人须知前附表

投标人须知前附表的主要作用有两个方面:一是将投标人须知中的关键内容和数据摘要列表,起到强调和提醒作用,为投标人迅速掌握投标人须知内容提供方便;二是对投标人须知正文中的未尽事宜在前附表中明确地给予具体约定。当正文中的内容与前附表规定的内容不一致时,以前附表的规定为准。

投标人须知前附表由招标人根据招标项目具体特点和实际需要编制和填写,但务必与招标文件中其他章节相衔接,并不得与本章正文内容相抵触;否则,抵触内容无效。

2. 总则

在总则中要说明工程概况、资金来源和落实情况、招标范围、计划工期和质量要求、投标人资格要求及费用承担等问题。

(1)项目概况

包括:招标项目已具备招标条件的说明;招标项目招标人的名称、地址、联系人和联系电话;招标代理机构的名称、地址、联系人和联系电话;招标项目名称;标段建设地点。

(2)资金来源和落实情况

包括:招标项目的资金来源(如国拨资金、国债资金、银行贷款、自筹资金等);招标项目的出资比例(如国债资金40%,银行贷款50%,企业自筹10%);招标项目的资金落实情况(如国债资金部分已经列入年度计划、银行贷款部分已签订贷款协议、企业自筹部分已经存入项目专用账户)。

(3)招标范围、计划工期和质量要求

招标范围应准确明了,采用工程专业术语填写。如某公路工程项目为第五合同段K0+000～K13+500中路基土石方、路面工程施工。招标人应根据项目具体特点和实际需要合理划分标段,并据此确定招标范围,避免过细分割工程或肢解工程。

计划工期由招标人根据项目具体特点和实际需要填写。有适用工期定额的,应参照工期定额合理确定。《建设工程质量管理条例》第10条规定,建设工程发包单位不得任意压缩合理工期。投标人须知前附表中填写的计划工期、计划开工日期、计划竣工日期应该是一致的。根据《合同法》第275条规定,施工合同中约定有中间交工工期的,应当在本项对应的前附表中明确。

质量要求应根据国家、行业颁布的建设工程施工质量验收标准填写。不能将各种质量奖项、奖杯等作为质量要求。

(4)投标人资格要求

如果已进行资格预审的,投标人应是收到招标人发出投标邀请书的单位。如果未进行资格预审的,投标人应具备承担本工程施工的资质条件、能力和信誉,具体包括资质条件、财务要求、业绩要求、信誉要求、项目经理资格及其他要求。

招标人根据项目具体特点和实际需要,提出投标人在资质、财务、业绩、项目经理资格等方面的最低要求。需要注意的是,这些内容实际构成评标办法中资格评审标准的内容。其中:资质指建设部《建筑业企业资质管理规定》(建设部159号令)划定的资质类别及等级,包括总承包资质和专业承包资质。如某公路工程资格审查确定的资质条件为公路工程施工总承包一级及以上资质。

财务要求指企业的注册资本金、净资产、资产负债率、平均货币资金余额和主营业务收入的比值、银行授信额度等一项或多项指标情况。

招标人根据项目具体特点和实际需要,明确提出投标人应具有的业绩要求,以证明投标人具有完成本标段工程施工能力。业绩要求须与招标公告一致。

企业信誉是指企业在市场中所获得的社会上公认的信用和名誉,它反映出一个企业的履约信用。有关行政管理部门对企业信用考核有规定的,按照有关规定执行。一般来讲,考察企业的信誉,主要针对企业以往履约情况、不良记录等提出具体要求。

项目经理资格指建设行政主管部门颁发的建造师执业资格。在规定项目经理资格时,其专业和级别,应与建设行政主管部门的要求一致。如招标项目为120 000m^2办公楼,可以填写:建筑工程专业一级建造师。

其他要求指招标人依据行业特点及本次招标项目的特点、需要,针对投标人企业提出的一些要求,例如,对企业提出质量、环境保护和职业健康、安全等管理体系认证方面的要求。

项目接受联合体申请资格预审的,联合体申请人除应符合上述要求外,还应遵守做出相应的规定。投标人的身份及其他方面也做了规定,规定投标人不得存在下列情形之一:

①招标人不具有独立法人资格的附属机构(单位);
②为本标段前期准备提供设计或咨询服务的,但设计施工总承包的除外;
③本标段的监理人;
④本标段的代建人;

⑤为本标段提供招标代理服务的;
⑥与本标段的监理人或代建人或招标代理机构同为一个法定代表人的;
⑦与本标段的监理人或代建人或招标代理机构相互控股或参股的;
⑧与本标段的监理人或代建人或招标代理机构相互任职或工作的;
⑨被责令停业的;
⑩被暂停或取消投标资格的;
⑪财产被接管或冻结的;
⑫在最近3年内有骗取中标或严重违约或重大工程质量问题的。

(5)费用承担

投标人准备和参加投标活动发生的费用自理。

(6)保密

参与招标投标活动的各方应对招标文件和投标文件中的商业和技术等秘密保密,违者应对由此造成的后果承担法律责任。

(7)语言文字

在我国境内招投标的,除专用术语外,与招标投标有关的语言均使用中文。必要时专用术语应附有中文注释。

(8)计量单位

所有计量均采用中华人民共和国法定计量单位。

(9)踏勘现场

是否组织踏勘现场以及何时组织踏勘现场,由招标人依据项目特点及招标进程自主决定。如果要组织踏勘现场的,招标人按规定的时间、地点组织投标人踏勘项目现场。踏勘现场后涉及对招标文件进行澄清修改的,应当依据《招标投标法》第23条规定,在招标文件要求提交投标文件的截止时间至少15日前以书面形式通知所有招标文件收受人。考虑在踏勘现场后投标人有可能对招标文件部分条款进行质疑,组织投标人踏勘现场的时间一般应在投标截止时间15日前及投标预备会召开前进行。

投标人踏勘现场发生的费用自理。除招标人的原因外,投标人自行负责在踏勘现场中所发生的人员伤亡和财产损失。招标人在踏勘现场中介绍的工程场地和相关的周边环境情况,供投标人在编制投标文件时参考,招标人不对投标人据此作出的判断和决策负责。

(10)投标预备会

是否召开投标预备会,以及何时召开投标预备会由招标人依据项目特点及招标进程自主决定选择不召开或召开,二者取其一。如果召开投标预备会,招标人在投标人须知前附表列明时间和地点召开投标预备会,澄清投标人提出的问题。

投标人应在投标人须知前附表规定的时间前,以书面形式将提出的问题送达招标人,以便招标人在会议期间澄清。该澄清内容为招标文件的组成部分。澄清涉及对招标文件进行补充、修改的,应当依据《招标投标法》第23条规定,在招标文件要求提交投标文件的截止时间至少15日前以书面形式通知所有招标文件收受人。考虑投标预备会后需要将招标文件的澄清、补充和修改书面通知所有购买招标文件的投标人,组织投标预备会的时间一般应在投标截止时间15日以前进行。

(11)分包

投标人拟在中标后将中标项目的部分非主体、非关键性工作进行分包的,应符合招标人在投标人须知前附表规定的分包内容、分包金额和接受分包的第三人资质要求等限制性条件。

《合同法》第272条规定,经发包人同意,承包人可以将自己承包的主体结构工程外的部分工作交由第三人完成,同时第三人就其完成的工作成果与承包人向发包人承担连带责任。《招标投标法》第30条规定,投标人根据招标文件载明的项目实际情况,拟在中标后将中标项目的部分非主体、非关键性工作进行分包的,应当在投标文件中载明。据此,本款规定招标人可以依据项目情况,选择不允许或允许分包。如果选择后者,则应进一步明确分包内容的名称或要求,以及分包项目金额和资质条件等方面的限制。实际操作中需要注意:

①投标人拟分包的工作内容和工程量,须符合投标人须知前附表规定的分包内容、分包数量和金额等限制性条件,否则作废标处理。

②分包人的资格能力应与投标文件中载明的分包工作的标准和规模相适应,具备相应的专业承包资质,否则也作废标处理。

(12)偏离

投标人须知前附表允许投标文件偏离招标文件某些要求的,偏离应当符合招标文件规定的偏离范围和幅度。

偏离即《评标委员会和评标方法暂行规定》(国家发展计划委等七部委12号令)中的偏差。偏离分为重大偏离和细微偏离。39号令第24条规定,招标人应当在招标文件中规定实质性要求和条件,并用醒目的方式标明,以便评标委员会有效地判定投标文件是否实质性响应了招标文件。实质性要求和条件不允许偏离,否则即作废标处理。招标人可以依据项目情况,在招标文件中对非实质性要求和条件,载明允许偏离的范围和幅度。

3. 招标文件

招标文件是对招标投标活动具有法律约束力的最主要文件。投标人须知应该阐明招标文件的组成、招标文件的澄清和修改。投标人须知中没有载明具体内容的,不构成招标文件的组成部分,对招标人和投标人没有约束力。

(1)招标文件的组成

招标文件除了在投标人须知中写明的招标文件的内容外,还应说明对招标文件的解释、修改和补充内容也是招标文件的组成部分。

施工招标文件包括下列内容:
①招标公告(或投标邀请书);
②投标人须知;
③评标办法;
④合同条款及格式;
⑤工程量清单;
⑥图纸;
⑦技术标准和要求;
⑧投标文件格式;
⑨招标人根据项目具体特点和实际需要,在投标人须知前附表中载明需要补充的其他材料,如工程地质勘察报告。

(2)招标文件的解释

依据我国招标投标法的规定,招标人对已发出的招标文件应进行必要的澄清。

投标人在仔细阅读和检查招标文件全部内容的基础上,如发现缺页或附件不全,应及时向招标人提出,以便补齐;如有疑问,应在投标人须知前附表规定的时间前以书面形式如信函、电报、传真等,要求招标人对招标文件予以澄清。

招标文件的澄清将在投标人须知前附表规定的投标截止时间15天前以书面形式发给所有购买招标文件的投标人,但不指明澄清问题的来源。如果澄清发出的时间距投标截止时间不足15天,相应延长投标截止时间。

投标人在收到澄清后,应在投标人须知前附表规定的时间内以书面形式通知招标人,确认已收到该澄清。

(3)招标文件的修改

在招标文件发布后,确需对招标文件进行修改的,招标人应在投标截止时间15天前,对招标文件进行修改,并以书面形式通知所有已购买招标文件的投标人。如果修改的时间距投标截止时间不足15天,相应延长投标截止时间,以保证投标人有合理的时间编制投标文件。

4. 投标文件

投标文件是投标人响应和依据招标文件向招标人发出的要约文件。招标人在投标人须知中对投标文件的组成、投标报价、投标有效期、投标保证金、资格审查资料、备选方案和投标文件的编制和递交提出明确要求。

(1)投标文件的组成

投标文件应包括下列内容:

①投标函及投标函附录;
②法定代表人身份证明或附有法定代表人身份证明的授权委托书;
③联合体协议书(如有);
④投标保证金;
⑤已标价工程量清单;
⑥施工组织设计;
⑦项目管理机构;
⑧拟分包项目情况表;
⑨资格审查资料;
⑩招标人根据项目具体特点和实际需要,在前附表中可载明投标人需要递交的其他材料,如结构大样图、加工图等。

在上述投标文件中,投标函是最重要的文件,其他组成部分都是投标函的支持性文件,投标函须盖单位章或经其法定代表人或其委托代理人签字或盖章,并且在开标会上当众宣读。

(2)投标报价

招标人必须在招标文件中明确投标人投标报价的要求。标准施工招标文件投标报价要求中,对以下内容作出明确规定:

①投标报价的依据是工程量清单,必须按工程量清单提供的格式报价;
②投标人在投标截止时间前修改投标报价的要求;
③投标报价不得超过招标控制价的要求。

因此,招标人应在投标人须知中对投标人报价的格式、报价原则以及修改报价的做法进行规定。

招标文件第三章评标办法"响应性评审标准"中规定投标人的"已标价工程量清单"的范围与数量须符合第五章"工程量清单"给出的范围及数量,即按照其工程量清单中给出的子目、每个子目的工程量或暂估价、暂列金额进行报价。关于投标报价的具体要求,应当在招标文件第五章"工程量清单"投标报价说明中详细界定。

(3)投标有效期

在投标人须知前附表规定的投标有效期内,投标人不得要求撤销或修改其投标文件。投标有效期从投标截止时间起开始计算,主要用来组织评标委员会评标、招标人定标、发出中标通知书,以及签订合同等工作,一般需要考虑三个因素:一是组织评标委员会完成评标需要的时间;二是确定中标人需要的时间;三是签订合同需要的时间。一般项目60~90天,大型项目120天左右。

出现特殊情况需要延长投标有效期的,招标人以书面形式通知所有投标人延长投标有效期。投标人同意延长的,应相应延长其投标保证金的有效期,但不得要求或被允许修改或撤销其投标文件;投标人拒绝延长的,其投标失效,但投标人有权收回其投标保证金。

(4)投标保证金

在投标人须知中招标人应对投标保证金及其相关事宜做出相关规定:

①关于投标保证金的形式、数额以及联合体投标人投标保证金的递交方式规定。

招标人可以依据不同项目的特点和要求,对投标保证金的形式和数额予以明确。保证金的形式除现金外,可以是银行出具的银行保函、保兑支票、银行汇票或现金支票;投标保证金的数额不得超过投标总价的2%,且最高不超过80万元。实际编制招标文件,可以依据项目预算,确定一个固定的投标保证金数额,也可以在招标文件中规定一个缴纳比例,如投标报价的1.6%,同时不超过80万元。投标保证金应符合招标文件第八章"投标文件格式"中的"投标保证金"格式要求。投标保证金作为投标文件的组成部分,其有效期与投标有效期应一致。

联合体投标的,其投标保证金由牵头人递交,并应符合投标人须知前附表的规定。

②投标人不按规定提交投标保证金的,其投标文件作废标处理。

③招标人退还投标保证金时间的规定:招标人与中标人签订合同后5个工作日内,向中标人和未中标人无息退还投标保证金。

④招标人依法没收投标保证金的规定。有两种情形,一种情形是投标人在规定的投标有效期内撤销或修改其投标文件;另一种情形是中标人在收到中标通知书后,无正当理由拒签合同协议书或未按招标文件规定提交履约担保。

(5)资格审查资料

资格审查资料分已进行资格预审和未进行资格预审两种情况。

已进行资格预审的,投标人在编制投标文件时,需要更新或补充的资料用于反映在递交资格预审申请文件后、投标截止时间前发生的,可能影响其资格条件或履约能力的新情况,以证实其各项资格条件仍能继续满足资格预审文件的要求,具备承担本标段施工的资质条件、能力和信誉。未按规定提交资料的,视为弄虚作假。已经提交且没有发生变化的资料,不应要求投标人再次提交。

未进行资格预审的,招标人应对投标人须提交的资格审查文件的内容及编制进行规定。

①"投标人基本情况表"应附投标人营业执照副本及其年检合格的证明材料、资质证书副本和安全生产许可证等材料的复印件。

②"近年财务状况表"应附经会计师事务所或审计机构审计的财务会计报表,包括资产负债表、现金流量表、利润表和财务情况说明书的复印件,具体年份要求见投标人须知前附表。

③"近年完成的类似项目情况表"应附中标通知书和(或)合同协议书、工程接收证书(工程竣工验收证书)的复印件,具体年份要求见投标人须知前附表。每张表格只填写一个项目,并

标明序号。类似项目(也称同类工程)是指与招标项目在结构形式、使用功能、建设规模相同或相近的项目;如无类似项目,则指能证明投标人具备完成招标项目能力的项目。对类似项目的定义和具体要求,由招标人在本项对应的前附表中载明。

④"正在施工和新承接的项目情况表"应附中标通知书和(或)合同协议书复印件。每张表格只填写一个项目,并标明序号。

⑤"近年发生的诉讼及仲裁情况"应说明相关情况,并附法院或仲裁机构作出的判决、裁决等有关法律文书复印件,具体年份要求见投标人须知前附表。"近年发生的诉讼及仲裁情况"及应附的一些相关材料,包括判决、裁决等法律文件的复印件,投标人应按时间先后次序编排相关文件。有一项填一份材料,没有就直接填写"无"。要求投标人提交"近年发生的诉讼及仲裁情况",主要是为了证明投标人的履约能力和信誉。对于投标人胜诉的案件,不能据此作出不利于投标人的评价。

⑥投标人须知前附表规定接受联合体投标的,上述规定的表格和资料应包括联合体各方相关情况。

(6)备选投标方案

除投标人须知前附表另有规定外,投标人不得递交备选投标方案。允许投标人递交备选投标方案的,只有中标人所递交的备选投标方案方可予以考虑。评标委员会认为中标人的备选投标方案优于其按照招标文件要求编制的投标方案的,招标人可以接受该备选投标方案。

投标人须知前附表规定允许投标人提交备选投标方案的,招标人应在招标文件第三章"评标办法"前附表中单独增加一个条款"备选方案的评审与比较",阐明仅对中标人的备选方案进行评审、比较,并详细明列需要评审与比较的事项,一般有以下几个方面:

①投标方案与备选投标方案的优劣比较,如人、财、物等资源投入、环境保护、资源消耗、技术复杂程度;

②备选投标方案的技术可实现性;

③备选投标方案节省的投资等,并将评审结论、建议纳入评标报告。

(7)投标文件的编制

我国招标投标法规定,投标文件应当对招标文件提出的实质性要求和条件作出响应。一般认为,工期、投标有效期、质量要求、招标范围、技术标准等为招标文件的实质性内容,投标文件须对此作出响应,否则作废标处理。为了实现最大程度的公开,增加评标的准确性和效率,具体招标文件的实质性要求和条件应在招标文件第三章"评标办法"前附表中集中予以明确,否则不得作为判断投标文件是否实质性响应的依据。

①投标文件应按第八章"投标文件格式"进行编写,如有必要,可以增加附页,作为投标文件的组成部分。其中,投标函附录在满足招标文件实质性要求的基础上,可以提出比招标文件要求更有利于招标人的承诺。

②投标文件应当对招标文件有关工期、投标有效期、质量要求、技术标准和要求、招标范围等实质性内容作出响应。

③投标文件应用不褪色的材料书写或打印,并由投标人的法定代表人或其委托代理人签字或盖单位章。委托代理人签字的,投标文件应附法定代表人签署的授权委托书。投标文件应尽量避免涂改、行间插字或删除。如果出现上述情况,改动之处应加盖单位章或由投标人的法定代表人或其授权的代理人签字确认。签字或盖章的具体要求在投标人须知前附表列明,其具体要求通常包括:单位章的具体类型、能否用签字章代替手写签字等。签字或盖章用于证

明投标文件对投标人具有法律约束力,招标人对签字或盖章的要求应简洁明了。

④投标文件正本一份,副本份数在投标人须知前附表列明。正本和副本的封面上应清楚地标记"正本"或"副本"的字样。当副本和正本不一致时,以正本为准。

⑤招标人在前附表中可进一步规定具体装订要求。投标文件的正本与副本应分别装订成册,并编制目录,具体装订要求在投标人须知前附表列明。如投标文件的正本与副本应采用粘贴方式装订,不得采用活页夹等可随时拆换的方式装订。对施工组织设计的编写、打印、采用的字体、纸张等,招标人也可以提出限制和要求,但不宜过分强调。

5. 投标

投标包括投标文件的密封和标识、投标文件的递交时间和地点、投标文件的修改和撤回等规定。

(1)投标文件的密封和标识

投标文件的正本与副本应分开包装,加贴封条,并在封套的封口处加盖投标人单位章。投标文件的封套上应清楚地标记"正本"或"副本"字样,封套上应写明的其他内容见投标人须知前附表。未按要求密封和加写标记的投标文件,招标人不予受理。

(2)投标文件的递交

①招标文件应规定投标人应在规定的投标截止时间前递交投标文件。通常投标文件递交截止时间应详细至分钟,如××年××月××日××时××分。招标人在确定截止时间时应考虑给投标人合理编制投标文件的时间,从招标文件发售之日起至投标人递交投标文件截止日止不少于20天,重大项目、特殊项目时间还应更长一些。

②投标人递交投标文件的地点在投标人须知前附表列明。投标文件的递交地应详细准确,包括街道、门牌号、楼层、房间号等。

③除投标人须知前附表另有规定外,投标人所递交的投标文件不予退还。确需退还的,只退副本,并在本项对应的前附表中明确退还时间、方式和地点。

④招标人收到投标文件后,须向投标人出具签收凭证,记录投标文件的外封装密封情况和标识,以便在开标时查验,通常采用"投标文件接收登记表"并记录相关情况等。

⑤逾期送达的或者未送达指定地点的投标文件,招标人不予受理。

(3)投标文件的修改与撤回

①在规定的投标截止时间前,投标人可以修改或撤回已递交的投标文件,但应以书面形式通知招标人。

②投标人修改或撤回已递交投标文件的书面通知应按照要求签字或盖章。招标人收到书面通知后,向投标人出具签收凭证。

③修改的内容为投标文件的组成部分。修改的投标文件应按规定进行编制、密封、标记和递交,并标明"修改"字样。

6. 开标

开标包括开标时间、地点和开标程序等规定。

(1)开标时间和地点

招标人在规定的投标截止时间(开标时间)和投标人须知前附表规定的地点公开开标。开标地点需要详细填写,包括街道、门牌号、楼层、房间号等,如:××市××2号××省人民政府政务服务中心××楼××号。

(2)开标程序

主持人按下列程序进行开标：

①宣布开标纪律；

②公布在投标截止时间前递交投标文件的投标人名称，并点名确认投标人是否派人到场；

③宣布开标人、唱标人、记录人、监标人等有关人员姓名；

④按照投标人须知前附表规定检查投标文件的密封情况；开标时，通常由投标人或者其推选的代表检查投标文件的密封情况，也可以由招标人委托的公证机构检查并公证等；

⑤按照投标人须知前附表的规定确定并宣布投标文件开标顺序；通常可以按照投标文件递交的先后顺序开标，也可以采用其他方式确定开标顺序；

⑥设有标底的，公布标底；

⑦按照宣布的开标顺序当众开标，公布投标人名称、标段名称、投标保证金的递交情况、投标报价、质量目标、工期及其他内容，并记录在案；

⑧投标人代表、招标人代表、监标人、记录人等有关人员在开标记录上签字确认；

⑨开标结束。

7. 评标

评标包括评标委员会、评标原则和评标方法等规定。

(1)评标委员会

应明确规定评标委员会的人数、构成及专家的确定方式。

评标由招标人依法组建的评标委员会负责。评标委员会由招标人或其委托的招标代理机构熟悉相关业务的代表，以及有关技术、经济等方面的专家组成。评标委员会成员人数以及技术、经济等方面专家的确定方式在投标人须知前附表列明。如评标委员会构成7人，其中招标人代表2人，专家5人；评标专家确定方式：在政府组建的专家库中随机抽取。

评标委员会成员有下列情形之一的，应当回避：

①招标人或投标人的主要负责人的近亲属；

②项目主管部门或者行政监督部门的人员；

③与投标人有经济利益关系，可能影响对投标公正评审的；

④曾因在招标、评标以及其他与招标投标有关活动中从事违法行为而受过行政处罚或刑事处罚的。

(2)评标原则

评标活动遵循公平、公正、科学和择优的原则。

(3)评标

评标委员会按照招标文件第三章"评标办法"规定的方法、评审因素、标准和程序对投标文件进行评审。在第三章"评标办法"没有规定的方法、评审因素和标准，不能作为评标依据。

8. 合同授予

合同授予包括定标方式、中标通知、履约担保和签订合同。

(1)定标方式

招标人依据项目情况，在投标人须知前附表"是否授权评标委员会确定中标人"中选择是或否。如果选择后者，则应进一步明确推荐的中标候选人人数，按照择优的原则推荐1～3名中标候选人。

(2)中标通知

在规定的投标有效期内,招标人以书面形式向中标人发出中标通知书,同时将中标结果通知未中标的投标人。

(3)履约担保

在签订合同前,中标人(包括联合体中标人)须按照投标人须知前附表中规定的金额、担保形式和招标文件第四章"合同条款及格式"规定的履约担保格式,向招标人提交履约担保。履约担保有现金、支票、履约担保书和银行保函等形式,可以选择其中的一种作为招标项目的履约担保,一般采用银行保函或履约担保书。履约担保金额一般为中标价的10%。招标人可以根据项目特点和实际需要,设计相应的履约担保格式。为了方便投标人提供履约担保,建议招标人在招标文件履约担保格式中说明,投标人可以提供招标人认可的其他履约担保。

中标人不能按要求提交履约担保的,视为放弃中标,其投标保证金不予退还,给招标人造成的损失超过投标保证金数额的,中标人还应当对超过部分予以赔偿。

(4)签订合同

招标人和中标人应当自中标通知书发出之日起30天内,根据招标文件和中标人的投标文件订立书面合同。中标人无正当理由拒签合同的,招标人取消其中标资格,其投标保证金不予退还;给招标人造成的损失超过投标保证金数额的,中标人还应当对超过部分予以赔偿。

发出中标通知书后,招标人无正当理由拒签合同的,招标人向中标人退还投标保证金;给中标人造成损失的,还应当赔偿损失。

9. 重新招标和不再招标

重新招标和不再招标包括重新招标和不再招标的情形规定。

(1)重新招标

有下列情形之一的,招标人将重新招标:

①投标截止时间止,投标人少于3个的;

②经评标委员会评审后否决所有投标的。

(2)不再招标

重新招标后投标人仍少于3个或者所有投标被否决的,属于必须审批或核准的工程建设项目,经原审批或核准部门批准后不再进行招标。

10. 纪律和监督

纪律和监督可分别包括对招标人、投标人、评标委员会、与评标活动有关的工作人员的纪律要求以及投诉监督。

(1)对招标人的纪律要求

招标人不得泄露招标投标活动中应当保密的情况和资料,不得与投标人串通损害国家利益、社会公共利益或者他人合法权益。

(2)对投标人的纪律要求

投标人不得相互串通投标或者与招标人串通投标,不得向招标人或者评标委员会成员行贿谋取中标,不得以他人名义投标或者以其他方式弄虚作假骗取中标;投标人不得以任何方式干扰、影响评标工作。

(3)对评标委员会成员的纪律要求

评标委员会成员不得收受他人的财物或者其他好处,不得向他人透露对投标文件的评审和比较、中标候选人的推荐情况以及评标有关的其他情况。在评标活动中,评标委员会成员不得擅离职守,影响评标程序正常进行,不得使用第三章"评标办法"没有规定的评审因素和标准进行评标。

(4)对与评标活动有关的工作人员的纪律要求

与评标活动有关的工作人员不得收受他人的财物或者其他好处,不得向他人透露对投标文件的评审和比较、中标候选人的推荐情况以及评标有关的其他情况。在评标活动中,与评标活动有关的工作人员不得擅离职守,影响评标程序正常进行。

(5)投诉

投标人和其他利害关系人认为本次招标活动违反法律、法规和规章规定的,有权向有关行政监督部门投诉。投诉应当遵守《工程建设项目招标投标活动投诉处理办法》(国家发展改革委等七部委11号令)规定。

11. 需要补充的其他内容

对于在正文没有列明,招标人又需要补充的其他内容,需要在投标人须知前附表中予以明确和细化,但不得与本章正文内容相抵触,否则抵触内容无效。

12. 附表格式

附表格式包括了招标活动中需要使用的表格文件格式,通常有:开标记录表、问题澄清通知、问题的澄清、中标通知书、中标结果通知书、确认通知等。

[例4-6] 某高速公路项目投标人须知前附表示例(表4-6)。

在采用标准施工招标文件编制招标文件时,通常招标人根据招标项目具体特点和实际需要将重要信息和正文中的未尽事宜在"投标人须知前附表"给出,这样有利于提高编制招标文件的效率和使招标文件规范化。但投标人须知前附表务必与招标文件中其他章节相衔接,并不得与本章正文内容相抵触,否则抵触内容无效。本例为××高速公路项目招标文件的投标人须知前附表。

投标人须知前附表 表4-6

条款号	条款名称	编列内容
1.1.2	招标人	名　称:××高速公路有限公司 地　址:××省××市××路××号××大厦415号 联系人:张小姐 电　话:×××-××××××××
1.1.3	招标代理机构	无
1.1.4	项目名称	××高速公路路面工程
1.1.5	建设地点	××省××市
1.2.1	资金来源	股东投资与国内银行贷款
1.2.2	出资比例	资本金25%,银行贷款75%
1.2.3	资金落实情况	已落实
1.3.1	招标范围	形式为4cm上面层改性沥青混凝土、6cm中面层沥青混凝土和8cm下面层沥青混凝土路面及水泥混凝土路面、桥面铺装的沥青混凝土面层、交通标志、标线、护栏、隔离栅、附属区房建(一个住宿区、一个服务区、一个养护工区以及5个收费站(含收费天棚))等

续上表

条款号	条款名称	编列内容
1.3.2	计划工期	计划工期:19个月 (1)K34+000以前 　　计划开工日期:2014年8月1日 　　计划交工日期:2015年5月31日 (2)K34+000以后 　　计划开工日期:2015年9月1日 　　计划交工日期:2016年5月31日
1.3.3	质量要求	标段工程交工验收的质量评定:合格且综合评分不小于93分 竣工验收的质量评定:合格且综合评分不小于93分
1.9.1	踏勘现场	组织、踏勘时间:2014年 6 月 14 日 踏勘集中地点:场××省××市××路××号××大厦415号
1.10.1	投标预备会	召开时间:2014年 6 月 14 日 召开地点:××省××市××路××号××大厦二楼会议室
1.10.2	投标人提出问题的截止时间	递交投标文件截止之日18天前
1.10.3	招标人书面澄清的时间	递交投标文件截止之日15天前
1.11	分包	严禁转包和违规分包。如招标人有特殊要求,允许在满足本项目合同通用条款和专用条款约定下的分包
1.12	偏离	不允许重大偏差; 只允许1.12.2(2)条所规定的细微偏差; 本项目由招标人提供的工程量固化清单电子文件填写工程量清单,无须按照第三章"评标办法"第3.1.3项和第3.1.4项的规定对投标报价进行修正,则投标人须知范本原文第1.12.1、1.12.2(1)、1.12.3(1)款与偏差有关内容不适用
2.1	构成招标文件的其他材料	无
2.2.1	投标人要求澄清招标文件的截止日期	截止时间:递交投标文件截止之日18天前 书面形式:邮件或传真,2.2、2.3解释相同
2.2.2	投标截止时间	2014年 7 月 7 日 15 时 30 分
2.2.3	投标人确认收到招标文件澄清的时间	收到澄清后24小时内(以发出时间为准)
2.3.2	投标人确认收到招标文件修改的时间	收到修改后24小时内(以发出时间为准)
3.1.1	构成投标文件的其他材料	无
3.2.1	工程量清单的填写方式	投标人按照招标人提供的工程量固化清单电子文件填写工程量清单。本工程投标人的报价有三种载体,即:①根据招标人提供的工程量固化清单电子文件填写完毕的投标工程量清单电子文件(U盘);②根据已填报的投标工程量清单电子文件打印的投标工程量清单中的投标报价;③投标函报价。三种载体表示的内容及报价应一致,如果报价金额出现差异时,以投标函大写金额报价为准。但招标人或评标委员会将会对这种不一致的原因进行审查,若发现是投标人的直接原因所致,且无充足的解释理由,有可能会导致废标
3.2.5	是否接受调价函	否

续上表

条款号	条款名称	编列内容
3.3.1	投标有效期	自投标人提交投标文件截止之日起计算120天
3.4.1	投标保证金	投标保证金的金额:80万元 投标保证金的形式:电汇或银行保函 (1)电汇(一次性从投标人的基本账户以银行划款方式划入以下招标人指定账户) 投标保证金的递交截止时间为:2011年7月5日17时之前 招标人的开户银行及账号如下: 招标人:××高速公路有限公司 开户行:中国工商银行××市分行营业部 账　号:××××××××××××××××××× (2)银行保函:由投标人开立基本账户银行的支行及以上级别银行开具。投标书中编入加盖投标人法人公章的保函复印件,保函原件在递交投标书时单独递交
3.6	是否允许递交备选投标方案	不允许
3.7.3	签字或盖章要求	投标文件应逐页签署姓名(本页已由投标人的法定代表人或委托代理人签署姓名的可不签署)并逐页加盖投标单位章(本页已加盖单位章的除外)
3.7.4	投标文件副本份数	3份,另加1份投标文件电子文件和投标工程量固化清单电子文件(拷贝到U盘,按4.1.1款规定提交)
3.7.5	装订要求	书脊上应列明投标人名称
4.1.2	封套上写明	投标文件第一个信封(商务及技术文件)内层封套: 　投标人邮政编码: 　投标人地址: 　投标人名称: 　投标人联系人: 　投标人联系电话: 　招标人地址及名称:　　　　　(寄) 投标文件第一个信封(商务及技术文件)外层封套: 　招标人地址:××省××市××路××号××大厦415号 　招标人名称:××高速公路有限公司 　××高速公路路面工程施工招标第一个信封(商务及技术文件)投标文件在2014年7月7日15时30分前不得开启
4.1.2	封套上写明	投标文件第二个信封(投标报价和工程量清单)内层封套: 　投标人邮政编码: 　投标人地址: 　投标人名称: 　投标人联系人: 　投标人联系电话: 　招标人地址及名称:　　　　　(寄) 投标文件第二个信封(投标报价和工程量清单)外层封套: 　招标人地址:××省××市××路××号××大厦415号 　招标人名称:××高速公路有限公司 　××高速公路路面工程施工招标第二个信封(投标报价和工程量清单)投标文件在2014年7月8日15时30分前不得开启

续上表

条款号	条款名称	编列内容
4.2.2	递交投标文件地点	××市××区××路××号××省建设工程交易中心
4.2.3	是否退还投标文件	否
4.2.6	招标人通知延后招标截止时间的时间	原定投标截止时间3天前
5.1	开标时间和地点	投标文件第一个信封(商务及技术文件)开标时间:同投标截止时间 投标文件第一个信封(商务及技术文件)开标地点:××市××区××路××号××省建设工程交易中心 投标文件第二个信封(投标报价和工程量清单)开标时间:2014年7月8日15:30 投标文件第二个信封(投标报价和工程量清单)开标地点:××市××区××路××号××省建设工程交易中心
5.2.1	开标程序	(1)密封情况检查:监标人及投标人代表 (2)开标顺序:随机开启
6.1.1	评标委员会的组建	评标委员会构成:7人,其中招标人代表1人,专家6人; 评标专家确定方式:从××省交通系统省级公路工程评标专家库中随机抽取
7.1	是否授权评标委员会确定中标人	否,推荐的中标候选人的人数为3名
7.3.1	履约担保	承包人在收到中标通知书后14天之内且在签订合同协议书之前提交; 履约担保金额:10%签约合同价 履约担保形式:银行保函 出具履约担保的银行级别:国有商业银行或股份制商业银行的地市级支行或以上级别的银行

9.5	监督部门	(1)监督部门:××省交通运输厅监察室
		    地 址:××市××路××号
		    电 话:×××-××××××××
		    传 真:×××-××××××××
		    邮政编码:××××××
		(2)××省交通集团有限公司
		(3)××省路桥建设发展有限公司

需要补充的其他内容

条款号	编列内容
3.2	增加以下条款: 3.2.7 工程量清单第100章列有一单独的细目"交易场地使用费",该费用在确定中标人后,由中标人以业主的名义按××省建设工程交易中心有关规定及时交纳,以确保中标通知书及时发出;该费用按承包人按投标总价的万分之五报价,每个标段最高限额为15万元,在工程量清单第100章中列有一个单独的支付项,在工程开工后由业主按正常计量支付程序,根据承包人实际交纳的交易场地使用费给予计量支付,但每个标段最高限额为15万元。 3.2.8 投标报价的所有单价取小数点后2位,所有合价和总价应取整数。 3.2.9 投标人不需报工程量清单单价分析表,但中标后业主要求提交,投标人不得拒绝
3.4.2	将投标人须知范本原文第3.4.2款修改如下: 3.4.2 投标人不按本章第3.4.1项要求提交投标保证金的,其投标文件不予接收

续上表

条款号	编 列 内 容
3.4.4	在投标人须知范本原文3.4.4款下增加第(5)~(8)项： (5)串通投标报价； (6)评标、中标公示等环节因作假而被取消投标资格； (7)因投诉属实取消投标资格的； (8)其他违反规定、妨碍公平竞争准则的舞弊行为
3.5.1	增加第(6)项：(6)投标人资质的变化及有关批件
3.5.4	投标人须知范本原文增加第3.5.4款： 3.5.4 投标人在投标文件及签约合同中填报的项目经理(以及备选人)和项目总工(以及备选人)应与资格预审申请文件中所报人员一致
3.7.3	将3.7.3第一段中"已标价工程量清单(包括工程量清单说明、投标报价说明、计日工说明、其他说明及工程量清单各项表格＜工程量清单表5.1~表5.5＞)"修改为"已标价工程量清单(包括工程量清单说明、投标报价说明、其他说明及工程量清单各项表格)"
4.2.4	投标人须知范本原文第4.2.4款修改如下： 4.2.4 投标人在递交投标文件时，应在递交文件登记表上签字
5.2.5	第(2)款修改如下： (2)投标报价或调价函中的报价超出有效评标价范围(见第三章评标办法)的
7.2	将投标人须知范本原文第7.2款修改如下： 7.2.1 评标结果经批准后，招标人将按规定对评标委员会推荐的中标候选人进行中标公示。中标公示时，招标人将中标候选人的相关信息(包括投标价、投标业绩、拟投入的主要人员及其证书信息等)进行公示。如果因投标人业绩作假等原因经查证属实的，招标人将取消原中标决定，并没收投标人的投标保证金，招标人按推荐中标候选人排名顺序依次确定中标人，或重新组织招标。 7.2.2 排名第一的中标候选人在中标公示结束且无投诉，并按有关规定向××省建设工程交易中心缴纳投标交易费后7天内，招标人向中标人发出中标通知书，并同时将中标结果通知所有未中标的投标人。如果中标人没有按照上述规定执行，招标人有权取消原中标决定。在此情况下招标人可将本合同工程授予按评标办法确定的排名第二的投标人，依此类推，或重新组织招标
7.4.2	删除"给中标人造成损失的，还应当赔偿损失"
7.4.6	增加7.4.6 款"不平衡报价的处理"： 在签订合同前，招标人组织人员对中标人的工程量清单报价进行审核，若投标人的报价存在：前期工程明显过高，后期工程明显过低；某一项目的单价明显过高或过低；则视为存在不平衡报价。 如果存在不平衡报价，招标人将在保证投标总价不变的前提下予以合理调整，调整的原则如下： (1)单价过高的项目适当调低，单价过低的项目适当调高，并相应修改合价； (2)按上述算术修正和本款调整后，对以百分比计取的项目的报价也应作相应的修正； 中标人应接受本款要求的调整，否则，将取消其中标资格，并没收投标担保
8.1	将本款第(1)项内容修改如下： (1)通过初步评审和详细评审，投标报价处于有效报价范围，能推荐出中标候选人顺序的投标人少于3个的

(六)评标办法的拟定

评标办法是评标专家评标的依据。《标准施工招标文件》(2007年版)中提供了最低投标价法、综合评估法两种方法的格式。一些地方的招投标管理文件也对评标办法作出具体的要求。招标人在拟定评标办法内容时,应根据相关法律法规的要求编制。

评标办法的拟定主要包括选择评标方法、确定评审因素和标准以及确定评标程序三方面主要内容。

"评标方法"阐述招标项目评标采用的方法,一般包括经评审的最低投标价法、综合评估法和法律、行政法规允许的其他评标方法。"评标方法"由招标人根据招标项目具体特点和实际需要选择。招标人选择适用综合评估法的,各评审因素的评审标准、分值和权重等由招标人自主确定。国务院有关部门对各评审因素的评审标准、分值和权重等有规定的,从其规定。

"评审标准"分初步评审标准和详细评审标准。招标文件应针对初步评审和详细评审分别制定相应的评审因素和标准。招标文件编制人员应详细、清晰描述标准的内容,以便评标专家依据拟定的标准进行评标。

"评标程序"描述评标专家评标的程序。在初步评审程序中,说明评标专家评审投标文件为废标的依据,阐述评标专家修正投标报价的依据;在详细评审程序中,评标专家依据评标标准和方法进行计价和评标。评审程序中需对投标文件的澄清和补正作出说明,要求评标专家提交书面评标报告。

1. 评标方法的种类

(1)经评审的最低投标价法

经评审的最低投标价法是指评标委员会对满足招标文件实质要求的投标文件,根据规定的量化因素及量化标准进行价格折算,按照经评审的投标价由低到高的顺序推荐中标候选人,或根据招标人授权直接确定中标人(但投标报价低于其成本的除外)。经评审的投标价相等时,投标报价低的优先;投标报价也相等的,由招标人自行确定。经评审的最低投标价法一般适用于具有通用技术、性能标准或者招标人对其技术、性能标准没有特殊要求的招标项目。

(2)综合评估法

综合评估法是指评标委员会对满足招标文件实质性要求的投标文件,按照规定的评分标准进行打分,并按得分由高到低顺序推荐中标候选人,或根据招标人授权直接确定中标人(但投标报价低于其成本的除外)。综合评分相等时,以投标报价低的优先;投标报价也相等的,由招标人自行确定。综合评估法一般适用于招标人对招标项目的技术、性能有特殊要求的招标项目。

(3)合理低价法

除了上述两种评标办法外,在《公路工程标准施工招标文件》中,还提出了"合理低价法"。合理低价法是指评标委员会对满足招标文件实质要求的投标文件,根据规定的评分标准进行打分,并按得分由高到低顺序推荐中标候选人,或根据招标人授权直接确定中标人,但投标报价低于其成本的除外。综合评分相等时,以投标报价低的优先;投标报价相等的,招标人可采用被招标项目所在地省级主管部门评为较高信用等级的投标人有限或递交投标文件时间较前的投标人优先或其他方法确定第一中标候选人。其实"合理低价法"是综合评估法的评分因素中评标价得分为100分、其他评分因素分值为0分的特例。

"合理低价法"即《公路工程施工招标投标管理办法》中规定的"合理低价法"。除技术特别复杂的特大桥和长大隧道工程外,公路工程施工招标评标一般应当使用合理低价法。

2. 评标办法的内容组成

评标办法由正文和评标办法前附表两部分组成。

招标人编制施工招标文件时,应不加修改地引用本章正文内容;评标办法前附表由招标人根据招标项目具体特点和实际需要编制,用于进一步明确正文中的未尽事宜,但务必与招标文件中其他章节相衔接,并不得与本章评标办法正文内容相抵触,否则抵触内容无效。

评标办法正文包括评标方法、评审标准及评标程序三个部分组成。

(1)评标方法

评标方法是对各种评标方法进行的具体操作进行阐述,规定评标方法的基本步骤,如综合评估法是首先按照规定的初步评审标准对投标文件进行初步评审,然后依据规定的评分标准对通过初步审查的投标文件进行评分,再按照投标人得分由高到低的顺序推荐1~3名中标候选人或根据招标人的授权直接确定中标人的评标方法。

(2)评审标准

评审标准规定工作评标方法评审因素及具体标准。不同的评审标准其评审标准有所不同。

经评审的最低投标价法其评审标准包括初步评审标准和详细评审标准,见表4-7。

经评审的最低投标价法评审标准 表4-7

条款号		评审因素	评审标准
2.1.1	形式评审标准	投标人名称	与营业执照、资质证书、安全生产许可证一致
		投标函签字盖章	有法定代表人或其委托代理人签字或加盖单位章
		投标文件格式	符合第八章"投标文件格式"的要求
		联合体投标人	提交联合体协议书,并明确联合体牵头人(如有)
		报价唯一	只能有一个有效报价
		…	…
2.1.2	资格评审标准	营业执照	具备有效的营业执照
		安全生产许可证	具备有效的安全生产许可证
		资质等级	符合第二章"投标人须知"规定
		财务状况	符合第二章"投标人须知"规定
		类似项目业绩	符合第二章"投标人须知"规定
		信誉	符合第二章"投标人须知"规定
		项目经理	符合第二章"投标人须知"规定
		其他要求	符合第二章"投标人须知"规定
		联合体投标人	符合第二章"投标人须知"规定(如有)
		…	…
2.1.3	响应性评审标准	投标内容	符合第二章"投标人须知"第1.3.1项规定
		工期	符合第二章"投标人须知"第1.3.2项规定
		工程质量	符合第二章"投标人须知"第1.3.3项规定
		投标有效期	符合第二章"投标人须知"第3.3.1项规定
		投标保证金	符合第二章"投标人须知"第3.4.1项规定
		权利义务	符合第四章"合同条款及格式"规定
		已标价工程量清单	符合第五章"工程量清单"给出的范围及数量
		技术标准和要求	符合第七章"技术标准和要求"规定
		…	…

续上表

条款号		评审因素	评审标准
2.1.4	施工组织设计和项目管理机构评审标准	施工方案与技术措施	…
		质量管理体系与措施	…
		安全管理体系与措施	…
		环境保护管理体系与措施	…
		工程进度计划与措施	…
		资源配备计划	…
		技术负责人	…
		其他主要人员	…
		施工设备	…
		试验、检测仪器设备	…
		…	…

条款号		量化因素	量化标准
2.2	详细评审标准	单价遗漏	…
		付款条件	…
		…	…

表4-7中,"形式评审标准"规定的评审因素和评审标准是列举性的,并没有包括所有评审因素和标准,招标人应根据项目具体特点和实际需要,进一步删减、补充或细化。这一原则同样适用于本款其他项规定。初步评审的因素一般包括:

①投标人的名称;
②投标函的签字盖章;
③投标文件的格式;
④联合体投标人;
⑤投标报价的唯一性;
⑥其他评审因素等。

评审标准应当具体明了,具有可操作性。

表4-7中,"资格评审标准"适用于未进行资格预审的情况,且必须与第二章投标人须知前附表中对投标人资质、财务、业绩、信誉、项目经理的要求以及其他要求一致,招标人应在第二章投标人须知前附表中补充和细化的要求,应在评标办法前附表体现出来;已进行资格预审的,须与资格预审文件资格审查办法详细审查标准保持一致。在递交资格预审申请文件后、投标截止时间前发生可能影响其资格条件或履约能力的新情况,应按照招标文件第二章"投标人须知"规定提交更新或补充资料。

表4-7中,"响应性评审标准"的评审因素应考虑与第二章"投标人须知"等章节的衔接。招标人依据招标项目的特点补充一些响应性评审因素和标准,如投标人有分包计划的,其分包工作类别及工作量须符合招标文件要求。招标人允许偏离的最大范围和最高项数,应在本款中体现出来,作为判定投标是否有效的依据。

表4-7中,"施工组织设计和项目管理机构评审标准",招标人针对不同项目特点,可以对施工组织设计和项目管理机构的评审因素及其标准进行补充、修改和细化,如施工组织设计中

可以增加对施工总平面图、施工总承包的管理协调能力等评审指标,项目管理机构中可以增加对项目经理的管理能力,如创优能力、创文明工地能力以及其他一些评审指标等。

表 4-7 中,"详细评审标准"规定的量化因素和量化标准是列举性的,并没有包括所有量化因素和标准,招标人应根据项目具体特点和实际需要,进一步删减、补充或细化。

综合评估法其评审标准包括初步评审标准及施工组织设计和项目管理机构评审标准,见表 4-8。

综合评估法其评审标准 表 4-8

条款号	评审因素	评审标准
2.1.1	形式评审标准	
	投标人名称	与营业执照、资质证书、安全生产许可证一致
	投标函签字盖章	有法定代表人或其委托代理人签字或加盖单位章
	投标文件格式	符合第八章"投标文件格式"的要求
	联合体投标人	提交联合体协议书,并明确联合体牵头人
	报价唯一	只能有一个有效报价
	…	…
2.1.2	资格评审标准	
	营业执照	具备有效的营业执照
	安全生产许可证	具备有效的安全生产许可证
	资质等级	符合第二章"投标人须知"规定
	财务状况	符合第二章"投标人须知"规定
	类似项目业绩	符合第二章"投标人须知"规定
	信誉	符合第二章"投标人须知"规定
	项目经理	符合第二章"投标人须知"规定
	其他要求	符合第二章"投标人须知"规定
	联合体投标人	符合第二章"投标人须知"规定
	…	…
2.1.3	响应性评审标准	
	投标内容	符合第二章"投标人须知"规定
	工期	符合第二章"投标人须知"规定
	工程质量	符合第二章"投标人须知"规定
	投标有效期	符合第二章"投标人须知"规定
	投标保证金	符合第二章"投标人须知"规定
	权利义务	符合第四章"合同条款及格式"规定
	已标价工程量清单	符合第五章"工程量清单"给出的范围及数量
	技术标准和要求	符合第七章"技术标准和要求"规定
	…	…

条款号	条款内容	编列内容
2.2.1	分值构成(总分 100 分)	施工组织设计:_____分 项目管理机构:_____分 投标报价:_____分 其他评分因素:_____分

续上表

条款号	条款内容	编列内容
2.2.2	评标基准价计算方法	
2.2.3	投标报价的偏差率计算公式	偏差率＝100％×(投标人报价－评标基准价)/评标基准价

条款号		评分因素	评分标准
2.2.4(1)	施工组织设计评分标准	内容完整性和编制水平	…
		施工方案与技术措施	…
		质量管理体系与措施	…
		安全管理体系与措施	…
		环境保护管理体系与措施	…
		工程进度计划与措施	…
		资源配备计划	…
		…	…
2.2.4(2)	项目管理机构评分标准	项目经理任职资格与业绩	…
		技术负责人任职资格与业绩	…
		其他主要人员	…
		…	…
2.2.4(3)	投标报价评分标准	偏差率	…
		…	…
2.2.4(4)	其他因素评分标准	…	…

①初步评审标准

初步评审标准包括形式评审标准、资格评审标准、响应性评审标准,其拟定方法可参考经评审的最低投标价法。

②施工组织设计和项目管理机构评审标准

a.评审因素及分值构成

评审因素通常包括施工组织设计、项目管理机构、投标报价及其他评分因素,各项评审因素,如施工组织设计、项目管理机构、投标报价及其他部分所占的权重或分值在评标办法前附表中列明,如施工组织设计:25分;项目管理机构:10分;投标报价:60分;其他评分因素:5分。

b.评标基准价计算

评标基准价的计算方法应在评标办法前附表中明确。招标人可依据招标项目的特点、行业管理规定给出评标基准价的计算方法。需要注意的是,招标人需要在前附表中明确有效报价的含义,以及不可竞争费用的处理。

c.投标报价的偏差率计算

投标报价的偏差率计算公式,在评标办法前附表中列明。

d.评分标准

招标人应在评标办法前附表中载明施工组织设计、项目管理机构、投标报价和其他因素的评分因素、评分标准,以及各评分因素的权重。如某项目招标文件对施工方案与技术措施规定的评分标准为:施工方案及施工方法先进可行,技术措施针对工程质量、工期和施工安全生产有充分保障11～12分;施工方案先进,方法可行,技术措施对工程质量、工期和施工安全生产有保障8～10分;施工方案及施工方法可行,技术措施针对工程质量、工期和施工安全生产基本有保障6～7分;施工方案及施工方法基本可行,技术措施针对工程质量、工期和施工安全生产基本有保障1～5分。

招标人还可以依据项目特点及行业、地方管理规定,增加一些除标准招标文件中已经明确的施工组织设计、项目管理机构及投标报价外的其他评审因素及评分标准,作为第三章评标办法的补充内容。

"合理低价法"的评审标准是综合评估法的评分因素中评标价得分为100分、其他评分因素分值为0分的特例。

(3)评审程序

①经评审的最低投标价法

a. 初步评审

对于未进行资格预审的情况,评标委员会要求投标人提交规定的有关证明和证件的原件,并依据规定的标准对投标文件进行初步评审。有一项不符合评审标准的,作废标处理。

对于已进行资格预审的情况,评标委员会依据规定的标准对投标文件进行初步评审。有一项不符合评审标准的,作废标处理。当投标人资格预审申请文件的内容发生重大变化时,评标委员会依据项规定的标准对其更新资料进行评审。

投标人有以下情形之一的,其投标作废标处理:

a)招标文件第二章"投标人须知"规定的任何一种情形的;

b)串通投标或弄虚作假或有其他违法行为的;

c)不按评标委员会要求澄清、说明或补正的。

投标报价有算术错误的,评标委员会按以下原则对投标报价进行修正:

a)投标文件中的大写金额与小写金额不一致的,以大写金额为准;

b)总价金额与依据单价计算出的结果不一致的,以单价金额为准修正总价,但单价金额小数点有明显错误的除外。

修正的价格经投标人书面确认后具有约束力。投标人不接受修正价格的,其投标作废标处理。

b. 详细评审

评标委员会按规定的量化因素和标准进行价格折算,计算出评标价,并编制价格比较一览表。如果发现投标人的报价明显低于其他投标报价,或者在设有标底时明显低于标底,使得其投标报价可能低于其成本的,应当要求该投标人作出书面说明并提供相应的证明材料。投标人不能合理说明或者不能提供相应证明材料的,由评标委员会认定该投标人以低于成本报价竞标,其投标作废标处理。

c. 投标文件的澄清和补正

在评标过程中,评标委员会可以书面形式要求投标人对所提交的投标文件中不明确的内容进行书面澄清或说明,或者对细微偏差进行补正。评标委员会不接受投标人主动提出的澄清、说明或补正。

澄清、说明和补正不得改变投标文件的实质性内容(算术性错误修正的除外)。投标人的书面澄清、说明和补正属于投标文件的组成部分。

评标委员会对投标人提交的澄清、说明或补正有疑问的,可以要求投标人进一步澄清、说明或补正,直至满足评标委员会的要求。

d.评标结果

除第二章"投标人须知"前附表授权直接确定中标人外,评标委员会按照经评审的价格由低到高的顺序推荐中标候选人。评标委员会完成评标后,应当向招标人提交书面评标报告。评标报告应当如实记载以下内容:

a)基本情况和数据表;
b)评标委员会成员名单;
c)开标记录;
d)符合要求的投标一览表;
e)废标情况说明;
f)评标标准、评标方法或者评标因素一览表;
g)经评审的价格一览表;
h)经评审的投标人排序;
i)推荐的中标候选人名单或根据招标人授权确定的中标人名单,以及签订合同前要处理的事宜;
j)澄清、说明、补正事项纪要。

②综合评估法评审程序

综合评估法的评审程序中,初步评审、投标文件的澄清和补正评标结果与经评审的最低投标价法相同,只有在详细评审程序方面有差异。综合评估法的详细评审程序是评标委员会按规定的量化因素和分值进行打分,并计算出综合评估得分。其包括:

a.按规定的评审因素和分值对施工组织设计计算出得分 A;
b.按规定的评审因素和分值对项目管理机构计算出得分 B;
c.按规定的评审因素和分值对投标报价计算出得分 C;
d.按规定的评审因素和分值对其他部分计算出得分 D。

投标人最终得分为 A+B+C+D。

评标委员会发现投标人的报价明显低于其他投标报价,或者在设有标底时明显低于标底,使得其投标报价可能低于其个别成本的,应当要求该投标人作出书面说明并提供相应的证明材料。投标人不能合理说明或者不能提供相应证明材料的,由评标委员会认定该投标人以低于成本报价竞标,其投标作废标处理。

[例 4-7] 某高速公路项目施工招标评标办法前附表示例。

某高速公路项目施工招标评标办法采用综合评估法(双信封),该项目的评标办法前附表见表 4-9。

评标办法前附表   表 4-9

条款号	条款内容	评审因素与评审标准
2.1.1 2.1.3	形式评审与响应性评审标准	第一个信封(商务及技术文件)的评审: (1)投标文件按照招标文件规定的格式、内容填写,字迹清晰可辨: a.投标函按招标文件规定填报了工期及工程质量目标; b.投标函附录的所有数据均符合招标文件规定; c.承诺函文字与招标文件规定一致,未进行修改和删减; d.按照招标文件规定的格式、内容编制了施工组织设计及项目管理机构相关图表;

条款号	条款内容	评审因素与评审标准
2.1.1 2.1.3	形式评审与响应性评审标准	e.投标文件组成齐全完整,内容均按规定填写。 f.投标文件密封装订符合要求。 (2)投标文件上法定代表人或其授权代理人的签字、投标人的单位章盖章齐全,符合招标文件规定: 投标函及投标函附录、承诺函的内容应由投标人的法定代表人或其委托代理人逐页签署姓名(本页正文内容已由投标人的法定代表人或其委托代理人签署姓名的可不签署)并逐页加盖投标人单位章(本页正文内容已加盖单位章的除外)。 (3)与申请资格预审时比较,投标人资格没有实质性下降,且按投标人须知3.5资格审查资料3.5.1、3.5.2条款提交了更新资料: a.通过资格预审后法人名称变更时,应提供相关部门的合法批件及企业法人营业执照和资质证书的副本变更记录复印件。 b.资格没有实质性下降,指投标人仍然满足资格预审中的最低要求(资质、业绩、人员、财务、履约信誉等)。具体表现如: • 相对资格预审时,其财务能力没有实质性降低,投标人提供的财力资源情况(财务报表及相关资金证明材料)真实、完整,且满足本次招标的强制性要求。 • 资格预审时投标人拟定的项目经理或项目总工程师人选在投标文件中没有发生变更。 • 资格预审后至投标文件递交截止日止,没有因违法、违规行为或重大质量、安全责任事故被交通运输部、广东省交通运输厅通报批评取消投标资格(或取消其在广东省的投标资格)或信用等级降为B级以下。 (4)投标人按照招标文件规定的金额、形式、时效和内容提供了投标担保: a.投标担保金额符合招标文件规定的金额; b.若采用电汇,投标人在投标人须知前附表规定的时间之前,将投标保证金由投标人的基本账户一次性汇入招标人指定账户; c.若采用银行保函,银行保函的格式、开具保函的银行、银行保函的有效期均满足招标文件要求,且银行保函复印件装订在投标文件之中。原件单独递交。 (5)投标人法定代表人的授权代理人,需提交附有法定代表人身份证明的授权委托书,并符合下列要求: a.授权人和被授权人均在授权书上签名,未使用印章、签名章或其他电子制版签名; b.附有公证机关出具的加盖钢印、单位章并签有公证员签名章的公证书,钢印应清晰可辨,同时公证内容完全满足招标文件规定; c.公证书出具的日期与授权书出具的日期同日或在其之后。 (6)投标人法定代表人若亲自签署投标文件的,提供了法定代表人身份证明,并符合下列要求: a.法定代表人在法定代表人身份证明上签名,未使用印章、签名章或其他电子制版签名; b.附有公证机关出具的加盖钢印、单位章并签有公证员签名章的公证书,钢印应清晰可辨,同时公证内容完全满足招标文件规定; c.公证书出具的日期与法定代表人身份证明出具的日期同日或在其之后。 (7)投标人以联合体形式投标时,联合体协议书满足招标文件的要求: a.未进行资格预审的,投标人按照招标文件提供的格式签订了联合体协议书,并明确了联合体牵头人; b.进行资格预审的,投标人提供了资格预审申请文件中所附的联合体协议书复印件。 (8)投标人如有分包计划,应按第八章"投标文件格式"的要求填写"拟分包项目情况表",且专业分包的工程量累计未超过总工程量的30%。 (9)投标文件载明的招标项目完成期限未超过招标文件规定的时限。 (10)投标文件未附有招标人不能接受的条件。

表上表

条款号	条款内容	评审因素与评审标准
2.1.1 2.1.3	形式评审与响应性评审标准	(11)权利义务符合招标文件规定： a.投标人应接受招标文件规定的风险划分原则，未提出新的风险划分办法； b.投标人未增加发包人的责任范围，或减少投标人义务； c.投标人未提出不同的工程验收、计量、支付办法； d.投标人对合同纠纷、事故处理办法未提出异议； e.投标人在投标活动中无欺诈行为； f.投标人未对合同条款有重要保留； g.投标人编制的施工组织设计、关键工程技术方案可行，进度、安全符合要求，承诺的质量检验标准不低于招标文件或国家强制性标准要求。 (12)未弄虚作假，提供虚假资料。 (13)投标文件第一个信封(商务及技术文件)不得出现有关投标报价的内容，否则评标委员会将对投标文件第一个信封(商务及技术文件)作废标处理。 第二个信封(投标报价和工程量清单)的评审： (1)投标文件按照招标文件规定的格式、内容填写，字迹清晰可辨： a.投标函按招标文件规定填报了投标价； b.已标价工程量清单说明与招标文件规定一致，未进行修改和删减； c.投标文件组成齐全完整，内容均按规定填写； d.投标文件密封装订符合要求，已按规定提交投标文件电子文件及已标价工程量固化清单电子文件。 (2)投标文件上法定代表人或其授权代理人的签字、投标人的单位章盖章齐全，符合招标文件规定。 投标函、已标价工程量清单(包括工程量清单说明、投标报价说明、计日工说明、其他说明及工程量清单各项表格)、调价函及调价后的工程量清单(如有)的内容应由投标人的法定代表人或其委托代理人逐页签署姓名(本页正文内容已由投标人的法定代表人或其委托代理人签署姓名的可不签署)并逐页加盖投标人单位章(本页正文内容已加盖单位章的除外)。 (3)一份投标文件应只有一个投标报价，在招标文件没有规定的情况下，未提交选择性报价。 (4)投标人若填写工程量固化清单，填写完毕的工程量固化清单未对工程量固化清单电子文件中的数据、格式和运算定义进行修改。但补遗书对固化清单数量调整的，清单相对应更新
2.1.2	资格评审标准 (未进行资格预审)	(1)投标人具有有效的营业执照、资质证书和安全生产许可证和基本帐户开户许可证； (2)投标人的资质等级符合招标文件规定； (3)投标人的财务状况符合招标文件规定； (4)投标人的类似项目业绩符合招标文件规定； (5)投标人的信誉符合招标文件规定； (6)投标人的项目经理(包括备选人)和项目总工(包括备选人)资格符合招标文件规定； (7)不存在第二章"投标人须知"第1.4.3项规定的任何一种情形

条款号	条款内容	编列内容
2.2.1	分值构成(总分100分)	施工组织设计：10分 项目管理机构：1分 评标价：　　　75分 财务能力：　　3分 业绩：　　　　5分 履约信誉：　　6分

表上表

条款号	条款内容	编列内容
2.2.2	评标基准价计算方法	评标基准价的计算： 在开标现场，招标人将当场计算并宣布评标基准价。 (1)评标价的确定： $$评标价＝投标函文字报价$$ (2)招标人标底价的确定： $$招标人标底价＝招标人控制价×(1－下浮率K)$$ 项目业主在施工图文件基础上，根据本招标文件规定的条件和标准，自行编制或委托有相应资质单位编制预算价，经主管部门审核后确定的预算价为招标人控制价。 下浮率采取随机方式一次性确定。下浮率K值精确至小数点后两位，四舍五入，并以此计算招标人标底价。开标时下浮率K值予以公布。 招标人控制价及下浮率范围将在递交投标文件截止时间7天前在补遗书中向投标人公布。 (3)评标价平均值的计算： ①确定有效评标价。有效评标价范围为：招标人标底价的85%≤评标价≤招标人标底价的100%，不在此范围的投标文件作废标处理，不予进一步评审，且其评标价不参与评标价平均值的计算。 ②除按第二章"投标人须知"第5.2.2项规定开标现场被宣布为废标的投标报价之外，在有效评标价范围内的投标人的评标价去掉一个最高值和一个最低值后的算术平均值即为评标价平均值（如果参与评标价平均值计算的有效投标人未多于5家，则计算评标价平均值时不去掉最高值和最低值；若所有投标人评标价均未进入有效范围，则该标段所有投标均为废标，招标人将重新组织对该标段进行招标）。 ③即使某投标文件未通过形式评审与响应性评审，如其评标价处于有效评标价范围以内，其评标价仍应参与评标价平均值的计算。同时，本次招标不接受投标人对其投标报价所作出的任何形式的调价函或调价说明。 (4)复合标底的确定： 招标人标底价与投标人评标价平均值的算术平均值作为复合标底。 (5)评标基准价的确定： 复合标底精确至个位整数即为评标基准价。 如果投标人认为评标基准价的计算有误，有权在开标现场提出，经监标人当场核实确认之后，可重新宣布评标基准价。确认后的评标基准价在整个评标期间保持不变，不随通过初步评审的投标人的数量发生变化。 注：招标人标底价、评标价平均值、复合标底均精确至小数点后两位；评标基准价精确至个位整数
2.2.3	评标价的偏差率计算公式	偏差率＝100%×(投标人评标价－评标基准价)/评标基准价 (偏差率精确至百分号单位小数点后两位)

评分因素与权重分值

条款号	评分因素	评分因素权重分值	各评分因素细分项	分值	评分标准
2.2.4(1)	施工组织设计	10	工期保证体系及保证措施	4分	1. 工期控制措施得当，对本项目的工期重要性理解特别透彻，对地形地貌特征、重点工序、天气、关键设备故障、与其他承包人衔接、社会环境等问题有切实可行的应对或应急方案，计划科学合理，可操作性高，得3.2～4分； 2. 工期保证体系及保证措施基本可行，内容较为充实、全面的，得2.4～3.2分； 3. 起评分2.4分

表上表

条款号	评分因素	评分因素权重分值	各评分因素细分项	分值	评分标准
2.2.4(1)	施工组织设计	10	质量、安全保证体系及保证措施	4分	1. 对本项目质量及安全控制有透彻的认识，对施工过程中可能发生的各种质量和安全问题有深刻的认识和合理的预见，并有相应的应对措施，措施应科学、充分，能有效处理各种突发问题的，得3.2~4分； 2. 对本项目质量及安全控制有一定的认识，基本能合理的预见施工过程中可能发生的各种质量和安全问题，并有相应的应对措施，应对措施较为科学、充分，基本能有效处理各种质量和安全问题的，得2.4~3.2分； 3. 起评分2.4分
			环境保护、文明施工保证体系及措施	2分	1. 对本项目的环保及文明施工等工作有独到的见解，能制订科学的措施，施工做到符合环保的要求，对文明施工有相应的措施，能创造良好的施工环境的，得1.6~2分； 2. 对工程环保及文明施工等工作制定有相关的措施，基本能满足本项目环保及文明施工的要求的，得1.2~1.6分； 3. 起评分1.2分
2.2.4(2)	项目管理机构	1分	项目经理与总工	1分	1. 满足强制性标准得0.6分； 2. 项目经理含备选同时有12年以上类似工程经验的，加0.2分； 3. 项目总工程师含备选同时有12年以上类似工程经验的，加0.2分
2.2.4(3)	评标价	75分			评标价得分计算公式： (1)如果投标人的评标价＞评标基准价，则评标价得分＝75×(1－偏差率×2)； (2)如果投标人的评标价≤评标基准价，则评标价得分＝75×(1＋偏差率×1)
2.2.4(4)	其他因素	财务能力	营运资本	1分	提供的营运资金(流动资产－流动负债)加上为本合同专门开具的银行信贷额度，此总和不应少于5 000万元人民币。其中：自有营运资金占上述金额的80%以上(含80%)，得1分；50%~80%得0.8分；50%的，得基本分0.6分
		3分	盈利能力	1分	以会计师事务所或审计机构审计的报表为证明材料，近3年均盈利的，得1分；只有近2年盈利的，得0.8分；其他情况的，得0.6分
			营业额	1分	近3年(指2010、2011、2012年度，下同)经审计的财务报表中，年平均营业额介于50 000万~80 000万元(均含界值)的，得0.6分；超过80 000的，每超过80 000万元(尾数不计)加0.1分，最高加分0.4分

条款号	评分因素	评分因素权重分值	各评分因素细分项	分值	评 分 标 准
2.2.4(4)	业绩	5分	业绩	5分	近5年内曾独立完成经项目业主主持交工验收的四车道(或以上)高速公路沥青路面工程施工累计至少100km,得3分;此外: ①累计工程每增加40km的高速公路路面,加0.5分,最高加分1分; ②单个合同段长度超过50km的高速公路路面工程合同每个另加0.5分,最高加1分。①②项加分业绩不重算。 1.近5年定义为2009年1月1日至资审文件递交截止日止,业绩计算以此期间通过交工验收(以交工验收证书上的时间为准)的四车道及以上高速公路业绩项目为准。 2.业绩证明应附有中标通知书、合同协议书、交工验收证书三份资料的复印件。资料应能清晰表达申请人填写的业绩数据,如上述三份资料不能体现工程项目的里程长度、结构类型,还需要附有发包人书面评价或发包人证明资料,证明资料须能清楚说明表中关键数据。不能合理判定的工程项目,业绩不予计算
	其他因素				1.信用等级分:5分。 在××省交通运输厅《关于公布2013年度××省公路水运工程施工监理企业信用评价结果的通知》中,信用评价为B级以上(含B级)企业(首次进入我省的外省从业单位,其信用等级按B级确定),信用评价评为AA级的单位得5分,A级得3.75分,B级得3.25分。 2.履约分:1分。 近5年内无被交通运输部、××省交通运输厅或其他政府行政主管部门通报,或被业主逐出合同工地的、无在××省公路交通项目的投标、履约不良记录、无重大安全责任事故、无涉及投标人违约责任的合同诉讼或仲裁的,给满分1分。 3.若出现上述第2项中任何一项记录但能在投标文件中如实反映的,按下述标准进行扣分,扣分超过履约分值的,可以从总分扣: (1)交通运输部通报批评或处罚一次,扣0.8分; (2)××省交通运输厅或××省级政府行政主管部门通报批评或处罚一次,扣0.6分; (3)根据交通运输部《关于印发全国公路建设从业单位不良行为记录的通知》,被××省以外省份通报批评或处罚一次,扣0.4分。 同一事项同时被多个部门通报批评或处罚只按最高的扣分计算一次。 4.若出现上述第2项中任何一项记录但未能在投标文件中如实反映的,本项最后得分为0分
		履约信誉	6分	无履约不良记录	6分	

续上表

需要补充的其他内容	
条款号	补充或修改的内容
1	将评标办法范本原文第1条"评标方法"改为"评标方法、组织及工作程序",并且原文内容修改如下: 1.1 评标方法 本次评标采用综合评估法。评标委员会对满足招标文件实质性要求的投标文件,按照本章第2.2款规定的评分标准进行打分,并按得分由高到低顺序的推荐中标候选人,但投标报价低于其成本的除外。 1.2 评标组织 1.2.1 清标工作组 清标工作组由招标人在评标工作开始前选派熟悉招标工作、政治素质高的人员组成,协助评标委员会工作。清标工作组人员的具体数量由招标人视评标工作量确定。 清标工作组应在评标委员会开始工作之前进行评标的准备工作,主要内容包括: (1)根据招标文件,制定评标工作所需各种表格; (2)对投标文件按照形式评审与响应性评审标准、资格评审标准的内容进行初步清查; (3)对投标文件响应招标文件规定的情况进行摘录,列出相对于招标文件的所有偏差; (4)对所有投标报价进行算术性校核(如采用固化工程量清单,本步骤省略); (5)配合评标委员会核验有关数据和分值计算结果。 1.2.2 评标委员会 评标委员会由招标人依法组建,由招标人的代表和技术、经济专家组成。评标委员人数为五人及以上单数,按××号文的规定。评标委员会的主要工作内容包括: (1)评标委员会开始评标工作之前,首先听取招标人、清标工作组关于工程情况和清标工作的说明,并认真研读招标文件,获取评标所需的重要信息和数据; (2)对清标工作组提供的评标工作用表和评标内容进行认真核对,对与招标文件不一致的内容要进行修正。对招标文件中规定的评标标准和方法,评标委员会认为不符合国家有关法律、法规,或其中含有限制、排斥投标人进行有效竞争的,评标委员会有权按规定对其进行修改,并在评标报告中说明修改的内容和修改原因; (3)按照以下1.3款程序进行各项评审工作。 1.3 评审工作程序 评标委员会将按以下程序开展评标工作: 1.3.1 第一个信封(商务及技术文件): (1)初步评审,包括形式评审与响应性评审; (2)详细评审(评审打分),评标委员会首先对通过初步评审的投标文件第一个信封(商务及技术文件)进行详细评审,对投标人的施工组织设计、项目管理机构、管理水平、其他部分等因素分别评审打分等进行综合评分; (3)澄清(如果需要)。 1.3.2 第二个信封(投标报价和工程量清单): (1)初步评审,只有投标文件第一个信封通过初步评审的投标人才能继续参加第二个信封(投标报价和工程量清单)的评审。评标委员会对投标人的施工组织设计、项目管理机构、管理水平、其他部分等因素分别评审打分后,在监督机构在场的情况下,拆启投标人的第二个信封(投标报价和工程量清单),对其进行初步评审; (2)报价算术性修正(本次招标采用固化工程量清单,本步骤省略); (3)澄清(如果需要); (4)评审报价得分。 1.3.3 综合评分,提出评标意见。 1.3.4 按评标办法规定推荐中标候选人,编写评标报告
3.1.3~ 3.1.6	由于本次招标采用固化工程量清单格式,故评标办法范本原文第3.1.3~3.1.6款不适用
3.2.3	将评标办法范本原文第3.2.3款细化如下: 投标人得分=A+B+C+D。 除报价得分和履约信誉得分外,投标文件各单项得分均不应低于其权重分的60%。计算投标人技术得分时以评标委员会各成员对该投标人的技术评分去掉一个最高分和一个最低分后计算的算术平均值为投标人的最终技术得分,平均值计算保留小数点后两位

续上表

条款号	补充或修改的内容
3.5	增加3.5款"定标原则": 3.5.1 按上述评审办法的综合得分从高到低进行排名,如果综合得分相同,由评标委员会依次按照以下顺序确定其名次,按排名次序推荐出3名中标候选人: (1)报价低者;(2)履约信誉得分高者;(3)业绩得分高者;(4)财务能力评审得分高者。 3.5.2 如果发生无法确定推荐中标候选人的其他意外情况,由评标委员会研究处理,评标委员会有权决定本次招标无效,有权建议招标人重新招标。 3.5.3 如果推荐的第一中标候选人放弃中标、因不可抗力提出不能履行合同,或者招标文件规定应当提交履约保证金而在规定的期限内未能提交的,招标人可以确定排名第二的中标候选人为中标人,但第一中标候选人的投标保证金不予退还;或重新招标。 3.5.4 如果推荐的中标候选人因公示被投诉并查证属实存在造假行为的,按废标处理,且没收其投标保证金。 如果开标后至中标通知书发出前或在合同签署前因中标候选人发生失信行为导致信用等级被××省交通运输厅直接降为B级以下,或被交通运输部、住房和城乡建设部、××省交通运输厅、××省住房和城乡建设厅取消投标资格,则招标人取消其投标资格、中标资格,并按推荐中标候选人排名顺序依次确定中标人,或重新组织招标

(七)合同条款的拟定

根据合同法的规定,施工合同的内容包括工程范围、建设工期、中间交工工程的开工和竣工时间、工程质量、工程造价、技术资料交付时间、材料和设备供应责任、拨款和结算、竣工验收、质量保修范围和质量保证双方相互协作等条款。

按惯例,合同条款由通用条款和专用条款组成。为了提高效率,通用条款直接引用范本的合同通用条款,专用条款则根据行业及项目的具体技术经济特点,结合工程管理和建设目标需要,在编制招标文件时拟定。下面以我国的标准施工招标文件为例,介绍招标文件中合同条款的拟定。

1.通用合同条款

在我国进行施工招标,是以《标准施工招标文件》为指导的,即直接引用通用合同条款。《标准文件》的合同条款包括了一般约定、发包人义务、有关监理单位的约定、有关承包人义务的约定、材料和工程设备、施工设备和临时设施、交通运输、测量、放线、施工安全、治安保卫和环境保护、进度计划、开工和竣工、暂停施工、工程质量、试验和检验、变更与变更的估价原则、价格调整原则、计量与支付、竣工验收、缺陷责任与保修责任、保险、不可抗力、违约、索赔、争议的解决等共24条。

在《标准施工招标文件》中,对通用合同条款的拟定时基于以下考虑:

(1)通用合同条款是根据国家有关法律、法规和部门规章,以及按合同管理的操作要求进行约定和设置。

(2)通用合同条款是以发包人委托监理人管理工程合同的模式设定合同当事人的权利、义务和责任,区别于由发包人和承包人双方直接进行约定和操作的合同管理模式。监理人作为发包人授权的合同管理者对合同实施管理,发出的任何指示均被视为已取得发包人同意,但监理人无权免除或变更合同约定的发包人和承包人的权利、义务和责任。监理人的具体权限范围,由发包人根据合同管理的需要确定。

(3)鉴于工程建设项目施工较为复杂、合同履行周期较长等特点,为使当事人能够在合同订立时客观评估合同风险,按照国内工程建设有关法律、法规、规程确立的工程建设项目施工管理模式,参考 FIDIC 有关内容,合同条款对发包人、承包人的责任进行恰当的划分,在材料和设备、工程质量、计量、变更、违约责任等方面,对双方当事人权利、义务、责任作了相对具体、集中和具有操作性的规定,为明确责任、减少合同纠纷提供了条件。

(4)为了保证合同的完整性和严密性,便于合同管理并兼顾到各行业的不同特点,合同条款留有空间,供行业主管部门和招标人根据项目具体情况编制专用合同条款予以补充,使整个合同文件趋于完整和严密。对合同条款中规定的一些授权条款,由行业主管部门作出规定或由当事人另行约定,但行业主管部的规定不得与合同条款强制性内容相抵触,另行约定的内容不得违反法律、行政法规的强制性规定。

(5)合同条款同时适用于单价合同和总价合同。合同条款中涉及单价合同和总价合同的,主要有第 15.1 款"变更的范围和内容"、第 15.4 款"变更估价原则"、第 16.1 款"物价波动引起的价格调整"、第 17.1 款"计量"和第 17.3 款"工程进度付款"。招标人在编制招标文件时,应根据各行业和具体工程的不同特点和要求,进行修改和补充。

(6)从合同的公平原则出发,合同条款引入了争议评审机制,供当事人选择使用,以更好地引导双方解决争议,提高合同管理效率。

(7)为增强合同管理可操作性,合同条款设置了几个主要的合同管理程序,包括工程进度控制程序、暂停施工程序、隐蔽部位覆盖检查程序、变更程序、工程进度付款及修正程序、竣工结算程序、竣工验收程序、最终结清程序、争议解决程序。

2.专用条款

专用条款是针对通用条款而言的,它和通用条款一起共同形成合同条款整体。专用条款作用是将通用条款加以具体化;对通用条款进行某些修改和补充;对通用条款进行删除。

在合同的优先顺序上是,当通用条款与专用条款矛盾时,以专用条款为准。

专用条款包括行业专用条款和项目专用条款。如某高速公路项目招标文件在合同专用条款就包括《公路工程专用合同条款》和该高速公路的项目专用合同条款。

在我国的《公路工程标准施工招标文件》中,列出《公路工程专用合同条款》,在公路工程项目中,直接引用。对于具体工程项目的专用条款,其编制应充分考虑工程项目的具体情况及招标人的管理需求。公路工程项目的专用合同条款的编写包括:项目专用合同条款数据表和项目专用合同条款。

[例 4-8] 某高速公路项目招标文件专用合同条款数据表示例。

某高速公路项目招标文件中,根据项目的具体情况和业主项目管理的需求拟定了该项目的专用合同条款,见表 4-10。

说明:表 4-10 是项目专用合同条款中适用于本项目的信息和数据的归纳与提示,是项目专用合同条款的组成部分。第八章"投标文件格式"的投标函附录中的数据(供投标人确认)与本表所列数据应保持一致。

项目专用合同条款数据表   表 4-10

序号	条目号	信息或数据
1	1.1.2.2	发包人:××高速公路有限公司 地址:××省××市××号 467 室 邮政编码:××××××

续上表

序号	条目号	信 息 或 数 据
2	1.1.2.6	监理人： 地址： 邮政编码：
3	1.1.4.5	缺陷责任期：自实际交工日期起计算 2 年（附属区房建除外） 附属区房建：执行建设部第 80 号《房屋建筑工程质量保修办法》 执行建设部第 110 号《住宅室内装饰装修管理办法》
4	1.6.3	图纸需要修改和补充的，应由监理人取得发包人同意后，在该工程或工程相应部位施工前 5 天签发图纸修改图给承包人
5	3.1.1	监理人在行使下列权力前需要经发包人事先批准 根据第 15.3 款发出的变更指示，均需要经发包人事先批准
6	5.2.1	发包人是否提供材料或工程设备：否
7	6.2	发包人是否提供施工设备和临时设施：否
8	8.1.1	发包人提供测量基准点、基准线和水准点及其书面资料的期限：在签订施工承包合同后一个月内 承包人将施工控制网资料报送监理人审批的期限：在收到发包人提供的上述资料一个月内
9	11.5	逾期交工违约金：2 万元/天
10	11.5	逾期交工违约金限额：10% 签约合同价
11	11.6	提前交工的奖金：无
12	11.6	提前交工的奖金限额：无
13	15.5.2	承包人提出的合理化建议降低了合同价格或者提高了工程经济效益的，发包人按所节约成本的 0% 或增加收益的 0% 给予奖励
14	16.1	因物价波动引起的价格调整按照 16.1.2 项约定的原则处理
15	17.2.1	开工预付款金额：10% 签约合同价
16	17.2.1	材料、设备预付款比例：碎石 等主要材料、设备单据所列费用的 70%
17	17.3.2	承包人在每个付款周期末向监理人提交进度付款申请单的份数：4 份
18	17.3.3(1)	进度付款证书最低限额：50 万元
19	17.3.3(2)	逾期付款违约金的利率：0.15‰/天
20	17.4.1	质量保证金百分比：月支付额的 5%
21	17.4.1	质量保证金限额：5% 合同价格，若交工验收时承包人具备被招标项目所在地省级交通主管部门评定的最高信用等级，发包人给予 2% 合同价格质量保证金的优惠，并在交工验收时向承包人返还质量保证金优惠的金额
22	17.5.1	承包人向监理人提交交工付款申请单（包括相关证明材料）的份数：4 份
23	17.6.1	承包人向监理人提交最终结清申请单（包括相关证明材料）的份数：4 份
24	18.2	竣工资料的份数：6 份
25	18.5.1	单位工程或工程设备是否需投入施工期运行：否
26	18.6.1	本工程及工程设备是否进行试运行：否 如本工程及工程设备需要进行试运行，试运行的具体规定如下：无
27	19.7	保修期：自实际交工日期起计算 5 年（附属区房建除外） 附属区房建：执行建设部第 80 号《房屋建筑工程质量保修办法》
28	20.1 20.4.2	建筑工程一切险及第三者责任险的保险费率：4.0‰； 事故次数不限（不计免赔额）
29	24.1	争议的最终解决方式： 仲裁 如采用仲裁，仲裁委员会名称：××仲裁委员会

合同专用条款的编写应注意:

(1)专用条款与通用条款相对应。对通用条款的具体化、修改、补充和删除均应明确地与通用条款一一对应,专用条款的代号应与通用条款代号一致,便于对应阅读和理解。

(2)根据工程管理需要,对通用条款细化。通用条件不明确和不具体的条款,应在合同专用条款中具体化,以减少施工时双方因对合同条件的理解不同而产生分歧。

(3)专用条款应充分反映业主对项目的建设要求和施工管理要求。如对质量的特殊要求、对计量与支付的要求、对工期的要求等。

(4)所用语言应精练、准确、严密。

(5)承包合同是一个体系,由多个分部组成,当各分部之间出现相互矛盾的情况时,以合同约定次序在先者为准。

[例4-9] 某高速公路项目的专用合同条款示例(节选)。

合同专用条款

说明:本部分所列的项目专用合同条款是对本章第一节的通用合同条款和第二节的公路工程专用合同条款的补充和细化,包含但不仅限于"公路工程专用合同条款"中规定必须在项目专用合同条款中明确的内容。

1 一般约定

1.1 词语定义

在第1.1.2款下增加1.1.2.9。

1.1.2.9 发包人代表:发包人代表(或称发包人驻地代表)是发包人派出到合同段执行发包人授予的一定权力及职责的现场管理人员。发包人代表的任命和更改由发包人法人代表或其授权代表签发授权委托。

1.4 合同文件的优先顺序

本款约定为:

组成合同的各项文件应互相解释,互为说明。解释合同文件的优先顺序如下:

(1)合同协议书及各种合同附件(含评标期间和合同谈判过程中的澄清文件和补充资料,发包人与承包人签订的《廉政合同》《安全生产合同》《建设工程农民工工资支付保证书和履约银行保函》和《工程资金监管协议》);

(2)中标通知书;

(3)投标函及投标函附录;

(4)项目专用合同条款及数据表(含招标文件补遗书中与此有关的部分);

(5)公路工程专用合同条款;

(6)通用合同条款;

(7)技术规范(含招标文件补遗书中与此相关的部分);

(8)图纸(含招标文件补遗书中与此有关的部分);

(9)已标价工程量清单;

(10)承包人有关人员、设备投入的承诺及投标文件中的施工组织设计;

(11)其他合同文件。

1.6 图纸和承包人文件

1.6.1 图纸的提供

本项细化为：

发包人应在发出中标通知书之后42天内，向承包人免费提供由发包人或其委托的设计单位设计的施工图纸、技术规范和其他技术资料2份，并向承包人进行技术交底。承包人需要更多份数时，应自费复制。上述图纸、技术规范和其他技术资料，未经发包人同意，承包人不得提供给与本工程施工无关的第三方。

1.6.2 承包人提供的文件

本项补充：

如果由于承包人未能按照合同规定提交他应提交的有关图纸、现场实测数据或其他技术资料等而使监理工程师未能在合理时间内发出上述1.6.2款所要求的意见，由此造成的工期拖延和费用增加由承包人承担。

1.6.3 图纸的修改

本项补充：

没有监理人的批准，承包人不得对施工图的任何部分进行修改，否则按22.1.2项处理。

1.6.4 图纸的错误

本项细化为：

当承包人在查阅合同文件或在本合同工程实施过程中，发现有关的工程设计、技术规范、图纸或其他资料中的任何差错、遗漏或缺陷后，应及时通知监理人。监理人接到该通知后，应立即进行审查，在征求发包人答复后就此作出决定，并通知承包人。

2 发包人义务

2.3 提供施工场地

本款最后一段修改如下：

如果由于发包人未能按照本款规定办妥永久占地征用手续，影响承包人工程的施工，承包人须及时调整工程施工组织安排并报监理人批准，并按经发包人批准同意的调整计划组织和安排工程施工。因此导致承包人延误工期或增加费用时，发包人可适当延长工期，但费用不予补偿。

但如果由于承包人未能按照本款规定提交占地计划，因而影响发包人办理永久工程占地征用手续而导致延误工期或增加费用，则由承包人自行负责。

发包人已征用的服务区、收费站等用地在条件许可时，可考虑临时出租给承包人作为料场及临时用地，价格可以优惠，但不能无偿使用。

3 监理人

3.1 监理人的职责和权力

第3.1.1(2)目细化为：

确定第4.11款下产生的费用增加额及延长工期。

第3.1.1项补充：

(11)确定第12.4.2款项下产生的延长工期及费用增加额。

第3.1.1项补充：

监理人必须履行承包合同规定的职责，同时严格按发包人和监理人签订的监理服务合同履行职责。监理人的有关决定，都必须抄送发包人。发包人和承包人双方对工程施工的有关协议或决定,必须抄报监理人,以利于系统管理。在任何情况下(包括合同另有规定的情况),凡涉及工程变更、工程量增减、议价、索赔、改变工期、暂停施工、暂停施工后的复工、改变技术标准、改变重大施工技术方案等及一切与费用有关的监理人的指令,均需先与发包人协商,发包人书面认可后方能生效。

第3.1.2项补充:
如果监理人的某些决定不妥或有错误,不妨碍政府监督部门或发包人事后否认。

第3.2项补充:
总监理工程师更换时,须征得发包人同意。

补充第3.6款:
3.6 发包人、监理人和承包人的关系

3.6.1 在整个建设过程中,发包人与监理人之间是委托与被委托的关系;监理人与承包人是监理与被监理的关系;承包人在项目实施过程中,必须接受发包人的统一管理,同时应按合同规定接受监理人的监督和管理。任何与施工承包合同有关的施工活动,都必须同时经发包人和监理人审查认定,认为符合合同规定,发包人才予以拨付工程款。

3.6.2 本合同工程实行承包人自检,社会监理,发包人和政府监督的三级管理体制。对工程质量出现问题而降低质量标准或返工而造成的一切经济和工期损失,由承包人承担,并且按合同规定承担罚款;监理人根据监理合同规定负监理不周的责任。监理人对某一分部或分项工程的认可不影响政府机构或发包人在事后的否定。

4 承包人
4.1 承包人的一般义务
4.1.2 依法纳税
本项补充:
省、市和地方有关单位收取的税费和规费(包括但不限于按交通运输部公布的《公路工程基本建设项目概算预算编制办法》(JTG B06—2007)规定的建筑安装工程造价内的营业税、城市维护建设税、教育费附加及堤围防洪费等),已包含在本合同承包单价或总价中,由承包人负责交纳并承担所需费用。如果当地税务机关及/或有关部门要求由发包人统一代扣代缴时,则由发包人代扣代缴。发包人有权代承包人或其特殊分包人缴纳应缴纳而未缴纳的相关税收和费用,并在承包人的一切应得款项中扣除,承包人不得有异议。

4.1.5 保证工程施工和人员的安全
本项补充:
承包人在施工中必须按相关规定和标准设置安全标志、标牌,否则发包人将指定制作与设置,发生的费用在其工程款中扣除。

4.3 分包
第4.3.1项补充:
严禁承包人转让合同或合同的任何部分,一经发现,视承包人违约。

第4.3.2补充:
若经发包人发现存在违法分包或未经同意擅自分包,发包人有权单方中止合同,承包人应无条件接受,一切后果由承包人负责。

发包人对承包人分包工程的同意并不免除承包人应承担的责任和义务。承包人应将任何分包人、分包代理人、雇员或工人的行为、违约和疏忽,视为承包人自己的行为、违约和疏忽,并为之负完全的责任。

在第4.3.3款原文后增加一个段落:

如果出现上述违规分包的情况,监理人有权拒绝验收和计量,发包人有权拒绝支付或收回该工程,并按22.1款处理。

第4.3.6项补充:

但,任何劳务协议,无论事先报经发包人批准与否,在发生拖欠民工工资时,发包人有权从本工程合同项下应付未付或预期支付的任何款项中予以足额扣除并核发被拖欠的民工工资。

本款补充第4.3.7项:

4.3.7 发包人有权决定采取分包

承包人的分包工程受发包人的监督和管理,发包人有权审查承包人所有分包合同等,承包人须严格执行合同(包括分包合同)条款,不得拖欠工人工资及分包商工程款,发包人如有发现或接到投诉,发包人有权直接向工人或分包商支付承包人拖欠款项,该笔款项由发包人从承包人应收工程款中如数扣回,承包人不得有异议。

根据工程质量、工程进度等的需要,发包人有权决定是否采取分包。当发包人决定采取分包时,承包人应无条件接受并全力配合发包人开展相关工作,否则视承包人违约;发包人将对承包人的合同总价扣除分包部分的造价后作出相应的调整,分包部分的造价按合同工程量清单单价和分包部分图纸工程数量计算;承包人应无条件提供已有的临时设施(包括但不限于便道、便桥、电力线路等)供分包人使用,同时承包人不得为此要求增加任何费用。

(八)工程量清单的编制

1. 工程量清单的用途

工程量清单是表现拟建工程实体性项目和非实体性项目名称和相应数量的明细清单,以满足工程项目具体量化和计量支付的需要。具有来说工程量清单有三个主要用途:一是为投标单位按统一的规格报价,填报表中各细目单价、合价,按章节的组成汇总各章,各章汇总成整个工程的投标报价;二是方便工程进度款的支付,每月结算时可按工程量清单和细目号,已实施的项目单价或价格来计算应给承包人的款项;三是在工程变更或增加新的项目时,可选用或参照工程量清单单价来确定工程变更或新增项目的单价和合价。

2. 工程量清单编制

工程量清单可以分为两个部分:第一部分是说明部分,均是说明性内容,是为解读和使用工程量清单的内容服务的;第二部分是工程量清单表,由一系列表格组成。

在《标准施工招标文件》中,说明部分包括第1节"工程量清单说明",第2节"投标报价说明",第3节"其他说明";在《公路工程标准施工招标文件》中还增加了"计日工说明"。在《标准施工招标文件》中第4节为"工程量清单",包括工程量清单表、计日工表、暂估价表、投标报价汇总表、工程量清单单价分析表等,这些内容是参考性的。

工程量清单由招标人根据工程量清单的国家标准、行业标准,以及行业标准施工招标文件(如有)、招标项目具体特点和实际需要编制。

(1)工程量清单说明编写

①工程量清单说明

工程量清单说明通常要说明一下内容：

a. 工程量清单是根据招标文件中包括的、有合同约束力的图纸以及有关工程量清单的国家标准、行业标准、合同条款中约定的工程量计算规则编制。约定计量规则中没有的子目，其工程量按照有合同约束力的图纸所标示尺寸的理论净量计算。计量采用中华人民共和国法定计量单位。

b. 工程量清单应与招标文件中的投标人须知、通用合同条款、专用合同条款、技术标准和要求及图纸等一起阅读和理解。

c. 工程量清单仅是投标报价的共同基础，实际工程计量和工程价款的支付应遵循合同条款的约定和第六章"技术标准和要求"的有关规定。

d. 补充子目工程量计算规则及子目工作内容说明。为了解决招标文件所约定的国家或行业标准工程量计算规则中没有的子目，或者为方便计量而对所约定的工程量清单中规定的若干子目进行适当拆分或者合并问题。在使用《标准施工招标文件》时，应当约定采用国家或行业标准的某一工程量计算规则。如果没有国家或行业标准，该款应扩展为工程量清单中常见的"×××工程量计算规则及子目工作内容说明"，且作为工程量清单的一个相对独立的组成部分。

②投标报价说明

投标报价说明应包含以下内容：

a. 工程量清单中的每一子目须填入单价或价格，且只允许有一个报价。

b. 对子目单价组成进行定义。在《标准施工招标文件》，工程量清单中标价的单价或金额定义为应包括所需人工费、施工机械使用费、材料费、其他(运杂费、质检费、安装费、缺陷修复费、保险费，以及合同明示或暗示的风险、责任和义务等)，以及管理费、利润等(规费和税金等不可竞争的费用不包括在子目单价中)。我国水利水电、公路、航道港口等工程项目中实行的工程量清单单价，以及国际工程项目上通行的工程量清单综合单价，一般是指全包括的综合单价。按照"投标报价汇总表"，在投标报价、进度款支付和工程款结算时，先根据工程量清单计算出清单项目的工程量合价总额(或者当期完成的工作量)后，再计算其相应的税金和规费。措施项目与其他项目费用是否分摊到分部分项工程的子目单价中，涉及工程量清单的子目列项和表现形式，可以在行业标准施工招标文件或招标人编制的招标文件中明确。

c. 工程量清单中投标人没有填入单价或价格的子目，其费用视为已分摊在工程量清单中其他相关子目的单价或价格之中。

d. 暂列金额的数量及拟用子目的说明。

e. 暂估价的数量及拟用子目的说明

③其他说明

为帮助投标人正确解读工程量清单和准备有竞争力的报价，招标人可对有关内容进行说明。如对招标范围的详细界定、工程量清单组成介绍、工程概况等，以及招标文件其他部分指明应在"工程量清单"中说明的其他事项。

(2)工程量清单编制

关于工程量清单表，《标准施工招标文件》给出了一些通用表格，具体到招标项目时，工程量清单表的具体表现形式应当按照国家或行业标准进行细化。

工程量清单的编制主要有工程子目划分和工程量的确定两项关键工作。

①工程子目划分

编制工程量清单划分"子目"时要做到简单明了、善于概括,使表中所列的项目既具有高度的概括性,条目简明,又不漏掉项目和应该计价的内容。按上述原则编制的工程量清单既不影响报价和结算,又大大地节省了编制工程量清单、计算标底、投标报价、复核报价书,特别是工程实施过程中每月结算和最终工程结算时的工作量。

工程子目划分应该注意:

第一:工程量清单如何分门别类列表,应视工程的具体情况而定,就公路工程而言,根据工程的不同部位,一般可分为总则、路基土石方、路面工程、排水与涵洞工程、防护工程、桥梁工程、隧道工程、沿线设施及其他工程等部分。每部分内部再按不同种类的工作性质逐项编写,并给每项工作冠以统一编号的序列号。

第二:工程量清单各工程细目在序列号、名称、单位等方面都应和技术规范相一致,以便投标人清楚各工程细目的内涵和准确地填写各细目的单价。

第三:工程量清单的子目划分一般相当细致,对各种不同种类的工作分别列出项目;对同一性质的工作,因施工部位或条件不同,一般也分别列出项目;对情况不同,可能要进行不同报价的项目也要分开。

第四:在工程项目的划分中要注意项目大小的合理和科学。工程子目可大可小,工程子目小有利于处理工程变更,但计量工作量和计量难度会因此增加;工程子目大可减少计量工作量,但太大难以发挥单价合同的优势,不便于变更工程的处理;另外,工程子目大也会使支付周期延长,承包人的资金周转发生困难,最终影响合同的正常履行和合同的严肃性。例如,桥梁工程有基础挖方项目,由于计价中包含了基础回填等工作,所以承包人必须等到基础回填工作完成以后才能办理该项目的计量支付,其支付周期有半年甚至更长的时间,以致影响承包人的资金周转,不利于合同的正常履行。但如果将基础开挖和基础回填分成两个工程子目,则可以避免上述问题。综上所述,子目小会增加计量工作量,但对处理工程变更和合同管理是有利的。

②工程量的确定

工程子目工程量的确定是在工程子目的工程内容确定后,根据设计文件中的工程数量,通过汇总、分拆、摘录等过程,最后确定并填入清单子目中。

清单编制时工程量的准确性应予保证。工程量的错误,承包人除通过不平衡报价获取超额利润外,还有权提出索赔。工程量的错误还会增加变更工程的处理难度。由于承包人采用了不平衡报价,所以当合同发生工程变更而引起工程量清单中工程量的增减时,因不平衡报价对所增减的工程量计价不适应,会使得监理工程师不得不和业主及承包人协商确定新单价来对变更工程进行计价,以致合同管理的难度增加。

对公路项目的各组成部分在《公路工程标准施工招标文件》中分别列为第200章路基、第300章路面、第400章桥梁涵洞、第500章隧道、第600章安全设施及预埋管线、第700章绿化及环境保护设施。以上这些专门类目工程量清单格式相同。

除各专门类目工程量以外,与整个工程项目有关的类目,例如提供监理工程师的工地办公室及办公设施、施工道路的修筑及维护等费用;施工所需的电力、电信、供水等各种临时工程,以及其他工程类目的工程量清单中所未包括的费用,在公路工程中把它们放在第100章总则中。清单的总则中还列入凭单据支付的对整个工程项目的一些税金(如关税等)和各种保险费

（工程保险、第三方保险等）金额。

各专门类目的清单编写要尽量和现行概、预算定额工程项目与工程内容相接近，以便于比较。在每一类清单中均应分别注明单价栏目或总额栏目，在单位与工程量栏内应填写正确无误。

工程量清单"总则"部分的格式如表 4-11 所示，各专门类目的清单格式如表 4-12 所示。

工 程 量 清 单　　　　　　　　　　　　　　　　表 4-11

清单　　第 100 章　　总则

细目号	细 目 名 称	单位	数量	单价	合价
101-1	保险费				
-a	按合同条款规定，提供建筑工程一切险	总额			
-b	按合同条款规定，提供第三方责任险	总额			
102-1	竣工文件	总额			
102-2	施工环保费	总额			
103-1	临时道路修建、养护与拆除（包括原道路的养护费）	总额			
103-2	临时工程用地	m²			
103-3	临时供电设施	m²			
-a	设施架设、拆除	总额			
-b	设施维修	月			
103-4	电讯设施的提供、维修与拆除	总额			
103-5	供水与排污设施	总额			
104-1	承包人驻地建设	总额			
…					
第 100 章合计	人民币				

工 程 量 清 单　　　　　　　　　　　　　　　　表 4-12

清单　　第 200 章　　路基

细目号	细 目 名 称	单位	数量	单价	合价
202-1	清理与掘除				
-a	清理现场	m²			
-b	砍伐树木	棵			
-c	挖除树根	棵			
202-2	挖除旧路面	m²			
-a	水泥混凝土路面	m²			
-b	沥青混凝土路面	m²			
-c	碎石路面	m²			
202-3	拆除结构物				
-a	钢筋混凝土结构	m³			
-b	混凝土结构	m³			
-c	砖、石及其他砌体结构	m³			

续上表

清单 第200章 路基					
细目号	细 目 名 称	单位	数量	单价	合价
203-1	路基挖方				
-a	挖土方	m³			
-b	挖石方	m³			
-c	挖除非适用材料(包括淤泥)	m³			
203-2	改河、改渠、改路挖方				
-a	开挖土方	m³			
-b	开挖石方	m³			
-c	…				
204-1	路基填筑(包括填前压实)				
-a	换填土	m³			
-b	利用土方	m³			
-c	利用石方	m³			
-d	利用土石混填	m³			
-e	借土填方	m³			
-f	粉煤灰路堤	m³			
-g	结构物台背回填	m³			
204-2	改路、改河、改渠填筑				
-a	利用土方	m³			
-b	利用石方	m³			
…					

(3)计日工明细表

计日工是为了解决现场发生的零星工作的计价而设立的,对已完成零星工作所消耗的人工工时、机械台班、材料数量进行计量,并按照计日工表中填报的适用子目的单价进行计价支付。为了获得合理的计日工单价,计日工表中一定要给出暂定数量,并且需要根据经验尽可能估算一个比较贴近实际的数量。

在招标文件中一般列有劳务、材料和施工机械三个计日工表。在编制计日工明细表时,需对每个表中的工作费用及应该包含哪些内容以及如何计算时间作出说明和规定。如劳务工时计算是由到达工作地点、开始指定的工作算起到回到出发地点为止的时间,但不包括用餐和工间休息时间。

有的招标文件不将计日工价格计入总价,这样承包人会将计日工价格报得很高。一旦使用计日工时,业主将支付高昂的代价。因此最好在编制计日工明细表时,估计一下使用劳务、材料和施工机械的数量。这个数量称为"名义工程量",投标者在填入计日工单价后再乘以"名义工程量",然后将汇总的计日工总价加入投标总报价中,以限制投标者随意提高计日工报价。

在各类计日工单价表中,应根据施工中可能用到的各工种、等级的劳务,各种规格、性能的材料以及各种型号的施工机械分别详细列出,履约中一旦动用计日工,则承包人填报的这些计日工单价即成为支付计日工费用的依据。

[例4-10] 某工程项目的计日工明细表示例。

计日工明细表

3.1 总则

(1)本节应参照合同通用条款一并理解。

(2)未经监理工程师书面指令,任何工程不得按计日工施工;接到监理工程师按计日工施工的书面指令,承包人也不得拒绝。

(3)投标人应在本节计日工单价表填列计日工细目的基本单价或租价,该基本单价或租价适用于监理工程师指令的任何数量的计日工的结算与支付。计日工的劳务、材料和施工机械由招标人(或业主)列出正常的估计数量,投标人报出单价,计算出计日工总额后列入工程量清单汇总表中并进入评标价。

(4)计日工不调价。

3.2 计日工劳务

(5)在计算应付给承包的计日工工资时,工时应从工人到达施工现场,并开始从事指定的工作算起,到返回原出发地点为止,扣去用餐和休息的时间。只有直接从事指定的工作,且能胜任该工作的工人才能计工,随同工人一起做工的班长应计算在内,但不包括领工(工长)和其他质检管理人员。计日工劳务单价表见表4-13。

计日工劳务单价表 表4-13

合同段:TR.CP1

细目号	名称	暂定数量(小时)	单价(元/小时)	合价(元)
101	班长	50		
102	普通工	150		
103	焊工	150		
104	电工	150		
105	混凝土工	150		
106	木工	150		
107	钢筋工	150		
	计日工劳务(结转计日工汇总表)			

注:根据具体工程情况,也可用天数作为计日工劳务单位。

(6)承包人可以得到用于计日工劳务的全部工时的支付,此支付按承包人填报的"计日工劳务单价表"所列单价计算,该单价应包括基本单价及承包人的管理费、税费、利润等所有附加费,说明如下。

①劳务基本单价包括:承包人劳务的全部直接费用,如工资、加班费、津贴、福利费及劳动保护费等。

②承包人的利润、管理、质检、保险、税费;易耗品的使用、水电及照明费、工作台、脚手架、临时设施费、手动机具与工具的使用及维修,以及上述各项伴随而来的费用。

3.3 计日工材料

(7)承包人可以得到计日工使用的材料费用(上述(6)②已计入劳务费内的材料费用除外)的支付,此费用按承包人"计日工材料单价表"(表4-14)中所填报的单价计算,该单价应包括基本单价及承包人的管理费、税费、利润等所有附加费,说明如下。

计日工材料单价表 表 4-14

合同段:TR.CP1

细目号	名　称	单位	暂定数量	单价(元)	合价(元)
201	水泥	t	10		
202	钢筋	t	10		
203	钢绞丝	t	10		
204	沥青	t	10		
205	木材	m^3	10		
206	砂	m^3	50		
207	碎石	m^3	50		
208	片石	m^3	50		
计日工材料小计(结转计日工汇总表)					

①材料基本单价按供货价加运杂费(到达承包人现场仓库)、保险费、仓库管理费以及运输损耗等计算。

②承包人的利润、管理、质检、保险、税费及其他附加费。

③从现场运至使用地点的人工费和施工机械使用费不包括在上述基本单价内。

3.4　计日工施工机械

(8)承包人可以得到用于计日工作业的施工机械费用的支付,该费用按承包人填报的"计日工施工机械单价表"(表 4-15)中的租价计算。该租价应包括施工机械的折旧、利息、维修、保养、零配件、油燃料、保险和其他消耗品的费用以及全部有关使用这些机械的管理费、税费、利润和司机与助手的劳务费等费用。

(9)在计日工作业中,承包人计算所用的施工机械费用时,应按实际工作小时支付。除非监理工程师同意,计算的工作小时才能将施工机械从现场某处运到监理工程师指令的计日工作业的另一现场往返运送时间包括在内。

计日工汇总表见表 4-16。

计日工施工机械单价表 表 4-15

合同段:TR.CP1

细目号	名　称	暂定数量(小时)	租价(元/小时)	合价(元)
301	装载机			
301-1	1.5 m^3 以下	150		
301-2	1.5～2.5 m^3	100		
301-3	2.5 m^3 以上	100		
302	推土机			
302-1	90kW 以下	100		
302-2	90～180kW	100		
302-3	180kW 以上	100		
303	挖掘机			
303-1	0.6 m^3 以内	120		

续上表

细目号	名　称	暂定数量(小时)	租价(元/小时)	合价(元)
303-2	1.0 m³ 以内	100		
303-3	2.0 m³ 以内	100		
304	自卸汽车			
304-1	6t 以内	80		
304-2	10t 以内	120		
	计日工施工机械小计(结转计日汇总表)			

计 日 工 汇 总 表　　　　　表 4-16

合同段：TR.CP1

名　称	金　额(元)
计日工：	
1. 劳务	
2. 材料	
3. 施工机械	
计日工合计(结转工程量清单汇总表)	

（4）暂估价表

在工程招标阶段已经确定的材料、工程设备或工程项目，但又无法在当时确定准确价格而可能影响招标效果的，可在编制招标文件时由发包人在工程量清单中给定一个暂估价。通常在招标文件中约定了确定暂估价实际开支的以下三种情形。

①依法不需要招标的材料和工程设备，承包人报样，监理人认价

发包人在工程量清单中给定暂估价的材料、工程设备和专业工程属于依法必须招标的范围并达到规定的规模标准的，由发包人和承包人以招标的方式选择供应商或分包人。发包人和承包人的权利义务关系在专用合同条款中约定。中标金额与工程量清单中所列的暂估价的金额差以及相应的税金等其他费用列入合同价格。

②依法不需要招标的专业工程，按照变更计价处理

发包人在工程量清单中给定暂估价的材料和工程设备不属于依法必须招标的范围或未达到规定的规模标准的，应由承包人按通用合同条款中关于"承包人提供的材料和工程设备"条款的约定提供。经监理人确认的材料、工程设备的价格与工程量清单中所列的暂估价的金额差以及相应的税金等其他费用列入合同价格。

③依法必须招标的材料、工程设备和专业工程，合同双方当事人共同招标确定

发包人在工程量清单中给定暂估价的专业工程不属于依法必须招标的范围或未达到规定的规模标准的，由监理人按照合同条款中关于"变更的估价原则"条款进行估价，但专用合同条款另有约定的除外。经估价的专业工程与工程量清单中所列的暂估价的金额差以及相应的税金等其他费用列入合同价格。

（5）投标报价汇总表

投标报价汇总表格式见表 4-17。投标报价汇总标与投标函中投标报价金额应当一致。需要注意的是，材料、工程设备的暂估价已包括在清单小计中，计日工已包括在暂列金额中，不

应重复计入投标报价。

投标报价汇总表　　　　　　　　　　　　　　　　　　　　表 4-17

_____（项目名称）____标段

汇总内容	金额	备注
……		
……		
……		
……		
……		
……		
……		
……		
……		
……		
……		
……		
……		
……		
……		
……		
清单小计　A		
包含在清单小计中的材料、工程设备暂估价	B	
专业工程暂估价	C	
暂列金额	E	
包含在暂列金额中的计日工	D	
暂估价	F＝B＋C	
规　费	G	
税　金	H	
投标报价	P＝A＋C＋E＋G＋H	

考虑到公路工程的特点，公路工程招标文件中，投标报价汇总表格式见表 4-18。

投标报价汇总表　　　　　　　　　　　　　　　　　　　　表 4-18

_____（项目名称）_____标段

序号	章　次	科 目 名 称	金额(元)
1	100	总则	
2	200	路基	
3	300	路面	
4	400	桥梁、涵洞	
5	500	隧道	
6	600	安全设施及预埋管线	
7	700	绿化及环境保护设施	
8	第 100 章～700 章清单合计		
9	已包含在清单合计中的材料、工程设备、专业工程暂估价合计		
10	清单合计减去材料、工程设备、专业工程暂估价合计（即 8－9＝10）		
11	计日工合计		

续上表

序号	章次	科目名称	金额(元)
12	暂列金额(不含计日工总额)		
13	投标报价(8＋11＋12)＝13		

注：材料、工程设备、专业工程暂估价已包括在清单合计中，不应重复计入投标报价。

(6)工程量清单单价分析表

工程量清单单价分析表是评标委员会评审、判别单价组成和价格完整性、合理性的主要基础，对合同条款中关于类似子目的变更计价也是必不可少的基础。该分析表所载明的价格数据对投标人有约束力。工程量清单单价分析表格式见表4-19。

工程量清单单价分析表 表4-19

序号	编码	子目名称	人工费			材料费							机械使用费	其他	管理费	利润	单价
						主材				辅材费	金额						
			工日	单价	金额	主材耗量	单位	单价	主材费								

(九)设计图纸

设计图纸是合同文件的重要组成部分，是编制工程量清单以及投标报价的重要依据，也是进行施工及验收的依据。通常招标时的图纸可能并不包括工程所需的全部图纸，在投标人中标后还会补充提交新的图纸以及对招标时图纸的修改。因此，在招标文件中，除了附上招标图纸外，还应该列明图纸目录。图纸目录一般包括序号、图名、图号、版本、出图日期等。图纸目录以及相对应的图纸将是施工和合同管理以及争议解决争议的重要依据。

(十)技术规范的编制

技术规范由招标人根据行业标准施工招标文件(如有)、招标项目具体特点和实际需要编制。

1. 技术规范的编制方法

技术规范是工程投标和工程施工承包的重要技术经济文件。它是招标文件中非常重要的组成部分,它详细具体地说明了承包人履行合同时的质量要求、验收标准、材料的品级和规格,为满足质量要求应遵守的施工技术规范,以及计量与支付的规定等。规范、图纸和工程量表三者都是投标人在投标时必不可少的资料,根据这些材料,投标人才能拟定施工方案、施工工序、施工工艺等施工规划的内容,并据此进行工程估价和确定投标价。

由于不同性质的工程其技术特点和质量要求及标准等均不相同,所以,技术规范应根据不同的工程性质及特点分章、分节、分部、分项来编写。例如,《公路工程标准施工招标文件》的技术规范中,分成了总则、路基、路面、桥梁及涵洞、隧道、安全设施及预埋管线、绿化及环境保护等共七章。而桥梁一章中又分成通则、模板、拱架和支架、钢筋、基础挖方及回填、钻孔灌注桩、沉桩、挖孔灌注桩、桩的垂直荷载试验、沉井、结构混凝土工程、预应力混凝土工程、预制构件的安装、砌石工程、小型钢构件、桥面铺装、桥梁支座、桥梁接缝和伸缩缝、防水处理、圆管涵及倒虹吸管、盖板涵、箱涵、拱涵等21节,并对每一节工程的特点分质量要求、验收标准、材料规格、施工技术规范及计量支付等分别进行规定和说明。编制技术规范时应注意以下问题。

(1)确定合适的工程质量标准

编制技术规范的重要工作是确定工程技术标准。在确定工程技术标推时,既要满足设计要求,满足国家、行业的强制性指标、有关专业技术规范、规程的要求,保证工程的施工质量,又不能过于苛刻。因为太苛刻的技术要求必然导致投标人提高投标价格。

(2)选用适用的技术标准

编写规范时一般可引用国家有关各部正式颁布的规范。国际工程也可引用某一通用的国外规范,但一定要结合本工程的具体环境和要求来选用;同时往往还需要由咨询工程师再编制一部分具体适用于本工程的技术要求和规定。正式签订合同之后,承包人必须遵循合同列入的规范要求。

技术规范中施工技术的内容以通用技术为基础并适当简化,因为施工技术是多种多样的,招标中不应排斥承包人通过先进的施工技术降低投标报价的机会。承包人完全可以在施工中采用自己所掌握的先进施工技术。

(3)计量与支付条件的确定

技术规范中的计量与支付规定也是非常重要的。可以说,没有计量与支付的规定,承包人就无法进行投标报价,施工中也无法进行计量与支付工作。计量与支付的规定不同,承包人的报价也会不同。

计量与支付的规定中包括计量项目、计量单位、计量项目中的工作内容、计量方法以及支付规定。例如,路基挖方(土方)的计量支付规定如下:

①计量项目:路基挖方。

②计量单位:m^3。

③工作内容:土方开挖、运输、堆放、分理填料、装卸、路堑边坡的修整、弃方和剩余材料的处理等。

④计量方法:监理工程师核准的横断面面积乘以路中线长度来计算其体积。

⑤支付方法:按每月完成的工程量及工程量清单中的相当单价计量与支付。

在确定计量单位时,应考虑现行工程造价计算和现场工程计量的量测方法和惯例,还应考虑工程质量管理与控制需要,结合相应质量检验与验收标准对分部分项工程的质量要求。

2.公路工程技术规范的内容

技术规范一般包含下列内容:工程的全面描述;工程所采用材料的要求;施工质量要求;工

程计量方法;验收标准和规定;其他不可预见因素的规定。技术规范的基本内容根据其性质可分为五部分,即:工程范围;材料;各施工工艺要求;质量检验与验收;计量与支付。

《公路工程标准施工招标文件》提供的技术规范是分章节编制,这些章节与工程量清单的章节编排相对应。其内容和结构为:

第 100 章　　总则
第 200 章　　路基
第 300 章　　路面
第 400 章　　桥梁、涵洞
第 500 章　　隧道
第 600 章　　安全设施及预埋管线
第 700 章　　绿化及环境保护

(1)第 100 章——总则

第 100 章总则是对整个招标文件做的总体规定,其内容通常包括通则、工程管理、临时工程与设施、承包人驻地建设。

①通则

通则主要包括名词术语的定义和解释。在通则中,对日历日、工作日、工程或作业、施工工艺图、变更令、承包人的施工机械、工程量的计量、图纸、工程变更、税金和保险、计量与支付等重要概念进行了定义和解释。

②工程管理

对工程施工管理程序、开工报告、工程报告单、施工方案、施工组织计划、分包、转包、施工测量、设计及放样、施工工艺图、施工方法与质量控制、材料进度照片与录像、线外工程、环境保护、安全保护与事故报告等问题进行了规定。

③临时工程与设施

给出临时工程与设施的建设程序与报批,规定了业主、承包人、第三方如电力电信、城市给排水等各方的职责,具体临时设施的建设要求、计量方法等。

④承包人驻地建设

阐述了承包人驻地建设的程序、具体建设项目及要求、计量与支付方法等。

(2)第 200 章～第 700 章——专业性技术规范

公路工程专业性技术规范从第 200 章～第 700 章是专业性技术规范。各章的主要内容见表 4-20。

技术规范主要内容一览表　　表 4-20

	第 201 节	通则
	第 202 节	场地清理
	第 203 节	挖方路基
	第 204 节	填方路基
第 200 章　路基	第 205 节	特殊地区路基处理
	第 206 节	路基整修
	第 207 节	坡面排水
	第 208 节	护坡护面墙
	第 209 节	挡土墙

续上表

第200章 路基	第210节	锚杆、锚定板挡土墙
	第211节	加筋土挡土墙
	第212节	喷射混凝土和喷浆边坡防护
	第213节	预应力锚索边坡加固
	第214节	抗滑桩
	第215节	河道防护
第300章 路面	第301节	通则
	第302节	垫层
	第303节	石灰稳定土底基层
	第304节	水泥稳定土底基层、基层
	第305节	石灰粉煤灰稳定土底基层、基层
	第306节	级配碎(砾)石底基层、基层
	第307节	沥青稳定碎石基层(ATB)
	第308节	透层和黏层
	第309节	热拌沥青混合黏面层
	第310节	沥青表面处治与封层
	第311节	改性沥青及改性沥青混合料
	第312节	水泥混凝上面板
	第313节	培土路肩、中央分隔带回填土、土路肩加固及路缘石
	第314节	路面及中央分隔带排水
第400章 桥梁、涵洞	第401节	通则
	第402节	模板、拱架和支架
	第403节	钢筋
	第404节	基础挖方及回填
	第405节	钻孔灌注桩
	第406节	沉桩
	第407节	挖孔灌注桩
	策408节	桩的垂直静荷载试验
	第409节	沉井
	第410节	结构混凝土工程
	第411节	预应力混凝土工程
	第412节	预制构件的安装
	第413节	砌石工程
	第414节	小型钢构件
	第415节	桥面铺装
	第416节	桥梁支座
	第417节	桥梁接缝和伸缩装置
	第418节	防水处理

续上表

第400章 桥梁、涵洞	第419节	圆管涵及倒虹吸管
	第420节	盖板涵、箱涵
	第421节	拱涵
第500章 隧道	第501节	通则
	第502节	洞口与明洞工程
	第503节	洞身开挖
	第504节	洞身衬砌
	第505节	防水与排水
	第506节	洞内防火涂料和装饰工程
	第507节	风水电作业及通风防尘
	第508节	监控量测
	第509节	特殊地质地段的施工与地质预报
	第510节	洞内机电设施预埋件和消防设施
第600章 安全设施及预埋管线	第601节	通则
	第602节	护栏
	第603节	隔离棚和防落网
	第604节	道路交通标志
	第605节	道路交通标线
	第606节	防眩设施
	第607节	通信和电力管道与预埋（预留）基础
	第608节	收费设施及地下通过
第700章 绿化及环境保护	第701节	通则
	第702节	铺设表土
	第703节	撒播草种和铺植草皮
	第704节	种植乔木、灌木和攀缘植物
	第705节	植物养护与管理
	第706节	声屏障

第200章～第700章的专业性技术规范的基本内容包括：工程范围；材料；施工要求；质量检验；计量与支付。具体内容见[例4-11]。

[例4-11] 某公路工程项目技术规范示例。

第209节 挡 土 墙

209.01 范围

修改为：本节工作内容包括砌体挡土墙、干砌挡土墙、片石混凝土挡土墙及混凝土挡土墙的施工及其相关作业。

209.02 材料

修改为：所用材料、模板，应符合图纸和本规范第201.02小节及402节、403节和410节有关规定的要求。

209.03 一般要求

修改 209.03-3 条,内容为:

3.承包人应在开工后两个月内,尽快将挡土墙的墙址纵、横地面线进行复测和调查,并报监理人备案。施工过程中应对地址情况进行核对,与图纸不符时,应及时处理。

209.04 施工要求

增加 209.04-1(15)款,内容为:

(15)片石混凝土、混凝土挡土墙的浇筑应符合图纸及本规范第 410 节的有关要求。

209.05 质量检查

1.砌体挡土墙及干砌挡土墙

(2)检查项目

砌体挡土墙的检查项目(表 4-21)见表 209-1 修改为:浆砌片(块)石和混凝土挡土墙检查项目见表 209-1。

浆砌片(块)石和混凝土挡土墙的检查项目表 209-1　　　　表 4-21

项次	检查项目		规定值或允许偏差	检查方法
1	砂或混凝土强度(MPa)		不小于设计强度	按 JTG F80—2004 附录 D、F 检查
2	平面位置(mm)	浆砌挡土墙	50	每 20m 用经纬仪检查墙顶外边线 5 点
		混凝土挡土墙	30	
3	顶面高程(mm)	浆砌挡土墙	±20	每 20m 用水准仪检查 2 点
		混凝土挡土墙	±10	
4	垂直度或坡度(%)		0.5	吊锤线;每 20m 检查 4 点
5	断面尺寸(mm)		不小于设计	每 20m 用尺量 4 个断面
6	底面高程(mm)		±50	每 20m 用水准仪检查 2 点
7	表面平整度(mm)	块石	20	每 20m 用 2m 直尺检查 5 处,每处检查竖直和墙长两个方向
		片石	30	
		混凝土	10	

209.06 计量与支付

1.计量

修改原 209-06-1(1)款为:

(1)浆砌片(块)石和混凝土挡土墙工程应以图纸所示或监理工程师的指示为依据,按实际完成并经验收的数量,按砂浆强度等级及混凝土强度等级分别以立方米计量。砂砾或碎石垫层作为附属工作不另计量。浆砌护脚量列入挡土墙,以立方米进行计量。

增加 209.06-1(4),内容为:

(4)挡土墙护栏基础在 600 章相应子目中计量。

2.修改支付子目表(表 4-22)

修改支付子目表　　　　表 4-22

细目号	细目名称	单 位
209-1	砌体挡土墙	

续上表

细目号	细目名称	单位
-a	M7.5级砂浆砌片(块石)	m³
-b	M7.5级混凝土	m³
-c	M10砂浆砌石	m³
209-3	混凝土挡土墙	
-a	C…混凝土	m³
-d	C15片石混凝土	m³
…		

(十一)标底的编制

标底是建筑产品在建设市场交易中的一种预期价格。标底的编制过程是对招标项目所需工程费用的自我测算过程。通过标底编制可以促使业主事先加强工程项目的成本调查和成本预测,做到各项费用心中有数,为搞好评标工作进而搞好施工过程的投资控制工作打好基础。

在编制标底的过程中,应注意以下原则和要求:

(1)标底的价格应反映建筑产品的价值,即在标底编制过程中,应遵循价值规律。

(2)标底的价格应反映建筑市场的供求状况对建筑产品价格的影响,即服从供求规律。

(3)标底的价格应反映出一种平均先进的社会生产力水平,以达到通过招标,促使社会劳动生产力水平提高的目的。

1. 标底编制的依据

标底编制的依据主要有以下六个方面。

(1)招标文件

标底作为衡量和评审投标价的尺度,则必须同投标人一样,要将招标文件作为编制标底必须遵守的主要依据。另外,对于招标期间业主发出的修改书和标前会的问题解答,凡与标底编制有关的方面,也必须同投标人一样,要在标底编制时考虑进去,修改书和问题解答是招标文件的一部分,同样是标底编制的依据。

(2)概、预算定额

概、预算定额是国家各专业部或各地区根据专业和地区的特点,对本专业或本地区的建筑安装工程按照合理的施工组织和一般正常的施工条件编制的专业或地区的统一定额,是一种具有法定性的指标。标底要起到控制投资额和作为招标工程的预期价格,就应该按颁布的现行概、预算定额来编制。标底和投标报价编制的不同点之一,就是投标人可根据自己的技术措施、管理水平、企业定额或以往的工作经验来编制报价书,不受国家规定计价依据的约束,而标底则必须根据国家规定的计价依据编制。

(3)费用定额

费用定额也是编制标底的依据。费用定额与编制标底有关的取费标准是其他工程直接费、间接费、利润、税金、施工图预算包干费等。编制标底时,费用定额项目和费率的取定可根据招标工程的工程规模、招标方式、招标文件的有关规定以及参加投标的各施工企业的情况而定,但其基本费率的取费依据是费用定额。

(4)工、料、机价格

工、料、机价格是计算直接费的主要依据。人工工资应按国家规定的计价依据和当地规定的有关工资标准(如工资性津贴)计算;材料应按编制概、预算时材料预算价格调查的原则进行实地调查和计算,特别要核实路基土石方的取土坑、废土堆场和运输条件,砂、石料的料场的位置、储量、开采量、质量、运输条件和料场价格,当地电力、汽油、柴油、煤等的价格;机械价格应按原交通部颁布的《公路工程机械台班费用定额》确定。

(5)初步设计文件或施工图设计文件

经上级主管部门或有关方面审查批准的初步设计和概算文件或施工图设计和预算文件,也是标底编制的主要依据。标底不能超过批准的投资额。

(6)施工组织方案

有了施工组织方案或施工组织设计,才能编好标底。标底的许多方面都与施工组织方案有关,如临时工程的数量,路基、路面采用的施工机械,钻孔桩的钻机型号,架梁方案等。

2. 公路工程标底编制的程序和方法

标底的编制方法与程序基本上和概、预算相同,但它比概、预算的要求更为具体和确切,因此更应结合招标工程的实际情况进行编制。标底编制的具体步骤和方法如下。

(1)准备工作

①熟悉招标图纸和说明。

标底编制前,应仔细阅读招标图纸和说明,如发现图纸、说明和技术规范有矛盾或不符、不够明确的地方,应要求招标文件编制单位给予交底或澄清。

②熟悉招标文件内容。

对投标须知、合同条款、工程量清单和辅助资料表中与报价有关的内容要搞清楚,对业主"三通一平"的提供程度、价格调整的有关规定、预付款额度、工程质量和工期要求等都要明确。

③考察工程现场。

对工程施工现场条件和周围环境进行实地考察,以作为考虑施工方案、工程特殊技术措施费和临时工程设置等的依据。

④进行材料价格调查。

掌握当地材料、设备的实际市场价格,砂、石等地方材料的料场价、运距、运费和料源等也要调查收集。

(2)工程量计算

①复核清单工程量

招标文件工程量清单中的工程量是投标人投标报价的统一依据,也是标底编制的依据,因此首先要弄清楚工程量清单中工程数量的范围,应根据图纸和技术规范中计量支付的规定计算复核工程数量,如和清单工程量有出入,必须搞清楚出入的原因。

②按定额计算工程量

工程量清单复核无误后,接着应以工程量清单的每一个细目作为一个项目,根据图纸和施工组织方案,考虑其由几个定额子目组成,并计算这几个定额项目的工程量。如工程量清单的一个细目是"直径1.2m水中钻孔灌注桩",技术规范计量与支付中规定,除钢筋在钢筋一节中另行计量外,它包括了灌注桩成桩的所有工作,一般可由以下定额项目组成:不同土质的钻孔长度;护筒埋设;水中钻孔平台;灌注混凝土;船上拌和台和泥浆船摊销;船上拌和混凝土等。有定额可套的临时工程如便道、便桥等的工程数量也应按施工方案予以计算确定。

(3)确定工、料、机单价

根据准备工作中收集到的资料,计算和确定人工、材料、机械台班单价。

人工单价包括生产工人的基本工资、工资性津贴、辅助工资、工资性津贴、职工福利费和地区生活补贴等。人工单价一般可采用当地造价部门发布的单价。

材料价格系指材料从来源地或交货地到达工地仓库或施工地点堆放材料的地方后的综合平均价格,因此由材料的供应价格、运杂费、场外运输损耗、采购及仓库保管费四部分组成。公路工程材料预算价格的计算公式如下:

$$材料预算价格=(材料供应价格+运杂费)\times(1+场外运输损耗率)\times(1+采购及仓库保管费率)-包装的回收价值$$

施工机械台班预算价格,应按原交通部公布的《公路工程机械台班费用定额》计算,在编制公路工程造价时,不得采用社会出租台班单价计价。其中不变费用部分,除青海、新疆、西藏可按其省、自治区交通厅批准的调整系数进行调整外,其他地区均应以定额规定的数值为准;可变费用中人工工日预算价格同生产工人的人工费单价,动力燃料的预算价格,则按材料预算价格计算方法计算。运输机械的养路费、车船使用税和保险费,应按当地政府规定的征收范围和标准计算。

(4)计算综合费率

综合费率由其他工程费、间接费、计划利润、技术装备费等组成,要根据招标文件中有关条款和概、预算编制办法的有关规定确定各项费率。

(5)计算工程项目总金额

按概、预算编制办法计算各项工程项目的总金额,也就是编制概、预算。

(6)编制标底单价

即根据工程量清单各工程细目所包含的工作内容及相应的计量与支付办法,在概、预算工作的基础上,对概、预算08表中的分项工程进行适当合并、分解或用其他技术处理,然后按综合费率再增加税金、包干费等项目后确定出各工程细目的标底单价。也可直接利用标底03表,在增加包干费等项目后算出每项的合计金额除以该项工程量则得出单价。

(7)计算标底总金额

按工程量清单计算各章金额,其中100章总则中的保险费、临时工程费、监理工程师设施等按实计算列入,其余各章按工程量清单中的数量乘前一步骤中得出的单价计算,然后计算工程量清单汇总表,得出标底总金额。

(8)编写标底说明

计算出标底总金额后,应写标底编制说明。编制说明的内容与概、预算编制说明差不多,应将编制依据、费率取定、问题说明等有关问题写上。最后将编制说明、标底的工程量清单、人工和主要材料数量汇总表等合在一起,就成了一份完整的标底文件。

公路工程标底除上述编制方法外,有时还采用标价的平均值作为标底,即用各投标人的有效标价,采用统计平均法计算标底。这样业主不用编制标底,不存在标底保密问题,同时也可反映市场竞争的结果,但有可能被投标人操纵投标结果。

复合标底法也是确定标底的一种方法。复合标底是根据招标人的标底和投标人评标价平均值确定标底的一种方法,其计算公式为:

$$C = \frac{A+B}{2} \tag{4-1}$$

式中：A——招标人的标底扣除暂定金额后的值（标底开标时应公布）；

B——投标人评标价平均值，B 值为投标人的评标价在 A 值的 105%（含 105%）至 A 值的 85%（含 85%）范围内的投标人评标价的平均值，若所有投标人评标价均未进入复合标底的计算范围，则 $C=A$；

C——复合标底值。

(十二) 招标控制价的编制

1. 招标控制价的定义

招标控制价是招标人根据国家以及当地有关规定的计价依据和计价办法、招标文件、市场行情，并按照工程项目设计施工图纸等具体条件编制的、对招标工程项目限定的最高工程造价，也称为拦标价、预算控制价或最高报价等。一个工程项目只能编制一个招标控制价。

招标控制价和标底虽然都是招标人在招标过程中自身对工程价格的一个测度，但两者还是存在一定的区别。

(1) 招标控制价是工程的最高限价，投标人的投标报价高于招标控制价的，其投标应予以拒绝。而标底是招标人对工程确定的一个预期价格，通常不会是最高价格。因此投标人的报价不可能突破招标控制价，否则就是废标，而投标人的报价可能突破标底，通常越接近标底就越容易中标。

(2) 招标控制价是事先公布的，而标底是保密的。

(3) 在评标过程中，通常招标控制价在评标中不占权重，不参与评分，只是一个工程造价参考即最高限价，而标底在评标中参与评标。

2. 招标控制价的编制要求

(1) 招标控制价编制范围要求

国有资金投资的工程建设项目应实行工程量清单招标，并应编制招标控制价，作为招标人能够接受的最高交易价格，以避免哄抬标价造成国有资产流失并影响客观、合理的评审投标报价。

(2) 招标控制价编制人资格要求

招标控制价应由具有编制能力的招标人编制。所谓具有相应工程造价咨询资质的工程造价咨询人是指根据《工程造价咨询企业管理办法》（建设部令第 149 号）的规定，依法取得工程造价咨询企业资质，并在其资质许可的范围内接受招标人的委托，编制招标控制价的工程造价咨询企业。

当招标人不具有编制招标控制价的能力时，可委托具有相应资质的工程造价咨询人编制。

(3) 招标控制价编制质量要求

①招标控制价应遵循价值规律，尽可能反映市场价格

招标控制价应反映建筑产品的价值，即在招标控制价编制过程中，应遵循价值规律，使招标控制价能发挥有效控制投资的作用。因此，招标控制价不宜过低，也不能过高。

②招标控制价应在批准的概算范围内

我国对国有资金投资项目的投资控制实行的是投资概算控制制度，项目投资原则上不能超过批准的投资概算。因此，在工程招标发包时，如果招标控制价超过批准的概算，招标人应

当将其上报原概算审批部门重新审核。

③招标控制价的编制应采用可靠合理的计价依据

招标控制价的编制应依据招标文件和工程量清单,符合招标文件对工程价款确定和调整的基本要求,应正确、全面地使用有关国家标准、行业或地方的有关工程计价定额等工程计价依据。工料机价格应参照工程所在地工程造价管理机构发布的工程造价信息。规费、税金和不可竞争的措施费按照国家有关规定编制,竞争性的施工措施费应根据工程的特点,结合施工条件和合理的施工方案,本着经济适用、先进合理高效的原则确定。

(4)招标控制价的使用要求

①招标控制价无须保密,应在招标文件中公布,不应上调或下浮,招标人应将招标控制价及有关资料报送工程所在地工程造价管理机构备查。

②招标人在招标文件中公布招标控制价时,应公布招标控制价各组成部分的详细内容,不得只公布招标控制价总价。

③因招标答疑等原因调整招标控制价的,应当将调整后的招标控制价对所有投标人公布并将相关资料报送工程造价管理机构备案。

④投标人的投标报价高于招标控制价的,其投标应予以拒绝。

⑤投标人经复核认为招标人公布的招标控制价未按照《建设工程工程量清单计价规范》的规定进行编制的,应在开标前5日向招投标监督机构或(和)工程造价管理机构投诉。

3. 招标控制价的编制依据

招标控制价的编制依据指在编制招标控制价时需要进行工程量计量、价格确认、工程计价有关参数、费率的确定等工作时所需的基础性资料。

按照我国《建设工程招标控制价编审规程》(CECA/GC 6—2011)的规定,招标控制价编制依据主要包括:

(1)国家、行业和地方政府颁发的与工程建设相关的法律、法规及有关规定;
(2)现行国家标准《建设工程工程量清单计价规范》(GB 50500);
(3)国家、行业和地方建设主管部门颁发的计价定额和计价办法;
(4)国家、行业和地方有关技术标准和质量验收规范等;
(5)建设工程设计文件及相关资料;
(6)工程项目招标文件、工程量清单及有关要求;
(7)答疑文件,澄清和补充文件以及有关会议纪要;
(8)常规或类似工程的施工组织设计;
(9)本工程涉及的人工、材料、机械台班的价格信息;
(10)施工期间的风险因素;
(11)其他相关资料。

4. 招标控制价的编制程序

招标控制价编制通常经历三个阶段,即准备阶段、编制阶段和审核阶段。招标控制价的编制程序见图4-3。

5. 招标控制价的文件组成

《建设工程招标控制价编审规程》(CECA/GC 6—2011)规定,招标控制价的文件组成应包括:封面、签署页及目录、编制说明和有关表格。

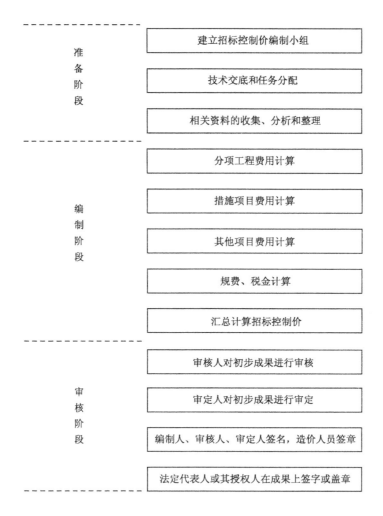

图 4-3 招标控制价编制程序

(1)招标控制价封面、签署页

招标控制价封面、签署页应反映工程造价咨询企业、编制人、审核人、审定人、法定代表人或其授权人和编制时间等内容。

(2)招标控制价编制说明

招标控制价编制说明应包括工程概况、编制范围、编制依据、编制方法、有关材料、设备、参数和费用的说明,以及其他有关问题的说明。

(3)招标控制价文件表格

招标控制价文件表格编制时应按规定格式填写,招标控制价文件表格包括汇总表、分部分项工程量清单与计价表、工程量清单综合单价分析表、措施项目清单与计价表、其他项目清单与计价汇总表、规费、税金项目清单与计价表、暂列金额明细表、材料暂估单价表、专业工程暂估价表等。

(4)招标控制价的签署页

招标控制价的签署页应按规定格式填写,签署页应按编制人、审核人、审定人、法定代表人或其授权人顺序签署。所有文件经签署并加盖工程造价咨询单位资质专用章和造价工程师或造价员执业或从业印章后才能生效。

6. 招标控制价的费用组成

建设工程的招标控制价应由组成建设工程项目的各单项工程费用组成。各单项工程费用应由组成单项工程的各单位工程费用组成。各单位工程费用应由分部分项工程费、措施项目费、其他项目费、规费和税金组成。其中其他项目费包括暂列金额、暂估价、计日工、总承包服务费等。招标控制价的费用组成见图 4-4。

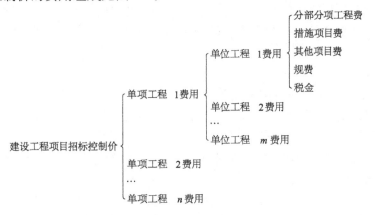

图 4-4　建设工程项目招标控制价费用组成

7. 招标控制价的编制方法

招标控制价中各项费用可采用不同的计价方法。计价方法主要有以下几种。

(1)综合单价法计价

编制招标控制价时,对于分部分项工程费用计价应采用综合单价法。对于可计量的措施项目也采用综合单价法。

综合单价的内容应包括人工费、材料费、机械费、管理费和利润,以及一定范围的风险费用。

综合单价应按照招标人发布的分部分项工程量清单的项目名称、工程量、项目特征描述,依据工程所在地区颁发的计价定额和人工、材料、机械台班价格信息等进行组价确定。综合单价法的组价步骤如下:

①依据提供的工程量清单和施工图纸,按照工程所在地或行业颁发的计价定额规定,确定所组价的定额项目名称,并计算出相应的工程量。

②依据工程造价政策规定或工程造价信息确定其人工、材料、机械台班单价。

③依据计价定额,并在考虑风险因素确定管理费率和利润率的基础上,按式(4-2)计算组价定额项目的合价。

$$
\begin{aligned}
\text{定额项目合价} = \text{定额项目工程量} \times [&\sum(\text{定额人工消耗量} \times \text{人工单价}) + \\
&\sum(\text{定额材料消耗量} \times \text{材料单价}) + \\
&\sum(\text{定额机械台班消耗量} \times \text{机械台班单价}) + \\
&\text{价差}(\text{基价或人工、材料、机械费用}) + \text{管理费和利润}]
\end{aligned}
\tag{4-2}
$$

④将若干项组价的定额项目合价相加再除以工程量清单项目工程量,便得到工程量清单项目综合单价,见式(4-3),对于未计价材料费(包括暂估单价的材料费)也应计入综合单价。

$$
\text{工程量清单综合单价} = \frac{\sum(\text{定额项目合价}) + \text{未计价材料费}}{\text{工程量清单项目工程量}} \tag{4-3}
$$

在确定综合单价时,应考虑一定范围内的风险因素。在招标文件中应通过预留一定的风险费用,或明确说明风险所包括的范围及超出该范围的价格调整方法。对于招标文件中未做要求的可按以下原则确定:

a. 对于技术难度较大和管理复杂的项目,可考虑一定的风险费用,并纳入到综合单价中。

b. 对于设备、材料价格的市场风险,应依据招标文件的规定、工程所在地或行业工程造价管理机构的有关规定以及市场价格趋势,考虑一定率值的风险费用,纳入到综合单价中。

⑤税金、规费等法律、法规、规章和政策变化的风险和人工单价等风险费用不应纳入综合单价。

(2)费率法计价

招标控制价中对于措施项目费用、规费、税金等费用采用费率法计价。对于措施项目费用,当措施项目可计量时,措施项目费用的计算采用单价法计价;对于不能精确计量的措施项目,可以采用费率法计价。

采用费率计价法时应先确定某项费用的计费基数,再测定其费率,然后将计费基数与费率相乘得到费用。费率法计价的基本公式见式(4-4)。

$$某项费用=该项费用计费基数×费率 \qquad (4-4)$$

采用费率法计价的措施项目应依据招标人提供的工程量清单项目,按照国家或省级、行业建设主管部门的规定,充分考虑施工管理水平和拟建采用的施工方案,合理确定计费基数和费率。其中,安全文明施工费应按国家或省级、行业建设主管部门的规定计价,不得作为竞争性费用。措施项目费用采用费率法计价时其计算公式见式(4-5)。

$$某项措施项目清单费=措施项目计费基数×费率 \qquad (4-5)$$

规费应按照国家或省级、行业建设主管部门的规定确定计费基数和费率计算,不得作为竞争性费用。

税金应按照国家或省级、行业建设主管部门的规定,结合工程所在地情况确定综合税率并参照式(4-6)计算,不得作为竞争性费用。

$$税金=(分部分项工程量清单费+措施项目清单费+其他项目清单费+规费)×综合税率 \qquad (4-6)$$

(3)其他方法计价

①暂列金额

为保证工程施工建设的顺利实施,在编制招标控制价时,应对施工过程中可能出现的各种不确定因素对工程造价的影响进行估算,列出一笔暂列金额。暂列金额可根据工程的复杂程度、设计深度、工程环境条件(包括地质、水文、气候条件等)进行估算。

②暂估价

暂估价包括材料暂估价和专业工程暂估价。暂估价中的材料单价应按照工程造价管理机构发布的工程造价信息中的材料单价计算,工程造价信息未发布的材料单价,其单价参考市场价格估算;暂估价中的专业工程暂估价应分不同专业,按有关计价规定估算。

③计日工

计日工包括计日人工、材料和施工机械。在编制招标控制价时,对计日工中的人工单价和施工机械台班单价应按地方行业建设主管部门或其授权的工程造价管理机构公布的单价计算;材料应按工程造价管理机构发布的工程造价信息计算,工程造价信息未发布材料单价的材料,其价格应按市场调查确定的单价计算。

④总承包服务费

编制招标控制价时,总承包服务费应按照省级或行业建设主管部门的规定,并根据招标文件中列出的内容和向总承包人提出的要求计算总承包费。

第二节　施　工　投　标

一、投标程序

当招标项目采用公开招标方式时,招标人应当发布招标公告,邀请不特定的法人或者其他组织参加投标。招标公告应当在国家指定的报刊和信息网络上发布。从招标公告中获知招标信息后,潜在投标人或者投标人根据招标条件和本单位的施工能力进行研究,决定是否参加投标。如果决定参加投标,便可向招标人购买资格预审文件。招标人会在资格预审结束后及时向资格预审申请人发出资格预审结果通知书。未通过资格预审的申请人不具有投标资格。如果资格预审合格,投标人根据招标人的要求购买招标文件,在深入细致调研的基础上编制投标文件,并按招标文件规定的时间、地点递交投标文件。一般来说,当采用资格预审时施工投标的基本程序是:

(1)搜集招标信息;
(2)投标决策,选定投标项目;
(3)参加资格预审;
(4)资格预审合格后购买招标文件;
(5)现场踏勘及市场调研;
(6)编制投标书,递交投标书;
(7)参加开标;
(8)若中标则签订合同。

当招标项目采用邀请招标方式时,招标人应当向三家以上具有承担施工招标项目能力、资信良好的特定法人或者其他组织发出投标邀请书。如果愿意参加投标便可购买招标文件进行投标。

二、工程投标决策

建筑市场上有许多施工招标信息,施工企业不可能每个项目都去投标,而应有选择地进行,考虑是否投标?以什么身份投标?投哪一标段?即施工投标前应进行投标决策。

1. 工程投标决策应考虑的因素

(1)招标人的情况

充分考虑招标人是否具有合法的招标主体资格,招标项目业主的资金支付能力和履约信誉如何等。

(2)投标人自身的实力

在经济方面:有无支付招标项目所需的机具设备及其投入所需资金的能力;有无招标项目所需的周转资金用来支付施工用款或筹集承包工程所需外汇的能力;有无支付投标保函、履约保函等各种担保的能力;有无支付关税、进口调节税、营业税、印花税、所得税、建筑税、排污税等各种税费的能力;有无支付临时租赁机械押金的能力;有无承担各种风险,特别是不可抗力风险的能力等。

在技术方面:专业技术人员是否具有解决本招标项目技术问题及技术难题的能力;是否具有同类工程的施工承包经验;如果采用联合体的形式进行投标,合作伙伴的技术实力是否满足招标项目要求等。

管理方面:自身的项目管理水平,项目管理体系的健全程度,项目目标的难易程度及实现项目目标的管理能力,有无同类项目的管理经验等。

信誉方面:遵纪守法和履约情况,施工安全、工期和质量方面的信誉如何,社会形象,特别是自身的信用等级是否满足招标项目的要求。

(3)投标的竞争对手和竞争形势

竞争对手的实力、优势;竞争对手的履约信誉、业绩、财务能力;竞争对手的信用等级;竞争对手的规模和属地,是大型工程承包公司还是中小型工程公司,是当地企业还是外地企业;竞争对手在建工程规模大小、时间长短等。

(4)投标的法制环境

招标项目适用的法律、法规和工程所在地的地方性法律、法规等。

(5)投标的风险

投标的市场风险、自然条件风险、政治经济风险如何,自身应对这些风险的能力如何等。

2.投标项目的选择

根据以上应考虑的因素,有下列情形之一的招标项目,潜在投标人不宜参加投标:

(1)工程资质要求超过本企业资质等级的项目;

(2)本企业业务范围和经营能力之外的项目;

(3)本企业现期承包任务比较饱满,而招标工程的风险较大或盈利水平较低的项目;

(4)投标资源投入量过大时而影响本企业运作的项目;

(5)有在技术等级、信誉、水平和实力等方面具有明显优势的潜在竞争对手参加的项目。

3.投标身份决策

投标身份包括:独立投标、联合投标及分包。投标身份选择主要依据项目规模、技术特点、施工单位技术与管理实力、合作伙伴的实力和优势等。

三、投标组织的建立

(一)投标文件编制人员的选择

投标是一项竞争激烈的活动,如果投标人想要在投标中获胜,挑选合格的投标文件编制人才就成为一个必要条件。施工投标文件编制的技术强,要求编制人员具有技术、经济、法律等方面的知识及丰富的工程实践经验和施工投标经验。随着市场竞争的不断激烈,在投标竞争的过程中,有些企业为了集中投标精力,积累投标经验,同时也为了有效提高投标中标率,纷纷成立了专业的投标组织机构,这样不仅有利于满足投标活动的需求,在很大程度上也挑选、积累和培养了一批优秀的人才,为后续投标文件编制奠定了基础。

(二)投标组织的组建

投标是企业业务开发的一项重要的、经常性的工作,因而必须有一个部门专门负责。这个部门一般是经营部或业务开发部。由于投标涉及企业经营决策、施工组织、人员派遣、物资和设备供应、成本计划以及资金投入,所以需要各有关部门合作完成。同时投标又需要领导层及时作出决策,因此,要形成一个相对固定的投标组织。参加投标的人员应当对投标业务比较熟悉,掌握市场和本单位有关投标的资料和情况,可以根据拟投标项目具体情况,迅速提供有关资料或编制投标文件的相应部分。每次投标可根据需要确定有关部门参加投标的人员,组成投标组。

投标组工作可参考以下示例进行分工负责。

1. 组长和副组长

组长由主管业务开发的企业领导人担任,负责领导投标工作,与单位最高领导密切联系,承上启下,贯彻企业经营方针,组织研究确定投标策略并在投标工作过程中督促落实。

副组长由经营部(或业务开发部)主任或副主任担任,具体负责投标组的日常工作安排,制订投标组的工作计划,明确分工和质量要求,确定各项工作完成时限,协调各方工作并督促各方按照计划完成各自的工作;统一负责对招标人的联络,对合作单位、银行、公证部门、保险公司的工作洽谈和办理有关业务。中标后与业主签订承包合同事宜,并与工程管理部门共同安排实施。

2. 施工组织和技术工作

施工组织和技术工作由工程和技术管理部门代表2～3人担任,负责研究"技术规范"和编制施工组织设计,并按照"工程量清单"的分项和要求确定施工成本和编制投标报价;与人事部门合作编制施工管理人员配备资料;编制工程所需材料、机械设备和施工用工计划表。

投标文件编制人员应重视积累工程经验,平时要注意收集有关信息,做综合调研分析和对实际情况进行预测,收集资料对招标项目进行专项分析,及时发现问题、纠正错误和解决问题,编制投标文件时考虑将技术风险控制在最小范围内。

3. 商务工作

商务工作由经营部(或业务开发部)代表1～2人担任,主要负责以下工作:研究投标人须知、合同通用条款、合同专用条款;编制投标书、授权书、资格预审及其更新资料,开具保函、信誉证明、公证书等商务文件;负责工程承包市场竞争情况的调研工作,并提出(或与投标组其他成员研究)有关报价的建议,供投标组和领导决策时参考;负责投标文件的汇编、签署、装订和递交。

4. 公司经营状况和资金状况方面的工作

公司经营状况和资金状况方面的工作由财务部负责或与经营部门合作担任,主要负责提供反映公司经营状况和资金状况的资料和数据、图表,参与测算投标项目的资金投入和盈亏预估。

5. 项目管理人员配备工作

项目管理人员配备工作由人事部门代表担任,其主要负责配合工程管理部门编制项目主要管理人员表、人员资质证件汇编等资料。

投标小组可以在参加资格预审时建立,并按分工分别完成资格预审文件的编制工作,如果资格审核通过,投标时继续完成投标文件的编制工作。

如果投标任务多,可以设置跨部门的常设机构。设置常设投标机构,有利于投标工作的连续性和投标专业化,进而有利于提高投标工作水平。

如果没有经常性任务,可以在通过资格预审后参加投标之前成立,在投标任务完成之后解散,有新的投标任务时再重新组织,并根据项目特点适当调整参加人员;在此种情况下,资格预审就由经营部临时组织有关人员完成。

四、参加资格预审

如果招标人采用公开招标进行资格预审时,当潜在投标人通过对招标信息研究,并决定对某施工项目进行投标后,接下来的第一项工作就是参加资格预审。

(一)资格预审工作程序

1. 购买资格预审文件

根据资格预审公告规定的时间和地点,按照资格预审公告的要求(如持单位介绍信和本人身份证)购买资格预审文件。

2. 选择拟投标标段和投标形式

根据招标人的规定和企业实力,选择拟申请投标的标段。选择标段主要考虑有利于本单位更好地参与竞争。

如果招标人在资格预审公告中载明可以接受联合体投标的,投标人应根据拟投标段工程规模、难度以及本单位能力和需要,确定独家投标或与其他单位组成联合体投标。在资格预审阶段,投标人必须对投标形式作出决策:是独立投标还是采用联合体方式投标。独立投标和联合体形式投标在资格预审材料方面要求不同;联合体方式投标,需填写联合体各方的有关资格预审材料。

3. 完成资格预审申请文件的填写

资格预审申请文件包括资格预审申请函、法定代表人身份证明或附有法定代表人身份证明的授权委托书、联合体协议书(如有)、申请人基本情况表、近年财务状况表、近年完成的类似项目情况表、正在施工和新承接的项目情况表、近年发生的诉讼及仲裁情况等。潜在投标人根据资格预审申请人须知要求逐项填写。相关内容见本章第一节。

4. 递交资格预审申请文件

按照资格预审申请人须知中对资格预审申请文件的密封和标识、资格预审申请文件递交的截止时间和递交地点等的规定递交资格预审申请文件。

(二)资格预审的基础工作

资格预审时间通常很短,而所要填报资料的信息量大,只有平时充分做好资格预审基础材料的收集整理工作,建立企业资格预审资料信息库,并注意随时更新,才能快速有效地做好投标资格预审工作。[例4-12]为某高速公路项目施工招标资格预审时的要求及要求提交的资料,不同项目招标人要求提供的资格预审资料会有差异,但通常都应提供这些资料。对例中要求的资料,平时应注意收集整理,才能在短时间内快速完成资格预审资料的提交。

[例4-12] 某高速公路项目施工招标资格预审申请人资质条件、能力和信誉要求示例。

某高速公路项目施工招标的招标人在资格预审申请人须知前附表中载明投标人资质条件、能力和信誉方面应该满足的条件如下。

一、资 质 条 件

资质条件见表4-23。

资格预审条件(资质最低要求)　　　　　　　　　　　　　　　　表4-23

施工企业资质等级要求
申请人应具有住房和城乡建设部颁发的公路工程施工总承包特级资质。
注:本项目要求申请人具有独立法人资格并通过工商行政管理部门年审,具备上述资质的同时须具有合法有效的安全生产许可证,ISO 9001认证有效。

二、财 务 要 求

财务要求见表4-24。

资格预审条件(财务最低要求)　　　　　　　　　　　　　　　　表4-24

财 务 要 求
1. 投标申请人在近3年内经审计的公路工程年平均营业额不应小于5亿元人民币。
2. 投标申请人用于申请合同的营运资金(含流动资金及银行针对本项目出具的贷款信用额度)不应小于5 000万元人民币。
3. 投标申请人在近3年内每年流动资产与流动负债的比率均不应小于1。
4. 投标申请人在近3年至少有1年是赢利的。
5. 企业注册资金不少于10 000万元人民币。
注:1. 为本项目所提供的营运资本满足营运资本加信贷额度总和要求的,可以不用开信贷证明。 2. 最近3年定义:2011年、2012年、2013年。 3. 所提供的营运资本要求是2012年度经审计的营运资本数。 4. 本表出现的不小于某某数、至少某某数,全部视为包含该数据。

三、业 绩 要 求

业绩要求见表4-25。

资格预审条件(业绩最低要求)　　　　　　　　　　　　　　　　表4-25

业 绩 要 求
投标申请人近5年内曾独立完成经项目业主主持交工验收、工程质量综合评分不小于90分的四车道(或以上)高速公路沥青路面工程施工累计至少100km四车道(或以上)高速公路沥青路面工程施工任务
注:1. 近5年定义:为2008年1月1日至资审文件递交截止日止,业绩计算以此期间通过交工验收(以交工验收证书上的时间为准)的四车道及以上高速公路业绩项为准。以下涉及的近5年与此相同。 2. 交工验收的工程业绩必须是合格工程且综合评分不小于90分的工程业绩。 3. 业绩证明应附有中标通知书、合同协议书、交工验收证书等三份资料的复印件。有关资料应能清晰表达申请人填写的有关业绩数据及程度,如上述三份资料不能体现工程项目的里程长度、结构类型,还需要附有发包人书面评价或发包人证明资料(格式如下,加盖发包人公章),证明资料须能清楚说明表中关键数据。不能合理判定的工程项目,业绩不予计算。 4. 招标人如发现业绩有不实或做假,将导致资审不通过。 5. 本表出现的不小于某某数、至少某某数,全部视为包含该数据。

四、信 誉 要 求

信誉要求见表4-26。

资格预审条件(信誉最低要求)　　　　　　　　　　　　　　　　表4-26

信 誉 要 求
1. 没有被取消资信登记或经营权,正受到责令停产停业的行政处罚或财务被接管、冻结、破产状态。
2. 没有涉及正在诉讼的案件,或涉及正在诉讼的案件但经评审委员会认定不会对承担本项目造成实质性影响。
3. 在最近5年内没有骗取中标记录和严重违约及重大工程质量问题。没有因违法、违规,或正受到交通运输部、住房和城乡建设部、××省交通运输厅、××省住房和城乡建设厅或其他政府行政主管部门通报批评或处罚而被取消投标资格

续上表

信誉要求
4.在××省交通运输厅《关于公布2012年度××省公路水运工程施工监理企业信用评价结果(第一批)的通知》中,信用评价为B级以上(含B级)企业。信用评价C、D级或不参与信用评价的企业均不通过本次资格预审。首次进入我省的外省从业单位,其信用等级按B级确定

五、项目经理和项目总工资格

项目经理和项目总工资格要求见表4-27。

资格预审条件(项目经理和项目总工最低要求)　　　　表4-27

人员	数量	资格要求
项目经理	1	具备路桥、交通土建专业工程师及以上职称,并持有住房和城乡建设部颁发的一级项目经理任职资格证书或者注册一级建造师资格证书,具有有效的安全生产"三类人员"B类证书,至少10年工作经验,其中至少8年从事类似工程的经验和担任项目经理3年以上的经验
项目经理备选人	1	
项目总工程师	1	具备路桥、交通土建专业高级工程师及以上职称,具有有效的安全生产"三类人员"B类证书,至少10年工作经验,其中至少8年从事类似工程的经验,主管技术工作5年以上的经验
项目总工备选人	1	

五、研究招标文件

招标文件是编制投标文件的重要依据。投标人购买招标文件后,应该在熟悉招标文件的基础上,组织投标文件编制人员对招标文件进行认真细致的分析研究,不放过每个环节上的任何细节,力争吃透其内容。在投标文件编制时严格按照招标文件要求填写投标文件,不得对招标文件进行修改,不得遗漏或者回避招标文件中的问题,更不得提出任何附加条件。

投标文件应当对招标文件提出的实质性要求和条件作出全面响应。实质性要求和条件主要指招标文件中有关招标项目的价格、质量、工期、技术规范及要求、合同的主要条款等,投标文件必须对这些要求及款项作出响应,结合企业的实际现状,在"量"和"度"上明确应答。总之,对招标文件要进行认真细致的分析研究,吃透精神实质,全面消化其内容,才能保证投标文件的编制质量。

投标报价是投标成败的关键。研究招标文件与报价相关的条款,对合理报价很重要。通常招标文件中与报价相关的内容主要如下。

(一)研究投标须知

投标人须知与投标报价相关的内容一般体现在以下几方面。

1. 工期

投标人须知中规定了施工的工期,有时还约定提前完工的效益。要提前完工,承包人一般要多投入,可能会增加费用,但早完工可给业主带来超前收益。如果在投标人须知中招标人规定了提前完工的效益,如规定每月或每天效益占投标价的百分比,评标时将每个投标人不同的提前完工的效益贴现为现值,计算到评标价中去,投标人就必须考虑是增加造价好还是缩短工期好,应权衡利弊,两者取一最佳的数字,使评标价最低。

2.投标费用

投标费用包括招标文件购买费、投标人员差旅费、投标文件编制费等。投标费用在招标文件中通常规定由投标人自理,但投标人最终会将投标费用考虑到报价中。

3.踏勘现场

投标人须知前附表规定要组织踏勘现场的,招标人按投标人须知前附表规定的时间、地点组织投标人踏勘项目现场。投标人踏勘现场发生的费用自理,最终仍然考虑到报价中。

4.投标保证金

投标人须知中规定了投标保证金金额。投标保证金可以用现款、保兑支票、银行汇票、政府发行的国库券、银行保函等。投标人一般都不愿意用现款做抵押,而宁愿委托银行开保函。银行开保函是有条件的,一是投标人在该银行有一定存款和信誉;二是要交一定的手续费。投标人也会将银行手续费等考虑在报价中。

5.技术性选择方案

在投标人须知中应告知投标人,招标人是否接受备选投标方案。如招标人对技术性选择方案是考虑的,则投标人需考虑有没有选择方案,其报价与招标文件中的技术方案比较是高还是低。

6.其他附加的评标准则

投标人须知应将有关投标文件的编制与递交、开标、评标直至签订合同的信息全部给出,因此,除将常规需要考虑的内容在投标人须知中分条款列出外,如有附加的评标准则,如施工借地的数量和其他优惠条件等,也应在这里列出。投标人应考虑据此对报价的影响。

(二)研究评标方法

2007年版《标准施工招标文件》中列有两种评标办法,即经评审的最低投标价法和综合评估法。经评审的最低评标价法,就是低价中标法。这种评标办法就是根据最低价格选择中标人,是在保证质量、工期的前提下,以最合理低价中标;这里的"合理"低价是指投标人报价不能低于自身的成本价。综合评估法,就是对投标人的投标报价、工期、质量、施工方案、企业信誉、荣誉及投标人已完或在建工程项目的质量、项目经理及班子的配备等多项因素进行综合评议打分,得分最高为中标人。投标人在投标前如果把招标文件的评标办法分析透彻,就能在编制投标文件时有的放矢,使投标文件所列内容更具针对性。

(三)研究合同条款

尽管合同的种类很多,合同的条款也有多有少,但基本条款均有相似之处,牵涉到投标报价的有以下几个方面。

1.履行保证金和有效期

承包人为履行合同须向业主提供履约保证金,一般均用银行保函,开保函牵涉到保函的有效期和银行收取的手续费。手续费必然要反映到报价中去。

2.保险

保险条款是施工合同条款中必不可少的内容。对工程一切险和第三者责任险是否要承包人以承包人和招标人的共同名义进行保险,需要明确。除以上两项外,承包人自己的设备、人员等是否要保险,也是承包人要考虑的内容。

3. 税收

合同价中是否包括税金,各地的做法不尽相同。有的条款规定承包人为建设承包工程需要运往施工现场的设备和材料的关税、增值税,承包人的营业税等,均由招标人负担或予以免收。有的条款规定一切税收均由承包人照章缴纳;也有的条款规定哪些由招标人负担或免收,哪些由承包人负担。

4. 招标人为承包人提供的设施和场地

施工现场的征地、拆迁和水、电、通信等设施招标人提供到什么程度,施工现场征地拆迁工作什么时间完成?场地平整由谁负责?电力线路招标人负责到变压器装好还是什么都不管?自来水管和电信线路招标人提供到什么地方?施工用道路怎么办?这些与报价均有密切关系。

5. 招标人可能提供的材料和设备

为完成合同工程所需的器具和材料,若采用"包工包料方式",一般应该由承包人负责采购、运输、验收、保管,但由于目前的物资管理体制,工程建设所需材料、设备的采购供应可以有几种办法,因而必须在合同条款中予以明确。如果一部分的材料和设备由招标人采购供应,则应明确所供应材料、设备的具体规格和品种,是供应到工地现场还是承包人去提货,若承包人去提货,则提货地点在哪里,交接和验收办法如何;价款的结算办法怎样,均应在合同条款中写明。投标人应根据具体规定确定相应的费用进行报价。

6. 预付款

预付款有利于改善承包人的营运资金,降低投标报价。在招标文件中载明了招标人将向承包人提供的预付款方式,如有的招标人要求投标人在规定范围内选择比例进行报价,在评标时按招标文件中规定的年贴现率贴现为现值,加到各个投标人的标价上,作为评标价的比较之用;也有的招标人在招标文件中规定了一个固定的百分比,则评标时不作考虑。但无论采用哪一种方法,作为投标人来讲,要考虑到自己营运资金的投入和利息,对报价都是有影响的。

7. 支付条款

支付条款对报价影响较大。支付条款主要包括预付款、保留金、暂定金、中期支付等支付条款。作为招标人来讲,合同条款中规定的支付条款应该合情合理,且应符合有关的商业惯例,一旦承包人履行了合同规定的义务,即应该支付其全部款项,这样的支付条款将会促使潜在的投标人提出较低的报价。

8. 价格调整

价格调整与否是合同条款中最为重要的条款。通常对于工期在 12 个月内的短期合同,招标人通常不进行价格调整,采用固定价格,让投标人预测市场价格趋势,将合理的风险费用计入报价中;而对于工期在 18 个月以上的工程,为了不使投标人承担太大的风险和防止投标报价太高,则大多采用价格调整的方法;对于工期在 12~18 个月的工程,则有的进行价格调整,有的不调。采用不同的做法,投标人的报价也就不一样。

9. 货币和兑换率

在国际竞争性招标中,要求投标人用一种货币来计算全部报价,同时容许投标人说明支付时各种货币在报价中所占的比例以及在换算时的兑换率,这些兑换率在合同执行期间将被冻结,以后业主就按冻结的兑换率进行支付,这个规定保证了投标人在投标报价与合同支付所用的货币方面不承担任何汇率风险。但若币种选择不当,对投标人同样有风险,所以投标人在选择货币币种时也是值得推敲的。

10. 索赔条款

索赔条款即合同条款中允许承包人提出索赔的一些规定。从形式上看,设立索赔条款会使业主支付索赔费用,但实际上由于索赔条款设立后,承包人的风险责任大大减小,有利于降低投标报价。

除了以上10个方面外,诸如检验费用由谁负担、工期和缺陷责任期的长短等也都影响报价,作为一个精明的投标人,应在搞清楚合同条款的有关内容后,才决定报价的数额。

(四)技术规范

对于施工招标文件的技术规范来说,许多规定都与报价有关。

1. 工程量的计量

技术规范中计量与支付应和合同条款相呼应。在计量与支付条款中应写明计量的原则和方法,便于投标人报价,也便于今后的结算。如规定路基挖方和填方计量,应以图纸所示界线为限,并应在批准的横断面图上表明;用于填方的土石方,路面底基层和基层材料,应按图纸要求的纵断面高程,以压实后为准计量;如果本规范规定的任何分项工程或其细目未在工程量清单中出现,则应被认为是其他相关工程的附属义务,不再单独计量等。

2. 税金和保险

按招标文件技术规范的要求,凡需单独计量支付的项目,必须在技术规范中有计量支付项目,对有些税金和保险一时难以确定而需要单独计量时,就应在总则中有所体现。以税金来讲,大的方面有营业税和城市建设维护税及教育费附加,有进口材料的关税和增值税,还有印花税等;营业税等三项税金和关税需和合同条款对应,如招标人一下子定不下来是否能减免,则在总则中列一个项目,由承包人报价,以后凭单据按实结算,至于印花税等是固定的,应该分摊在管理费中,不必单独列项。对于保险也一样,如建筑工程一切险和第三者险,由招标人在技术规范中写明是否要单独列项,如要列项,凭单据按实结算。至于承包人的财产和人身安全等的保险,由承包人自己决定是否保险,发生时同样应摊入管理费中。

3. 工程管理

恢复定线测量和测量标记的保护,在大型工程项目中需要专门组织人员和配备仪器,竣工文件包括的图表应做到什么程度,需要交给业主一式几份,都应有所规定,并专门列项,投标人应据此报价。

4. 临时工程和设施

临时工程和设施是指为保证永久性工程的顺利施工所必需的各项工程和设施,诸如便道、便桥、码头、堆场、供电、供水、电信、环境保护工程等。投标人应根据规范总则中的基本要求和施工组织方案安排,列出工程细目,进行分项计算,以总额报价。

5. 承包人驻地建设

承包人驻地建设如属于承包人为进行建筑安装工程施工所必需的生活和生产用的临时建

筑物、构筑物和其他临时设施及其标准化的费用等临时设施费,属于其他工程费的内容,应包括在工程单价内;如需修建某些永久性房屋,则可在总则中单列项目计入。这些情况在招标文件技术规范总则中都有说明,投标人应据此报价,避免在报价编制中产生重复计算。

6. 为监理工程师提供的设施

在合同条款中应明确监理工程师的办公、生活、交通等服务设施是由承包人提供,还是由业主负责办理或由监理工程师自理。如由承包人提供,则在技术规范的总则中详细列明提供到什么程度,有多少监理人员,办公和生活用房面积和标准,配备的仪器、家具、车辆等的数量和规格,服务的时间长短等,承包人应按此进行合理报价。

7. 专业工程的各项质量和验收要求

对于各专业工程来说,当然质量要求越高,其成品(公路工程指建成后的工程如路基、路面等)质量也会越好,但相应的其造价也就越高。

六、踏勘现场及投标预备会

(一)踏勘现场

如果招标文件规定要组织踏勘现场的,招标人按投标人须知前附表中规定的时间、地点组织投标人踏勘现场。踏勘现场是投标人在投标时全面了解现场施工环境及施工风险的重要途径,是投标人做好投标报价的先决条件。当招标人组织的踏勘现场投标人觉得考察时间不够时,投标人可再抽时间到现场收集编标用的资料,或进行重点补充考察。投标人提出的报价应当是在现场考察的基础上编制出来的,而且应包括施工中可能遇见的各种风险和费用。在投标有效期内及工程施工过程中,投标人无权以现场考察不周、情况不了解为由而提出修改标书或调整标价给予补偿的要求。因此,投标人在报价以前必须认真地进行现场考察,全面、细致地了解工地及其周围的政治、经济、地理、法律等情况,收集与报价有关的各种风险与数据资料。踏勘现场的主要考察内容如下。

1. 政治方面(指国外承包工程)

(1)项目所在国政局是否稳定,有无发生政变的可能;
(2)项目所在国与邻国的关系如何,有无发生边境冲突的可能;
(3)项目所在国与我国的双边关系如何。

2. 地理、地貌、气象方面

(1)项目所在地及附近地形地貌与设计图纸是否相符;
(2)项目所在地的河流水深、地下水情况、水质等;
(3)项目所在地近20年的气象资料,如最高最低气温、雨量、雨季期、冰冻深度、降雪量、冬季时间、风向、风速、台风等情况;
(4)当地特大风、雨、雪、灾害情况;
(5)地震灾害情况;
(6)自然地理:修筑便道位置、高度、宽度标准,运输条件及水、陆运输情况。

3. 法律、法规方面

(1)合同法、招投标法、税收法、劳动法、环境保护法、外汇管理法、建筑市场管理法、等法律

及相应的法规;

(2)国外承包工程除上述有关法律法规外,尚应了解项目所在地的民法,对本项目施工有关的具体规定,如劳动力的雇佣、设备材料的进出口及运输施工机械使用等规定。

4. 工程施工条件

(1)工程所需当地建筑材料的料源及分布地;
(2)场内外交通运输条件,现场周围道路桥梁通行能力,便道和便桥修建位置、长度数量;
(3)施工供电、供水条件,外电架设的可能性(包括数量、架支线长度、费用等);
(4)新盖生产生活房屋的场地及可能租赁民房情况、单价;
(5)当地劳动力来源、技术水平及工资标准情况;
(6)当地施工机械租赁、修理能力。

5. 经济方面

(1)工程所需各种材料,当地市场供应数量、质量、规格、性能能否满足工程要求及其价格情况;
(2)当地买土地点、数量、单价、运距;
(3)国外承包工程还要了解当地工人工作时间,年法定假日天数,工人假日,冬季、雨季、夜间施工及病假的补贴,工人所交所得税及社会保险金多少;
(4)监理工程师工资标准;
(5)当地各种运输、装卸及汽柴油价格;
(6)当地主副食供应情况和近3~5年物价上涨率;
(7)保险费情况;
(8)当地工程机械出租的可能性、品种、数量、单价;
(9)当地近几年同类性质已完工程的造价分析资料。

6. 当地的建设市场情况

(1)该项目中标后,有没有后续工程的可能性;
(2)有哪些竞争对手参加本次投标,各有多大实力,竞争对手信誉如何。

7. 工程所在地有关健康、安全、环保和治安情况

如医疗设施、救护工作、环保要求、废料处理、保安措施等。

8. 其他方面

公路工程中,踏勘现场可带上1/2 000的平面图,详细标绘施工便道、便桥的布置、数量和其他临时生产生活设施的布置。调查路基范围内拆迁情况,需填筑水塘面积大小、抽水数量、淤泥深度和数量,以及了解开山的岩石等级、打洞放炮设计施工方法、调查桥梁位置、水深水位、便桥架设、钻孔(打桩)工作平台架设、深水基础、承台、下部构造如何施工、上部构造如何预制、预制场设在哪里及怎样布置、安装等有关具体问题,以便为施工组织设计做好准备。

投标人完成踏勘现场工作后,可根据现场踏勘结果,确定材料和机械台班单价,同时为施工组织设计提供大量的第一手资料,为制定出合理的报价打下基础。

(二)投标预备会

投标预备会是为招标人澄清投标人提出的问题而召开的。不是每个招标项目招标人都要组织投标预备会。是否组织投标预备会招标人会在招标文件中载明。如果要组织投标预备会

时,投标人应在投标人须知前附表规定的时间前,以书面形式将提出的问题送达招标人,以便招标人在会议期间澄清。投标预备会后,招标人在投标人须知前附表规定的时间内,对投标人所提问题予以澄清,并以书面方式通知所有购买招标文件的投标人。该澄清内容为招标文件的组成部分。

七、编制投标文件

(一)投标函部分的编制

投标函部分中投标函及其附录、法定代表人身份证明、授权委托书、投标保证金等,只要严格按招标文件的格式要求编写就行,同时还要严格执行其签署盖章要求,否则,任何一项不符均会造成废标。

(二)施工组织设计的编制

施工组织设计的编制,要从施工方案与技术措施、质量管理体系与措施、安全管理体系与措施、环境保护管理体系与措施、工程进度计划与措施、资源配备计划、施工设备、试验、检验仪器设备等方面编写,既要满足招标文件的技术条款和现行规范的要求,又要符合实际情况,同时还要尽可能采用新技术、新工艺等体现技术先进性,特别在施工方法、施工进度计划及施工现场平面图布置等方面的编写,更应突出高新科技含量,这是该部分争取高分不容忽视的编标技巧。

编制施工组织设计主要应该注意:计划的开、竣工日期与总工期是否符合招标文件中关于工期的安排与规定;工程进度计划是否按招标文件要求的形式(横道图或网络图)绘制;施工方案、方法是否考虑与相邻标段、前后工序的配合与衔接;临时占地布置是否合理且能满足施工需要和招标文件要求;质量目标是否与招标文件要求一致;质量保证体系、安全保证体系是否健全;质量保证措施、技术保证措施、安全保证措施、环境保护措施、文明施工保证措施是否明确、完善;是否有冬、雨季施工保证措施;是否有控制(降低)造价措施(如果招标文件有此要求);施工总平面布置图是否对生产生活设施进行了合理的布置。总之,施工组织设计编制既要满足招投标文件的要求,有利于参加竞争,又要能全面指导项目实际施工的组织与管理。有的投标人提交的施工组织设计缺乏完整性和针对性,重点不突出,没有深广度,对工程项目的重点部位、重点环节的操作工序可操作性不强,这些不足将影响招标人对投标人在技术标方面的评价。要想确保施工组织设计编制质量,在思想上转变重报价、轻施工组织的思想,选择施工经验丰富、内业工作水平高的技术人员进行施工组织设计编制,努力使施工组织与报价一体化,同时建立投标施工方案资源库,并针对具体工程特点进行规划设计。

施工组织设计是对工程施工准备和工程施工的时间和空间所做的统筹安排,向招标人阐述自己的施工规划和安排,是投标文件的重要组成部分,同时,施工组织设计决定着投标报价的高低。

施工组织设计通常包括施工方案、施工进度计划、施工资源计划和施工平面布置,这些方面对投标报价有着重要影响,下面就主要因素进行分析:

1.施工现场平面布置

施工现场平面布置是施工组织设计在空间上的综合描述,是施工组织设计的重要组成部分之一。它是在调查的基础上,结合建设工程的实际情况,按照一定的布置原则和方法,对建设工程在施工过程中的材料供应和运输路线、供电、供水、临时工程、工地仓库、生活设施、管理机械设施、服务区、加油站、道班房、预制场、拌和场以及大型机械设备工作面的布置和安排。平面布置影响工程的直接成本,如场内运输的费用、临时设施的费用以及租用土地费、平整场地费用等。在施工组织设计中应考虑技术上的可行性和经济上的合理性,规划平面布置一般应遵循以下原则:

(1)凡是永久性占用土地或临时性租用土地的工程,应结合地形、地貌,在满足施工的前提下,尽可能选择利用荒山、荒地及场地平整工程量小的地点,并尽量少占农田。

(2)合理确定工地仓库和材料堆放点。预制场、拌和站的选择,应避免材料的二次倒运和缩短材料的场内运距。

(3)施工平面布置应与施工进度、施工方法等相适应,同时应重视保护生态环境和安全生产。

(4)材料在公路工程建设中占的比重很大,因此,合理选择材料、确定其经济运距和运输方案是降低施工成本的重要手段。

2. 施工进度

施工进度是投标人向招标人阐述工程内容时间安排的文件,应按招标文件规定的表现形式来描述,目前招标人多要求投标人以网络图的形式来描述安排。进度计划应以招标文件规定的总工期为依据来编制,且应明确表示各项主要工程如公路工程中的路基土石方工程、防护工程、排水工程、路面工程、桥梁工程、隧道工程、互通立交工程、交通工程等的开始和结束时间。如果合同要求分期、分批竣工交付使用,应标明分期、分批交付使用的时间和数量。在编制进度计划时,应体现主要工序相互衔接的合理安排,有利于均衡地安排劳动力,充分有效地利用施工机械设备,减少机械设备占用周期,同时应便于编制资金流动计划,降低流动资金占用量,节省资金利息。

进行施工组织设计时,还应尽可能采用科学合理的施工组织方式,按流水作业的原理组织施工,安排施工进度计划,如某建设项目中有三座同跨径的石拱桥,砌筑拱圈的工作,应在总的控制工期内实行流水作业,确定各桥拱圈施工的顺序。这样,既可三座石拱桥搭接施工充分利用时间和空间,又可提高拱盔支架等临时设施的周转次数,达到降低成本的目的。另外,在混凝土构件的预制与安装工作中,也存在类似情况。所以,在进度计划编制时,要充分重视这些因素,有效控制施工成本。

3. 施工方案

制订施工方案要从技术可行性、经济合理性及工期要求、质量要求等方面综合考虑,其中施工方法的确定和施工机械的选择尤为重要。

(1)施工方法的确定

在施工方案设计中,施工方法的选择是至关重要的,必须依据工程条件和经济合理的原则进行多方面的比较。随着施工工艺、施工技术的不断发展和更新,完成一个项目其施工方法是多种多样的,而每种施工方法又有其自身的特点和不足,这就要求设计人员根据工程条件,选择既经济又适用的施工方法。对一般的路基土石方工程、砌筑工程、混凝土工程等比较简单的工程,可根据企业现有的施工机械及工人技术水平来选定施工方法,努力做到节省开支,降低标价;对于复杂项目,在选择及确定施工方法时要多考虑几种方案,进行综合分析比较后,择优而定。

①路基施工方法的选择

路基工程中,土石方施工的工程量是控制成本的主要因素。施工方法的选择,对土石方施工中的工日消耗、机械台班消耗有很大的影响。目前,公路路基工程施工中,为了满足施工质量,高等级公路一般都采用机械化施工,低等级公路一般采用人工、机械组合进行施工。如采用机械化施工,其施工方法的选择其实就是对施工机械的选择,应根据施工的作业种类及运输距离合理选择机械。如土石方的运距小于100m时,选择推土机完成其运输作业就比较经济;土石方的运距大于500m时,再选择推土机完成其运输作业就很不经济,这时应选择自卸汽车才经济;在编制施工组织设计和报价时应考虑这些内容。

②路面施工方法的选择

路面基层施工方法主要分路拌和厂拌,面层施工主要有热拌、冷拌、贯入、厂拌等方法。各种施工方法的工程成本消耗各不相同,从表4-28中可以看出,当路面基层结构一定时,选择不同施工方法的每1 000m² 造价是不一样的。编制投标文件时应结合公路等级要求、路面工程规模和工期要求等进行综合分析确定施工方法。

路面基层(45cm厚)人工、机械费用分析表(单位:1 000m²) 表4-28

基层结构类型	路 拌 (元)				厂 拌 (元)						费用(元)
	筛拌	翻拌	拖拉机配铧犁	机拌	拌和	运输	人工铺筑		平地机铺筑		
							细粒土	粗中土	90kW以内	120kW以内	
水泥土			986	1 320							
水泥砂砾			936	1 270	609	473	602	667	371	405	1 749
水泥碎石			920	1 254	576	473	602	667	371	405	1 716
石灰土	1 604	1 651	1 134	1 470							
石灰砂砾			1 044	1 376	650	473	602	667	371	405	1 790
石灰碎石			972	1 363	630	473	602	667	371	405	1 770

注:1. 运输是按1km计算的费用。
2. 费用栏是拌和、运输、人工铺筑粗、中混合料的合计;拌和场地费用未计。

③构造物施工方法的选择

在公路建设工程中,通常将除路基土石方和路面工程以外的桥梁、涵洞、防护等各项工程,统称为构造物。由于其种类多,结构各异,又各有不同的技术经济特征和施工工艺要求,所以其施工方法也各不相同。从某种意义上来讲,构造物施工方法的选择,是既简单,又复杂。说它简单,主要是施工方法的选择余地小,如石砌圬工是以人工施工为主,混凝土工程不是采用木模就是钢模,没有更多的施工方法可供优选;而所谓复杂,是因为有些构造物各有特殊的专业施工方法,这在工程设计时就已确定了,如T形梁的安装,一般都采用导梁作为安装工具,箱形拱桥则要采用缆索来进行吊装,悬臂拼装就要配用悬臂吊机等,这是从长期实践经验中积累完善起来的施工方法,有定型配套的安装工具。但是,在建设项目中的桥涵工程,数量比较多,在进行桥型结构设计时,要尽可能采用标准设计,避免结构形式上的多样化,这不仅有利于施工,而且还可减少辅助工程费用。

(2)选择施工机械和施工设施

对使用机械施工的工程,其施工方法的确定其实就是对施工机械的选择。施工机械的选择也应遵循技术可行和经济合理的原则。在考虑施工机械设备时,应注意比较是利用现有机械设备,还是购置新机械设备,或是依托市场租赁机械设备。在编制施工组织设计及施工方案时,要根据工程项目特征及工程项目施工的内在变化规律,优化配置动态调配各项施工生产要素,切实制定出具有竞争力的优胜施工组织设计,以利中标。

4.运输组织计划

运输组织计划是施工组织设计中的一个重要内容,它不仅直接影响施工进度,而且在很大程度上也影响工程造价。为了确保施工进度计划的执行,并力求最大限度降低工程造价,一般要求运输组织计划应达到下列要求:

(1)运距最短,运输量最小;
(2)减少运转次数,力求直达工地;
(3)装卸迅速和运转方便;
(4)尽量利用原有交通条件,减少临时运输设施的投资;
(5)充分发挥运输工具的载运条件。

(三)项目管理机构的设置

项目管理机构是项目实施的组织保证。因此,设置的项目管理机构应满足施工项目管理的需求。在具体编制投标文件时,对影响评分的项目经理和技术负责人的任职资格、荣誉奖项和类似工程业绩以及项目班子其他人员的岗位资质、证件等,要根据评分标准认真填列,精心配备。填写完成后应认真检查项目经理及技术负责人的资格、职称、学历、经历、年限等是否满足招标文件的标准;拟任职务与前述是否一致,主要管理人员及项目班子人员的各类证件是否齐全等。

(四)投标报价的编制

1.报价编制的依据

(1)法律法规及相关标准规范等

招投标所涉及的法律法规及各种国家标准、部颁标准、技术规范等。

(2)招标文件

招标文件是编制投标报价的重要资料,应认真仔细地研究,以全面了解合同条款规定的权利和义务,同时应深入分析施工承包中所面临和需要承担的风险,详细研究招标文件中的漏洞和疏忽,为制订投标策略寻找依据,创造条件。实践证明,吃透招标文件,可为投标成功打下良好的基础;否则,易给自己带来投标失误甚至造成无法弥补的损失。

(3)现场踏勘收集的资料

投标人在报价以前必须认真地进行现场考察,全面、细致地了解工地及其周围的政治、经济、地理、法律等情况,收集与报价有关的各种风险与数据资料。现场考察的主要内容如下:

①政治方面(指国外承包工程)。
②地理、地貌、气象方面。
③法律、法规方面。
④工程施工条件。
⑤经济方面。
⑥当地的建设市场情况。
⑦工程所在地有关健康、安全、环保和治安情况,如医疗设施、救护工作、环保要求、废料处理、保安措施等。

⑧其他方面。

(4)施工组织设计

施工组织设计的优劣不仅影响施工能否顺利进行,而且影响工程费用的高低。不同的施工方案、不同的施工顺序、不同的平面布置所需的工程费用是有差异的,有时会相差很大,因此,在进行投标时,应编制出技术上可行、经济上合理的施工组织设计,并以此作为编制投标报价的依据。

(5)本企业的资料

①本企业历年来(至少5年)已完工程的成本分析资料;

②本企业为本项目提供新添施工设备经费的可能性;

③本企业的企业定额。

(6)其他资料

2.报价的组成部分及内容

一个施工项目的投标报价由以下3部分组成。

(1)施工成本

施工成本包括直接成本、间接成本等各项费用。确定施工成本,应进行施工成本分析和成本预测。成本分析应建立在以往施工项目成本分析和成本核算工作的基础之上,所以施工企业加强成本核算和统计管理工作是搞好投标报价工作的基础。成本预测应使用企业定额,因此,施工企业建立自己的企业定额也是编制施工预算进而搞好投标报价工作的前提。

(2)利润和税金

税金是由国家统一征收的,利润是根据本项目的具体情况和公司的利润目标制定的。

(3)风险费用

在报价编制中应对风险有足够的认识。投标报价中考虑风险的种类和风险费用的多少,应依据合同条款的规定和当时当地的情况来确定。例如,报价中是否要考虑物价上涨费,如果合同条款中规定物价上涨后即调整价差和有关费用,则报价中无须考虑物价上涨费;如果合同条款中规定此项风险由承包人承担,则应在报价中考虑物价上涨费用。物价上涨费用应根据当时的物价上涨情况,在预测物价上涨率的基础上确定。当然这种预测结果与实际情况会有偏差,但这是难免的。又如报价中是否要考虑法律法规变化后增加的费用,是否应考虑地质情况复杂而需增加的风险费用等都要依据合同条款的规定来决定,如果合同条款规定由承包人承担,则应在报价中作出充分考虑,而这些费用的多少更无规律可循,主要应依据投标人的经验及对风险的辨别能力和洞察能力来确定。

在投标报价中,应科学地编制以上3项费用,使总报价既有竞争力,又有利可图。

3.报价编制的步骤

(1)报价编制的步骤

报价编制步骤如图4-5所示。

(2)报价编制注意事项

①应仔细核实工程量。

工程量是整个报价工作的基础,人工、材料、机械消耗量、脚手架、模板等临时设施,都是根据工程内容和工程量的多少来确定的。招标项目的工程量在招标文件的工程量清单中有详细说明,但由于种种原因,工程量清单中的工程数量有时可能和图纸中的数量存在不一致。因

此,有必要进行复核,核实工程量的主要作用如下:

　　a. 全面掌握本项目实际发生的各分项工程的数量,便于投标中进行准确的报价;

　　b. 及时发现工程量清单中关于工程量的错误和漏洞,为制定投标策略提供依据;

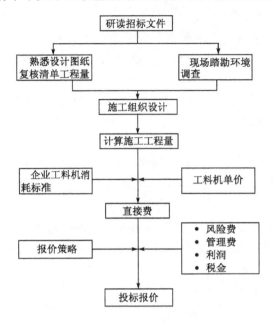

图 4-5　报价编制的步骤

　　c. 有利于促使投标人对技术规范中的计量支付规定做进一步的研究,便于精确地编写各工程细目的单价。

　　核实工程量可从两方面入手:一是认真研究招标文件,吃透技术规范,二是通过切实的考察取得第一手资料。具体做好如下几项工作:

　　a. 全面核实设计图纸中各分项工程的工程量;

　　b. 计算受施工方案影响而需额外发生和消耗的工程量;

　　c. 根据技术规范中计量与支付的规定,对以上数量进行折算,在折算过程中有时需要对设计图纸中的工程量进行分解或合并。

　　②重视施工组织设计的编制。

　　高效率和低消耗是编制施工组织设计的总原则,编制施工组织设计时应遵循连续、均衡、协调和经济的原则,其中,经济性原则是施工组织设计的核心和落脚点,因此,在编制施工组织设计时,应注意如下事项:

　　a. 充分满足技术上的先进性和可靠性,最大限度地提高劳动生产率,降低施工成本;

　　b. 充分利用现有的施工机械设备,提高施工机械的使用率以降低机械施工成本;

　　c. 采用先进的管理手段,优化施工进度计划,选择最优施工排序,均衡安排施工,尽量避免施工高峰的赶工现象和施工低谷中的窝工现象,机动安排非关键线路上的剩余资源,从非关键线路上要效益;

　　d. 适当聘用当地员工或临时工,降低施工队伍调遣费,减少窝工现象。

　　投标竞争是比技术、比管理的竞争,技术和管理的先进性应充分体现在编制的施工组织设计中,以达到降低成本、缩短工期的目的。

③明确报价的组成及内容。

一个项目的投标报价由施工成本、利润和税金、风险费用3部分组成。在投标报价中,应科学编制以上3项费用,使总报价既有竞争力,又有利可图。

④掌握市场情报和信息,确定投标策略。

报价策略是投标人在激烈竞争的环境下为了企业的生存与发展而可能使用的对策,报价策略运用是否得当,对投标人能否中标并获得利润影响很大,常用的投标策略大致有如下几种。

a. 赢利较大的策略,即在报价中以较大的利润为投标目标的策略。这种投标策略通常在建筑市场任务多、投标人对该项目拥有技术上的垄断优势、竞争对手少或近期施工任务比较饱和时才予采用。

b. 微利保本策略,即在施工成本、利税及风险费3项费用中,降低利润目标,甚至不考虑利润。这种投标策略通常在企业工程任务不饱满、建筑市场供不应求、竞争对手强以及招标人按最低标定标时可采用。

要确定一个低而适度的报价,首先要编制出先进合理的施工方案,在此基础上计算出能够确保合同工期要求和质量标准的最低预算成本。降低公路工程预算成本要从发挥企业优势、降低直接费和间接费等方面着手。

c. 低价亏损策略,即在报价中不仅不考虑企业利润,相反考虑一定的亏损后提出的报价策略。这种报价策略通常主要在以下几种情况下采用:市场竞争激烈,竞争对手很强;承包人急于打入该建筑市场或保住地盘;施工企业面临生存危机,急于解决企业职工的窝工。使用该种投标策略时应注意:第一,招标人肯定是按最低价确定中标单位;第二,这种报价方法属于正当的商业竞争行为,不至于导致废标。

d. 冒险投标策略,即在报价中不考虑风险费用,这是一种冒险行为,如果风险不发生,即意味着投标人的报价成功;如果风险发生,则意味着投标人要承担极大的风险损失。这种报价策略同样只在市场竞争激烈,投标人急于寻找施工任务或着眼于打入该建筑市场甚至独占该建筑市场时才予采用。

e. 其他策略

以上是投标报价的4种常见策略,投标报价过程中,可以在以上4种策略的基础上采用以下几种附带策略。

优化设计策略,即发现并修改原有设计中存在的不合理情况或采用新技术优化设计方案。如果这种设计能大幅度降低工程造价或缩短工期、设计方案可靠,且这种设计方案招标人感兴趣,对投标人中标是有利的,当然这种策略只有招标人在招标文件中载明考虑备选方案时才使用。

缩短工期策略,即通过先进的施工方案、施工方法、科学的施工组织或者优化设计来缩短合同工期。当投标工期是关键工期时,则业主在评标过程中会将缩短工期后所带来的预期收益定量考虑进去,此时对承包人获取中标资格是有利的。

附带优惠策略。在符合法律法规的情况下,如果能向招标人提出相应的优惠条件替业主分忧解难,也可为夺标创造条件。

(3)报价决策

在报价分析工作的基础上,根据自己所确定的投标策略,即可进行投标决策,确定投标报价,在总报价确定后,可根据单价分析表中的数据综合考虑其他因素后确定工程量清单中各工程细目的单价。在确定工程细目的单价时,有平衡报价法和不平衡报价法两种方法:平衡报价法将间接费和利润等费用平均分摊到各工程细目的单价中,即按某固定的比例分摊。不平衡报价法与此相反。就时间而言,有早期摊入法、递减摊入法、递增摊入法和平均摊入法四种方法。

早期摊入法,即将投标期间和开工初期需发生的费用全部摊入早期完工的分项工程中。这些费用有投标期间的各种开支、投标保函手续费、工程保险费、部分临时设施费、由承包人承担的监理设施费、施工队伍调遣费、临时工程及其他开支费用。采用不平衡报价法时,可以将工程量清单中的这些费用支付项目适当提高报价,由于这些费用支付时间较早,通常在开工初期支付,这样报价便于承包人尽早收回成本或减少周转资金。

递减摊入法,即将施工前期发生较多而后逐步减少的一些费用,按随时间发生逐步减少分摊比例的方法摊到各分项工程中。这些费用有履约保函手续费、贷款利息、部分临时设施费、业务费、管理费。

递增摊入法,其方法与递减摊入法相反。这些费用有物价上涨费等费用。当承包人预测物价上涨率在施工后期较高甚至超过银行利率时,可以采用递增摊入法来报价。

平均摊入法,即将费用平均分摊到各分项工程的单价中。这些费用有意外费用、利润、税金等费用。

投标决策中常见的报价手法见表 4-29。

投标决策中常见的报价手法 表 4-29

报价手法	方　　法
不平衡报价法	①先期开工项目(如开工费、土方、基础等)的单价报价高,后期开工的项目(如高速公路的路面、交通设施、绿化等附属设施的)单价报价低。 ②估计到以后将可能增加工程量项目的单价报价高,工程量将可能减少的项目的单价报价低。 对单价合同来说,在进行结算支付时,其结算等于实际完成工程量乘以合同的单价,即合同单价不能变更,因此用这种技巧使承包人获得更多的收益。 ③图纸不明确或有错误的,估计今后会修改的项目其单价报价高,估计今后会取消的项目其单价报价低。 ④没有工程量,只填单价的项目如土方超运其单价报价高,这样既不影响投标总价,又有利于多获利润。 ⑤对暂定金额项目,分析让承包人做的可能性大时,其单价报价高,反之,报价低。 ⑥对于允许价格调整的工程,当利率低于物价上涨时,则后期施工的工程细目的单价报价高,反之,报价低
扩大标价法	即除了按正常的已知条件编制价格外,对工程中变化较大或没有把握的工作,采用扩大单价、增加"不可预见费"的方法来减少风险
多方案报价法	这是利用工程说明书或合同条款不够明确之处,以争取达到修改工程说明书和合同为目的的一种报价方法。其方法是,按原工程说明书和合同条款报一个价格,并加以注释:"如工程说明书和合同条款可作某些改变时,可降低费用"。使报价成为最低的,以吸引业主修改说明书和合同条款,但使用该方法时注意不要违反招标文件中规定的投标一致性,否则会作为废标处理
开口升级报价法	这种方法将报价看成是协商的开始,报价时利用招标文件中规定的不明确的有利条件,将造价很高的一些单项工程的报价抛开作为活口,将标价降低至无法与之竞争的数额。利用这种"最低标价"来吸引业主,从而取得与业主商谈的机会,利用活口进行升级加价,以达到最后赢利的目的
突然降价法	这是一种采用标底进行评标时迷惑对手或保密的竞争手段。在整个报价过程中,仍按一般情况报价,甚至有意无意地将报价泄露,或者表示对工程兴趣不大,当临近投标截止期时突然降价,使竞争对手措手不及,从而解决标价保密问题,提高竞争能力和中标机会

(4)报价决策中的注意事项

①投标人在投标中应从自身条件、兴趣、能力和近远期经营战略目标出发来进行报价决策。一个企业,首先要具有战略眼光,投标时既要看到近期利益,更要看到长远目标,承揽当前工程要为今后的工程创造机会和条件。在投标中,企业要注意扬长避短,注重信誉,报价中要量力而行,对不顾实际情况、盲目压低标价的行为应予抵制。

②报价决策中应重视对招标人的条件和心理方面的分析。施工条件是否具备是投标中应予重视的问题,它与承包人的利益密切相关,条件不成熟的项目对投标人是一种风险,应在报价决策中作出相应的考虑。其次,应对招标人的心理进行分析,若业主急需工程开工和完工则通常要求工期尽量提前,加强对业主的心理分析和情报收集对搞好报价决策是很重要的。

③做好报价的宏观审核。标价编好后,是否合理、有无可能中标,可以采用工程报价宏观审核指标的方法进行分析判断。例如,可采用单位工程造价、全员劳动生产率、个体分析整体综合控制、各分项工程价值比例、各类费用的正常比例、单位工程用工用料等正常指标进行审核。

4.报价编制示例

[例4-13] 某山区三级公路,有一钢筋混凝土盖板涵,涵长16.8m,涵高1.5m,标准跨径1.00m,洞口为八字墙。其施工图设计主要工程量如表4-30所示。

工程量表 表4-30

序号	项目	单位	工程量
1	挖基坑土方(干处)	m^3	210
2	挖基坑石方	m^3	35
3	浆砌片石基础、护底、截水墙	m^3	4
4	浆砌块石基础、护底、截水墙	m^3	22.6
5	浆砌块石台、墙	m^3	29.3
6	混凝土台帽	m^3	0.4
7	矩形板混凝土	m^3	3.5
8	矩形板钢筋	t	0.34
9	沉降缝高1.5m计4道	m^2	10

25座盖板涵的混凝土矩形板预制,设一处预制场计10 000m^2,场地需平整碾压,30%面积需铺设砂砾垫层厚15cm,20%面积需做2cm厚水泥砂浆抹平层,预制板底模预制场费用由25座盖板涵平均分摊。构件运输5km。试编制该钢筋混凝土盖板涵的投标报价。

解:(一)钢筋混凝土盖板涵工程量的确定

根据招标文件规定,钢筋混凝土盖板涵应以图纸规定的洞身长度或经监理人同意的现场沿涵洞中心线测量的进出口之间的洞身长度,经验收合格后按不同管径及孔数以米计量,钢筋混凝土盖板涵所用钢筋不另计量;所有垫层和基座,沉降缝的填缝与防水材料,洞口建筑,包括八字墙、一字墙、帽石、锥坡(含土方)、跌水井、洞口及洞身铺砌以及基础挖方、地基处理与回填等均作为附属工作,不单独计量。因此,该钢筋混凝土盖板涵的清单工程量如表4-31所示。

清 单 工 程 量 表　　　　　　　　　　表 4-31

子目号	子目名称	计量单位	工程数量
420-1	钢筋混凝土盖板涵(1m×1.5m)	m	16.8

(二)钢筋混凝土盖板涵报价的确定

钢筋混凝土盖板涵的构件预制场涉及一些辅助工程,按照招标文件规定,这些辅助工程作为相应混凝土工程的附属工作,不另行计量,其费用综合其内。

(1)清单项目工作内容的确定

钢筋混凝土盖板涵的一般工作内容如图 4-6 所示,除主体内容施工外,还应考虑预制场的平整、铺设垫层、砂浆抹面等工作内容。

平整预制场面积为:10 000m²;

铺筑沙砾垫层的体积为:10 000×30%×0.15=450m³;

水泥砂浆抹面面积为:10 000×20%=2 000m²。

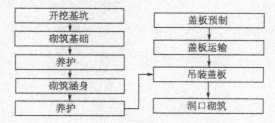

图 4-6　钢筋混凝土盖板涵施工工艺

(2)清单项目工作内容定额的确定

投标报价应采用施工企业的施工定额。本例作为示例,以《公路工程预算定额》为例,如果采用施工定额其方法相同。根据完成清单项目"钢筋混凝土盖板涵(1m×1.5m)"的所有工作内容,确定完成"钢筋混凝土盖板涵(1m×1.5m)"清单项目的定额,以计算该清单子目工作内容的工料机消耗见表 4-32。

完成清单项目"钢筋混凝土盖板涵(1m×1.5m)"的定额列表　　　　表 4-32

序号	工程子目	单位	定额代号	工程量	定额调整或系数
1	人工挖基坑深 3m 内干处土	1 000m³	4-1-1-1	0.210	
2	人工挖石方	1 000m³	4-1-1-7	0.035	
3	浆砌片石基础、护底、截水墙	10m³	4-5-2-1	0.400	
4	浆砌块石基础、护底、截水墙	10m³	4-5-3-1	2.260	
5	实体式台、墙高 10m 内	10m³	4-5-3-5	2.930	
6	墩、台帽混凝土(木模非泵送)	10m³	4-6-3-1	0.040	
7	混凝土搅拌机拌和(250L 内)	10m³	4-11-11-1 改	0.040	定额×1.02
8	1t 机动翻斗车运 100m	100m³	4-11-11-16	0.004	
9	预制矩形板混凝土(跨径 4m 内)	10m³	4-7-9-1	0.350	
10	混凝土搅拌机拌和(250L 内)	10m³	4-11-11-1 改	0.350	定额×1.01
11	1t 机动翻斗车运 100m	100m³	4-11-11-16	0.035	
12	矩形板钢筋	1t	4-7-9-3	0.340	
13	起重机安装矩形板	10m³	4-7-10-2	0.350	

续上表

序号	工程子目		单位	定额代号	工程量	定额调整或系数
14	构件出坑	6t内汽车式起重机装卸 1km	100m³	4-8-3-8	0.035	
15	构件运输	6t内汽车式起重机装卸 1km	100m³	4-8-3-8	0.035	
16		6t内载重汽车增0.5km(5km内)	100m³	4-8-3-12改	0.035	定额×8
17		沥青麻絮沉降缝	1m²	4-11-7-13	10.000	
18	盖板预制场地	场地需碾压	1 000m²	4-11-1-2改	10.000	定额×0.04
19		填砂砾(砂)垫层	10m³	4-11-5-1改	45.000	定额×0.04
20		水泥砂浆抹面(厚2cm)	100m²	4-11-6-17改	20.000	定额×0.04

注:预制场定额调整系数"0.04"是指该涵洞对预制场费用的分摊系数;表中汽车式起重机的调整系数"8"表示:本题中土方运输距离为5km,减去第一个1km后增运距离为4km,因此本题汽车式起重机有4km/0.5km=8个增运定额单位;表中调整系数"1.01""1.02"分别是预制、现浇混凝土损耗系数,需拌混凝土的损耗系数=需要拌和的含损混凝土总量/需要拌和的不含损的混凝土总量。

(3)确定工、料、机的单价

经过市场调查和分析计算,确定该工程的工、料、机单价见表4-33。

工、料、机单价表 表4-33

序号	名称	单位	代号	预算单价(元)
1	人工	工日	1	49.20
2	机械工	工日	2	49.20
3	原木	m³	101	1 150.00
4	锯材	m³	102	1 300.00
5	光圆钢筋	t	111	5 000.00
6	带肋钢筋	t	112	4 940.00
7	型钢	t	182	5 000.00
8	钢管	t	191	6 250.00
9	钢钎	kg	211	5.62
10	电焊条	kg	231	4.90
11	组合钢模板	t	272	5710.00
12	铁件	kg	651	4.40
13	铁钉	kg	653	6.97
14	8~12号铁丝	kg	655	6.10
15	20~22号铁丝	kg	656	6.40
16	铁皮	m²	666	25.40
17	油毛毡	m²	825	2.29
18	32.5级水泥	t	832	320.00
19	硝铵炸药	kg	841	6.00
20	导火线	m	842	0.80
21	普通雷管	个	845	0.70
22	石油沥青	t	851	5 400.00

续上表

序号	名称	单位	代号	预算单价(元)
23	汽油	kg	862	10.12
24	柴油	kg	863	8.69
25	煤	t	864	265.00
26	电	kW·h	865	0.55
27	水	m³	866	0.50
28	中(粗)砂	m³	899	60.00
29	砂砾	m³	902	31.00
30	片石	m³	931	34.00
31	碎石(4cm)	m³	952	55.00
32	块石	m³	981	85.00
33	其他材料费	元	996	1.00
34	8~10t光轮压路机	台班	1 076	368.31
35	250L以内强制式混凝土搅拌机	台班	1 272	96.79
36	6t以内载货汽车	台班	1 374	481.58
37	1.0t以内机动翻斗车	台班	1 408	159.86
38	5t以内汽车式起重机	台班	1 449	509.01
39	8t以内汽车式起重机	台班	1 450	653.73
40	20t以内汽车式起重机	台班	1 453	1 258.02
41	32kV·A交流电弧焊机	台班	1 726	104.64
42	小型机具使用费	元	1 998	1.00

(4)费率取定

投标报价中费率和利润率的取定应根据企业的实际情况和投标策略而定。

本例其他工程费、间接费综合费率参照部颁编制办法、工程所在地的交通厅补充编制办法,并考虑招标项目的情况和报价策略取定,见表4-34(单位:%),利润率取7%。

其他工程费、间接费综合费率取定表　　　　表4-34

工程类别	其他工程费费率(%)					间接费费率(%)									
	雨季施工增加费	安全文明施工措施费	临时设施费	施工辅助费	综合费率1	规费						企业管理费			
						养老保险费	失业保险费	医疗保险费	住房公积金	工伤保险费	综合费率	基本费用	职工探亲路费	财务费用	综合费率
人工土方	0.200	0.590	1.570	0.890	3.250	20.000	2.000	9.700	7.000	1.500	40.200	3.360	0.100	0.230	3.690
汽车运输	0.220	0.210	0.920	0.160	1.510	20.000	2.000	9.700	7.000	1.500	40.200	1.440	0.140	0.210	1.790
构造物Ⅰ	0.150	0.720	2.650	1.300	4.820	20.000	2.000	9.700	7.000	1.500	40.200	4.440	0.290	0.370	5.100

(5)钢筋混凝土盖板涵各分项工程单价计算

该钢筋混凝土盖板涵各分项工程单价计算见表4-35。

表 4-35-1

钢筋混凝土盖板涵(1m×1.5m)分项工程单价计算表

细目号:420-1

细目名称:钢筋混凝土盖板涵(1m×1.5m) 　　计量单位:m　　数量:16.80　　单价:2 185.71　　货币单位:人民币 元

序号	工程项目				工程细目	人工挖基坑土、石方			人工挖基坑土、石方			浆砌片石			浆砌块石		
					定额单位	人工挖基坑深3m内干处土			人工挖坑土、石方			基础、护底、截水墙			基础、护底、截水墙		
					工程数量	1 000m³			1 000m³			10m³			10m³		
						0.210			0.035			0.400			2.260		
	工料机名称	单位	单价		定额表号	4-1-1-1			4-1-1-7			4-5-2-1			4-5-3-1		
						定额	数量	金额	定额	数量	金额	定额	数量	金额	定额	数量	金额
1	人工	工日	49.200			448.300	94.143	4 632	1 023.800	35.833	1 763	9.500	3.800	187	9.400	21.244	1 045
2	钢钎	kg	5.620						25.100	0.879	5						
3	32.5级水泥	t	320.000									0.931	0.372	119	0.718	1.623	519
4	硝铵炸药	kg	6.000						150.400	5.264	32						
5	导火线	m	0.800						365.000	12.775	10						
6	普通雷管	个	0.700						288.000	10.080	7						
7	煤	t	265.000						0.190	0.007	2						
8	水	m³	0.500									4.000	1.600	1	4.000	9.040	5
9	中(粗)砂	m³	60.000									3.820	1.528	92	2.940	6.644	399
10	片石	m³	34.000									11.500	4.600	156			
11	块石	m³	85.000												10.500	23.730	2 017
12	其他材料费	元	1.000						18.300	0.641	1	1.200	0.480		1.200	2.712	3

续上表

序号	工料机名称	单位	单价	工程项目 人工挖基坑土、石方 人工挖基坑深3m内干处土 1 000m³ 0.210 4-1-1-1			人工挖基坑土、石方 人工挖石方 1 000m³ 0.035 4-1-1-7			浆砌片石 基础、护底 10m³ 0.400 4-5-2-1			浆砌块石 基础、护底、截水墙 10m³ 2.260 4-5-3-1		
	工程细目			定额	数量	金额	定额	数量	金额	定额	数量	金额	定额	数量	金额
	定额单位														
	工程数量														
	定额表号														
13	小型机具使用费	元	1.000	22 056.000	4 631.760	4 632	51 977.000	1 819.195	1 819	1 396.000	558.400	558	1 770.000	4 000.200	4 000
14	基价	元	1.000			4 632			1 819			558			4 000
	直接工程费	元				223.00			88.00			27.00			193.00
	其他工程费	I	元	4.82%		0.00	4.82%		0.00	4.82%		0.00	4.82%		0.00
		II	元	40.20%		1 862.00	40.20%		709.00	40.20%		75.00	40.20%		420.00
	间接费	规费企业管理费	元	5.10%		248.00	5.10%		97.00	5.10%		30.00	5.10%		214.00
	利润		元	7%		357.00	7%		140.00	7%		43.00	7%		308.00
	税金		元	3.41%		250.00	3.41%		97.00	3.41%		25.00	3.41%		175.00
	合计		元			7 572.00			2 950.00			759.00			5 309.00
	单位单价		元			36 057.14			84 285.71			1 897.50			2 349.12
	每 m 单价		元			450.71			175.60			45.18			316.01

· 163 ·

细目号:420-1

细目名称：钢筋混凝土盖板涵(1m×1.5m)

钢筋混凝土盖板涵(1m×1.5m)分项工程单价计算表

表 4-35-2

工程项目	钢筋混凝土盖板涵(1m×1.5m)								
工程细目			浆砌块石		混凝土		混凝土搅拌机拌和		混凝土运输
定额单位	计量单位：m		实体式台，墙高10m内		墩、台帽混凝土(木模非泵送)		混凝土搅拌机拌和(250L 内)		1t 机动翻斗车运100m
			10m³		10m³		10m³		100m³
工程数量	数量：16.80		2.930		0.040		0.040		0.004
定额表号	单价：2 185.71		4-5-3-5		4-6-3-1		4-11-11-1 改		4-11-11-16
序号	工料机名称	单位	单价(元)	定额	数量	金额	定额	数量	金额	定额	数量	金额	定额	数量	金额
1	人工	工日	49.200	13.900	40.727	2 004	29.800	1.192	59	2.754	0.110	5			
2	原木	m³	1 150.000	0.003	0.009	10	0.186	0.007	9						
3	锯材	m³	1 300.000	0.016	0.047	61	0.307	0.012	16						
4	钢管	t	6 250.000	0.004	0.012	73									
5	铁件	kg	4.400	0.100	0.293	1	27.200	1.088	5						
6	铁钉	kg	6.970	0.600	1.758	12	2.900	0.116	1						
7	8~12号铁丝	kg	6.100												
8	铁皮	m²	25.400				4.800	0.192	5						
9	32.5级水泥	t	320.000	0.727	2.130	682	3.845	0.154	49						
10	水	m³	0.500	8.000	23.440	12	12.000	0.480							
11	中(粗)砂	m³	60.000	2.970	8.702	522	4.690	0.188	11						
12	碎石(4cm)	m³	55.000				8.470	0.339	19						
13	块石	m³	85.000	10.500	30.765	2 615									
14	其他材料费	元	1.000	2.800	8.204	8	8.600	0.344							
15	250L以内强制式混凝土搅拌机	台班	96.790							0.459	0.018	2			
16	1.0t以内机动翻斗车	台班	159.860										2.940	0.012	2
17	20t以内汽车式起重机	台班	1 258.020				0.370	0.015	19						
18	小型机具使用费	元	1.000	5.600	16.408	16	13.500	0.540	1						
19	基价	元	1.000	2 051.000	6 009.430	6 009	4 743.000	189.720	190	180.000	7.200	7	370.000	1.480	1

钢筋混凝土盖板涵(1m×1.5m)分项工程单价计算表

表 4-35-3

细目号:420-1　　细目名称:钢筋混凝土盖板涵(1m×1.5m)　　计量单位:m　　数量:16.80　　单价:2 185.71　　货币单位:人民币 元

序号	工料机名称	单位	单价(元)	工程项目							
				浆砌块石		混凝土		混凝土搅拌机拌和		混凝土运输	
	工程细目			实体式台墙高10m内		墩、台帽混凝土(木模非泵送)		混凝土搅拌机拌和(250L内)		1t机动翻斗车运100m	
	定额单位			10m³		10m³		10m³		100m³	
	工程数量			2.930		0.040		0.040		0.004	
	定额表号			4-5-3-5		4-6-3-1		4-11-11-1改		4-11-11-16	
				定额	金额	定额	金额	定额	金额	定额	金额
	直接工程费	元			6 009		190		7		1
其他工程费	I	元		4.82%	290.00	4.82%	9.00	4.82%	0.00	1.51%	0.00
	II	元			0.00		0.00		0.00		0.00
间接费	规费	元		40.20%	806.00	40.20%	24.00	40.20%	2.00	40.20%	0.00
	企业管理费	元		5.10%	322.00	5.10%	10.00	5.10%	0.00	1.79%	0.00
	利润	元		7%	464.00	7%	15.00	7%	0.00	7%	0.00
	税金	元		3.41%	269.00	3.41%	9.00	3.41%	0.00	3.41%	0.00
	合计	元			8 167.00		260.00		9.00		2.00
	单位单价	元			2 787.37		6 500.00		225.00		500.00
	每m单价	元			486.13		15.48		0.54		0.12

钢筋混凝土盖板涵(1m×1.5m)分项工程单价计算表

表 4-35-4

细目号：420-1
细目名称：钢筋混凝土盖板涵(1m×1.5m)　　计量单位：m　　数量：16.80　　单价：2 185.71　　货币单位：人民币 元

序号	工料机名称	单位	单价(元)	工程项目 工程细目 定额单位 工程数量 定额表号							
				矩形板 预制矩形板混凝土(跨径4m内) 10m³ 0.350 4-7-9-1			混凝土搅拌机拌和 混凝土搅拌机拌和(250L内) 10m³ 0.350 4-11-11-1改			混凝土运输 1t机动翻斗车运100m 100m³ 0.035 4-11-11-16		
				定额	数量	金额	定额	数量	金额	定额	数量	金额
1	人工	工日	49.200	23.500	8.225	405	2.727	0.954	47			
2	原木	m³	1 150.000	0.008	0.003	3						
3	锯材	m³	1 300.000	0.031	0.011	14						
4	光圆钢筋	t	5 000.000									
5	带肋钢筋	t	4 940.000	0.012	0.004	21						
6	型钢	t	5 000.000									
7	电焊条	kg	4.900	0.015	0.005	30						
8	组合钢模板	kg	5 710.000	5.400	1.890	8						
9	铁件	kg	4.400									
10	20~22号铁丝	t	6.400	3.998	1.399	448						
11	32.5级水泥	t	320.000	17.000	5.950	3						
12	水	m³	0.500	5.280	1.848	111						
13	中(粗)砂	m³	60.000	8.380	2.933	161						
14	碎石(4cm)	m³	55.000	59.500	20.825	21						
15	其他材料费	元	1.000									
16	250L以内强制式混凝土搅拌机	台班	96.790				0.455	0.159	15			
17	1.0t以内机动翻斗车	台班	159.860							2.940	0.103	16
18	32kV·A交流电弧焊机	台班	104.640									
19	小型机具使用费	元	1.000	6.800	2.380	2	178.000	62.300	62	370.000	12.950	13
20	基价	元	1.000	3 493.000	1 222.550	1 223						

序号	矩形板钢筋		
	矩形板钢筋 1t 0.340 4-7-9-3		
	定额	数量	金额
1	6.900	2.346	115
2			
3			
4	0.269	0.091	457
5	0.756	0.257	1 270
6			
7	0.900	0.306	1
8			
9			
10	4.400	1.496	10
11			
12			
13			
14			
15			
16			
17			
18	0.180	0.061	6
19	20.200	6.868	7
20	3 869.000	1 315.460	1 315

表 4-35-5

钢筋混凝土盖板板涵(1m×1.5m)分项工程单价计算表

细目号:420-1
细目名称:钢筋混凝土盖板涵(1m×1.5m) 计量单位:m 数量:16.80 单价:2 185.71 货币单位:人民币 元

序号	工料机名称	工程项目							
		工程细目		预制矩形板混凝土(跨径4m内)	混凝土搅拌机拌和(250L内)		1t机动翻斗车运100m		矩形板钢筋
		定额单位		10m³	10m³		100m³		1t
		工程数量		0.350	0.350		0.035		0.340
		定额表号		4-7-9-1	4-11-11-1改		4-11-11-16		4-7-9-3
		单位	单价(元)	定额	金额	定额	数量	金额	定额	数量	金额	定额	数量	金额
	直接工程费	元			1 223	4.82%		62	4.82%		13			1 315
其他工 程费	Ⅰ	元		4.82%	59.00		3.00	1.51%		0.00			90.00
	Ⅱ	元			0.00		0.00			0.00			0.00
	规费企业	元		40.20%	163.00	40.20%	19.00	40.20%		0.00	40.20%		46.00
间接费	管理费	元		5.10%	66.00	5.10%	3.00	1.79%		0.00	5.10%		100.00
	利润	元		7%	95.00	7%	5.00	7%		1.00	7%		144.00
	税金	元		3.41%	55.00	3.41%	3.00	3.41%		1.00	3.41%		77.00
	合计	元			1 665.00		95.00			18.00			2 323.00
	单位单价	元			4 757.14		271.43			514.29			6 832.35
	每 m 单价	元			99.11		5.65			1.07			138.27

细目号:420-1 表4-35-6

钢筋混凝土盖板涵(1m×1.5m)分项工程单价计算表

工程项目	钢筋混凝土盖板涵(1m×1.5m)											
工程细目	安装矩形板、空心板、少筋弯形板			起重机安装矩形板			载货汽车运输			载货汽车运输		
定额单位	10m³			10m³			100m³			100m³		
工程数量	0.350			0.350			0.035			0.035		
定额表号	4-7-10-2						4-8-3-8			4-8-3-12改		

序号	工料机名称	单位	单价(元)	定额	数量	金额	定额	数量	金额	定额	数量	金额	定额	数量	金额
1	人工	工日	49.200	6.400	2.240	110				8.200	0.287	14			
2	锯材	m³	1300.000	19.800	6.930	16				0.216	0.008	10			
3	油毛毡	m²	2.290												
4	其他材料费	元	1.000							13.000	0.455	57			
5	6t以内载货汽车	台班	481.580							3.410	0.119	57	2.560	0.090	43
6	5t以内汽车式起重机	台班	509.010	1.110	0.389	254				3.220	0.113				
7	8t以内汽车式起重机	台班	653.730												
8	基价	元	1.000	950.000	332.500	332				3075.000	107.625	108	852.000	29.820	30
	直接工程费	元				332						108			30
其他工程费	Ⅰ	元		4.82%		18.00				1.51%		2.00	1.51%		1.00
	Ⅱ	元				0.00						0.00			0.00
间接费	规费企业管理费	元		40.20%		44.00				40.20%		6.00	40.20%		0.00
		元		5.10%		20.00				1.79%		3.00	1.79%		1.00
	利润	元		7%		29.00				7%		10.00	7%		3.00
	税金	元		3.41%		17.00				3.41%		5.00	3.41%		2.00
	合计	元				508.00						165.00			50.00
	单位单价	元				1451.43						4714.29			1428.57
	每m单价	元				30.24						9.82			2.98

计量单位:m 数量:16.80 单价:2185.71 货币单位:人民币 元

· 168 ·

表 4-35-7

钢筋混凝土盖板涵(1m×1.5m)分项工程单价计算表

细目号：420-1
细目名称：钢筋混凝土盖板涵(1m×1.5m)　　计量单位：m　　数量：16.80　　单价：2 185.71　　货币单位：人民币 元

序号	工料机名称	单位	单价(元)	工程项目							
				其他伸缩缝及泄水管		平整场地		基础垫层		水泥砂浆勾缝及抹面	
				沥青麻絮伸缩缝		场地振碾压		填砂砾(砂)垫层		水泥砂浆抹面(厚2cm)	
		定额单位		1m²		1000m²		10m³		100m²	
		工程数量		10.000		10.000		45.000		20.000	
		定额表号		4-11-7-13		4-11-1-2 改		4-11-5-1 改		4-11-6-17 改	
				定额	数量	定额	数量	定额	数量	定额	数量	金额
1	人工	工日	49.200	0.500	5.000	1.808	18.080	0.236	10.620	0.220	4.400	216
2	32.5级水泥	t	320.000							0.033	0.660	211
3	石油沥青	t	5 400.000	0.032	0.320							
4	水	m³	0.500									
5	中(粗)砂	m³	60.000							0.600	12.000	6
6	砂砾	m³	31.000					0.520	23.400	0.111	2.220	133
7	其他材料费	元	1.000	17.200	172.000							
8	8~10t光轮压路机	台班	368.310			0.100						
9	基价	元	1.000	163.000	1 630.000	92.000	920.000	28.000	1 260.000	28.000	560.000	560

			金额	金额	金额	金额
			246	890	523	
			1 728			
			172	37	725	
			1 630	920	1 260	

续上表

序号	工料机名称	单位	单价(元)	其他伸缩缝及泄水管 沥青麻絮伸缩缝 1m² 10.000 4-11-7-13			平整场地 场地需碾压 1000m² 10.000 4-11-1-2改			基础垫层 填砂砾(砂)垫层 10m³ 45.000 4-11-5-1改			水泥砂浆勾缝及抹面 水泥砂浆抹面(厚2cm) 100m² 20.000 4-11-6-17改		
	工程项目														
	工程细目														
	定额单位														
	工程数量														
	定额表号			定额	数量	金额	定额	数量	金额	定额	数量	金额	定额	数量	金额
	直接工程费	元				1630			920			1260			560
其他工程费	I	元		4.82%		103.00	3.25%		30.00	4.82%		60.00	4.82%		27.00
	II	元				0.00			0.00			0.00			0.00
间接费	规费企业	元		40.20%		99.00	40.20%		358.00	40.20%		210.00	40.20%		87.00
	管理费	元		5.10%		115.00	3.69%		35.00	5.10%		67.00	5.10%		30.00
	利润	元		7%		165.00	7%		69.00	7%		96.00	7%		44.00
	税金	元		3.41%		90.00	3.41%		48.00	3.41%		57.00	3.41%		26.00
	合计	元				2718.00			1467.00			1738.00			780.00
	单位单价	元				271.80			146.70			38.62			39.00
	每m单价	元				161.79			87.32			103.45			46.43

(6)工料机消耗汇总,施工所需要的各种材料、机械的品种及数量见表4-36。

工、料、机汇总表　　　　　　　　　表4-36

序号	规格名称	单位	代号	总数量
1	人工	工日	1	249.489
2	机械工	工日	2	1.814
3	原木	m³	101	0.019
4	锯材	m³	102	0.085
5	光圆钢筋	t	111	0.092
6	带肋钢筋	t	112	0.257
7	型钢	t	182	0.004
8	钢管	t	191	0.012
9	钢钎	kg	211	0.879
10	电焊条	kg	231	0.306
11	组合钢模板	t	272	0.005
12	铁件	kg	651	2.978
13	铁钉	kg	653	0.409
14	8~12号铁丝	kg	655	1.758
15	20~22号铁丝	kg	656	1.496
16	铁皮	m²	666	0.192
17	油毛毡	m²	825	6.930
18	32.5级水泥	t	832	6.402
19	硝铵炸药	kg	841	5.264
20	导火线	m	842	12.775
21	普通雷管	个	845	10.080
22	石油沥青	t	851	0.320
23	汽油	kg	862	5.795

续上表

序号	规格名称	单位	代号	总数量
24	柴油	kg	863	29.643
25	煤	t	864	0.007
26	电	kW·h	865	14.730
27	水	m³	866	52.510
28	中(粗)砂	m³	899	21.658
29	砂砾	m³	902	23.634
30	片石	m³	931	4.600
31	碎石(4cm)	m³	952	3.305
32	块石	m³	981	54.495
33	其他材料费	元	996	206.116
34	8~10t光轮压路机	台班	1 076	0.100
35	250L以内强制式混凝土搅拌机	台班	1 272	0.178
36	6t以内载货汽车	台班	1 374	0.328
37	1.0t以内机动翻斗车	台班	1 408	0.115
38	5t以内汽车式起重机	台班	1 449	0.225
39	8t以内汽车式起重机	台班	1 450	0.389
40	20t以内汽车式起重机	台班	1 453	0.015
41	32kV·A交流电弧焊机	台班	1 726	0.061
42	小型机具使用费	元	1 998	40.974

(7)钢筋混凝土盖板涵单价构成

钢筋混凝土盖板涵清单单价构成见表 4-37。

(8)钢筋混凝土盖板涵单价分析表

钢筋混凝土盖板涵单价分析见表 4-38。

(9)钢筋混凝土盖板涵投标报价

钢筋混凝土盖板涵投标报价见表 4-39。

表 4-37

钢筋混凝土盖板涵(1m×1.5m)单价组成

细目号:420-1
细目名称:钢筋混凝土盖板涵(1m×1.5m)　　计量单位:m　　单价:2 185.71　　数量:16.80　　货币单位:人民币 元

编号	项目名称	单位	工程量	人工费	材料费	机械费	工料机合计	综合费费率%	综合费	合计	单价
4-1-1-1	人工挖基坑深3m内干处土	1000m³	0.210	4 632			4 632	38.827	2 940	7 572.00	450.71
4-1-1-7	人工挖石方	1000m³	0.035	1 763	56		1 819	38.339	1 131	2 950.00	175.60
4-5-2-1	基础、护底、截水墙	10m³	0.400	187	369	3	559	26.350	200	759.00	45.18
4-5-3-1	基础、护底、截水墙	10m³	2.260	1 045	2 942	12	3 999	24.675	1 310	5 309.00	316.01
4-5-3-5	实体式台,墙高10m内	10m³	2.930	2 004	3 996	16	6 016	26.338	2 151	8 167.00	486.13
4-6-3-1	墩、台帽混凝土(木模非泵送)	10m³	0.040	59	115	19	193	25.769	67	260.00	15.48
4-11-11-1	混凝土搅拌机拌和(250L内)	10m³	0.040	5		2	7	22.222	2	9.00	0.54
4-11-11-16	1t机动翻斗车运100m	100m³	0.004			2	2			2.00	0.12
4-7-9-1	预制矩形板混凝土(跨径4m内)	10m³	0.350	405	820	2	1 227	26.306	438	1 665.00	99.11
4-11-11-1	混凝土搅拌机拌和(250L内)	10m³	0.350	47		15	62	34.737	33	95.00	5.65
4-11-11-16	1t机动翻斗车运100m	100m³	0.035			16	16	11.111	2	18.00	1.07
4-7-9-3	矩形板钢筋	1t	0.340	115	1 738	13	1 866	19.673	457	2 323.00	138.27
4-7-10-2	起重机安装矩形板	10m³	0.350	110	16	254	380	25.197	128	508.00	30.24
4-8-3-8	6t内汽车式起重机装卸1km	100m³	0.035	14	10	115	139	15.758	26	165.00	9.82
4-8-3-8	6t内汽车式起重机装卸1km	100m³	0.035	14	10	115	139	15.758	26	165.00	9.82
4-8-3-12	6t内载重汽车增0.5km(5km内)	100m³	0.035			43	43	14.000	7	50.00	2.98
4-11-7-13	沥青麻絮伸缩缝	1m²	10.000	246	1 900		2 146	21.045	572	2 718.00	161.79

续上表

编号	项目名称	单位	工程量	人工费	材料费	机械费	工料机合计	综合费费率%	综合费	合计	单价
4-11-1-2	场地高碾压	1 000m²	10.000	890		37	927	36.810	540	1 467.00	87.32
4-11-5-1	填砂砾(砂)垫层	10m³	45.000	523	725		1 248	28.193	490	1 738.00	103.45
4-11-6-17	水泥砂浆抹面(厚2cm)	100m²	20.000	216	350		566	27.436	214	780.00	46.43

钢筋混凝土盖板涵(1m×1.5m)单价分析表

表 4-38

合同段：盖板涵 货币单位：人民币 元

细目号	项目名称	单位	工程量	人工费	材料费	机械费	工料机合计	综合费费率%	综合费	合计	单价
420-1	钢筋混凝土盖板涵(1m×1.5m)	m	16.800	12 275	13 047	664	25 986	29.232	10 734	36 720.00	2 185.71

清 单 工 程 量 表　　　　　　　　　　表 4-39

子目号	子目名称	计量单位	工程数量	单价	合价
420-1	钢筋混凝土盖板涵(1m×1.5m)	m	16.8	2 185.71	36 719.9

[**例 4-14**] 某高速公路 LJ2 合同段总报价计算示例。

某高速公路 LJ2 合同段总报价见表 4-40。

某高速公路 LJ2 合同段总报价　　　　　　表 4-40

工程量清单汇总表

合同段：LJ2

序 号	章次	科 目 名 称	金额(元)
1	100	清单第 100 章　总则	16 305 123
2	200	清单第 200 章　路基	75 507 688
3	300	清单第 300 章　路面	2 821 634
4	400	清单第 400 章　桥梁、涵洞	171 550 307
5		第 100 章～700 章清单合计	266 184 752
6		已包含在清单合计中的专项暂定金额小计	
7		清单合计减去专项暂定金额(即 5－6)＝7	266 184 752
8		计日工合计	
9		不可预见费	
10		投标价(5＋8＋9)＝10	266 184 752

八、投标文件的签署、密封和标记、递送

1. 投标文件的签署要求

投标文件必须按照招标文件的要求签署。所有"签字盖章处",特别是《投标函》和《投标函附录》都应按要求盖章签字;另外应注意招标文件中是否允许用"投标专用章"等其他公章代替"投标人公章",是否允许用盖章代替签字,是否要求"页签"等。

2. 投标文件的密封和标记

通常招标文件要求的投标文件份数为正本一份、副本若干份。投标文件的正本与副本通常应分开包装,加贴封条,并在封套的封口处加盖投标人单位章。投标文件的封套上应清楚地标记"正本"或"副本"字样,封套上应写明的其他内容应在投标人须知前附表明确规定。不同项目招标人对投标文件的密封和标记要求可能有所不同,有的招标文件要求正本和副本分别密封后再密封为一包,有的则要求正本、副本一起密封,还有的要求投标函单独密封等;有的招标文件要求外包密封处加盖"密封"章,有的则要求加盖"投标人公章"等。未按招标文件要求密封和加写标记的投标文件,招标人不予受理。

3. 投标文件的递交

投标人应按照招标文件规定的投标截止时间和规定的递交地点递交投标文件。除投标人须知前附表另有规定外,投标人所递交的投标文件不予退还。招标人收到投标文件后,向投标

人出具签收凭证。逾期送达的或者未送达指定地点的投标文件,招标人不予受理。

上述要求虽然烦琐但十分重要,将直接影响投标文件是否有效,应当引起投标人的高度重视。不同的招标文件对上述格式的要求不尽相同,因此,投标人在每一次投标时都不能麻痹大意,以免造成"一着不慎,全盘皆输"的后果。

第三节 施 工 合 同

一、施工合同

施工合同是发包人与承包人之间为完成建设工程项目施工任务,确定双方权利和义务的协议。依照施工合同,承包人应完成一定的建筑、安装工程任务,发包人应提供必要的施工条件并支付工程价款。

施工合同是建设工程合同的一种,它与其他建设工程合同一样是一种双务合同。在订立时也应遵守自愿、公平、诚实信用等原则。

施工合同是建设工程的主要合同,是工程建设质量控制、进度控制、投资控制的主要依据。在市场经济条件下,建设市场主体之间相互的权利义务关系主要是通过合同确立的,因此,在建设领域加强对施工合同的管理具有十分重要的意义。国家立法机关、国务院、国家建设行政管理部门历来都十分重视施工合同的规范工作,在《中华人民共和国建筑法》《中华人民共和国招标投标法》中多处涉及建设工程施工合同的规定,这些法律是我国建设工程施工合同管理的依据。为了指导建设工程施工合同当事人的签约行为,维护合同当事人的合法权益,依据《中华人民共和国合同法》《中华人民共和国建筑法》《中华人民共和国招标投标法》以及相关法律法规,住房城乡建设部、国家工商行政管理总局制定了《建设工程施工合同(示范文本)》(GF-2013-0201)。

二、施工合同的特点

1. 合同标的的特殊性

施工合同的标的是各类建筑产品。建筑产品是不动产,其基础部分与大地相连,不可移动。这就决定了每个施工合同的标的特殊,相互间具有不可替代性;同时建筑产品的固定性还决定了施工生产的流动性,建筑物所在地就是施工生产场地,施工人员和施工机械必须围绕建筑产品不断移动而进行生产作业。另外,建筑产品外观、结构、使用目的、使用对象等各不相同,这就要求每一个建筑产品都需单独设计和施工,即建筑产品是单体性生产,这也决定了施工合同标的的特殊性。

2. 施工合同涉及面广

施工合同不仅涉及发包人、承包人双方当事人的权利义务及责任关系,还涉及地方政府行政主管部门、发包人主管部门以及利益相关主体等。

3. 合同履行期限长

建筑物的施工由于结构复杂、体积大、消耗建筑材料类型多、数量大、工作量大,使得其工期与一般工业产品的生产期相比都较长。而合同履行期限还要长于施工工期,因为工程建设的施工应当在合同签订后才开始,且需加上合同签订后到正式开工前的施工准备时间和工程全部竣工验收后办理竣工结算及缺陷责任期、保修期的时间,在工程的施工过程中,还可能因为不可抗力、工程变更、材料供应不及时等原因而导致工期延误。所有这些使得施工合同的履行期限具有长期性。

4. 合同内容的多样性和复杂性

虽然施工合同的当事人只有两方,但其涉及众多的利益相关主体;与大多数合同相比较,施工合同的履行期限长、标的大,涉及的法律关系包括了劳动关系、保险关系、运输关系等,具有多样性和复杂性。这就要求施工合同的内容尽量详尽。施工合同除了应当具备合同的一般内容外,还应对安全施工、专利技术使用、发现地下障碍和文物、工程分包、不可抗力、工程设计变更、材料设备的供应、运输、验收等内容做出规定。在施工合同的履行过程中,除施工企业与发包人的合同关系外,还涉及与劳务人员的劳动关系、与保险公司的保险关系、与材料设备供应商的买卖关系、与运输企业的运输关系等。所有这些,都决定了施工合同的内容具有多样性和复杂性的特点。

5. 合同监督的严格性

由于施工合同的履行对国家的经济发展、人民的工作和生活可能产生重大的影响,因此,国家对施工合同的监督是十分严格的。具体体现在以下几个方面:

(1) 对合同主体监督的严格性

建设工程施工合同主体一般只能是法人。发包人一般只能是经过批准进行工程项目建设的法人,必须有国家批准的建设项目、投资计划等,并且应当具备相应的协调能力;承包人则必须具备法人资格,而且应当具备相应的从事施工的资质。无营业执照或无承包资质的单位不能作为建设工程施工合同的主体,资质等级低的单位也不能越级承包工程。

(2) 对合同订立监督的严格性

建设工程施工合同的订立必须符合国家、地方、行业的相关法律、法规、规范、标准等,且合同有严格的订立程序。建设工程施工合同应当采用书面形式。

(3) 对合同履行监督的严格性

在施工合同的履行过程中,除了合同当事人应当对合同进行严格的管理外,合同的主管机关(工商行政管理机构)、金融机构、建设行政主管机关等,都要对施工合同的履行进行严格的监督。

三、施工合同的签订

1. 签订施工合同应当遵守的原则

(1) 遵守国家法律、法规和计划的原则

订立施工合同,必须遵守国家、地方和行业的法律、法规、规章、标准等,也应遵守国家、地方或行业部门的建设计划和其他计划(如贷款计划等)。建设工程施工对经济发展、社会生活有多方面的影响,国家有许多强制性的管理规定,施工合同当事人都必须遵守。

(2) 平等、自愿、公平的原则

签订施工合同当事人双方,都具有平等的法律地位,任何一方都不得强迫对方接受不平等的合同条件。当事人有权决定是否订立施工合同及施工合同的内容。合同内容应当是双方当事人真实意愿的体现。合同的内容应当是公平的,不能损害一方的利益,对于显失公平的施工合同,当事人一方有权申请人民法院或者仲裁机构予以变更或者撤销。

(3)诚实信用原则

诚实信用原则要求在签订施工合同时要诚实,不得有欺诈行为,合同当事人应当如实将自身和工程的情况介绍给对方。在履行合同时,施工合同当事人要守信用,严格履行合同。

2. 施工合同签订的依据

建设工程施工合同的签订依据主要包括以下两方面的内容。

(1)法律法规

涉及工程建设领域的法律、行政法规、规章和规范性文件,都是建设工程施工合同签订的依据,如《中华人民共和国合同法》《中华人民共和国建筑法》《中华人民共和国招标投标法》《中华人民共和国政府采购法》《中华人民共和国公路法》《中华人民共和国安全生产法》等法律,《建设工程质量管理条例》《建设工程安全生产管理条例》和《招标投标法实施条例》等行政法规,以及大量的规章和规范性文件等。

(2)项目的招投标文件

通过招投标方式确定承包人的,其施工合同的签订在招标文件中应有约定,对招标人的要求投标人也在投标文件中予以全面响应。因此施工合同的签订必须以招标人的招标文件和中标人的投标文件为依据。

3. 订立施工合同的方法

施工合同作为合同的一种,其订立也应经过要约和承诺两个阶段。其订立方式有两种:直接发包和招标发包。

对于必须进行招标的建设项目工程建设的施工都应通过招标投标确定施工企业。中标通知书发出后,中标的施工企业应当与建设单位及时签订合同。依据《中华人民共和国招标投标法》的规定,中标通知书发出30天内,中标单位应与招标人依据招标文件、投标书等签订施工合同。签订合同的承包人必须是中标的施工企业,投标书中已确定的合同条款在签订时不得更改,合同价应与中标价相一致。如果中标人拒绝与招标人签订合同,则招标人将不再返还其投标保证金(如果是由银行等金融机构出具投标保函的,则投标保函出具者应当承担相应的保证责任),建设行政主管部门或其授权机构还可给予一定的行政处罚。

[例4-15] 某高速公路招标项目施工合同签订示例。

某高速公路项目采用招标方式发包,关于合同签订招标人在招标文件中做出如下约定:

(1)招标人和中标人应当自中标通知书发出之日起30天内,根据招标文件和中标人的投标文件订立书面合同。中标人无正当理由拒签合同的,招标人取消其中标资格,其投标保证金不予退还;给招标人造成的损失超过投标保证金数额的,中标人还应当对超过部分予以赔偿。

(2)发出中标通知书后,招标人无正当理由拒签合同的,招标人向中标人退还投标保证金;给中标人造成损失的,还应当赔偿损失。

(3)签约合同价的确定原则如下:

①按照评标办法规定对投标报价进行修正后,若修正后的最终投标报价小于开标时的投标函文字报价,则签订合同时以修正后的最终投标报价为准。

②按照评标办法规定对投标报价进行修正后,若修正后的最终投标报价大于开标时的投标函文字报价,则签订合同时以开标时的投标函文字报价为准,同时按比例修正相应子目的单价或合价。

(4)合同协议书经双方法定代表人或其授权的代理人签署并加盖单位章后生效。若为联合体投标,则联合体各成员的法定代表人或其授权的代理人都应在合同协议书上签署并加盖单位章。发包人和中标人在签订合同协议书的同时需按照本招标文件规定的格式和要求签订廉政合同及安全生产合同,明确双方在廉政建设和安全生产方面的权利和义务以及应承担的违约责任。

(5)如果根据招标文件相关规定,招标人取消了中标人的中标资格,在此情况下,招标人可将合同授予下一个中标候选人,或者按规定重新组织招标。

四、施工合同内容

建设工程施工合同一般应包括以下内容:
(1)工程名称、地点、范围、内容,工程价款及开竣工日期;
(2)双方的权利、义务和一般责任;
(3)施工组织设计的编制要求和工期调整的处置办法;
(4)工程质量要求、检验与验收方法;
(5)合同价款调整与支付方式;
(6)材料、设备的供应方式与质量标准;
(7)设计变更;
(8)竣工条件与结算方式;
(9)违约责任与处置办法;
(10)争议解决方式;
(11)安全生产防护措施。

此外关于索赔、专利技术使用、发现地下障碍和文物、工程分包、不可抗力、工程保险、工程停建或缓建、合同生效与终止等也是施工合同的重要内容。

[例4-16] 某高速公路项目A合同段施工合同协议书示例。

××高速公路工程项目A合同段
施工合同协议书

发包人(全称): ××高速公路集团
承包人(全称): ××公路工程有限公司

根据《中华人民共和国合同法》、《中华人民共和国建筑法》及有关法律规定,遵循平等、自愿、公平和诚实信用的原则,双方就××高速公路项目A合同段工程施工及有关事项协商一致,于2013年9月6日共同达成如下协议:

1. A合同段为K26+867.301～K37+100,长约10.233km,技术标准为高速公路,有互通立交1处;隧道2座(2905单洞m/2座);主线桥梁2833.38m/11座;汽车通道桥2座

(1-16m、1-8m)以及其他构造物工程等。

  2.下列文件应视为构成并作为阅读和理解本协议书的组成部分,即:

  (1)本合同协议书及附件(含谈判中的澄清文件);

  (2)中标通知书;

  (3)投标书及投标书附录(含承包人在评标期间递交和确认并经业主同意的对相关问题的补充资料和澄清文件等,如果有);

  (4)合同专用条款(含数据表和招标文件补遗书中与此有关的部分,如果有);

  (5)合同通用条款;

  (6)技术规范(含招标文件补遗书中与此有关的部分,如果有);

  (7)图纸(含招标文件补遗书中与此有关的部分,如果有);

  (8)标价的工程量清单;

  (9)投标书附表(辅助资料表);

  (10)构成本合同组成部分的其他文件。

  3.上述文件将互相补充,若有不明确或不一致之处,以上次序在先者为准。

  4.根据工程量清单所列的预计数量和单价或总额价计算的本合同总价为人民币(大写)叁亿伍仟伍佰贰拾万贰仟伍佰零玖元整(¥355 202 509.00元)。

  5.由于业主按本协议第6条所述给承包人支付合同价款,承包人在此立约:保证在各方面按照合同文件的规定承担本合同工程的实施和完成及其缺陷的修复。

  6.作为对本合同工程的实施和完成及其缺陷的修复的报酬。业主在此立约:保证按合同文件规定的时间和方式向承包人支付合同价款。

  7.承包人应在监理工程师发出开工令之后,在投标书附录写明的开工期限内开工。本合同工程工期为18个月。工期从上述开工期的最后一天算起。开工令应在签订合同协议书后,在投标附录中写明的发出开工通知书期限内发出。

  8.本协议书在承包人提供履约担保后,由双方法定代表人或其授权代理人签署并加盖公章后生效。全部工程完工后经交工验收合格、缺陷责任期满及保修期终止分别签发缺陷责任终止证书及保修期终止后失效。

  9.本协议正本两份,副本六份,合同双方各执正本一份、副本三份,当正本与副本内容不一致时,以正本为准。

发包人:(公章)   承包人:(公章)

法定代表人或其委托代理人: 法定代表人或其委托代理人:
(签字)   (签字)

组织机构代码:_____   组织机构代码:_____
地 址:_____   地 址:_____
邮政编码:_____   邮政编码:_____
法定代表人:_____   法定代表人:_____
委托代理人:_____   委托代理人:_____

电　　话：_____	电　　话：_____
传　　真：_____	传　　真：_____
电子信箱：_____	电子信箱：_____
开户银行：_____	开户银行：_____
账　　号：_____	账　　号：_____

复习思考题

1. 建设项目施工招标应当具备哪些条件？公路养护工程项目招标应当具备哪些条件？
2. 施工招标文件由哪些文件组成？
3. 简述公开招标的程序。
4. 资格审查分为资格预审和资格后审。请问什么是资格预审？什么是资格后审？
5. 资格预审文件包括哪些内容？简述资格预审程序。
6. 请简述资格审查方法有合格制和有限数量制两种。
7. 编制施工招标文件时应遵循怎样的原则？施工招标文件的编制依据主要有哪些？
8. 未进行资格预审时，招标公告应包括哪些主要内容？
9. 投标邀请书包括哪些内容？
10. 投标人须知包括哪些主要内容？
11. 评标办法通常包括哪些主要内容？什么是经评审的最低投标价法？什么是综合评估法？
12. 按惯例，合同条款由通用条款和专用条款组成。请问通用合同条款包括哪些内容？合同专用条款的作用是什么？
13. 工程量清单的作用是什么？工程量清单由哪些部分组成？
14. 公路工程技术规范包括哪些基本内容？
15. 什么是招标控制价？招标控制价的编制依据有哪些？
16. 招标控制价的由哪些费用组成？
17. 简述建设工程投标基本程序。
18. 投标文件由哪些部分组成？
19. 对招标文件的研究主要包括哪些内容？
20. 投标报价是由哪些费用组成的？
21. 程投标决策应考虑哪些因素？常用的投标报价的策略和技巧有哪些？
22. 建设工程施工合同有何特点？
23. 施工合同签订的主要依据有哪些？
24. 签订施工合同应当遵守哪些原则？
25. 施工合同一般应包括哪些主要内容？

第五章　工程项目其他各阶段的招投标

本章要点
- 勘察设计招标的特点和方法；勘察设计合同签订的要求和勘察设计合同的主要条款。
- 建设监理招标的特点和方法；监理合同的主要条款。
- 总承包招标的特点和方法；总承包合同的主要条款。
- 物资采购招标及其合同的特征和订立的要求；材料采购合同的主要条款；设备采购合同的主要条款。
- 承揽合同、技术合同的主要内容。

第一节　勘察、设计阶段的招投标

一、勘察、设计招投标

（一）勘察招标

建设项目的立项后，进入实施阶段的第一项工作就是勘察、设计招标。招标人通过勘察、设计招标，一方面是为项目的可行性研究立项选址和设计工作取得现场的实际依据资料（有时可能还要包括某些科研工作内容）；另一方面是使勘察、设计技术和成果作为有价值的技术商品进入市场，打破地区、部门的界限开展竞争，以降低工程造价、缩短建设周期、提高投资效益。

1. 委托工作内容

由于建设项目的性质、规模、复杂程度以及建设地点的不同，设计所需的技术条件千差万别，设计前所需做的勘察和科研项目也就各不相同，通常主要有下列 8 大类别：

(1) 自然条件观测；
(2) 地形图测绘；
(3) 资源探测；
(4) 岩土工程勘察；
(5) 地震安全性评价；
(6) 工程水文地质勘察；
(7) 环境评价和环境基底观测；
(8) 模型试验和科研。

2. 勘察招标的特点

如果仅委托勘察任务而无科研要求，委托工作大多属于用常规方法实施的内容。任务明确具体，可以在招标文件中给出任务的数量指标，如地质勘探的孔位、眼数、总钻探进尺长度等。

勘察任务可以单独发包给具有相应资质的勘察单位实施，也可将其包括在设计招标任务中。由于勘察工作所取得的技术基础资料是设计的依据，必须满足设计的需要，因此将勘察任务包括在设计招标的发包范围内，由有相应能力的设计单位完成或由其再去选择承担勘察任务的分包单位。勘察设计打包发包即采用总承包的形式，与勘察、设计分别发包相比较，不仅可以是招标人和监理在合同履行过程中减少实施过程中协调工作量，合同管理较易，而且能使勘察工作直接根据设计需要进行，满足设计对勘察资料精度、内容和进度的要求，必要时还可以进行补充勘察工作。

(二)设计招标

设计的优劣对工程项目建设的成败有着至关重要的影响。以招标投标方式委托设计任务，是为了让设计的技术和成果作为有价值的商品进入市场，打破地区、部门的界限开展设计竞争，通过招标择优确定实施单位，达到使拟建工程项目能够采用先进技术和工艺，降低工程造价，缩短建设周期和提高投资效益的目的。设计招标的特点是投标人将招标人对项目的设想变为可实施方案。

1. 招标发包的工作范围

一般工程项目的设计分为初步设计和施工图设计，对技术复杂而又缺乏经验的项目，在必要时可增加技术设计。招标人应依据工程项目的具体特点决定发包的工作范围，可以采用设计全过程总发包的一次性招标，也可以选择分单项或分专业的发包招标。

2. 设计招标方式

设计招标不同于工程项目实施阶段的施工招标、材料供应招标、设备订购招标。设计招标的特点表现为投标人通过自己的智力劳动，将招标人对建设项目的设想变为可实施的蓝图；而施工招标等则是投标人按设计的明确要求完成规定的物质生产劳动。因此，设计招标文件对投标人所提出的要求不那么明确具体，只是简单介绍工程项目的实施条件、预期达到的技术经济指标、投资限额、进度要求等。投标人按规定分别报出工程项目的构思方案、实施计划和报价。招标人通过开标、评标程序对各方案进行比较选择后确定中标人。鉴于设计任务本身的特点，设计招标应采用设计方案竞选的方式招标。设计招标与其他招标在程序上的主要区别表现为如下几个方面。

(1)招标文件的内容和要求不同

设计招标文件中仅提出设计依据、工程项目应达到的技术指标、项目限定的工作范围、项目所在地的基本资料、要求完成的时间等内容，而无具体的工作量。

(2)对投标书的编制要求不同

投标人的投标报价不是按规定的工程量清单填报单价后算出总价，而是首先提出设计构思和初步方案，并论述该方案的优点和实施计划，在此基础上进一步提出报价。

(3)开标形式不同

开标时不是由招标单位的主持人宣读投标书并按报价高低排定标价次序，而是由各投标人自己说明投标方案的基本构思和意图以及其他实质性内容，而且不按报价高低排定标价次序。

(4)评标原则不同

评标时不过分追求投标价的高低，评标委员更多关注于所提供方案的技术先进性、所达到的技术指标、方案的合理性，以及对工程项目投资效益的影响。

(三)勘察设计招标文件

招标文件是指导投标人正确编标投标文件的依据,既要全面介绍拟建工程项目的特点和设计要求,还应详细提出应当遵守的投标规定。

1. 招标文件的主要内容

勘察设计招标文件通常由招标人委托有资质的中介机构编制,其内容应包括以下几个方面:

(1)投标人须知,包括所有投标要求事项;
(2)投标文件格式及主要合同条款;
(3)项目说明书,包括资金来源情况;
(4)勘察设计范围,包括工作内容、设计范围和深度、建设周期和设计进度要求等方面内容;
(5)勘察设计基础资料;
(6)勘察设计费用支付方式,对未中标人是否给予补偿及补偿标准;
(7)投标报价要求;
(8)对投标人资格审查的标准;
(9)评标标准和方法;
(10)投标有效期。

2. 设计要求文件的主要内容

招标文件中,对项目设计提出明确要求的"设计要求"或"设计大纲"是最重要的文件部分,文件主要包括以下内容:

(1)设计文件编制的依据;
(2)国家有关行政主管部门对规划方面的要求;
(3)技术经济指标要求;
(4)全面布局要求;
(5)结构形式方面的要求;
(6)结构设计方面的要求;
(7)设备设计方面的要求;
(8)特殊工程方面的要求;
(9)其他有关方面的要求,如环保、消防等。

编制设计要求文件应兼顾三个方面:严格性,文字表达应清楚不被误解;完整性,任务要求全面不遗漏;灵活性,要为投标人发挥设计创造性留有充分的自由度。

(四)资格审查

无论是公开招标时对潜在投标人的资格预审,还是邀请招标时采用的资格后审,审查的基本内容相同,包括了资格审查、能力审查和经验审查。

1. 资格审查

资格审查指投标人所持有的资质证书是否与招标项目的要求一致,具备完成委托任务的相关资格。

(1)证书的种类。国家和地方建设主管部门颁发的资格证书,分为"工程勘察证书"和"工程设计证书"。如果勘察任务合并在设计招标中,投标人必须同时拥有两种证书。若仅持有工程设计证书的投标人准备将勘察任务分包,必须同时提交分包人的工程勘察证书。

(2)证书级别。我国工程勘察和设计证书分为甲、乙、丙三级,不允许低资质投标人承接高等级工程的勘察、设计任务。

(3)允许承接的任务范围。由于工程项目的勘察和设计有较强的专业性要求,还需审查证书批准允许承揽工作范围是否与招标项目的专业性质一致。

2.能力审查

判定投标人是否具备承担发包任务的能力,通常应审查人员的技术力量和所拥有的技术设备两方面。人员的技术力量主要考察设计负责人的资质能力,以及各类设计人员的专业覆盖面、人员数量、各级职称人员的比例等是否满足完成工程设计的需要。审查设备能力主要是审核开展正常勘察或设计所需的器材和设备,在种类、数量方面是否满足要求。不仅审查其总拥有量,还应审查完好程度和在其他工程上的占用情况。

3.经验审查

通过投标人报送的最近几年完成工程项目表,评定其设计能力和水平。侧重于考察已完成的设计项目与招标工程在规模、性质、形式上是否相适应。

(五)评标

1.勘察投标书的评审

勘察投标书主要评审以下几个方面:勘察方案是否合理;勘察技术水平是否先进;勘察数据是否准确可靠;报价是否合理。

2.设计投标书的评审

虽然投标书的设计方案各异,需要评审的内容很多,但大致可以归纳为以下几个方面。

(1)设计方案的优劣

设计方案评审内容主要包括:设计指导思想是否正确;设计产品方案是否反映了国内外同类工程项目较先进的水平;总体布置的合理性,场地利用是否合理;工艺流程是否先进;设备选型的适用性;主要建筑物、构筑物的结构是否合理;造型是否美观大方并与周围环境协调;"三废"治理方案是否有效;其他有关问题。

(2)投入、产出经济效益比较

主要涉及以下几个方面:建筑标准是否合理;投资估算是否超过限额;先进的工艺流程可能带来的投资回报;实现该方案可能需要的外汇估算等。

(3)设计进度快慢

评价投标书内的设计进度计划,看其能否满足招标人制订的项目建设总进度计划要求。大型复杂的工程项目为了缩短建设周期,初步设计完成后就进行施工招标,在施工阶段陆续提供施工详图,此时应重点审查设计进度是否能满足施工进度要求,避免妨碍或延误施工的顺利进行。

(4)设计资历和社会信誉

不设置资格预审的邀请招标,在评标时还应进行资格后审,作为评审比较条件之一;社会信誉也是设计投标书的评审重要方面之一。

(5)报价的合理性

在方案水平相当的投标人之间再进行设计报价的比较,不仅评定总价,还应审查各分项取费的合理性。

二、勘察设计合同

(一)勘察、设计合同签订的要求

勘察设计合同的签订应依据委托方提供的有关基础资料、技术要求和期限、设计取费标准等。在勘察设计合同的签订时必须遵循下述要求:

(1)签订建设工程勘察设计合同的双方必须具有法人资格。委托方是业主或有关单位,承包方是持有勘察设计证书的勘察设计单位。

(2)建设工程勘察设计合同的签订,必须符合国家规定的基本建设程序。勘察合同由业主、设计单位或有关单位提出,双方同意即可签订。

设计合同须具有上级机关批准的设计任务书方能签订。小型单项工程须具有上级机关批准的文件方能签订。如单独委托施工图设计任务,应同时具有经有关部门批准的初步设计文件方能签订。

(3)勘察设计合同在双方当事人就主要条款经过协商取得一致意见,由双方负责人或指定的代表签字并加盖公章后,方为有效。

(二)勘察设计合同的主要条款

勘察设计合同通常应具备以下主要条款:

(1)建设工程项目的名称、规模、投资额、建设地点。合同中建设工程的规模、投资额要与设计任务书、初步设计或其他文件批准的数据相一致,不得签订超出原批准规模和投资额的合同。

(2)委托方提供资料的内容、技术要求和期限。委托方应在商定的时间内向承包方提供必要的设计基础资料,提供资料的内容、份数、技术要求及期限由双方根据设计需要商定,并列出设计基础资料交付日期一览表,作为合同的附件之一。

(3)承包方勘察的范围、进度和质量、设计的阶段、进度、质量和设计文件份数。勘察合同要明确规定工程勘察的具体工作内容、范围、深度和质量要求,以及承包方提供勘察报告的时间、份数等。设计合同要明确规定设计阶段(是初步设计阶段还是施工图设计阶段)、设计深度和技术要求、质量标准以及提供设计文件的时间、份数等,并列出委托设计项目及设计文件交付日期一览表作为合同的附件之一。

(4)勘察、设计取费的依据,取费标准及拨付办法。勘察、设计取费的依据和取费标准按国家有关勘察、设计收费标准计取。勘察、设计费的支付方式根据规定,合同双方签字盖章生效后,委托方应付给承包方定金;合同履行后,定金抵作勘察、设计费。定金的多少由双方商定,如勘察任务的定金为勘察费的30%,设计任务的定金为估算的设计费的20%。

(5)双方责任。合同应明确规定委托方和承包方在合同履行过程中各自应负的责任。

(6)违约责任。合同应明确规定委托方或承包方违约造成损失后应承担的责任。

(三)勘察设计合同示范文本

1. 勘察合同示范文本

勘察合同范本按照委托勘察任务的不同分为两个版本。

(1)建设工程勘察合同(GF-2000-0203)。该范本适用于为设计提供勘察工作的委托任务,包括岩土工程勘察、水文地质勘察(含凿井)、工程测量、工程物探等勘察。合同条款的主要内容包括:

①工程概况;
②发包人应提供的资料;
③勘察成果的提交;
④勘察费用的支付;
⑤发包人、勘察人责任;
⑥违约责任;
⑦未尽事宜的约定;
⑧其他约定事项;
⑨合同争议的解决;
⑩合同生效。

(2)建设工程勘察合同(GF-2000-0204)。该范本的委托工作内容仅涉及岩土工程,包括取得岩土工程的勘察资料、对项目的岩土工程进行设计、治理和监测工作。由于委托工作范围包括岩土工程的设计、处理和监测,因此,合同条款的主要内容除了上述勘察合同应具备的条款外,还包括变更及工程费的调整,材料设备的供应,报告、文件、治理工程等的检查和验收等方面的约定条款。

2.设计合同示范文本

设计合同分为两个版本。

(1)建设工程设计合同(GF-2000-0209)。该范本适用于民用建设工程设计的合同,主要条款包括以下几方面的内容:

①订立合同依据的文件;
②委托设计任务的范围和内容;
③发包人应提供的有关资料和文件;
④设计人应交付的资料和文件;
⑤设计费的支付;
⑥双方责任;
⑦违约责任;
⑧其他。

(2)建设工程设计合同(GF-2000-0210)。该范本适用于委托专业工程的设计。除了上述设计合同应包括的条款内容外,还增加有设计依据,合同文件的组成和优先次序,项目的投资要求、设计阶段和设计内容,保密等方面的条款约定。

第二节 监理招投标

一、工程监理概述

1.建设工程监理

建设工程监理指具有相应资质的工程监理企业,接受建设单位的委托,承担其项目管理工作,并代表建设单位对承包单位的建设行为进行监督管理的专业化服务活动。实行建设监理,已成为我国的一项重要制度。这项新制度把原来工程建设管理由业主和承建单位承担的体制,变为业主、监理单位和承建单位三家共同承担的新的管理体制。在一个工程项目上,投资的使用和建设的重大问题实行项目法人责任制,监理单位实行总监理工程师负责制,工程设计、施工实行项目经理责任制。监理单位作为市场主体之一,对规范建筑市场的交易行为、充分发挥投资效益、发展建筑业的生产能力等,都具有重要作用。

2. 建设监理的主要内容

建设监理的中心任务就是控制建设项目目标。

(1) 造价控制

在建设前期进行项目可行性研究,协助业主正确地进行投资决策,控制好投资估算总额;在设计阶段对设计方案、设计标准、总概算(修正总概算)和预算进行审查;在建设准备阶段协助确定标底(或招标控制价)和合同造价;在施工阶段审核设计变更,核实已完工程量,签署工程进度款支付凭证和控制索赔;在工程竣工阶段审核工程结算。

(2) 进度控制

在建设前期通过周密分析研究确定合理的工期目标,并在施工前将工期要求纳入承包合同;在建设实施期审查施工组织设计和进度计划,并在计划实施中紧密跟踪,做好协调与监督,排除干扰,使单项工程及其分阶段目标工期逐步实现,最终保证建设项目总工期的实现。

(3) 质量控制

质量控制要贯穿在项目可行性研究、设计、建设准备、施工、竣工动用及用后维修的全过程中。主要包括组织设计方案竞赛与评比,进行设计方案磋商及图纸审核,控制设计变更;在施工前通过审查承包人资质,检查建筑物所用材料、构配件、设备的质量和审查施工组织设计等实施质量预控;在施工过程中通过重要技术复核、工序操作检查、隐蔽工程验收和工序成果检查、认证,监督标准、规范的贯彻以及通过阶段验收和竣工验收,把好质量关。

3. 建设监理的范围

根据2001年1月17日中华人民共和国建设部第86号令《建设工程监理范围和规模标准规定》,下列建设工程必须实行监理,见表5-1。

建设监理的范围 表5-1

(1)国家重点建设工程 指依据《国家重点建设项目管理办法》所确定的对国民经济和社会发展有重大影响的骨干项目
(2)大中型公用事业工程 指项目总投资额在3 000万元以上的下列工程项目: ①供水、供电、供气、供热等市政工程项目; ②科技、教育、文化等项目; ③体育、旅游、商业等项目; ④卫生、社会福利等项目; ⑤其他公用事业项目
(3)成片开发建设的住宅小区工程 成片开发建设的住宅小区工程,建筑面积在5万平方米以上的住宅建设工程必须实行监理;5万平方米以下的住宅建设工程,可以实行监理,具体范围和规模标准,由省、自治区、直辖市人民政府建设行政主管部门规定。为了保证住宅质量,对高层住宅及地基、结构复杂的多层住宅应当实行监理

续上表

(4)利用外国政府或者国际组织贷款、援助资金的工程
利用外国政府或者国际组织贷款、援助资金的工程包括：
①使用世界银行、亚洲开发银行等国际组织贷款的项目；
②使用国外政府及其机构贷款的项目；
③使用国际组织或者国外政府援助资金的项目

(5)国家规定必须实行监理的其他工程
国家规定必须实行监理的其他工程如下：
①项目总投资额在3 000万元以上的,关系到社会公共利益、公众安全的下列基础设施项目：
煤炭、石油、化工、天然气、电力、新能源等项目；
铁路、公路、管道、水运、民航以及其他交通运输业等项目；
邮政、电信枢纽、通信、信息网络等项目；
防洪、灌溉、排涝、发电、引(供)水、滩涂治理、水资源保护、水土保持等水利建设项目；
道路、桥梁、地铁和轻轨交通、污水排放及处理、垃圾处理、地下管道、公共停车场等城市基础设施项目；
生态环境保护项目；
其他基础设施项目。
②学校、影剧院、体育场馆项目

二、监理招投标

1. 建设工程监理招标的特点

监理招标的标的是"监理服务",与工程项目建设中其他各类招标的最大区别表现为监理单位不承担物质生产任务,只是受招标人委托对生产建设过程提供监督、管理、协调、咨询等服务。鉴于标的具有的特殊性,招标人选择中标人的基本原则是"基于能力的选择"。

(1)招标宗旨是对监理单位能力的选择

监理服务是监理单位的高智能投入,服务工作完成的好坏不仅依赖于执行监理业务是否遵循了规范化的管理程序和方法,更多地取决于参与监理工作人员的业务专长、经验、判断能力、创新想像力以及风险意识。因此招标选择监理单位时,鼓励的是能力竞争,而不是价格竞争。如果对监理单位的资质和能力不给予足够重视,只依据报价高低确定中标人,就忽视了高质量服务,报价最低的投标人不一定就是最能胜任的工作者。

(2)报价在选择中居于次要地位

工程项目的施工、物资供应招标选择中标人的原则是:在技术上达到要求标准的前提下,主要考虑价格的竞争性,而监理招标对能力的选择放在第一位。另外,监理单位提供高质量的服务,往往能使招标人获得节约工程投资和提前投产的实际效益,因此过多考虑报价因素会得不偿失。但从另一个角度来看,服务质量与价格之间应有相应的平衡关系,所以招标人应在能力相当的投标人之间再进行价格比较。

2. 建设工程监理招标分别策划

监理发包的工作内容和范围,可以是整个工程项目的全过程,也可以是全过程中的某一个阶段;可以是整个工程项目,也可以将项目拆分成不同合同段。划分合同包的工作范围时,通常考虑的因素包括如下几个方面。

(1)工程规模的大小

中、小型工程项目,有条件时可将全部监理工作委托给一个单位;大型或复杂工程,则应按设计、施工等不同阶段及监理工作的专业性质分别委托给几家单位。

(2)工程项目的专业特点

不同的内容对监理人员的素质、专业技能和管理水平的要求不同,应充分考虑专业特点的要求。如将土建和安装工程的监理工作分开招标,甚至有特殊基础处理时将该部分从土建中分离出去单独招标。

(3)监理工作的难易程度

工程项目建设期间,招标人与第三人签订的合同较多,对易于履行合同的监理工作可并入相关工作的委托监理内容之中。如将采购通用建筑材料购销合同的监理工作并入施工监理的范围之内,而设备制造合同的监理工作则需委托专门的监理单位。

3.监理招标程序

由于监理单位为实现项目目标要对项目实施进行监督、协调、控制任务等,因此监理单位选择的好坏与项目建设的成败有着密切关系。按照《中华人民共和国招标投标法》规定,选择监理单位应采用招标方式。在目前情况下,项目业主在选择监理单位时多采用邀请招标方式。采用邀请招标选择监理单位的程序如图 5-1 所示。

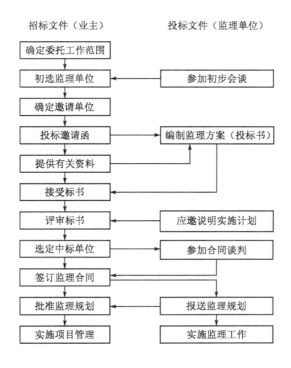

图 5-1 监理邀请招标程序

4.监理招标文件和投标文件的内容

监理招标实际上是征询投标人实施监理工作的方案建议。为了指导投标人正确编制投标书,投标文件应包括以下几方面内容,并提供必要的资料。

(1)监理招标文件的内容

监理招标文件包括以下内容：
①投标邀请书；
②投标人须知；
③投标书(格式)；
④授权书(格式)；
⑤降价声明(格式,如有)；
⑥财务建议书(格式)；
⑦技术建议书(格式)。
招标文件中应包括以下内容：
①工程项目的概况,包括投资者、地点、规模、投资额、工期等；
②所委托的监理工作的范围及监理工作任务大纲；
③拟采用的监理合同条件；
④招标阶段的时间计划及工作安排；
⑤投标书的格式、内容及递交等要求；
⑥评标的规划；
⑦投标的有效期；
⑧其他应注意的事项。

(2)投标文件的内容

投标书是监理者向业主阐述自己的监理思想、规划和方案,竞争监理委托合同的主要书面材料,是招标者评标的主要依据之一,也是中标者与业主之间进行监理合同谈判,最终签订监理合同的依据。

投标者按照招标文件中投标人须知的要求编制投标书,并按规定封装、递交。一般来说,招标文件都要求将投标书分成技术建议书和财务建议书两部分分别封装,并在封套上标明。

监理招标文件中的监理工作任务大纲是编制技术建议书的主要依据之一,但通常不是绝对的约束条件,允许监理投标人提出更具创造性的建议。

(3)技术建议书的主要内容
①监理单位的简介,包括公司技术及管理力量、经验等；
②对所委托监理工作任务的理解以及计划如何执行监理工作任务,一般是用监理大纲的形式表达；
③监理组织机构的设置；
④总监理工程师、总监理工程师代表、专业监理工程师的履历表。

(4)财务建议书的内容
①监理人员酬金表；
②计算机、设备、仪器等使用费用的汇总；
③办公费、税金、保险金费等费用汇总；
④要求业主提供的监理工作所必须的设备和设施的清单。

5.监理合同结构的策划

(1)建设监理合同结构的类型

业主在委托监理任务时,首先需要考虑的是全过程委托,还是分阶段委托；是委托综合性监理单位,还是委托专业性监理单位。

建设监理的合同结构主要有3种类型，即总分包合同结构、平行委托合同结构和总包合同结构。

①总分包合同结构

总分包合同结构是业主将建设项目的监理任务全部委托给一家工程监理企业，该监理企业作为整个建设项目监理的总包单位，在向业主总负责的前提下，再将有关监理任务分包给其他监理单位。

由于整个建设项目监理的总目标由项目监理总包单位负责，有利于工程建设目标的总体规划与协调控制；同时由于各分包监理单位分别向总包监理单位负责，由总包监理单位协调各分包监理单位的工作，因而大大减少了业主的协调工作量。另外，各专业工程由专业监理单位分包，能为专业工程顺利有效地完成提供有效监督管理。当然，如果采用这种合同结构，对总包监理单位的目标规划、合同管理及协调控制能力提出了更高的要求。

②平行委托合同结构

平行委托合同结构是业主将整个建设项目按不同的进展阶段、不同的标段或不同的专业分成若干个子项目，分别委托不同的工程监理企业进行监理。各监理企业均向业主负责，由业主组织、协调其开展监理工作。

采用平行委托合同结构业主可以分期分批委托工程监理企业开展监理工作，有利于控制工程建设目标；由专业监理单位分别承揽其相应工程的监理任务，可以提高监理工作成效。其不足之处不仅在于整个建设项目的监理工作被肢解，不利于总体规划与协调控制，而且由于业主要负责协调各监理单位的工作，其协调工作量较大。

③总包合同结构

总包合同结构是当建设项目的规模比较小，且某监理企业（或监理企业联合体）有足够的能力承担该项目的全部监理任务时，业主可委托该监理企业（或监理企业联合体）独立开展监理工作，而不必再将其分包给其他监理企业。

采用监理总包合同结构，不仅有利于整个建设项目的目标规划与协调控制，而且监理组织内部的协调工作也较方便。但在这种情况下，需要监理企业具有较强的目标规划、合同管理及协调控制能力，它将是建设项目监理成败的关键。

(2)监理合同结构策划

在划分监理工作范围及选择监理合同结构时，一般应考虑以下几方面的条件：

①工程规模。中小型建设项目，有条件时可将全部监理工作委托一个单位，采取监理总包合同结构；大型复杂工程，则应按阶段和工作内容分别委托监理单位，如设计和施工两个阶段分开。

②项目的专业特点。不同的施工内容对监理人员的素质、专业技能和管理水平的要求是不同的，对于大型复杂的工程，选择监理合同结构时应充分考虑不同工作内容的要求，如将土建工程与安装工程分开。若有特殊专业技能要求时，还可将其进一步划分给有该项技能的监理单位。

③合同履行的难易程度。由于建设期间，业主与有关承包商所签订的承发包合同较多，对于较易履行的合同，没有必要采用平行委托合同结构，如一般建筑材料供销合同履行的监督、管理等。而像设备加工订购合同，则需委托专门的监理单位负责合同履行的监督、控制和管理。

④业主的管理能力。当业主的技术能力和管理能力较强时，或者采用平行委托合同结构

或者由业主自己来承担项目实施阶段的某些工作内容,如施工前期的现场准备工作等。

6. 监理单位的资格审查

当业主完成分标策划及监理合同结构策划之后,即应开始选择合格的监理单位。由于监理单位是用自己的知识和技能为业主提供技术咨询和服务工作,与设计、施工、加工制造等承包经营活动有着本质的区别。因此,衡量监理单位的能力应该是技术第一,其他因素应从属于技术标准。

资格审查的主要目的是从总体考察邀请的监理单位资质、能力是否与拟建项目的特点相适应,因此,审查的重点应侧重于投标人的资质条件、监理经验、可用资源、社会信誉、监理能力等方面,具体内容可参见表5-2所示。

监理单位资格审查的基本内容　　　　表 5-2

审查内容	审查要点	判别原则
资质条件	①资质等级; ②营业执照、注册范围; ③隶属关系; ④公司的组成形式,以及总公司和分公司的所在地; ⑤法人条件和公司章程	①监理公司的资质等级应与工程项目级别相适应; ②注册的监理工作范围满足项目的要求; ③监理单位与可能选择的施工承包商或供货商,不应有行政隶属关系或合伙关系,以保证监理工作的公正性
监理经验	①已监理过的工程项目; ②已监理过类似的工程项目	①考察其监理过哪些行业的工程,以及在哪些专业项目中具有监理经验; ②考察其已监理过的工程中类似工程的数量和工程规模,应当要求其已完成或参与过与拟委托项目级别相适应的监理工作
现有资源条件	①公司人员; ②开展正常监理工作可采用的检测方法或手段; ③计算机管理能力	①对可动用人员的数量,专业覆盖面,高、中、初级人员的组成结构,管理人员和技术人员的能力,已获得监理工程师证书的人员数量等进行考察,看其是否满足本项目监理工作要求; ②对必要的检测方法及获取的途径、以往做法等进行考察,看其是否能满足本项目监理工作的需要; ③已拥有的计算机管理软件是否先进,能否满足监理工作的需要
公司信誉	①监理单位在专业方面的名望、地位; ②在以往服务过的工程项目中的信誉; ③是否能全心全意地与业主和承建商合作	①监理单位在科学、诚实、公正方面是否具有良好信誉; ②以往监理工作中是否存在因其失职行为而给业主带来重大损失的情况; ③是否有与业主发生合同纠纷而导致仲裁或诉讼的记录,事件发生的责任由哪方承担; ④是否发生过因监理单位或其监理人员接受被监理工程承包单位佣金、回扣、津贴等行为
承接新项目的监理能力	①正在实施监理的工程项目数量、规模; ②正在实施监理的各项目的开工和预计竣工时间; ③正在实施监理的工程地点	①依据监理单位所拥有的人力、物力资源,判别其可投入的资源能否满足本项目监理的需要; ②当其资源不能满足要求时,能否从其他项目上临时调用或其他项目监理工作完成后对本项目补充的资源能否满足工程进展的需求; ③对部分不满足专业需求的监理工作,其提出的解决方案是否可接受

7. 评标

监理单位执行监理任务的好坏对项目建设的成败起着举足轻重的作用,因此评标过程中应侧重于能力的评定,辅以报价的审查。为了保证技术能力的评审能够客观独立地进行,而不受报价高低的影响,评标应分为技术建议书评审和财务建议书评审两个阶段进行。只有经过技术评审后认定为合格的技术建议书,才启封该投标单位的财务建议书进行第二阶段评审。

为了能够对各标书进行客观、公正、全面的比较,评标委员会一般采用打分法评标,用量化指标考察每个投标单位的各项素质,以累计得分评价其综合能力。为了在能力与价格之间实现平衡,通过评标选择出信誉可靠、技术和管理能力强且报价合理的监理单位,评标前应依据工程项目特点合理地划分各评价要素的权重。

技术建议书的评审主要包括以下几个方面:监理公司的资质、经验、社会信誉、所编制监理大纲以及人员配备方案。

财务建议书的评审主要包括以下几个方面:取费项目及费率的合理性,"附加监理工作"补偿费计算的合理性,以及要求业主提供设施和服务的合理性等。

三、监理合同的内容

从各国、各地、各行业的情况看,监理委托合同的语言、形式和协议内容是丰富多彩的。为了规范建筑市场的管理,住房和城乡建设部、国家工商行政管理总局联合颁布了《建设工程监理合同》(示范文本)(GF-2012-0202)。建设工程监理合同示范文本由协议书、通用条款和专用条款3部分组成,详细内容参见第六章。

无论从实际的需要,还是为满足法律的要求,监理合同都应该具备下列基本内容。

1. 合同主体

在委托合同中,首项的内容通常是合同主体的身份说明,主要说明业主和监理单位的名称、地址以及他们的实体性质。一般为了避免在整个合同中重复使用全名的繁琐,常常采用缩写名称。例如在不引起混淆的情况下,习惯上常称业主或委托方为"甲方",称监理单位为"乙方",用"工程师"来代替"监理工程师"或"某监理公司"等。此外,作为监理单位的代表,还应该清楚,委托方的意图是否遵守国家法律,是否符合国家政策和计划的要求,这是保证所签合同在法律上的有效性的重要前提条件。

由于监理委托合同是双方当事人协商一致后签订的,因此无论是业主还是监理单位,未经对方的书面同意,均不能将所签订合同的议定权利和义务转让给第三者而单方面变更合同体。

2. 合同的适用法律和标准及合同订立的原则

合同中通常要说明合同订立的依据和原则,如通常会这样描述:"根据《中华人民共和国合同法》《中华人民共和国建筑法》及其他有关法律、法规,遵循平等、自愿、公平和诚信的原则,双方就下述工程委托监理与相关服务事项协商一致,订立本合同。"

3. 合同的标的

对于合同标的的叙述包含两个部分:一是对所委托项目概况的描述;二是对监理工程师所提供的服务内容的描述。

工程概况的描述通常包括工程名称、工程地点、工程规模、工程概算投资额或建筑安装工程费等内容。

监理单位为业主提供的监理服务包括正常监理工作、附加工作和额外工作。

(1)正常监理工作

业主委托监理业务的范围非常广泛,从工程建设各阶段来说,可以包括项目前期立项咨询到设计阶段、实施阶段、保修阶段的监理。在每一阶段内,又可以进行投资、质量、工期的三大控制,以及合同、信息的管理。正常的监理服务是指委托合同规定的工作内容,其大致包括以下几方面。

①工程技术咨询服务,包括进行项目可行性研究,项目方案的技术经济分析,项目发包模式的选定等。

②协助业主组织进行工程项目设计、施工、设备采购的招标、评标,对工程设计、施工、材料或设备质量等进行技术监督和检查等。

③施工管理,包括质量、投资、进度控制以及合同、信息管理等。

每一个合同项目所需要的都是一个特定的服务,要根据工程特点、业主的管理能力以及监理单位的能力等诸方面的因素,将委托的监理任务详细地写入合同相关条款中。对于不属于监理工程师提供的服务内容,也同样有必要在合同中列出。

(2)附加工作

附加工作是指由于业主要求或项目本身需要而增加的服务内容,一般包括:

①由于业主、第三方或非人力的意外原因使正常的监理工作受到阻碍或延误而增加的工作;

②原由业主承担的义务改由监理单位承担而增加的工作;

③应业主要求更改合同的服务内容而增加的工作内容等。

(3)额外工作

额外工作是指出现根据合同规定不应由监理单位负责的特殊情况时,使监理工程师不能履行他的职责而发生暂停或终止执行监理任务,因此而带来的善后工作以及恢复执行监理任务的工作。

4.合同的文件组成及解释顺序、合同文件使用的语言文件

监理合同文件的组成通常包括:

(1)协议书;

(2)中标通知书(适用于招标工程)或委托书(适用于非招标工程);

(3)投标文件(适用于招标工程)或监理与相关服务建议书(适用于非招标工程);

(4)专用条件;

(5)通用条件;

(6)附录,通常包括相关服务的范围和内容及委托人派遣的人员和提供的房屋、资料、设备等;

(7)本合同签订后,双方依法签订的补充协议也是本合同文件的组成部分。

如果是涉外工程,在监理合同中还应明确使用的语言。

5.总监理工程师的信息

总监理工程师的信息包括总监理工程师姓名、身份证号码、注册号等。

6.监理酬金

监理委托合同中有关监理酬金的条款,应明确费用额度及其支付时间和方式。如果是国际合同,还需规定支付的币种。对于有关成本补偿、费用项目等,也都要加以说明。

如果采用以时间为基础计算费用的方法,不论是按小时、天数或月计算,都要对各个级别的监理工程师、技术员和其他人员的费用率开列支付明细表。对于采用工资加百分比的计算方法,有必要说明不同级别人员的工资率,以及所要采用的百分率或收益增值率。如果使用建安工程费的百分率计算费用,在合同中应包括成本百分率的明细表,对于建安工程的定义(即按签订工程承包合同时的估算造价,还是按实际结算造价)也要明确地加以说明。如果按成本加固定费用计算费用,在合同中要对成本的项目定义加以说明,对补偿成本的百分率或固定费用的数额也要加以明确。

不论合同中商定采用哪种方法计算费用,都应该对支付的时间、次数、支付方式和条件规定清楚。常见的计算方法有:

(1)按实际发生额每月支付;
(2)按双方约定的计划明细表支付,可能是按月或按规定的天数支付;
(3)按实际完成的某项工作的比例支付;
(4)按工程进度支付。

作为监理工程师来说,一般愿意业主适当地提早付费,以减少自己投入的流动资金,这样可以适当地降低完成任务所需要的工作投资和成本。

7.期限

期限包括监理期限和相关服务期限。监理期限应写明自×年×月×日始,至×年×月×日止。相关服务期限根据委托范围和双方商议情况应写明勘察阶段服务期限、设计阶段服务期限、保修阶段服务期限及其他相关服务期限。

8.业主的权利

监理委托合同中保障业主权益的有关条款,可归纳为如下几条。

(1)授予监理单位权限的权利

在监理委托合同内除需明确监理任务外,还应明确规定监理单位的权限。在业主的授权范围内,监理单位可自主地采取各种措施进行监督、管理和协调;如果超越权限时,应首先报请业主批准后方可发布有关指令。

(2)对其他承包合同的授予权

业主是投资者,因此对设计、施工、供应等合同的承包人有选定权和签字权,而监理者在选定承包人的过程中仅有建议权而无决定权。

(3)对项目重大事项的决定权

业主有对工程规模、规划设计、设计标准和使用功能等要求的认定权,工程设计变更的审批权,以及工程的工期、质量等级等方面的决定权等。

(4)对监理单位履行合同的监督控制权

①对监理合同转让和分包的监督。监理单位转让监理任务,选择监理工作的分包单位,以及更改或终止分包合同,都必须取得业主的同意。

②对监理人员的控制与监督。监理委托合同开始履行时,监理单位应向业主报总监理工程师及其他主要成员的名单;监理单位调换主要监理人员时,须经业主同意;如果在合同履行

过程中,业主发现监理人员履行合同不力,有权要求更换监理人员。

③对合同履行的监督权。业主有权要求监理单位提交工程项目进度表,专项报告,各种技术和记录资料,以及月份、季度和年度监理报告等。

9. 业主的义务

业主在享有其权利的同时,还有责任创造一定条件促使监理工程师更有效地进行工作。因此,监理服务合同还应规定出业主应承担的义务。在正常情况下,业主应提供项目建设所需要的法律、资金和保险等服务。当监理单位需要各种合同中规定的工作数据和资料时,业主要迅速地提供,或者指定有关承包人提供(包括业主自己的工作人员或聘请其他咨询监理单位曾经作过研究工作报告资料)。在有些监理委托合同中,业主可能同意提供以下条件。

(1)监理人员的现场办公用房;
(2)包括交通运输工具、检测、试验设施在内的有关设备;
(3)提供在监理工程师指导下工作(或是协助其工作)的工作人员;
(4)对国际性项目,协助办理海关或签证手续。

一般说来,在合同中还应该有业主的承诺,即提供超出监理单位可以控制的、紧急情况下的费用补偿或其他帮助。业主应当在限定的时间内审查和批复监理单位提出的任何与项目有关的报告书、计划和技术说明书以及其他信函文件。

有时,业主有可能把一个项目的监理业务按阶段或按专业委托给几家监理单位,这样,业主对几家监理单位的关系、业主的有关义务等,在与每一个监理单位的委托合同中都应明确写清楚。

10. 监理单位的权利

监理委托合同中维护监理工程师权益的条款,可归纳为如下几条:

(1)完成监理工作后获得酬金和补偿的权利。监理单位不仅应获得合同内规定的正常监理任务的酬金,而且如果完成了附加服务和额外服务工作,还有权按照委托合同中议定的有关计算方法,获得相应的酬金和补偿。

如果监理委托合同生效后,因国家的法规、政策变化而导致监理服务期的改变,则应相应地调整原定的报酬和服务完成时间。

(2)获得奖励的权利。如果由于监理单位提供的优质服务使业主获得了实际的经济利益,则监理者应当获得业主的适当物质奖励。奖励办法通常参照国家颁布的合理化建议奖励办法,写在合同专用条件的相应条款内。

(3)终止合同的权利。如果业主严重拖欠监理单位的酬金,或由于非监理方责任而使服务暂停的期限超过半年以上,监理单位可按照终止合同的规定程序,单方面提出终止合同。

(4)如果由于不可抗力、业主的工作失误等原因使工程延期或费用增加,监理工程师不负责任。

(5)监理工程师在履行监理其他承包合同实施的监理任务时,可行使的权利包括:
①对工程设计、规划及其他有关建设事项的建议权;
②项目实施时对质量、工期和费用等的监督控制权;
③协调参与工程建设的各方面的主持权;
④审核承包人索赔的权利;
⑤紧急情况下为工程和人身安全,超越业主授权范围发布指令,但事后应尽快通知业主。

11. 监理单位的义务

对受聘监理工程师承担义务的叙述，国外常见的合同格式为："业主聘请该监理工程师(单位)承担并代理此项目中的一切工程监理事务(或者明确地特指某一部分、某一阶段的监理事务)。聘用合同对于有关术语、条件和条款，说明如下……"。具体地讲，监理单位的义务如下：

(1)根据合同约定，认真、勤奋、有效地开展工作，公正地维护有关方面的合法权益，促进工程建设的顺利进行。

(2)在委托合同期内或合同终止两年内，或双方约定的时间期限内，未经业主事先同意，监理方不得泄露与该合同或业主业务活动有关的专业资料或保密资料。

(3)由业主提供的供监理单位使用的物品，在服务完成后应归还业主。

(4)为保证监理行为的公正性，未经业主书面同意，监理单位及其人员不得接受监理委托合同议定以外的与监理工程有关的其他方所给的报酬。另外，不得参与可能与合同规定的业主利益相冲突的任何活动。

12. 违约责任

在合同责任期内，如果监理单位未按合同中要求的职责勤恳、认真、公正地服务；或业主未按照合同规定履行其应尽的义务时，均应向对方承担赔偿责任。任何一方对另一方负有责任时，赔偿的原则是：

(1)赔偿应限于由于违约所造成的，可以合理预见到的损失和损害的数额。

(2)在任何情况下，赔偿的累计数额不应超过专用条款中规定的最大赔偿限额；在监理单位一方，其赔偿总额不应超出监理酬金总额(除去税金)。

(3)如果任何一方与第三方共同对另一方负有责任时，则负有责任一方所应付的赔偿比例应限于由其违约所应负责的那部分比例。

(4)当一方向另一方的索赔要求不成立时，提出索赔的一方应补偿由此所导致的对方各种费用支出。

(5)如果不在专用条件中规定的时限内或法律规定的更早日期前正式提出索赔，无论业主还是监理单位均不对任何事件引起的任何损失或损害负责。

13. 总括条款

比较标准规范的合同都包括一些总括条款，有些是用以再次确认签约各方的权力。

第三节　总承包招标投标

一、总承包概述

1. 工程总承包

随着经济社会的发展，业主对建筑服务需求的综合性和集成性越来越高，而逐步形成了总承包模式。建设工程总承包是指从事工程总承包的企业受业主委托，按照合同约定对工程项目的勘察、设计、采购、施工、试运行(竣工验收)等实行全过程或若干阶段的承包。总承包人负责对工程项目进行进度、费用、质量、安全管理和控制，并按合同约定完成工程。

建设工程项目总承包借鉴了工业生产组织的经验，实现建设生产过程的组织集成化，促进了设计与施工的紧密结合,克服了由于设计与施工的分离致使投资增加,以及克服由于设计和施工的不协调而影响建设进度等弊病。

国家近年来十分重视工程总承包和工程项目管理工作,先后印发了《关于培育发展工程总承包和工程项目管理企业的指导意见》和《建设工程项目管理试行办法》,规定凡具有勘察、设计资质或施工总承包资质的企业都可以在企业等级许可的范围内开展工程总承包业务,鼓励勘察、设计、施工、监理企业在其资质等级许可的工程项目范围内开展相应的工程项目管理业务。这些规定为企业创造了较为宽松的环境。目前国家正抓紧制定有关法律法规,如对《建筑法》进行修订,着手制定建设项目工程总承包管理规范等,努力为工程总承包和工程项目管理的发展创造更良好的环境和条件。

2. 工程项目总承包的组织

建设工程项目总承包的组织有如下几种可能的模式:

(1)一个组织(企业)既具有设计力量,又具有施工力量,由它独立地承担建设工程项目总承包的任务。

(2)由设计单位和施工单位为一个特定的项目组成总承包联合体,以承担建设工程项目总承包的任务,待项目结束后项目联合体解散。

(3)由施工单位承接建设工程项目总承包的任务,而设计单位受施工单位的委托承担其中的设计任务。

(4)由设计单位承接建设工程项目总承包的任务,而施工单位作为其分包承担其中的施工任务。

3. 总承包的主要特点

(1)合同结构简单

在总承包合同环境下,业主将发包范围内的工程项目实施任务委托给总承包人负责,因此对项目业主而言,合同结构简单,业主的组织和协调任务量少。总承包人责任重,风险大,必须有很强的技术、管理综合能力和丰富的实践经验,能有效协调自己内部及分包人之间的关系。

(2)工程估价较难

在签订总承包合同时尚缺乏详细计算依据,因此,通常只能参照类似已完工程做估算包干,或者采用实际成本加比率酬金等方式,双方商定一个可以共同接受,并有利于投资、进度和质量控制,保障承包人合法利益的结算和支付方案。

(3)不利设计优化

当采用实际工程成本加比率酬金作为合同计价方式时,由于工程管理费等间接成本是根据直接费的一定比例计取,因此对于设计与施工捆绑在一起承包的情况,不利于设计过程追求最优化方案或挖潜节约投资潜力的努力,这也是实行工程总承包的主要弊端。

(4)有利于缩短建设工期

由于设计、施工等由一个单位统筹安排,能使各阶段有效地融合,能使各阶段进行合理搭接。

(5)承包人兴趣高

采用参照类似已完工程做估算投资包干的情况下,对总承包人而言风险大,相应地也带来更利于发挥自身技术和管理综合实力、获取更高预期经营效益的机遇,以及从设计到施工安装提供最终工程产品所带来的社会效应和知名度。因此,对承包人而言,一般兴趣高,对业主而言,也有利于选择综合能力强的承包人。

(6)信任监督并存

实行建设工程总承包必须以健全的法律法规、承包人的综合服务能力和质量经营、信誉经营,获得业主的信任为前提,同时还必须推行建设监理制,由社会监理单位为业主提供总承包模式下对建设项目目标控制的有效服务。

总承包的模式参见第一章第二节总承包合同的相关内容。

二、总承包项目的招标依据

1. 法律法规文件

我国的建筑法、招标投标法、合同法以及一些地方政府出台的规范性示范文本等,为我国招投标的开展提供了法律依据。国家近年来出台的主要招标投标法律法规政策有:《房屋建筑和市政基础设施工程施工招标投标管理办法》《建筑工程设计招标投标管理办法》《工程建设项目招标代理机构资格认定办法》《工程建设项目施工招标投标办法》《评标委员会和评标方法暂行规定》《国家重大建设项目招标投标监督暂行办法》《工程建设项目招标范围和规模标准规定》等。

2. 功能描述书

传统的施工投标的前提是施工图纸已完成。业主通常在设计完成以后,有了图纸和分部分项工程说明以及工程量清单才进行招标,这种招标称为构造招标。施工单位依据已完成的施工图纸对项目进行投标,合同签订后施工单位按图施工。施工过程和竣工以后的检查、验收等工作都以图纸和合同为依据。但是对于各种方式的总承包来说,更多的是(包括项目的前期工作、设计和施工以及多种多样)在图纸尚未完善的情况下,甚至可能在没有任何图纸的情况下进行的承包。业主只能依据该项目的功能描述书以及有关的要求和条件说明进行招标。

在功能招标模式中,功能描述书是对所招标项目各个部分预期功能的详细描述,是招标文件的主要组成部分。功能描述得越清楚,越有利于招标工作在客观公正的条件下顺利完成。功能描述书制定得是否合理、明确,是关系到总承包项目质量的关键性因素。可以说,业主采用总承包模式组织建设是否成功,就看他是否具有足够的功能招标能力。因此,在实行总承包模式条件下,业主一般要聘请专业化的项目管理公司协助其完成这一工作。

三、总承包项目的招标程序

业主在进行总承包项目的招标时,可参考施工招标的招标程序。

(1)编制招标文件。如果在没有设计图纸的情况下进行总承包招标,业主在招标文件中应对招标项目的功能进行详细准确的描述,这点很重要。

(2)发布招标公告或发出投标邀请书。实行公开招标的,招标人应通过国家指定的报刊、信息网络或者其他媒介发布招标公告;采用邀请招标的,招标人应当向三个以上具备承担招标工程的能力、资信良好的施工单位发出投标邀请书。

总承包有多种形式,如交钥匙总承包、设计—采购—施工总承包、设计—施工总承包等,招标人应根据发包范围选择总承包人。目前,鉴于我国总承包尚处于发展、推广阶段,具有总承包资质和能力的企业不多,在选择总承包人时有多种选择。如在"设计—施工"总承包招标中,选择"设计—施工"总承包人可以考虑以下两种途径:

①选择具有设计、施工总承包资质的总承包企业；

②对达不到总承包企业资质要求的,可由具备资质条件的设计、施工单位组成投标联合体参与投标。

(3)对潜在投标人或投标人进行资格审查。招标人可以根据招标范围,设置满足招标项目需求的资格审查内容及标准,以使投标人能满足招标项目的要求,顺利完成委托任务。由于总承包方式业主承担的风险很大,因此在资格条件里考虑总承包经验很重要。

(4)发售招标文件。

(5)现场勘察。

(6)投标人编制投标文件。

(7)开标、评标,提交评标报告。

(8)确定中标人。

(9)签订合同。

四、总承包合同的主要内容

自1984年9月国务院印发《关于改革建筑业和基本建设管理体制若干问题的暂行规定》(国发[1984]123号)提出在全国推行工程总承包建设项目组织实施方式以来,经过二十多年的努力,我国推行工程总承包取得了快速发展,开展工程总承包的行业已从早期启动的化工、石化等少数几个行业推广到涉及冶金、电力、机械、建材、石油天然气、纺织、电子、兵器、轻工、城市轨道交通等全国大部分领域。实践证明,这种建设项目组织实施方式的推进,不仅有利于调整企业的经营机构,增强综合实力,而且有利于保障工程项目的质量安全、缩短工期、节省投资,提高工程项目的综合效益。

但是,开展工程总承包二十多年以来,我国一直没有可参照执行的《工程总承包合同示范文本》,造成一些工程总承包项目合同内容不完整、责任不明确、执行不到位,给建设工程的质量安全带来了隐患。因此,随着工程总承包的快速发展,并根据当前市场的实际需要,住房和城乡建设部、国家工商行政管理总局组织编制并联合发布了《建设项目工程总承包合同示范文本(试行)》(建市[2011]139号),以明确合同双方的权利和义务,进一步规范市场行为,保证工程总承包项目的质量安全。

《建设项目工程总承包合同示范文本(试行)》由合同协议书、通用条款和专用条款三部分组成。

(1)合同协议书。根据《合同法》的规定,合同协议书是双方当事人对合同基本权利、义务的集中表述,主要包括:建设项目的功能、规模、标准和工期的要求、合同价格及支付方式等内容。合同协议书的其他内容,一般包括合同当事人要求提供的主要技术条件的附件及合同协议书生效的条件等。

(2)通用条款。通用条款是合同双方当事人根据《建筑法》《合同法》以及有关行政法规的规定,就工程建设的实施阶段及其相关事项,双方的权利、义务作出的原则性约定。通用条款共20条,其中包括:核心条款8条,保障条款4条,合同执行阶段的干系人条款3条,违约、索赔和争议条款,不可抗力条款,合同解除条款、合同生效与合同终止条款和补充条款各1条。

(3)专用条款。专用条款是合同双方当事人根据不同建设项目合同执行过程中可能出现的具体情况,通过谈判、协商对相应通用条款的原则性约定细化、完善、补充、修改或另行约定的条款。需要强调的是,由于建设工程总承包有众多的实施方式,如设计采购施工(EPC)/交钥匙总承包、设计施工总承包、设计采购总承包、采购施工总承包等,为此,我们在《示范文本》的条款设置中,将"技术与设计、工程物资、施工、竣工试验、工程接收、竣工后试验"等工程建设实施阶段相关工作内容皆分别作为一条独立条款,发包人可根据发包建设项目实施阶段的具体内容和要求,确定对相关建设实施阶段和工作内容的取舍。

《建设项目工程总承包合同示范文本(试行)》为非强制性使用文本。合同双方当事人可依照《示范文本》订立合同,并按法律规定和合同约定承担相应的法律责任。

工程总承包合同通常包括以下主要内容:

(1)词语含义及合同文件的组成。对合同中常用的或容易引起歧义的词语进行解释,赋予它们明确的含义。对合同文件的组成、顺序、合同使用的标准,也应做出明确的规定。

(2)总承包的内容。合同对总承包的内容作出明确规定,一般包括从工程立项到交付使用的工程建设全过程,具体应包括:可行性研究、勘察设计、设备采购、施工管理、试车考核等内容。具体的承包内容由当事人约定,约定设计—施工的总承包、投资—设计—施工的总承包等。

(3)双方当事人的权利义务。合同应对双方当事人的权利、义务作出明确的规定,这是合同的主要内容,规定应当详细、准确。

(4)合同履行期限。合同应当明确规定交工的时间,同时也应对个阶段的工作期限做出明确规定。

(5)合同价款。这一部分的内容应规定合同价款的计算方式、结算方式,以及价款的支付期限等。

(6)工程质量与验收。合同应当明确规定对工程质量的要求,对工程质量的验收方法、验收时间及确认方式。工程质量检验的重点应当是竣工检验,通过竣工检验后发包人可以接受工程。合同也可以约定竣工后的检验。

(7)合同的变更。工程建设的特点决定了合同在履行中往往会出现一些事先没有估计到的情况。一般在合同期限内的任何时间,发包人代表可以通过发布或者要求承包人递交建议书的方式提出变更。如果承包人认为这种变更是有价值的,也可以在任何时候向发包人代表提交此类建议书。批准权在发包人。

(8)风险、责任和保险。承包人应当保障和保护发包人、发包人代表以及雇员免遭由工程导致的一切索赔、损害和开支。应由发包人承担的风险也应做出明确的规定。合同对保险的办理、保险事故的护理等都应做出明确的规定。

(9)工程保修。合同按国家的规定写明保修项目、内容、范围、期限及保修金额和支付办法。

(10)对设计、分包方的规定。承包人进行并负责工程的设计,设计应当由合格的设计人员进行。承包人还应当编制足够详细的施工文件,编制和提交竣工图纸、操作和维修手册。承包人应对所有分包方遵守合同的全部规定负责,任何分包方、分包方的代理人或者雇员的行为或者违约,完全视为承包人自己的行为或者违约,并负全部责任。

(11)索赔和争议的处理。合同应明确索赔的程序和争议的处理方式。对争议的处理,一般应以仲裁作为解决的最终方式。

(12)违约责任。合同应明确双方的违约责任。包括发包人不按时支付合同款的责任、超越合同规定干预承包人工作的责任等;也包括承包人不能按合同约定的期限和质量完成工作的责任等。

第四节 物资采购招投标

一、物资采购招投标

(一)物资采购招投标

项目建设所需物资按标的物的特点可以区分为买卖合同和承揽合同两大类。采购大宗建筑材料或定型批量生产的中小型设备属于买卖合同,由于标的物的规格、性能、主要技术参数均为通用指标,因此招标一般仅限于对投标人的商业信誉、报价和交货期限等方面的比较。而订购非批量生产的大型复杂机组设备、特殊用途的大型非标准部件则属于承揽合同,招标评选时要对投标人的商业信誉、加工制造能力、报价、交货期限和方式、安装(或安装指导)、调试、保修及操作人员培训等各方面条件进行全面比较。

(二)分标的基本原则

建设工程项目所需的各种物资应按实际需求时间分成几个阶段进行招标。每次招标时,可依据物资的性质只发一个合同包或分成几个合同包同时招标。投标的基本单位是包,投标人可以投一个或其中的几个包。

采购分标的原则是,有利于吸引较多的投标人参加竞争以达到减低货物价格,保证供货时间和质量的目的。其主要考虑的因素如下。

1. 有利于投标竞争

按照标的物预计金额的大小恰当地分标。若一个合同包划分过大,中小供货商无力问律;反之,划分过小对有实力供货商又缺少吸引力。

2. 工程进度与供货时间的关系

分阶段招标的计划应以到货时间满足施工进度计划为条件,综合考虑制造周期、运输、仓储能力等因素,既不能延误施工的需要,也不应过早到货,以免支出过多保管费用及占用建设资金。

3. 市场供应情况

项目建设需要大量建筑材料和设备,应合理预计市场价格的浮动影响,合理分阶段、分批采购。

4. 资金计划

考虑建设资金的到位计划和周转计划,合理地进行分次采购招标。

(三)物资采购的资格预审

合格的投标人应具有圆满履行合同的能力,物资采购的资格预审具体要求符合以下条件:
(1)具有独立订立合同的权利;
(2)在专业技术、设备设施、人员组织、业绩经验等方面,具有设计、制造、质量控制、经营管理的相应资格和能力;
(3)具有完善的质量保证体系;

(4)业绩良好,要求具有设计、制造与招标设备相同或相近设备 1~2 台(套)并有 2 年以上良好运行经验,在安装调试运行中未发现重大设备质量问题或已有效改进措施;

(5)有良好的银行信用和商业信誉等。

(四)评标

材料、设备供货评标的特点是,不仅要看报价的高低,还要考虑招标人在货物运抵现场过程中可能要支付的其他费用,以及设备在评审预定的寿命期内可能投入的运营、管理费用的多少。如果投标人的设备报价较低但运营费用很高时,仍不符合以最合理价格采购的原则。评标时一般要评审的主要内容包括:投标价、运输费、交付期、设备的性能和质量、备件的价格、支付要求、售后服务及其他与招标文件偏离或不符合的因素等。

货物采购评标,一般采用评标价法或综合评分法,也可以将二者结合使用。

1. 评标价法

以货币价格作为评价指标的评标价法,依据标的性质不同可以分为以下几类比较方法。

(1)最低投标价法

采购简单商品、半成品、原材料,以及其他性能、质量相同或容易进行比较的货物时,仅以报价和运费作为比较要素,选择总价格最低者中标。

(2)综合评标价法

以投标价为基础,将评审各要素按预定方法换算成相应价格值,增加或减少到报价上形成评标价。采购机组、车辆等大型设备时,较多采用这种方法。投标报价之外还需考虑的因素见表 5-3。

将以上各项评审价格加到报价上去后,累计金额即为该标书的评标价。

(3)以设备寿命周期成本为基础的评标价法

采购生产线、成套设备、车辆等运行期内各种费用较高的货物,评标时可预先确定一个统一的设备评审寿命期(短于实际寿命期),然后再根据投标书的实际情况在报价上加上该年限运行期间所发生的各项费用,再减去寿命期末设备的残值。计算各项费用和残值时,都应按招标文件规定的贴现率折算成净现值。

这种方法是在综合评标价的基础上,进一步加上一定运行年限内的费用作为评审价格。这些以贴现值计算的费用包括:

①估算寿命期内所需的燃料消耗费;

②估算寿命期内所需备件及维修费用;

③估算寿命期残值。

投标报价之外还需考虑的因素 表 5-3

运输费用	招标人可能额外支付的运费、保险费和其他费用,如运输超大件设备时需要对道路加宽、桥梁加固所需支出的费用等。换算为评标价时,可按照运输部门(铁路、公路、水运)、保险公司,以及其他有关部门公布的取费标准,计算货物运抵最终目的地将要发生的费用
交货期	评标时以招标文件的"供货一览表"中规定的交货时间为标准。投标书中提出的交货期少于规定时间,一般不给予评标优惠。因为施工还不需要时的提前到货,不仅不会使招标人获得提前收益,反而要增加仓储保管费和设备保养费。如果迟于规定的交货日期且推迟的时间尚在可以接受的范围内,则交货日期每延迟 1 个月,按投标价的一定百分比(如 2%)计算折算价,增加到报价上去

续上表

付款条件	投标人应按招标文件中规定的付款条件报价,对不符合规定的投标,可视为非响应性而予以拒绝。但在大型设备采购招标中,如果投标人在投标致函内提出了"若采用不同的付款条件(如增加预付款或前期阶段支付款)可以降低报价"的供选择方案时,评标时也可予以考虑。当要求的条件在可接受范围内,应将偏离要求给招标人增加的费用(资金利息等),按招标文件规定的贴现率换算成评标时的净现值,加到投标致函中提出的更改报价上后作为评标价。如果投标书中提出可以减少招标文件说明的预付款金额,则招标人晚支付部分可能少支付的利息,也应以贴现方式从投标价内扣减此值
零配件和售后服务	零配件以设备运行 2 年内各类易损备件的获取途径和价格作为评标要素。售后服务一般包括安装监督、设备调试、提供备件、负责维修、人员培训等工作,评价提供这些服务的可能性和价格。评标时如何对待这两笔费用,视招标文件中的规定区别对待。当这些费用已要求投标人包括在报价之内,评标时不再重复考虑;若要求投标人在报价之外单独填报,则应将其加到投标价上。如果招标文件对此没作出任何要求,评标时应按投标书附件中由投标人填报的备件名称、数量计算可能需购置的总价格,以及由投标人自己安排的售后服务价格加到投标价上去
设备性能、生产能力	投标设备应具有招标文件技术规范中要求的生产效率。如果所提供设备的性能、生产能力等某些技术指标没有达到要求的基准参数,则每种参数比基准参数减低 10% 时,应以投标设备实际生产效率成本为基础计算,在投标价上增加若干金额

2. 综合评分法

按预先确定的评分标准,分别对各投标书的报价和各种服务进行评审记分。

(1) 评审记分内容

主要内容包括:投标价格;运输费、保险费和其他费用的合理性;投标书中所报的交货期限;偏离招标文件规定的付款条件影响;备件价格和售后服务;设备的性能、质量、生产能力;技术服务和培训;其他有关内容。

(2) 评审要素的分值分配

评审要素确定后,应依据采购标的物的性质、特点,以及各要素对总投资的影响程度划分权重和记分标准,既不能等同对待,也不应一概而论。

综合记分法的好处是简便易行,评标考虑要素较为全面,可以将难以用金额表示的某些要素量化后加以比较。缺点是各评标委员独自给分,对评标人的水平和知识要求高,否则主观随意性大。投标人提供的设备型号各异,难以合理确定不同技术性能的相关分值差异。

二、物资采购合同

(一) 物资采购合同的特征

建设工程物资采购合同,是指具有平等主体的自然人、法人、其他组织之间为实现建设工程物资买卖,设立、变更、终止相互权利义务关系的协议。依照协议,出卖人转移建设工程物资的所有权于买受人,买受人接受该项建设工程物资并支付价款。建设工程物资采购合同,一般分为材料采购合同和设备采购合同。

建设工程物资采购合同属于买卖合同,它具有买卖合同的一般特点。如买卖合同以转移财产的所有权为目的;买卖合同中的买受人取得财产所有权,必须支付相应的价款;出卖人转移财产所有权,必须以买受人支付价款为代价;买卖合同是双务、有偿合同;买卖合同是诺成合同;买卖合同是不要式合同。

除具有以上的买卖合同的特点外,建设工程物资采购合同具有如下特征。

(1)建设工程物资采购合同应依据施工合同订立

施工合同中确立了关于物资采购的协商条款,无论是发包人供应材料和设备,还是承包人供应材料和设备,都应依据施工合同采购物资。根据施工合同的工程量来确定所需物资的数量,以及根据施工合同的类别来确定物资的质量要求。因此,施工合同一般是订立建设工程物资采购合同的前提。

(2)建设工程物资采购合同以转移财物和支付价款为基本内容

建设工程物资采购合同内容繁多,涉及物资的数量、质量条款、包装条款、运输方式、结算方式等。但最为根本的是双方应尽的义务,即卖方按质、按量、按时地将建设物资的所有权转归买方,买方按时、按量地支付货款,这两项主要义务构成了建设工程物资采购合同的最主要内容。

(3)建设工程物资采购合同的标的品种繁多,供货条件复杂

建设工程物资采购合同的标的是建筑材料和设备。这些建设物资的特点在于品种、质量、数量和价格差异较大,因此,在合同中必须对各种所需物资逐一明细,以确保工程施工的需要。

(4)建设工程物资采购合同应实际履行

由于物资采购合同是依据施工合同订立的,物资采购合同的履行直接影响施工合同的履行,因此建设工程物资采购合同一旦订立,卖方义务一般不能解除,不允许卖方以支付违约金和赔偿金的方式代替合同的履行,除非合同的迟延履行对买方成为不必要。

(5)建设工程物资采购合同采用书面形式

根据《合同法》的规定,订立合同依照法律、行政法规或当事人约定采用书面形式的,应当采用书面形式。建设工程物资采购合同中的标的物用量大,质量要求复杂,且根据工程进度计划分期分批均衡履行,同时还涉及售后维修服务工作,因此合同履行周期长,应当采用书面形式。

(二)物资采购合同订立的要求

物资采购合同的签订应遵循下述基本要求:

(1)确保国家计划的实施。凡涉及国家指令性计划产品的合同,须按下达的计划指标签订。

(2)属于国家指导性计划产品的采购合同,应参照国家和国家授权的主管部门下达的指标,结合本工程的实际情况,由供需双方协商签订。

(3)物资采购合同,除即时结清者外,必须采用书面形式。合同上须由当事人的法定代表或凭法定代表授权证明的经办人签字盖章,并须加盖单位公章或合同专用章。当事人委托其他单位代订合同时,必须出具委托证明,明确代理权限。

(4)产品分配单或调拨通知单只能作为签订合同的依据,不能代替合同。

(三)材料采购合同

材料采购合同是指平等主体的自然人、法人、其他组织之间,以工程项目所需材料为标的、以材料买卖为目的,出卖人(简称卖方)转移材料的所有权于买受人(简称买方),买受人支付材料价款的合同。

1.材料采购合同的订立方式

材料采购合同的订立可采用以下几种方式。

(1)公开招标

公开招标即由招标单位通过新闻媒介公开发布招标公告。采用公开招标方式进行材料采购,适用于大宗材料采购合同。其招标程序如下:

①招标单位主持编制招标文件,招标文件应包括招标公告、投标人须知、投标格式、合同格式、货物清单、质量标准及必要的附件;

②刊登招标广告;

③投标人购买标书(在需要进行资格预审的招标中,标书只售给资格合格的厂商);

④投标书编制和递交;

⑤开标、评标、确定中标人,招标人应在预定的时间、地点当众开标,当场决定中标人;

⑥签订合同。

(2)邀请招标

招标人向具备供应能力的供应商直接发出投标邀请书邀请其参加投标。邀请招标受邀请的投标单位不得少于3家。

(3)询价、报价、签订合同

物资买方向若干建材厂商或建材经营公司发出询价函,要求他们在规定的期限内作出报价,在收到厂商的报价后,经过比较,选定报价合理的厂商与其签订合同。

(4)直接定购

由材料买方直接向材料生产厂商或材料经营公司报价,生产厂商或材料经营公司接受报价,签订合同。

2. 材料采购合同的主要条款

采购合同的种类很多,各种合同的内容也不尽相同,但各种合同均有一定的共性。其基本条款和内容如下。

(1)双方当事人的名称、地址、法定代表人的姓名。委托代订合同的,应有授权委托书并注明代理人的姓名、职务等。

(2)物资名称。物资名称在合同中必须按产品目录中的规定名称正确填写。

(3)品种、规格。产品的品种、规格在合同中必须清楚、准确。

(4)质量及产品技术标准。质量及产品技术标准有国家标准(简称国标,即 GB)、部颁标准(简称部标,如 JTJ 等)和企业标准(简称企标,如 QB)等。物资采购合同中必须注明要求何种标准以及符合标准中的哪条规定及哪些指标。对于实行包换、包修、包退的产品,应规定"三包"条款。有的产品其规格即代表质量标准,如水泥强度等级、钢材牌号等,这类产品仍应注明其具体的技术指标要求。

(5)数量。物资数量必须在合同中明确写明。对于某些机电产品,合同中还应明确规定随机的易耗备品配件和安装修理工具的数量。对成套供应的产品,应当明确成套供应的范围,并提出成套供应清单。建材、金属材料、轻工化工产品,还应确定交货数量的正负尾差和合理磅差。

(6)计量单位。凡国家、主管部门或地方有规定计量标准的产品,合同中应按规定注明其计量单位。不少建材或其他产品有计量换算问题,合同中应按标准计量单位的数量签订,供货时再折算成应发(应收)数量。

(7)包装标准及包装材料的供应和回收。物资购销合同中,对产品的包装方法、使用的包装材料以及包装的式样、规格、体积、质量、标志等,均应详细注明。产品的包装材料,除特殊情况外,一般应由供方供应。产品的包装费用一般应由供方负担,计入产品成本。

(8)交货方式,交货方式一般有供方送货或代运及需方自提两种方式。采用何种方式,合同中必须写明。

(9)运输。物资购销合同中,应明确规定物资的运输方式、到货地点(包括专用线)、交货单位和接货单位(或接货人)。

(10)交货期限。合同中的产品交(提)货期限,应写明日期。有条件的和有季节性的产品,需规定更具体的交货期限(如旬、日等),有特殊原因的,也可以按季度规定交货期限。

(11)验收。合同中应对验收明确规定下列几项:
①验收依据;
②验收方法;
③验收地点;
④验收时间;
⑤验收发生问题时的处理方法及供需双方应负的责任;
⑥其他有关问题。

(12)价格。合同中产品的价格,必须遵守国家有关物价管理的规定。凡国家有统一订价的产品,按国家定价执行;实行市场价格的产品,或虽有统一订价,但需方有特殊要求与原订价产品的技术标准不同,须提高或降低价格的产品,均由供需双方协商价格,在合同中予以明确规定。

(13)价款结算。合同中对于物资贷款的结算应明确规定下列各项:
①供方(发货者)办理的结算手续及时间;
②需方(收货者)结算的时间和方式;
③结算银行、账号和结算单位及账户名称;
④在什么情况下需方可以部分或全部拒付。
⑤需方如无故拒付,应负何种经济责任。

(14)违约责任。合同应明确规定供需双方或一方有违约行为造成损失后应承担的责任。

(15)附则。合同附则主要包括合同的有效期限、合同价款及未尽事宜的处理、合同变更修改办法及其他有关事项。

3. **材料采购合同的履行**

材料采购合同订立后,应依《合同法》的规定予以全面地、实际地履行。

(1)按约定的标的履行

卖方交付的货物必须与合同规定的名称、品种、规格、型号相一致,除非买方同意,不允许以其他货物代替合同,也不允许以支付违约金或赔偿金的方式代替履行合同。

(2)按合同规定的期限、地点交付货物

交付货物的日期应在合同规定的交付期限内,交付的地点应在合同指定的地点,实际交付的日期早于或迟于合同规定的交付期限,即视为提前或逾期交货。提前交付,买方可拒绝接受;逾期交付的,应承担逾期交付的责任。

(3)按合同规定的数量和质量交付货物

对于交付货物的数量应当场检验,清点账目后,并且双方当事人应签字。对质量的检验,外在质量可当场检验,对内在质量,需作物理或化学试验的,试验的结果为验收的依据。卖方在交货时,应将产品合格证随同产品交买方据以验收。

(4)按约定的价格及结算条款履行

买方在验收材料后,应按合同规定履行付款义务。

(5)违约责任

卖方的违约责任包括:卖方不能交货的,应向买方支付违约金;卖方所交货物与合同规定不符的,应根据情况由卖方负责包换、包退、包赔由此造成的买方损失;卖方不能按合同规定期限交货的责任或提前交货的责任。买方违约责任包括:买方中途退货,应向卖方偿付违约金;逾期付款,应按中国人民银行关于延期付款的规定向卖方偿付逾期付款的违约金。

(四)设备采购合同

设备采购合同是指平等主体的自然人、法人、其他组织之间,以工程项目所需设备为标的,以设备买卖为目的,出卖人(简称卖方)转移设备的所有权于买受人(简称买方),买受人支付设备价款的合同。

1. 设备采购合同的基本内容

设备采购合同通常采用标准合同格式,其内容可分为两部分。第一部分是约首,即合同开头部分,包括项目名称、合同号、签约日期、签约地点、双方当事人名称或者姓名和住所等条款。第二部分为正文,即合同的主要内容包括合同文件、合同范围和条件、货物及数量、合同金额、付款条件、交货时间和交货地点等条款,其中合同文件包括合同条款,投标格式和投标人提交的投标报价表、要求一览表、技术规范、履约保证金、规格响应表、买方授权通知书等。其中,货物及数量、交货时间和交货地点等均在要求一览表中明确;合同金额指合同的总价,分项价格则在投标报价表中确定。合同生效条款规定本合同经双方授权部分为合同约尾,即合同的结尾部分,包括双方的名称、签字盖章及签字时间、地点等。

2. 设备采购合同条款

(1)定义。对合同中的术语作统一解释如下。

①"合同"系指买卖双方签署的,合同格式中载明的买卖双方所达成的协议,包括所有的附件、附录和构成合同所有文件;

②"买方"系指根据合同规定支付贷款的需方单位;

③"卖方"系指根据合同规定提供货物和服务的具有法人资格的公司或其他组织;

④"合同价格"系指根据合同规定,卖方在完全履行合同义务后买方应付给的价金;

⑤"货物"系指卖方根据合同规定须向买方提供的一切设备、机械、仪表、备件、工具、手册和其他技术资料及其他资料;

⑥"服务"系指根据合同规定卖方承担与供货有关的辅助服务,如运输、保险以及其他服务,如安装、调试、提供技术援助、培训和其他类似义务。

(2)技术规范。提供和交付的货物和技术规范应与合同文件的规定相一致。

(3)专利权。卖方应保证买方在使用该货物或其他任何一部分时不受第三方提出侵犯其专利权、商标权和工业设计权的起诉。

(4)包装要求。卖方提供货物的包装应适应于运输、装卸、仓储的要求,确保货物安全无损运抵现场。

(5)装运条件及装运通知。卖方应在合同规定的交货期前30天以电报或电传形式将合同号、货物名称、数量、包装箱号、总毛重、总体积和备妥交货日期通知买方,同时应用挂号信将详细交货清单以及对货物运输和仓储的特殊要求和注意事项通知买方。如果卖方交货超过合同的数量或质量,产生的一切法律后果由卖方负责。卖方在货物装完 24 小时内以电报或电传的方式通知买方。

(6)保险。出厂价合同,货物装运后由买方办理保险。目的地交货价合同,由卖方办理保险。

(7)支付。卖方按合同规定履行完义务后,卖方可按买方提供的单据和交付资料一套寄给买方,并在发货时另行随货物发运一套。

(8)质量保证。卖方须保证货物是全新的、未使用过的,并完全符合合同规定的质量、规格和性能的要求,在货物最终验收后的质量保证期内,卖方应对由于设计、工艺或材料的缺陷而发生的任何不足或故障负责,费用由卖方负担。

(9)检验。在发货前,卖方应对货物的质量、规格、性能、数量和重量等进行准确而全面的检验,并出具证书,但检验结果不能视为最终检验。

(10)违约罚款。在履行合同过程中,如果卖方遇到不能按时交货或提供服务的情况,应及时以书面形式通知买方,并说明不能交货的理由及延误时间。买方在收到通知后,经分析,可通过修改合同,酌情延长交货时间。

如果卖方毫无理由地拖延交货,买方可没收履约保证金,加收罚款或终止合同。

(11)不可抗力。发生不可抗力事件后,受事故影响一方应及时书面通知另一方,双方协商延长合同履行期限或解除合同。

(12)履约保证金。卖方应在收到中标通知书一定时间内如 30 天内,通过银行向买方提供相当于合同总价的一定比例如 10%的履约保证金,其有效期到货物保证期满为止。

(13)争议的解决。执行合同中所发生的争议,双方应通过友好的协商解决,如协商不能解决时,当事人应选择仲裁解决或诉讼解决,具体解决方式应在合同中明确规定。

(14)破产终止合同。卖方破产或无清偿能力时,买方可以书面形式通知卖方终止合同,并有权请求卖方赔偿有关损失。

(15)转包或分包。双方应就卖方能否完全或部分转让其应履行的合同义务达成一致意见。

(16)其他。合同生效时间,合同正本份数,修改或补充合同的程序等。

3. 设备采购合同的履行

(1)交付货物

卖方应按合同规定,按时、按质、按量地履行供货义务,并做好现场服务工作,及时解决有关设备的技术质量、缺损件等问题。

(2)验收

买方对卖方交货应及时进行验收,依据合同规定,对设备的质量及数量进行核实检验,如有异议,应及时与卖方协商解决。

(3)结算

买方对卖方交付的货物检验没有发现问题,应按合同的规定及时付款;如果发现问题,在卖方及时处理达到合同要求后,也应及时履行付款义务。

(4)违约责任

在合同履行过程中,任何一方都不应借故延迟履约或拒绝履行合同义务,否则应追究违约当事人的法律责任。

①由于卖方交货不符合合同规定,如交付的设备不符合合同的标的,或交付设备未达到质量技术要求,或数量、交货日期等与合同规定不符时,卖方应承担违约责任。

②由于卖方中途解除合同,买方可采取合理的补救措施,并要求卖方赔偿损失。

③买方在验收货物后,不能按期付款的,应按中国人民银行有关延期付款的规定交付违约金。

④买方中途退货,卖方可采取合理的补救措施,并要求买方赔偿损失。

第五节 工程项目建设中涉及的其他合同

一、承揽合同

(一)承揽合同的概念

1. 承揽合同的概念

承揽合同是指承揽人按照定作人的要求完成一定的工作,定做人接受承揽人完成的工作成果并给付约定报酬的合同。承揽包括加工、定做、修理、复制、测试、检验等工作。在承揽合同中,合同的主体为"承揽人"和"定做人",即按照他人的要求完成一定工作,并交付工作成果的一方称为"承揽人";要求他人完成一定的工作,并接受工作成果的一方称为"定做人"。承揽合同的标的是定做人要求承揽人完成并交付的工作成果。承揽合同的特征是:承揽合同是双务的、诺成的、有偿的合同;承揽人的工作具有独立性;承揽人完成的工作具有特殊性;承揽人以自己的风险完成工作。

2. 承揽合同的类型

承揽合同是现实经济生活中适用极为广泛的一类合同,是满足公民、法人的生产、生活的特殊需要的一种法律手段。现实生活中,承揽合同的种类很多,《合同法》第251条规定了常见的几种承揽合同。

(1)加工合同。即承揽人以自己的设备、技术,用定做人提供的原材料,为其加工制作成特定产品,定做人接受产品并给付报酬的合同,亦称来料加工合同。

(2)定做合同。即承揽人以自己的设备、技术和原材料,为定做人制作特定产品,定做人接受产品并支付报酬的合同。如定做设备、定做服装、定做家具、定刻印章等,都属于定做合同。

(3)修理合同。即承揽人为定做人修复损坏的物品,使其恢复原状,定做人为承揽人支付报酬的合同。在修理中所需要的机件、配件可由承揽人提供,也可由定做人提供。

(4)复制合同。即承揽人按照定做人提供的样品,重新制作一个或数个成品,定做人接受复制品并支付价款的合同。如承揽人为文物部门复制文物,制成复制品用于展览。

(5)测试合同。即承揽人根据定做人的要求,利用自己的技术和设备为定做人完成某一项目的性能进行检测试验,定做人接受测试成果并支付报酬的合同。

(6)检验合同。即承揽人以自己的技术和仪器、设备等为定做人提出的特定事物的性能、问题、质量等进行检查化验,定做人接受检验成果,并支付报酬的合同。

除上述《合同法》列举的合同之外,还有房屋修缮合同、房屋装饰装修合同、印刷合同、画品装潢合同等,也属承揽合同。其他诸如翻译、医疗护理等也可成立承揽合同。

(二)承揽合同的主要内容

根据《合同法》规定,承揽合同的内容包括承揽的标的、数量、质量、报酬、承揽方式、材料的提供、履行期限、验收标准和方法等条款。其中最基本的内容有两项:承揽的标的和报酬。依《合同法》第252第规定,承揽合同的主要条款有如下。

1. 承揽的标的

承揽的标的是承揽合同中规定的工作,也可叫承揽的品名或项目,例如加工或定做的房屋铝合金门窗、委托修理的故障汽车等。承揽合同的标的相当广泛,不同的标的是划分不同合同种类的重要依据。当事人在约定合同标的时,不得违反法律或社会公共利益。非经国家许可不能加工定做的物品,不能成为承揽合同的标的。

2. 数量和质量

承揽合同标的物的数量和质量应明确、具体地加以规定。标的数量可以根据标的物的性质和实际需要以多种方式规定,如以质量、长度、面积、体积、件数、个数等表示;表示品质的方法也很多。数量和品质是验收的主要依据,标的不符合约定的数量和质量要求的,承揽人应当承担违约责任。

3. 报酬或酬金

承揽合同中应对报酬或酬金作出明确规定,包括报酬的数量,支付方式,支付期限等。承揽合同的报酬主要由当事人自由协商约定,如果国家或者主管部门有具体定价要求的,则按照国家或者主管部门的规定执行。

4. 承揽方式

承揽方式主要包括加工,定作,修理,修缮、改建、改造、改制,印刷,复制,测绘,设计,检验、鉴定等方式。承揽方式不同,合同内容也有所不同,每一类型承揽合同应对承揽方式加以明确,以免发生争议。承揽人必须以自己的设备、技术和劳动力完成主要工作,但可以将辅助工作交由第三人完成。

5. 材料的提供

在承揽合同中,用于完成承揽工作的材料是很重要的,原材料既可以由定做方提供,也可以由承揽方提供。因此,《合同法》第225、226条分别就材料的提供进行了规定。承揽人提供材料的,承揽人应当按照约定选用材料,并接受定做人检验。而定做人提供材料的,定做人应当按照约定提供材料,承揽人应当及时检验,发现不符合规定时,应当及时通知定做人更换或者补齐。承揽人对定做人提供的材料不得擅自更换,不得更换不需要修理的零部件。

6. 履行期限

承揽合同履行期限是检验合同当事人的承揽人和定做人履行合同义务的时间界限和客观标准,合同当事人的违约责任就是以此来划分的,因此,合同中应根据承揽人和定做人的不同情况具体明确地写明合同履行期限。履行期限包括:完成工作的期限,交付定做物的时间、移交工作成果的时间,交付报酬的时间等。这些期限都应在合同中明确、具体地加以规定。

7. 验收标准和方法

验收由定做人进行,主要就承揽人完成工作在数量、质量等方面是否符合承揽合同的约定加以检验。如果当事人双方封存样品以供将来作为验收标准,则验收应按封存的样品作为标准。当事人也可以约定对工作成果的质量发生争议时,由法定的质量监督检验机构提供检验证明。

8. 结算方式、开户银行、账号

结算方式是指价金和其他费用的清结方式,包括现金结算和转账结算两种。现金结算是指合同当事人使用人民币直接进行货币收付的行为。转账结算是指通过银行从付款单位账户将款项划拨到收款单位账号进行货币收付的行为。除国家允许使用现金履行义务的以外,承揽合同的结算必须通过银行转账结算。开户银行是指定做人或承揽人储蓄资金的银行,合同中应写明该银行的名称。账号是指定做人或承揽人在银行储蓄资金所立户头的编号。明确规定开户银行、账号有利于价金的顺利划拨。

9. 违约责任条款

当事人双方必须在合同中明确、具体规定违约责任,违约金计算比例,在法律规定的幅度内,由双方共同确定。

10. 双方约定的其他事项条款

如定做人要求保密的项目,承揽人应同意规定于合同中,并严格执行。随着承揽合同适用范围的扩大,法律规定的承揽合同的主要条款有时不能满足新形式的承揽合同的需要,这时,双方当事人可以根据实际需要,约定某一事项作为合同条款,以保证合同主要内容的实现。约定条款有:定金条款、保密条款、样品封存条款、预付款条款、原材料的消耗定额条款、定做人的检查权条款、工作成果的保证期限条款等。

(三)承揽合同当事人的主要义务

1. 承揽人的主要义务

(1)按约定完成工作成果并交付的义务。承揽人应按照承揽合同的约定,完成工作并向定作人交付工作成果,同时向定作人提交必要的技术资料和有关质量证明。同时,承揽人须按合同约定,不得擅自更换定做人提供的材料,不得更换不需要修理的零部件。

(2)亲自完成工作的义务。承揽人应当以自己的设备、技术和劳力,完成主要工作(另有约定除外)。承揽人如果将其承揽的主要工作交由第三人完成的,应经定做人同意,若未经定做人同意,定做人可以解除承揽合同;承揽人应当就该第三人完成的主要工作的工作成果向定做人负责。承揽人可以将其承揽的辅助工作交由第三人完成;承揽人将其承揽的辅助工作交由第三人完成的,应当就第三人完成的工作成果向定作人负责。

(3)妥善保管、合理使用定做人提供的原材料或物品的义务。承揽人应当妥善保管定做人提供的材料以及完成的工作成果,因保管不善造成毁损、灭失的,应当承担损害赔偿责任。对于定做人提供原材料的,承揽人应合理规范地使用该原材料,避免原材料浪费和不合理使用。

(4)接受定做方检验的义务。承揽合同中约定由承揽人提供材料的,承揽人应按照约定选用材料,并接受定做人检验。同时,承揽人在工作期间,应当接受必要的监督检查,但不得因监督检验妨碍承揽人的正常工作。

(5)因不可抗力等原因不能完成工作或因定做人技术要求不合理无法完成工作时的通知义务。承揽人在遇不可抗力等情况下应及时通知定做人,并把不可抗力的情况报告给定做人,说明无法完成工作的理由和原因。同时承揽人在合同履行中发现定做人提供的图纸或技术要求不合理时,应当及时通知定做人。对定做人提供材料的承揽合同,若承揽人对定做人提供的材料进行检验时发现不符合约定的,应及时通知定做人更换、补齐或者采取其他补救措施。

(6)对工作成果的瑕疵担保的义务。承揽人交付的工作成果不符合质量要求的,定做人可以要求承揽人承担修理、重做、减少报酬、赔偿损失等违约的责任。

(7)按照定做人的要求保守秘密的义务。承揽人应按照定做人的要求保守秘密,未经定做人许可,不得留存复制品或技术资料。

2.定做人的主要义务

(1)及时接受工作成果的义务。定做人对承揽人完成的工作成果,应当及时接受和验收。定做人接受定做物后须在合理期限内进行检验,未在合理期限内检验并通知承揽人的,视为定做物符合要求。

(2)按合同规定支付报酬的义务。定做人应按照约定的期限支付报酬,对支付报酬期限没有约定或约定不明的,可依照合同法协议补充或合同有关条款、交易习惯确定。仍不能确定的定做人应当在承揽人交付工作成果时支付;工作成果部分交付的,定做人应相应支付。同时,定做人未向承揽人支付报酬或材料费等价款的,承揽人对完成的工作享有留置权。

(3)配合与协助承揽人完成工作的义务。定做人不履行协助义务致使承揽工作不能完成的,承揽人可以催告定做人在管理期限内履行义务,并可以顺延履行期限;定做人逾期不履行的,承揽人可以解除合同。

(4)中途变更和解除合同造成损失赔偿的义务。定做人中途变更承揽工作要求或解除合同,对给承揽人造成的损失应当承担赔偿责任。

(四)承揽合同中的风险负担

在承揽合同中,定做物和原材料意外灭失的风险负担规则是:

(1)承揽人完成的工作成果在交付定做人前毁损、灭失的风险,因承揽人保管不善,由承揽人承担,承揽人丧失报酬请求权,不能要求定做人支付报酬。

(2)定做人提供的原材料在承揽人占有期间毁损、灭失的风险,除不可抗力外,因承揽人保管不善,由承揽人承担;不可抗力的灭失风险由定做人承担。

(3)因定做人迟延接受或无故拒绝而未能交付定做物的,定做物意外灭失的风险由定做人承担。

(五)承揽合同的终止

1.定做人的任意解除权

定做人可以随时解除承揽合同,造成承揽人损失的,应当赔偿损失。

2.承揽合同因当事人一方严重违约而解除

这种情况主要包括:

(1)承揽人未依约按时完成合同工作义务而使其工作于定做人已无意义的;

(2)承揽人未经定做人同意将承揽合同的主要工作转由第三人完成的;

(3)定做人在检验监督中发现承揽人工作中存在问题,经向承揽人提出,而承揽人拒不更改的;

(4)定做人未尽到协助义务,经承揽人通知仍不履行的等。

以上各种情况出现时,当事人均可行使合同解除权,有损害存在的可同时请求损害赔偿。

二、技术合同

(一)技术合同的概念和特征

1. 技术合同的概念

技术合同是当事人就技术开发、转让、咨询或者服务订立的确定相互之间权利义务的合同。

2. 特征

技术合同除具备一般合同的特点外,还具备以下特征。

(1)技术合同的标的是提供技术的行为。这些行为包括提供现存的技术成果,对尚未存在的技术进行开发以及提供与技术有关的辅助性帮助等行为,如技术转让、咨询服务行为。确定这些行为是否属于提供技术的行为,首先从合同标的所涉及的对象上看,即涉及对象是否为"技术"。技术一般指根据生产实践经验和科学原理而形成,作用于自然界一切物质设备的操作方法和技能。技术依不同标准可分为专利技术和专有技术、生产性技术和非生产性技术等。技术合同的性质属于特种买卖。

(2)技术合同的履行具有特殊性。技术合同履行因常涉及与技术有关的其他权利归属而具有与一般合同履行不同的特性。技术合同常涉及与技术有关的其他权利归属,如发明权、科技成果权、转让权等,故技术合同既受《合同法》的约束,又受知识产权制度的规范。技术合同的履行由于其标的涉及对象为"技术"的特征,形成了其履行的特殊性。

(3)技术合同是双务、有偿合同。技术合同的当事人双方都承担相应的义务,当事人一方应进行开发、转让、咨询或服务,另一方应支付价款或报酬。

(4)技术合同当事人具有广泛性和特定性。虽然技术合同的主体范围在法律上没有限制,无论自然人、法人、其他组织,还是企业、事业单位、社会团体、机关法人等,均有主体资格。但通常至少一方是能够利用自己的技术力量从事技术开发、技术转让、技术服务或技术咨询的组织或个人,因此,技术合同的当事人仍有一定的限定性。

(二)订立技术合同应遵循的基本原则

《合同法》规定:"订立技术合同,应当有利于科学技术的进步,加速科学技术成果的转化、应用和推广。"订立技术合同应有利于科学技术的进步,这是合同当事人必须遵循的原则,也是科学技术发展的必然要求。加速科技成果的转化、应用和推广,是指必须将科技成果与生产实践和经济建设相结合,将科技成果转化为生产力。科技成果的转化、应用和推广是利用技术合同这一形式实现的。

由于技术成果对社会发展具有举足轻重的作用,因而法律采取必要的措施保护技术合同当事人的合法权益;同时,又不允许当事人滥用这种权利来损害国家利益和社会公共利益。因此《合同法》还规定:"非法垄断技术,妨碍技术进步或者侵害他人技术成果的技术合同无效。"

(三)技术合同的类型

技术合同分为4种类型:技术开发合同,技术转让合同,技术咨询合同,技术服务合同。

1. 技术开发合同

技术开发合同,是指当事人之间就新技术、新产品、新工艺或者新材料及其系统的研究开发所订立的合同。技术开发合同的标的是合同约定研究开发的技术成果。技术开发合同应载明该技术成果所属的技术领域、构成和效果，以及提高研究开发成果的方式。技术开发合同包括委托开发合同和合作开发合同。当事人之间就具有产业应用价值的科技成果实施转化，可参照技术开发合同规定订立合同。

2. 技术转让合同

技术转让合同，是指当事人就专利权转让、专利申请权转让、非专利技术转让、专利实施许可及技术引进所订立的合同。技术转让的标的是合同约定转让的、特定的、现有的专利技术或非专利技术成果，应载明技术成果的内容、实质性特征和效果，工业化开发程度以及权性关系，包括专利权转让、专利申请权转让、技术秘密转让、专利实施许可合同。

作为技术转让的标的技术成果，必须是合同载明的有关产品、工艺、材料及其改进的、完整的、特定的技术方案，必须是现有的技术方案，而不能是待开发的创意和设想，其权利归属也必须是明确的。大量实践证明，技术买方仅凭专利文件并不能独立地把技术发明付诸生产，即技术买方并未获得完整的技术方案，还需要专利转让方或许可方传授其专利之外的技术诀窍，有的要进行现场指导和培训。因此，在标的条款中，技术买方应当对此提出全面、具体的要求。

技术知识的载体是技术资料和专用设备、样品样机等。技术买方应注意技术资料清单是否明确和完备，以保证获得完整的技术方案，还需要专利转让方式中许可方传授其专利之外的技术诀窍，有的要进行现场指导和培训。因此，在标的条款中，技术买方应当对此提出全面、具体的要求。在标准的技术转让合同中，技术资料是一次性移交的。有些情况下则是随着项目建设进度和付款情况分期分批移交。

3. 技术咨询合同

技术咨询合同，是指当事人一方就特定技术项目提供可行性论证、技术预测、专题技术调查、分析评价报告等咨询服务，另一方支付咨询报酬的合同。技术咨询合同的标的是对特定技术项目进行分析、论证、评价、预测和调查等决策服务项目，应载明咨询项目的内容、咨询报告和意见的要求。技术咨询合同的标的，特指运用科学知识和技术手段对特定技术项目提供咨询服务，范围比一般的"科技咨询"要窄小。

作为技术咨询合同标的技术项目分为：宏观科技决策项目、科技管理和重大技术工程项目、专题技术项目、专业咨询项目等。按照咨询方式、内容和工作成果，又可分为：可行性论证、技术预测、专题技术调查、分析评价报告等。技术交易的双方应当区分项目类别，确定咨询内容，明确咨询方式，规定成果的提交方式。

4. 技术服务合同

技术服务合同，是指当事人一方以技术知识为另一方解决特定问题，技术合同不包括建设工程的勘察、设计、施工合同和承揽合同。技术服务合同的标的是为解决特定技术问题，提高经济效益和社会效益的专业服务项目，应载明服务项目的内容、工作成果和实施效果。

技术服务合同的标的，是通过专业技术工作解决特定的、有一定难度的技术问题，不属于常规手段能够解决的业务范围。例如，建设工程的勘察、设计、建筑、安装业务，属于建设工程承包合同的范围，不属于技术服务合同。因此，技术服务合同应与劳动合同、承包合同区分开来。但是技术服务合同又常常和技术开发合同、技术转让合同、技术咨询合同合订在一起成为综合性合同，或者以附件形式成为其不可分割的一部分。

(四)技术合同的主要条款

技术合同的内容由当事人约定,一般包括以下条款。

1. 项目名称

项目名称即技术标的名称,包括标的的类别、性质等,是区分不同类型技术合同的标志。技术合同的名称应当运用简明、准确的语言给出合同的技术特征和法律特征。例如,"YZ-4号白乳胶生产工艺技术转让合同""技术市场网络通信软件合作开发合同"等。

2. 标的内容、范围和要求

这是技术合同的中心条款,它要求确切表明技术合同的具体任务,写明技术合同类型、技术范围、技术条件及技术参数等。标的内容不能简单地重复项目名称,必须具体全面地表达技术交易的内容和实质特征。这一条款既是确定双方权利义务关系的依据,也是将来检验合同履行状况的依据。如果合同标的表述不清,或者过于笼统,对于交易双方都是危险的。

3. 履行的计划、期限、进度、地点和方式

履行的计划、进度表明当事人履行技术合同具体安排。合同履行期限包括合同签订日期、完成日期和合同有效期限。合同履行地点指合同当事人约定在哪一方履行及履行的具体地点和场所。合同履行方式指以什么样的手段完成、实现技术合同标的所要求的技术指标和经济指标。

任何技术合同都应有一个明确的履行计划。合同期限较长的技术合同,应当载明总体计划、年度计划和具体步骤,明确各阶段目标,把相关工作列入统筹计划体系之中,以便在实施阶段做到衔接有序,忙而不乱。一些技术合同没有履行计划、进度和期限,另一些计划即使有上述条款,执行中也不认真,而是根据各种生产要素到位的情况"推着干",使技术交易双方都蒙受不同程度的损失。有的技术合同甚至因拖延时间太久而失去实施的价值和条件。为了解决这一问题,一是在制订计划时留有充分的余地,例如项目前期的准备工作宁可想像得难一些,把时间留得多一些。二是量力而行,不要把规模搞得很大,避免在实施时捉襟见肘、力不从心。三是制订一些备用计划、方案和措施,以便做必要的调整和追踪决策。四是与"违约条款"相联系,任一方不能按照履行合同规定的义务,视为违约,依约受罚。

4. 技术情报和资料的保密

当前,技术失密和商标侵权一样是普遍存在、经常发生的事。合同中应提出有关技术情报和资料的公开性、限制性要求。当事人在订立合同前可以就交换技术情报和资料达成书面保密协议,列出秘密情报、资料、样品、数据和其他秘密事项的清单、保密期限和违反保密义务的责任。即使合同达不成协议时也不影响保密协议的效力;同时,技术合同终止后,当事人可以约定一方或各方在一定期限、一定地域内对有关情报和资料负有保密义务。

5. 风险责任承担

任何技术交易都有一定的风险,不同的交易内容,风险程度也不同。一般来讲,技术开发风险大于技术转让,而技术服务和技术咨询业务的风险较小。风险责任承担条款用来解决技术合同在履行中出现的无法预见、无法防止、无法克服的客观原因导致部分或全部失败时,如何承担风险的问题。因风险导致研究开发失败或部分失败不属于违反合同,即不是违约,所发生的损失按公平责任原则处理。在合同中可以约定由委托方、研究开发方或合作方的任何一方承担,也可以约定由几方共同承担。合同中没有事先约定的,一旦发生风险,其损失由当事

人合理分担,分担办法协商解决或按合同争议处理。

6. 技术成果的归属和收益的分成办法

该条款由于涉及双方的技术权益和经济利益,故在合同中应载明关于技术成果的权利归属、如何使用和转让以及产生的利益如何分配。

技术成果归属与分享尊重当事人的意志。当事人在合同中的约定优先于法律规定的一般原则予以适用。技术合同法根据"坚持权利与义务一致,保障技术开发各方的权益平衡"的原则,规定了合同当事人对于技术成果的归属和分享的一般原则,是比较公正的分享办法,如果当事人对技术成果没有特别约定将适用这些规则。

7. 验收标准和方法

验收标准和方法指技术合同的检验项目、技术经济指标、验收时所采取的评价、鉴定和其它考核办法,这是合同履行验收的依据。技术合同从实施到验收阶段可能面临一系列复杂情况。项目拖期、超支,难以达到约定的数量、质量目标和其它经济技术指标,技术买方产生巨大依赖性,离不开技术卖方,双方在合作中发生摩擦使关系紧张,项目接近财务决算和技术价款的最后支付等。验收一旦结束,就意味着一系列权利、义务的结束和转移,事关重大。在验收阶段,容易发生纠纷。技术交易双方应当考虑到可能出现的复杂情况,商定一套周密、可行的验收标准和办法,写入合同,保证验收工作的顺利进行。

8. 价款或报酬及其支付方式

技术合同的价款或报酬没有统一的成文标准,由双方综合市场需要、成本大小、经济利益、同类技术状况风险大小等自由约定,支付方式可采用一次总算或一次总算分期支付,亦可采用提成支付附加预付人工费等方式。若约定提成支付的,可以按照产品价格、实施专利和使用技术秘密后新增的产值、利润或者产品的销售额的一定比例提成,也可以按照约定的其他方式计算。提成支付的比例可以采取固定比例,逐年递增比例或逐年递减比例。约定提成支付的,当事人应当在合同中约定查阅有关会计账目的办法。

9. 违约金或损害赔偿的计算方法

指当事人违约后,一方承担违约责任而赔偿受损失一方的计算标准、方法和数额。

10. 争议解决的方法

双方可以约定选择采用协商、调解、仲裁、诉讼等办法来解决纠纷。

11. 术语和名词的解释

技术合同专业性很强,为避免对关键词和术语的理解发生歧义引起争议,可对定义不特定的词语和概念作特定的界定,以免引起误解或留下漏洞。

12. 补充协议

任何合同都不可能包罗万象。有的合同缺少主要条款,有的在实施初期或项目建设前期即出现漏洞,因此需要在实施过程中进行补充完善。此时,由于各项工作进度不一,以及交易双方比较熟悉,常常通过当面协商和电话联系的方式达成一系列的口头协议。如果是比较重要的口头协议,应当以书面形式记录下来,成为补充协议。

除以上条款外,与履行合同有关的技术背景资料、可行性论证和技术评价报告、项目任务书和计划书、技术标准、技术规范、原始设计和工艺文件,以及其他技术文档,按照当事人的约定可以作为合同的组成部分。同时,技术合同涉及专利的,应当注明发明创造的名称、专利申请人和专利权人、申请日期、申请专利号以及专利权的有效期限。

应当指出的是,技术合同的一般条款是指导性条款,不要求所有合同千篇一律地采用,也不限制当事人约定其他权利义务。国家科委设计印制了一整套标准化合同文本,内容完备、方便、实用。技术交易双方可以考虑优先使用,也可以根据技术交易的实际情况,参照标准合同起草专门的合同。

(五)技术合同中的职务技术成果与非职务技术成果中经济权利的归属

1. 职务技术成果与非职务技术成果的划分

职务技术成果是指执行法人或其他组织的任务或主要利用法人或其他组织的物质技术条件所完成的技术成果。主要有3种情况:在职人员承担法人或其他组织的科学研究;在职人员履行本岗位职责所完成的技术成果;退休、离休、调动工作的人员在离开原法人或其他组织一年内继续承担原法人或其他组织的科学研究和技术开发课题或履行原岗位的职责所完成的课题。

非职务技术成果是指职务技术成果以外的技术成果,即完成技术成果的个人自行研究开发,主要不是利用本法人或其他组织的物质技术条件所完成的成果。其同时具备两个条件,才能确定非职务技术成果:第一,该技术成果不是完成人在所在法人或其他组织承担的科学研究和技术开发课题,也不是该完成人的岗位职责,而是完成人自行研究开发的;第二,完成该技术成果的资料、材料、设备等物质条件主要不是由本单位提供的,项目研究开发的全过程没有采用法人或其他组织未公开的技术情报和技术资料。

2. 职务技术成果与非职务技术成果经济权利的归属

(1)职务技术成果经济权利的支配权归其法人或其他组织

职务技术成果凝聚了法人或其他组织的科学决策、群众智慧和集体的经验,包含了法人或其他组织长期的人力、物力、智力投入,因此,《合同法》规定,法人或其他组织对职务技术成果的经济权利有支配权,法人或其他组织可以自主决定其使用和转让,法人或其他组织可以决定与他人订立技术实施许可、技术转让等合同以实现自己的利益。同时,享有职务技术成果经济权利支配权的法人或其他组织,应从使用和转让该项职务技术成果所取得的收益中提取一定的比例,对完成该项职务技术成果的个人给予奖励或报酬,且法人或其他组织转让职务技术成果时,职务技术成果的完成人享有以同等条件优先受让的权利。

(2)非职务技术成果经济权利的支配权属于完成人个人

由于完成人个人对非职务技术成果的创造投入大量的人力、物力、智力,因此,其对非职务技术成果享有支配权,依法对其有使用权、转让权。有权决定与他人就非职务技术成果订立技术合同以获得利益,也可以允许他人无偿使用,抛弃非职务技术成果。

复习思考题

1. 勘察设计招标有什么特点?
2. 勘察设计合同包括哪些主要内容?
3. 监理招标和评标有什么特点?
4. 监理合同的主要内容有哪些?
5. 总承包项目的招标依据有哪些?总承包合同的主要内容有哪些?
6. 物资采购合同有何特征?其订立的主要要求有哪些?

7. 材料采购合同包括哪些主要条款?
8. 设备采购合同包括哪些主要条款?
9. 承揽合同包括哪些主要条款?
10. 技术合同包括哪些主要条款?

第六章 合同范本

> **本章要点**
> - 《公路工程标准施工招标文件》的特点、创新性、适用条件,主要内容及使用过程注意事项。
> - FIDIC合同条件的特点、主要内容、适用条件及使用过程中的注意事项。
> - 《建设工程施工合同(示范文本)》主要特点、内容。
> - 《建设工程委托监理合同》的内容。

第一节 《公路工程标准施工招标文件》概述

一、《公路工程标准施工招标文件》主要特点

《公路工程标准施工招标文件》(2009年版)中的合同通用条款,是在国际上通用的FIDIC土木工程施工合同条件基础上,结合我国社会、经济、法律环境及多年公路工程建设管理实践的基础上编制而成的,既体现了国际惯例,又结合了我国的工程建设实际;严谨的合同条款和多样、复杂的公路工程建设有机交融,实现了规范性和实用性的统一,具有很好的适用性和很强的可操作性。

1994年,《公路工程国内招标文件范本》(以下简称《范本》)出版了第一版;经过数年实践,1999年进行了修订,出版了第二版,并以交公路发[1999]12号文规定在全国公路交通建设范围内使用。2003年,为了进一步加强公路工程施工招标投标管理,规范招标文件编制和评标工作,再次对《范本》进行修订,出版了《范本》(2003版),并以交公路发[2003]94号文规定:从2003年6月1日起,公开招标和邀请招标的二级以上公路和大型桥梁、隧道,必须使用《范本》(2003版)。随着一系列新的招投标文件和技术法规规范陆续出台,使得《公路工程国内招标文件范本》(2003年版)部分内容已不能满足公路施工招标投标和建设管理的要求,同时国家九部委要求各部委根据自身的行业特点出台本行业的标准招标文件,交通部结合公路工程施工招标特点和管理需要,组织对《范本》(2003版)进行修订并经审定形成了《公路工程标准施工招标资格预审文件》(2009年版)和《公路工程标准施工招标文件》(2009年版)(以下简称《公路工程标准文件》),并以交公路发〔2009〕221号文规定:自2009年8月1日起,必须进行招标的二级及以上公路工程应当使用《公路工程标准文件》,二级以下公路项目可参照执行。在具体项目招标过程中,招标人可根据项目实际情况,编制项目专用文件,与《公路工程标准文件》共同使用。

《公路工程标准文件》(2009版)是交通部在充分发现问题和广泛调研的基础上,以国家计委等九部委《标准施工招标资格预审文件》和《标准施工招标文件》(2007年版)为依据,结合了

《公路工程施工招标投标管理办法》(部令2006年第7号)《公路工程施工招标资格预审办法》(交公路发[2006]57号)《公路工程质量检验评定标准》(JTG F80/1—2012)等法规文件和技术规范,对招投标文件格式、评标办法、合同条款、工程量清单格式、技术规范等方面进行了全面的补充修订,对于加强公路工程施工招投标管理,指导、规范招标文件编制和评标工作,提高工程质量和控制工程造价具有十分重要的意义。

《公路工程标准文件》(2009版)共分四卷,第一卷包括招标公告/投标邀请书、投标人须知、评标办法、合同款式及格式、工程量清单;第二卷是图纸;第三卷是技术规范;第四卷是投标文件格式。

《公路工程标准文件》(2009版)共八章,内容涉及招标公告/投标邀请书、投标人须知、评标办法、合同款式及格式、工程量清单、图纸、技术规范、投标文件格式。其中,合同条款分为"通用合同条款""公路工程专用合同条款"和"项目专用合同条款"三部分。"通用合同条款"采用《标准施工招标文件》的"通用合同条款",主要阐述了合同双方的权利、义务、责任和风险,以及监理人遇到合同问题时,处理合同问题的原则;"公路工程专用合同条款"是根据公路特点对"通用合同条款"进行补充修改而形成的,"项目专用合同条款"是针对具体施工项目的不同,根据招标项目的具体特点和实际需要,对"通用合同条款"和"公路工程专用合同条款"进行的补充与细化。

1.《公路工程标准文件》(2009版)与以往《范本》的主要区别

(1)市场信用评价结果与招投标挂钩。《公路工程标准文件》在多个方面体现出对信用评级高的企业的奖励措施,促使企业增强自律性,规范市场秩序。

(2)首次出台《公路工程标准施工招标资格预审文件》。资格预审是招标过程中的重要环节,1999年和2003年发布的两版《公路工程国内招标文件范本》均无资格预审文件的内容,为规范资格预审文件的编制,增加了《公路工程标准施工招标资格预审文件》。

(3)探索解决实际进场人员履约问题。在招投标专项督查活动中,发现承包人实际进场人员与投标时填报人员相比更换问题严重。《公路工程标准文件》规定,一般项目仅要求投标人填报项目经理及备选人、项目总工及备选人,其他人员由投标人在投标文件中承诺在招标人发出中标通知书之前,按照《招标文件》中合同附件提出的最低要求填报,在经招标人审批后作为派驻本标段的项目管理机构主要人员且不得更换。

(4)规范废标条款设置。针对招投标投诉大部分集中在对废标条款理解存在歧异这一现象,《公路工程标准文件》将废标条款集中在一处以黑体字予以明确,并对废标条款文字表述进行了认真推敲,力图清晰、易懂、无争议,杜绝随意废标现象。

(5)推行固化清单。《公路工程标准文件》鼓励招标人采用工程量固化清单,并对工程量清单固化方法进行了详细说明。

2.《公路工程标准文件》(2009版)合同组成及优先顺序

组成合同的多个文件是一个整体,各项文件应互相解释,互为说明。除专用合同条款另有约定外,解释合同文件的优先顺序如下:

(1)合同协议书;
(2)中标通知书;
(3)投标函及投标函附录;
(4)专用合同条款;

(5)通用合同条款;
(6)技术标准和要求;
(7)图纸;
(8)已标价工程量清单;
(9)其他合同文件。

二、《公路工程标准施工招标文件》合同通用条款的主要内容

1. 一般性条款

(1)词语定义及解释

①词语定义

a. 合同。对合同文件(或称合同)的构成及其包括的合同协议书、投标函、其他合同文件、投标函附录、技术标准和要求、图纸、已标价工程量清单、中标通知书进行了定义和描述。

b. 合同当事人和人员。对一般公路工程施工所涉及的合同当事人(发包人和承包人)以及其他有权、责的行为主体,如分包人、监理人和总监理工程师(简称总监)、承包人项目经理都进行了定义。

c. 工程和设备。对工程和设备的定义、分类及其常用有关名词进行了定义和描述,如工程、永久工程、临时工程、单位工程、工程设备、施工设备、临时设施、承包人设备、施工场地(或称工地、现场)、永久占地和临时占地等。

d. 日期。日期主要界定了开工通知、基准日期、开工日期、工期、竣工日期、缺陷责任期以及关于时间单位天的概念。

e. 合同价格和费用。对签约合同价、质量保证金(或称保留金)、费用、暂列金额、暂估价、计日工和合同价格分别进行了释义,值得一提的是质量保证金、暂列金额、暂估价等均是本文件提出的新说法。

f. 其他:解释了书面形式的定义。

②语言文字

对合同使用的语言文字提出要求,除专用术语(必要时附有中文注释)外应为中文。

③合同文件的优先顺序

规定了组成合同的各项文件解释合同文件的优先顺序。

④合同协议书

对合同协议书及其生效进行了定义和描述。

⑤图纸和承包人文件

对图纸的提供、承包人提供的文件图纸、图纸的修改、图纸的错误以及图纸和承包人文件的保管分别进行了定义和描述。

⑥联络

规定与合同有关的通知、批准、证明、证书、指示、要求、请求、同意、意见、确定和决定等,均应采用书面形式,并且应在合同约定的期限内送达指定地点和接收人,办理签收手续。

⑦转让

界定了进行合同转让的前提及转让的限制条件。

⑧严禁贿赂

禁止合同双方当事人以贿赂或变相贿赂的方式，谋取不当利益或损害对方权益，并规定了相应的赔偿和法律责任。

⑨化石、文物

主要提出了在施工过程中发现化石、文物等应采取的相应措施、费用分担以及赔偿等。

⑩专利技术

针对专利技术相关责任、使用费及权限限制等进行了解释。

⑪图纸和文件的保密

由发包人或承包人任一方提供的图纸和文件，未经提供方同意，另一方不得为合同以外的目的泄露给他人或公开发表与引用。

（2）监理人

监理人是指在专用合同条款中指明的，受发包人委托对合同履行实施管理的法人或其他组织。监理工程师是指由监理人委派常驻施工场地对合同履行实施管理的全权负责人。

①职责和权力

a. 监理人

监理人受发包人委托，享有合同约定的权力。监理人发出的任何指示应视为已得到发包人的批准，但监理人无权免除或变更合同约定的发包人和承包人的权利、义务和责任。合同约定应由承包人承担的义务和责任，不因监理人的职务行为而减轻或解除。

b. 总监理工程师

发包人应在发出开工通知前将总监理工程师的任命通知承包人。总监理工程师更换时，须经发包人同意，应在调离14天前通知承包人。总监理工程师短期离开施工场地的，应委派代表代行其职责，并通知承包人。但承包人对监理人员发出的指令有疑问的，可向总监理工程师提出书面异议。

c. 监理人员

总监理工程师可以按照规定的程序授权其他监理人员负责执行其指派的一项或多项监理工作。被授权的监理人员在授权范围内发出的指令与总监理工程师的指令具有同等效力。监理人员对承包人的任何工作、工程或其采用的材料和工程设备未在约定的或合理的期限内提出否定意见的，视为已获批准，但不影响监理人在以后拒绝该项工作、工程、材料或工程设备的权利。

②监理人的指示

监理人在权责范围向承包人发出盖有监理人授权的施工场地机构章，并由总监理工程师或总监理工程师约定授权的监理人员签字的指示。承包人收到监理人以上指示后应遵照执行，指示构成变更的另按规定处理。在紧急情况下，总监理工程师或被授权的监理人员可以当场签发临时书面指示，承包人应遵照执行，但应在24小时内向监理人发出书面确认函。监理人在收到书面确认函后24小时内未予答复的，该书面确认函应被视为监理人的正式指示。除合同另有约定外，承包人只从总监理工程师或按规定被授权的监理人员处取得指示。由于监理人未能按合同约定发出指示、指示延误或指示错误而导致承包人费用增加和（或）工期延误的，由发包人承担赔偿责任。

③商定或确定

总监理工程师应与合同当事人协商，尽量达成一致。不能达成一致的，总监理工程师应认真研究后审慎确定。总监理工程师应将商定或确定的事项通知合同当事人，并附详细依据。对总监理工程师的确定有异议的，构成争议，按相关规定处理。在争议解决前，双方应暂按总监理工程师的确定执行,对总监理工程师的确定作出修改的,按修改后的结果执行。

2. 法律性条款

(1)合同条款与国家现行法律、法规的一致性

适用于合同的法律包括中华人民共和国法律、行政法规、部门规章,以及工程所在地的地方法规、自治条例、单行条例和地方政府规章。合同条款必须服从现行的法律、法规的规定。

(2)争议的解决

①争议的解决方式

发包人和承包人在履行合同中发生争议的,可以友好协商解决或者提请争议评审组评审。合同当事人友好协商解决不成、不愿提请争议评审或者不接受争议评审组意见的,可向约定的仲裁委员会申请仲裁或有管辖权的人民法院提起诉讼。

②友好解决

在提请争议评审、仲裁或者诉讼前,以及在争议评审、仲裁或诉讼过程中,发包人和承包人均可共同努力友好协商解决争议。

③争议评审

采用争议评审的,发包人和承包人应在开工日后的28天内或在争议发生后,协商成立争议评审组。争议评审组由有合同管理和工程实践经验的专家组成。合同双方的争议,应首先由申请人向争议评审组提交一份详细的评审申请报告,并附必要的文件、图纸和证明材料,申请人还应将上述报告的副本同时提交给被申请人和监理人。被申请人在收到申请人评审申请报告副本后的28天内,向争议评审组提交一份答辩报告,并附证明材料。被申请人应将答辩报告的副本同时提交给申请人和监理人。

除专用合同条款另有约定外,争议评审组在收到合同双方报告后的14天内,邀请双方代表和有关人员举行调查会,向双方调查争议细节;必要时争议评审组可要求双方进一步提供补充材料。在调查会结束后的14天内,争议评审组应在不受任何干扰的情况下进行独立、公正的评审,作出书面评审意见,并说明理由。在争议评审期间,争议双方暂按总监理工程师的确定执行。

发包人和承包人接受评审意见的,由监理人根据评审意见拟定执行协议,经争议双方签字后作为合同的补充文件,并遵照执行。发包人或承包人不接受评审意见,并要求提交仲裁或提起诉讼的,应在收到评审意见后的14天内将仲裁或起诉意向书面通知另一方,并抄送监理人,但在仲裁或诉讼结束前应暂按总监理工程师的确定执行。

(3)承包人

承包人是指与发包人签订合同协议书的当事人。

①一般义务

承包人的义务主要有遵守法律、依法纳税、完成各项承包工作、对施工作业和施工方法的完备性负责、保证工程施工和人员的安全负责、施工场地及其周边环境与生态的保护工作、避免施工对公众与他人的利益造成损害、为他人提供方便工程的维护和照管以及其他承包人应履行合同约定的义务等。

②履约担保

承包人应保证其履约担保在发包人颁发工程接收证书前一直有效。发包人应在工程接收证书颁发后28天内把履约担保退还给承包人。

③分包

承包人不得以任何形式将工程转包给第三人。承包人不得将工程主体、关键性工作分包给第三人。除专用合同条款另有约定外，未经发包人同意，承包人不得将工程的其他部分或工作分包给第三人。分包人的资格能力应与其分包工程的标准和规模相适应。按投标函附录约定分包工程的，承包人应向发包人和监理人提交分包合同副本。承包人应与分包人就分包工程向发包人承担连带责任。

④联合体

联合体各方应共同与发包人签订合同协议书。联合体各方应为履行合同承担连带责任。联合体协议经发包人确认后作为合同附件。在履行合同过程中，未经发包人同意，不得修改联合体协议。联合体牵头人负责与发包人和监理人联系，并接受指示，负责组织联合体各成员全面履行合同。

⑤承包人项目经理

承包人应按合同约定指派项目经理，并在约定的期限内到职。承包人更换项目经理应事先征得发包人同意，并应在更换14天前通知发包人和监理人。承包人项目经理短期离开施工场地，应事先征得监理人同意，并委派代表代行其职责。

承包人项目经理应按合同约定以及监理人按规定作出的指示，负责组织合同工程的实施。在情况紧急且无法与监理人取得联系时，可采取保证工程和人员生命财产安全的紧急措施，并在采取措施后24小时内向监理人提交书面报告。

承包人为履行合同发出的一切函件均应盖有承包人授权的施工场地管理机构章，并由承包人项目经理或其授权代表签字。承包人项目经理可以授权其下属人员履行其某项职责，但事先应将这些人员的姓名和授权范围通知监理人。

⑥承包人人员的管理

承包人应在接到开工通知后28天内，向监理人提交承包人在施工场地的管理机构以及人员安排的报告。承包人应向监理人提交施工场地人员变动情况的报告。承包人应向施工场地派遣或雇佣足够数量的具有一定资格或施工经验的人员。承包人安排在施工场地的主要管理人员和技术骨干应相对稳定，更换时应取得监理人同意。特殊岗位的工作人员均应持有相应的资格证明，监理人有权随时检查或现场考核。

⑦撤换承包人项目经理和其他人员

承包人应对其项目经理和其他人员进行有效管理。监理人要求撤换不能胜任本职工作、行为不端或玩忽职守的承包人项目经理和其他人员的，承包人应予以撤换。

⑧保障承包人人员的合法权益

承包人应与其雇佣的人员签订劳动合同，按时发放工资，并提供必要的食宿条件以及符合环境保护和卫生要求的生活环境。在远离城镇的施工场地，还应配备必要的伤病防治和急救的医务人员与医疗设施。

承包人应按劳动法的规定安排工作时间，因工程施工的特殊需要占用休假日或延长工作时间的，应不超过法律规定的限度，并按法律规定给予补休或付酬。承包人应按国家有关劳动保护的规定，采取有效地劳动保护措施。其雇佣人员在施工中受到伤害的，承包人应立即采取有效措施进行抢救和治疗。

承包人应按有关法律规定和合同约定，为其雇佣人员办理保险，并应负责处理其雇佣人员因工伤亡事故的善后事宜。

⑨工程价款应专款专用

发包人按合同约定支付给承包人的各项价款应专用于合同工程。

⑩承包人现场查勘

发包人应将其持有的现场地质勘探资料、水文气象资料提供给承包人,并对其准确性负责。但承包人应对其阅读上述有关资料后所作出的解释和推断负责。承包人应对施工场地和周围环境进行查勘,并收集有关地质、水文、气象条件、交通条件、风俗习惯以及其他为完成合同工作有关的当地资料。在全部合同工作中,应视为承包人已充分估计了应承担的责任和风险。

(4)开工与竣工

①开工

监理人应在开工日期7天前向承包人发出开工通知。监理人在发出开工通知前应获得发包人同意。工期自监理人发出的开工通知中载明的开工日期起计算。承包人应在开工日期后尽快施工。承包人应按约定的合同进度计划,向监理人提交工程开工报审表,经监理人审批后执行。开工报审表应详细说明按合同进度计划正常施工所需的施工道路、临时设施、材料设备、施工人员等施工组织措施的落实情况以及工程的进度安排。

②竣工

承包人应在双方约定的期限内完成合同工程。实际竣工日期在接收证书中写明。

③发包人的工期延误

在履行合同过程中,由于发包人引起的增加合同工作内容、改变合同中任何一项工作的质量要求或其他特性、迟延提供材料、工程设备或变更交货地点的、暂停施工、提供图纸延误、未按合同约定及时支付预付款和进度款等造成工期延误的,承包人有权要求发包人延长工期和(或)增加费用,并支付合理利润。需要修订合同进度计划的,按照进度计划相关的约定办理。

④异常恶劣的气候条件

由于出现专用合同条款规定的异常恶劣气候条件导致工期延误的,承包人有权要求发包人延长工期。

⑤承包人的工期延误

由于承包人原因,未能按合同进度计划完成工作,或监理人认为承包人施工进度不能满足合同工期要求的,承包人应采取措施加快进度,并承担加快进度所增加的费用。由于承包人原因造成工期延误,承包人应支付逾期竣工违约金。逾期竣工违约金的计算方法在专用合同条款中约定。承包人支付逾期竣工违约金,不免除承包人完成工程及修补缺陷的义务。

⑥工期提前

发包人要求承包人提前竣工,或承包人提出提前竣工的建议能够给发包人带来效益的,应由监理人与承包人共同协商采取加快工程进度的措施和修订合同进度计划。发包人应承担承包人由此增加的费用,并向承包人支付专用合同条款约定的相应奖金。

(5)暂停施工

①承包人暂停施工的责任

因承包人违约、承包人原因为工程合理施工和安全保障所必需的、承包人擅自暂停施工、承包人其他原因引起的暂停施工以及专用合同条款约定由承包人承担暂停施工的责任所增加的费用和(或)工期延误由承包人承担。

②发包人暂停施工的责任

由于发包人原因引起的暂停施工造成工期延误的,承包人有权要求发包人延长工期和

(或)增加费用,并支付合理利润。

③监理人暂停施工指示

监理人认为有必要时,可向承包人做出暂停施工的指示,承包人应按监理人指示暂停施工。由于发包人的原因发生暂停施工的紧急情况,且监理人未及时下达暂停施工指示的,承包人可先暂停施工,并及时向监理人提出暂停施工的书面请求。监理人应在接到书面请求后的24小时内予以答复,逾期未答复的,视为同意承包人的暂停施工请求。

④暂停施工后的复工

暂停施工后,监理人应与发包人和承包人协商,采取有效措施积极消除暂停施工的影响。当工程具备复工条件时,监理人应立即向承包人发出复工通知。承包人收到复工通知后,应在监理人指定的期限内复工。承包人无故拖延和拒绝复工的,由此增加的费用和工期延误由承包人承担;因发包人原因无法按时复工的,承包人有权要求发包人延长工期和(或)增加费用,并支付合理利润。

⑤暂停施工持续56天以上

监理人发出暂停施工指示后56天内未向承包人发出复工通知,除了该项停工属于承包人责任的情况外,承包人可向监理人提交书面通知,要求监理人在收到书面通知后28天内准许已暂停施工的工程或其中一部分工程继续施工。如监理人逾期不予批准,则承包人可以通知监理人,将工程受影响的部分视为按规定的可取消工作。如暂停施工影响到整个工程,可视为发包人违约,应按相关规定办理。

由于承包人责任引起的暂停施工,如承包人在收到监理人暂停施工指示后56天内不认真采取有效的复工措施,造成工期延误,可视为承包人违约,应按合同有关规定办理。

(6)保险

①工程保险

除专用合同条款另有约定外,承包人应以发包人和承包人的共同名义向双方同意的保险人投保建筑工程一切险、安装工程一切险。其具体的投保内容、保险金额、保险费率、保险期限等有关内容在专用合同条款中约定。

②人员工伤事故的保险

承包人应依照有关法律规定参加工伤保险,为其履行合同所雇佣的全部人员,缴纳工伤保险费,并要求其分包人也进行此项保险。

发包人应依照有关法律规定参加工伤保险,为其现场机构雇佣的全部人员,缴纳工伤保险费,并要求其监理人也进行此项保险。

③人身意外伤害险

发包人应在整个施工期间为其现场机构雇用的全部人员,投保人身意外伤害险,缴纳保险费,并要求其监理人也进行此项保险。承包人应在整个施工期间为其现场机构雇用的全部人员,投保人身意外伤害险,缴纳保险费,并要求其分包人也进行此项保险。

④第三者责任险

第三者责任系指在保险期内,对因工程意外事故造成的、依法应由被保险人负责的工地上及毗邻地区的第三者人身伤亡、疾病或财产损失(本工程除外),以及被保险人因此而支付的诉讼费用和事先经保险人书面同意支付的其他费用等赔偿责任。在缺陷责任期终止证书颁发前,承包人应以承包人和发包人的共同名义,投保第三者责任险,其保险费率、保险金额等有关内容在专用合同条款中约定。

⑤其他保险

除专用合同条款另有约定外,承包人应为其施工设备、进场的材料和工程设备等办理保险。

⑥对各项保险的一般要求

承包人应在专用合同条款约定的期限内向发包人提交各项保险生效的证据和保险单副本,保险单必须与专用合同条款约定的条件保持一致。承包人需要变动保险合同条款时,应事先征得发包人同意,并通知监理人。保险人作出变动的,承包人应在收到保险人通知后立即通知发包人和监理人。承包人应与保险人保持联系,使保险人能够随时了解工程实施中的变动,并确保按保险合同条款要求持续保险。保险金不足以补偿损失的,应由承包人和(或)发包人按合同约定负责补偿。当保险事故发生时,投保人应按照保险单规定的条件和期限及时向保险人报告。

3. 商务条款

(1)支付

①预付款

预付款用于承包人为合同工程施工购置材料、工程设备、施工设备、修建临时设施以及组织施工队伍进场等。预付款的额度和预付办法在专用合同条款中约定。除专用合同条款另有约定外,承包人应在收到预付款的同时向发包人提交预付款保函,预付款保函的担保金额应与预付款金额相同。预付款在进度付款中扣回,扣回办法在专用合同条款中约定。在颁发工程接收证书前,由于不可抗力或其他原因解除合同时,预付款尚未扣清的,尚未扣清的预付款余额应作为承包人的到期应付款。

②工程进度付款

付款周期同计量周期。承包人应在每个付款周期末,按监理人批准的格式和专用合同条款约定的份数,向监理人提交进度付款申请单,并附相应的支持性证明文件。

监理人在收到承包人进度付款申请单以及相应的支持性证明文件后的14天内完成核查,提出发包人到期应支付给承包人的金额以及相应的支持性材料,经发包人审查同意后,由监理人向承包人出具经发包人签认的进度付款证书。发包人应在监理人收到进度付款申请单后的28天内,将进度应付款支付给承包人。发包人不按期支付的,按专用合同条款的约定支付逾期付款违约金。进度付款涉及政府投资资金的,按照国库集中支付等国家相关规定和专用合同条款的约定办理。在对以往历次已签发的进度付款证书进行汇总和复核中发现错、漏或重复的,监理人有权予以修正,承包人也有权提出修正申请。经双方复核同意的修正,应在本次进度付款中支付或扣除。

③质量保证金

监理人应从第一个付款周期开始,在发包人的进度付款中,按专用合同条款的约定扣留质量保证金,直至扣留的质量保证金总额达到专用合同条款约定的金额或比例为止。质量保证金的计算额度不包括预付款的支付、扣回以及价格调整的金额。

在约定的缺陷责任期满时,承包人向发包人申请到期应返还承包人剩余的质量保证金金额,发包人应在14天内会同承包人按照合同约定的内容核实承包人是否完成缺陷责任。如无异议,发包人应当在核实后将剩余保证金返还承包人。在缺陷责任期满时,承包人没有完成缺陷责任的,发包人有权扣留与未履行责任剩余工作所需金额相应的质量保证金余额,并有权根据合同约定要求延长缺陷责任期,直至完成剩余工作为止。

④竣工结算

工程接收证书颁发后,承包人应按专用合同条款约定的份数和期限向监理人提交竣工付款申请单,并提供相关证明材料。监理人对竣工付款申请单有异议的,有权要求承包人进行修正和提供补充资料。经监理人和承包人协商后,由承包人向监理人提交修正后的竣工付款申请单。

监理人在收到承包人提交的竣工付款申请单后的14天内完成核查,提出发包人到期应支付给承包人的价款送发包人审核并抄送承包人。发包人应在收到后14天内审核完毕,由监理人向承包人出具经发包人签认的竣工付款证书。监理人未在约定时间内核查,又未提出具体意见的,视为承包人提交的竣工付款申请单已经监理人核查同意;发包人未在约定时间内审核又未提出具体意见的,监理人提出发包人到期应支付给承包人的价款视为已经发包人同意。发包人应在监理人出具竣工付款证书后的14天内,将应支付款支付给承包人。发包人不按期支付的,按合同约定将逾期付款违约金支付给承包人。承包人对发包人签认的竣工付款证书有异议的,发包人可出具竣工付款申请单中承包人已同意部分的临时付款证书。

⑤最终结清

缺陷责任期终止证书签发后,承包人可按专用合同条款约定的份数和期限向监理人提交最终结清申请单,并提供相关证明材料。发包人对最终结清申请单内容有异议的,有权要求承包人进行修正和提供补充资料,由承包人向监理人提交修正后的最终结清申请单。

监理人收到承包人提交的最终结清申请单后的14天内,提出发包人应支付给承包人的价款送发包人审核并抄送承包人。发包人应在收到后14天内审核完毕,由监理人向承包人出具经发包人签认的最终结清证书。监理人未在约定时间内核查,又未提出具体意见的,视为承包人提交的最终结清申请已经监理人核查同意;发包人未在约定时间内审核又未提出具体意见的,监理人提出应支付给承包人的价款视为已经发包人同意。发包人应在监理人出具最终结清证书后的14天内,将应支付款支付给承包人。发包人不按期支付的,按合同退订将逾期付款违约金支付给承包人。

(2)暂列金额

已标价工程量清单中所列的暂列金额,用于在签订协议书时尚未确定或不可预见变更的施工及其所需材料、工程设备、服务等的金额,包括以计日工方式支付的金额。暂列金额只能按照监理人的指示使用,并对合同价格进行相应调整。采用计日工计价的任何一项变更工作,应从暂列金额中支付。

(3)暂估价

发包人在工程量清单中给定暂估价的材料、工程设备和专业工程属于依法必须招标的范围并达到规定的规模标准的,由发包人和承包人以招标的方式选择供应商或分包人。中标金额与工程量清单中所列的暂估价的金额差以及相应的税金等其他费用列入合同价格。

若给定暂估价的材料和工程设备不属于依法必须招标的范围或未达到规定的规模标准的,应由承包人按合同固定提供。经监理人确认的材料、工程设备的价格与工程量清单中所列的暂估价的金额差以及相应的税金等其他费用列入合同价格。

若给定暂估价的专业工程不属于依法必须招标的范围或未达到规定的规模标准的,由监理人按合同规定进行估价,但专用合同条款另有约定的除外。经估价的专业工程与工程量清单中所列的暂估价的金额差以及相应的税金等其他费用列入合同价格。

(4)承包人违约

①承包人违约的情形

承包人违反约定,私自将合同的全部或部分权利转让给其他人,或私自将合同的全部或部分义务转移给其他人;或未经监理人批准,私自将已按合同约定进入施工场地的施工设备、临时设施或材料撤离施工场地;或违反合同约定使用了不合格材料或工程设备,工程质量达不到标准要求,又拒绝清除不合格工程;或未能按合同进度计划及时完成合同约定的工作,已造成或预期造成工期延误;或在缺陷责任期内,未能对工程接收证书所列的缺陷清单的内容或缺陷责任期内发生的缺陷进行修复,而又拒绝按监理人指示再进行修补;再或者是无法继续履行或明确表示不履行或实质上已停止履行合同等其他不按合同约定履行义务的情况。

②对承包人违约的处理

若承包人无法继续履行或明确表示不履行或实质上已停止履行,合同发包人可通知承包人立即解除合同,并按有关法律处理。除此以外的其他违约情况时,监理人可向承包人发出整改通知,要求其在指定的期限内改正。承包人应承担其违约所引起的费用增加和(或)工期延误。经检查证明承包人已采取了有效措施纠正违约行为,具备复工条件的,可由监理人签发复工通知复工。

③承包人违约解除合同

监理人发出整改通知 28 天后,承包人仍不纠正违约行为的,发包人可向承包人发出解除合同通知。合同解除后,发包人可派员进驻施工场地,另行组织人员或委托其他承包人施工。发包人因继续完成该工程的需要,有权扣留使用承包人在现场的材料、设备和临时设施。但发包人的这一行动不免除承包人应承担的违约责任,也不影响发包人根据合同约定享有的索赔权利。

④合同解除后的估价、付款和结清

合同解除后,监理人按合同规定商定或确定承包人实际完成工作的价值,以及承包人已提供的材料、施工设备、工程设备和临时工程等的价值。发包人应暂停对承包人的一切付款,查清各项付款和已扣款金额,包括承包人应支付的违约金。同时发包人应按合同约定向承包人索赔由于解除合同给发包人造成的损失。合同双方确认上述往来款项后,出具最终结清付款证书,结清全部合同款项。

⑤协议利益的转让

因承包人违约解除合同的,发包人有权要求承包人将其为实施合同而签订的材料和设备的订货协议或任何服务协议利益转让给发包人,并在解除合同后的 14 天内,依法办理转让手续。

⑥紧急情况下无能力或不愿进行抢救

在工程实施期间或缺陷责任期内发生危及工程安全的事件,监理人通知承包人进行抢救,承包人声明无能力或不愿立即执行的,发包人有权雇佣其他人员进行抢救。此类抢救按合同约定属于承包人义务的,由此发生的金额和(或)工期延误由承包人承担。

(5)发包人违约

①发包人违约的情形

发包人未能按合同约定支付预付款或合同价款,或拖延、拒绝批准付款申请和支付凭证,导致付款延误的;发包人原因造成停工的;监理人无正当理由没有在约定期限内发出复工指示,导致承包人无法复工的;发包人无法继续履行或明确表示不履行或实质上已停止履行合同的;发包人不履行合同约定其他义务的。

②承包人有权暂停施工

除了发包人无法继续履行或明确表示不履行或实质上已停止履行合同的情形以外,承包人可向发包人发出通知,要求发包人采取有效措施纠正违约行为。发包人收到承包人通知后的28天内仍不履行合同义务,承包人有权暂停施工,并通知监理人,发包人应承担由此增加的费用和(或)工期延误,并支付承包人合理利润。

③发包人违约解除合同

发包人无法继续履行或明确表示不履行或实质上已停止履行合同时,承包人可书面通知发包人解除合同。承包人可按规定暂停施工28天后,发包人仍不纠正违约行为的,承包人可向发包人发出解除合同通知。但承包人的这一行动不免除发包人承担的违约责任,也不影响承包人根据合同约定享有的索赔权利。

④解除合同后的付款

因发包人违约解除合同的,发包人应在解除合同后28天内向承包人支付下列金额,承包人应在此期限内及时向发包人提交要求支付相关金额的有关资料和凭证。发包人应按约定支付相关金额并退还质量保证金和履约担保,但有权要求承包人支付应偿还给发包人的各项金额。

⑤解除合同后的承包人撤离

因发包人违约而解除合同后,承包人应妥善做好已竣工工程和已购材料、设备的保护和移交工作,按发包人要求将承包人设备和人员撤出施工场地。

(6)价格调整

①物价波动引起的价格调整

因人工、材料和设备等价格波动影响合同价格时,可采用价格指数或造价信息调整价格差额。

②法律变化引起的价格调整

在基准日后,因法律变化导致承包人在合同履行中所需要的工程费用发生除第16.1款约定以外的增减时,监理人应根据法律、国家或省、自治区、直辖市有关部门的规定,按商定或确定需调整的合同价款。

(7)索赔

①承包人的索赔

a.索赔的提出

根据合同约定,承包人认为有权得到追加付款和(或)延长工期的,应按以下程序向发包人提出索赔:

a)承包人应在知道或应当知道索赔事件发生后28天内,向监理人递交索赔意向通知书,并说明发生索赔事件的事由。承包人未在前述28天内发出索赔意向通知书的,丧失要求追加付款和(或)延长工期的权利;

b)承包人应在发出索赔意向通知书后28天内,向监理人正式递交索赔通知书。索赔通知书应详细说明索赔理由以及要求追加的付款金额和(或)延长的工期,并附必要的记录和证明材料;

c)索赔事件具有连续影响的,承包人应按合理时间间隔继续递交延续索赔通知,说明连续影响的实际情况和记录,列出累计的追加付款金额和(或)工期延长天数;

d)在索赔事件影响结束后的28天内,承包人应向监理人递交最终索赔通知书,说明最终要求索赔的追加付款金额和延长的工期,并附必要的记录和证明材料。

b.承包人索赔处理程序

a)监理人收到承包人提交的索赔通知书后,应及时审查索赔通知书的内容、查验承包人的记录和证明材料,必要时监理人可要求承包人提交全部原始记录副本。

b)监理人应按合同约定商定或确定追加的付款和(或)延长的工期,并在收到上述索赔通知书或有关索赔的进一步证明材料后的42天内,将索赔处理结果答复承包人。

c)承包人接受索赔处理结果的,发包人应在作出索赔处理结果答复后28天内完成赔付。承包人不接受索赔处理结果的,另行办理。

c.承包人提出索赔的期限

承包人按合同约定接受了竣工付款证书后,应被认为已无权再提出在合同工程接收证书颁发前所发生的任何索赔。承包人按合同约定提交的最终结清申请单中,只限于提出工程接收证书颁发后发生的索赔。提出索赔的期限自接受最终结清证书时终止。

②发包人的索赔

发生索赔事件后,监理人应及时书面通知承包人,详细说明发包人有权得到的索赔金额和(或)延长缺陷责任期的细节和依据。发包人提出索赔的期限和要求与合同约定相同,延长缺陷责任期的通知应在缺陷责任期届满前发出。监理人按约定商定或确定发包人从承包人处得到赔付的金额和(或)缺陷责任期的延长期。承包人应付给发包人的金额可从拟支付给承包人的合同价款中扣除,或由承包人以其他方式支付给发包人。

4.技术性条款

(1)测量放线

①施工控制网

发包人应在专用合同条款约定的期限内,通过监理人向承包人提供测量基准点、基准线和水准点及其书面资料。除专用合同条款另有约定外,承包人应根据规定测设施工控制网,并在专用合同条款约定的期限内,将施工控制网资料报送监理人审批。承包人应负责管理施工控制网点。施工控制网点丢失或损坏的,承包人应及时修复,并承担相应费用。

②施工测量

承包人应负责施工过程中的全部施工测量放线工作,并配置合格的人员、仪器、设备和其他物品。监理人可以指示承包人进行抽样复测,当复测中发现错误或出现超过合同约定的误差时,承包人应按监理人指示进行修正或补测,并承担相应的复测费用。

③基准资料错误的责任

发包人应对其提供的测量基准点、基准线和水准点及其书面资料的真实性、准确性和完整性负责。否则造成返工或造成工程损失的,发包人应当承担由此增加的费用和(或)工期延误,并向承包人支付合理利润。承包人发现发包人提供的上述基准资料存在明显错误或疏忽的,应及时通知监理人。

④监理人使用施工控制网

监理人需要使用施工控制网的,承包人应提供必要的协助,发包人不再为此支付费用。

(2)试验和检验

①材料、工程设备和工程的试验和检验

承包人应按合同约定进行材料、工程设备和工程的试验和检验,并为监理人提供必要的试验资料和原始记录。按合同约定应由监理人与承包人共同进行试验和检验的,由承包人负责提供必要的试验资料和原始记录。

监理人未按合同约定派员参加试验和检验的,除监理人另有指示外,承包人可自行试验和检验,并应立即将试验和检验结果报送监理人,监理人应签字确认。

监理人可以依据合理的理由要求承包人重新试验和检验的,按合同约定由监理人与承包人共同进行。其结果证明质量不符合合同要求的,由此增加的费用和(或)工期延误由承包人承担;结果证明质量符合合同要求,由发包人承担由此增加的费用和(或)工期延误,并支付承包人合理利润。

②现场材料试验

承包人根据合同约定或监理人指示进行的现场材料试验,应由承包人提供试验场所、试验人员、试验设备器材以及其他必要的试验条件。监理人在必要时可以使用承包人的试验条件进行以工程质量检查为目的的复核性材料试验,承包人应予以协助。

③现场工艺试验

承包人应按合同约定或监理人指示进行现场工艺试验。对大型的现场工艺试验,监理人认为必要时,应由承包人提出并编制工艺试验措施计划,报送监理人审批。

(3)进度计划

①合同进度计划

承包人应按专用合同条款约定的内容和期限,编制详细的施工进度计划和施工方案说明报送监理人。监理人应在专用合同条款约定的期限内批复或提出修改意见,否则该进度计划视为已得到批准。经监理人批准的施工进度计划称合同进度计划,是控制合同工程进度的依据。承包人还应根据合同进度计划,编制更为详细的分阶段或分项进度计划,报监理人审批。

②合同进度计划的修订

不论何种原因造成工程的实际进度与合同进度计划不符时,承包人可以在专用合同条款约定的期限内向监理人提交修订合同进度计划的申请报告,并附有关措施和相关资料,报监理人审批;监理人也可以直接向承包人做出修订合同进度计划的指示,承包人应按该指示修订合同进度计划,报监理人审批。监理人应在专用合同条款约定的期限内批复。监理人在批复前应获得发包人同意。

(4)工程质量

①工程质量要求

工程质量验收按合同约定验收标准执行。因承包人原因造成工程质量达不到合同约定验收标准的,监理人有权要求承包人返工直至符合合同要求为止,由此造成的费用增加和(或)工期延误由承包人承担。因发包人原因造成工程质量达不到合同约定验收标准的,发包人应承担由于承包人返工造成的费用增加和(或)工期延误,并支付承包人合理利润。

②承包人的质量管理

承包人应在施工场地设置专门的质量检查机构,配备专职质量检查人员,建立完善的质量检查制度。承包人应在合同约定的期限内,提交工程质量保证措施文件,包括质量检查机构的组织和岗位责任、质检人员的组成、质量检查程序和实施细则等,报送监理人审批。

承包人应加强对施工人员的质量教育和技术培训,定期考核施工人员的劳动技能,严格执行规范和操作规程。

③承包人的质量检查

承包人应按合同约定对材料、工程设备以及工程的所有部位及其施工工艺进行全过程的质量检查和检验,并作详细记录,编制工程质量报表,报送监理人审查。

④监理人的质量检查

监理人有权对工程的所有部位及其施工工艺、材料和工程设备进行检查和检验。承包人应为监理人的检查和检验提供方便,包括监理人到施工场地,或制造、加工地点,或合同约定的其他地方进行察看和查阅施工原始记录。承包人还应按监理人指示,进行施工场地取样试验、工程复核测量和设备性能检测,提供试验样品、提交试验报告和测量成果以及监理人要求进行的其他工作。监理人的检查和检验,不免除承包人按合同约定应负的责任。

⑤工程隐蔽部位覆盖前的检查

经承包人自检确认的工程隐蔽部位具备覆盖条件后,承包人应通知监理人在约定的期限内检查。经监理人检查确认质量符合隐蔽要求,并在检查记录上签字后,承包人才能进行覆盖。监理人检查确认质量不合格的,承包人应在监理人指示的时间内修整返工后,由监理人重新检查。

监理人未到场检查,除监理人另有指示外,承包人可自行完成覆盖工作并作相应记录报送监理人,监理人应签字确认。监理人事后对检查记录有疑问的,可按合同约定重新检查。

承包人合同规定覆盖工程隐蔽部位后,监理人对质量有疑问的,可要求承包人对已覆盖的部位进行钻孔探测或揭开重新检验,承包人应遵照执行,并在检验后重新覆盖恢复原状。经检验证明工程质量符合合同要求的,由发包人承担由此增加的费用和(或)工期延误,并支付承包人合理利润;经检验证明工程质量不符合合同要求的,由此增加的费用和(或)工期延误由承包人承担。

若承包人私自将工程隐蔽部位覆盖的,监理人有权指示承包人钻孔探测或揭开检查,由此增加的费用和(或)工期延误由承包人承担。

⑥清除不合格工程

承包人使用不合格材料、工程设备,或采用不适当的施工工艺,或施工不当,造成工程不合格的,监理人可以随时发出指示,要求承包人立即采取措施进行补救,直至达到合同要求的质量标准,由此增加的费用和(或)工期延误由承包人承担。

由于发包人提供的材料或工程设备不合格造成的工程不合格,需要承包人采取措施补救的,发包人应承担由此增加的费用和(或)工期延误,并支付承包人合理利润。

(5)变更

①变更的范围和内容

除专用合同条款另有约定外,在履行合同中发生以下情形之一,应进行变更。

a. 取消合同中任何一项工作,但被取消的工作不能转由发包人或其他人实施;

b. 改变合同中任何一项工作的质量或其他特性;

c. 改变合同工程的基线、标高、位置或尺寸;

d. 改变合同中任何一项工作的施工时间或改变已批准的施工工艺或顺序;

e. 为完成工程需要追加的额外工作。

②变更权

在履行合同过程中,经发包人同意,监理人可按合同约定的变更程序向承包人作出变更指示,承包人应遵照执行。没有监理人的变更指示,承包人不得擅自变更。

③变更程序

a. 变更提出

在合同履行过程中,可能发生产生变更情形时,监理人可向承包人发出变更意向书。发包人同意承包人根据变更意向书要求提交的变更实施方案的,由监理人发出变更指示。

承包人收到监理人按合同约定发出的图纸和文件,经检查认为其中存在可变更的情形时,可向监理人提出书面变更建议。监理人收到承包人书面建议后,应与发包人共同研究,确认存在变更的,应在收到承包人书面建议后的14天内作出变更指示。经研究后不同意作为变更的,应由监理人书面答复承包人。若承包人收到监理人的变更意向书后认为难以实施此项变更,应立即通知监理人,说明原因并附详细依据。监理人与承包人和发包人协商后确定撤销、改变或不改变原变更意向书。

b. 变更估价

除专用合同条款对期限另有约定外,承包人应在收到变更指示或变更意向书后的14天内,向监理人提交变更报价书。变更工作影响工期的,承包人应提出调整工期的具体细节。监理人认为有必要时,可要求承包人提交要求提前或延长工期的施工进度计划及相应施工措施等详细资料。除专用合同条款对期限另有约定外,监理人收到承包人变更报价书后的14天内,按合同规定商定或确定变更价格。

c. 变更指示

变更指示只能由监理人发出。承包人收到变更指示后,应按变更指示进行变更工作。

④变更的估价原则

除专用合同条款另有约定外,因变更引起的价格调整按照如下原则处理:已标价工程量清单中有适用于变更工作的子目的,采用该子目的单价;已标价工程量清单中无适用于变更工作的子目,但有类似子目的,可在合理范围内参照类似子目的单价,由监理人商定或确定变更工作的单价;已标价工程量清单中无适用或类似子目的单价,可按照成本加利润的原则,由监理人商定或确定变更工作的单价。

(6)计量

计量采用国家法定的计量单位。工程量清单中的工程量计算规则应按有关国家标准、行业标准的规定,并在合同中约定执行。除专用合同条款另有约定外,单价子目已完成工程量按月计量,总价子目的计量周期按批准的支付分解报告确定。

单价子目的计量时,结算工程量是承包人实际完成的,并按合同约定的计量方法进行计量的工程量。承包人对已完成的工程进行计量,向监理人提交进度付款申请单、已完成工程量报表和有关计量资料。监理人对承包人提交的工程量报表进行复核,以确定实际完成的工程量。监理人认为有必要时,可通知承包人共同进行联合测量、计量,承包人应遵照执行。承包人完成工程量清单中每个子目的工程量后,监理人应要求承包人派员共同对每个子目的历次计量报表进行汇总,以核实最终结算工程量。监理人应在收到承包人提交的工程量报表后的7天内进行复核,监理人未在约定时间内复核的,承包人提交的工程量报表中的工程量视为承包人实际完成的工程量,据此计算工程价款。

总价子目的计量时,除专用合同另行规定外,总价子目的计量和支付应以总价为基础,不因价格调整中的因素而进行调整。承包人实际完成的工程量,是进行工程目标管理和控制进度支付的依据。承包人在合同约定的每个计量周期内,对已完成的工程进行计量,并向监理人提交进度付款申请单、专用合同条款约定的合同总价支付分解表所表示的阶段性或分项计量的支持性资料,以及所达到工程形象目标或分阶段需完成的工程量和有关计量资料。监理人对承包人提交的上述资料进行复核,以确定分阶段实际完成的工程量和工程形象目标。对其有异议的,可要求承包人按合同约定进行共同复核和抽样复测。除合同规定的变更外,总价子目的工程量是承包人用于结算的最终工程量。

(7)竣工验收

①竣工验收的含义

竣工验收指承包人完成了全部合同工作后,发包人按合同要求进行的验收。国家验收是政府有关部门根据法律、规范、规程和政策要求,针对发包人全面组织实施的整个工程正式交付投运前的验收。需要进行国家验收的,竣工验收是国家验收的一部分。竣工验收所采用的各项验收和评定标准应符合国家验收标准。发包人和承包人为竣工验收提供的各项竣工验收资料应符合国家验收的要求。

②竣工验收申请报告

当工程具备以下条件时,承包人即可向监理人报送竣工验收申请报告:

a. 除监理人同意列入缺陷责任期内完成的尾工(甩项)工程和缺陷修补工作外,合同范围内的全部单位工程以及有关工作均已完成,并符合合同要求;

b. 已按合同约定的内容和份数备齐了符合要求的竣工资料;

c. 已按监理人的要求编制了在缺陷责任期内完成的相应工作清单以及施工计划;

d. 监理人要求在竣工验收前应完成的其他工作;

e. 监理人要求提交的竣工验收资料清单。

③验收

监理人收到承包人按约定提交的竣工验收申请报告后,应审查申请报告的各项内容,并按根据具体情况进行处理。

监理人审查后认为尚不具备竣工验收条件的,应在收到竣工验收申请报告后的28天内通知承包人,指出在颁发接收证书前承包人还需进行的工作内容。承包人完成监理人通知的全部工作内容后,应再次提交竣工验收申请报告,直至监理人同意为止。

监理人审查后认为已具备竣工验收条件的,应在收到竣工验收申请报告后的28天内提请发包人进行工程验收。

发包人经过验收后同意接受工程的,应在监理人收到竣工验收申请报告后的56天内,由监理人向承包人出具经发包人签认的工程接收证书。发包人验收后同意接收工程但提出整修和完善要求的,限期修好,并缓发工程接收证书。整修和完善工作完成后,监理人复查达到要求的,经发包人同意后,再向承包人出具工程接收证书。

发包人验收后不同意接收工程的,监理人应按照发包人的验收意见发出指示,要求承包人对不合格工程认真返工重作或进行补救处理,并承担由此产生的费用。承包人在完成不合格工程的返工重作或补救工作后,应重新提交竣工验收申请报告。

除专用合同条款另有约定外,经验收合格工程的实际竣工日期,以提交竣工验收申请报告的日期为准,并在工程接收证书中写明。发包人在收到承包人竣工验收申请报告56天后未进行验收的,视为验收合格,实际竣工日期以提交竣工验收申请报告的日期为准,但发包人由于不可抗力不能进行验收的除外。

④单位工程验收

发包人根据合同进度计划安排,在全部工程竣工前需要使用已经竣工的单位工程时,或承包人提出经发包人同意时,可进行单位工程验收。验收合格后,由监理人向承包人出具经发包人签认的单位工程验收证书。已签发单位工程接收证书的单位工程由发包人负责照管。单位工程的验收成果和结论作为全部工程竣工验收申请报告的附件。发包人在全部工程竣工前,使用已接收的单位工程导致承包人费用增加的,发包人应承担由此增加的费用和(或)工期延误,并支付承包人合理利润。

⑤施工期运行

施工期运行是指合同工程尚未全部竣工,其中某项或某几项单位工程或工程设备安装已竣工,根据专用合同条款约定,需要投入施工期运行的,经发包人验收合格,证明能确保安全后,才能在施工期投入运行。在施工期运行中发现工程或工程设备损坏或存在缺陷的,由承包人按合同规定进行修复。

⑥试运行

除专用合同条款另有约定外,承包人应按专用合同条款约定进行工程及工程设备试运行,负责提供试运行所需的人员、器材和必要的条件,并承担全部试运行费用。由于承包人的原因导致试运行失败的,承包人应采取措施保证试运行合格,并承担相应费用。由于发包人的原因导致试运行失败的,承包人应当采取措施保证试运行合格,发包人应承担由此产生的费用,并支付承包人合理利润。

⑦竣工清场

除合同另有约定外,工程接收证书颁发后,承包人应对施工场地进行清理,直至监理人检验合格为止。竣工清场费用由承包人承担。承包人未按监理人的要求恢复临时占地,或者场地清理未达到合同约定的,发包人有权委托其他人恢复或清理,所发生的金额从拟支付给承包人的款项中扣除。

⑧施工队伍的撤离

工程接收证书颁发后的56天内,除了经监理人同意需在缺陷责任期内继续工作和使用的人员、施工设备和临时工程外,其余的人员、施工设备和临时工程均应撤离施工场地或拆除。除合同另有约定外,缺陷责任期满时,承包人的人员和施工设备应全部撤离施工场地。

(8)缺陷责任与保修责任

①缺陷责任期的起算时间

缺陷责任期自实际竣工日期起计算。在全部工程竣工验收前,已经发包人提前验收的单位工程,其缺陷责任期的起算日期相应提前。

②缺陷责任

承包人应在缺陷责任期内对已交付使用的工程承担缺陷责任。缺陷责任期内,发包人对已接收使用的工程负责日常维护工作。发包人在使用过程中,发现已接收的工程存在新的缺陷或已修复的缺陷部位或部件又遭损坏的,承包人应负责修复,直至检验合格为止。

监理人和承包人应共同查清缺陷和(或)损坏的原因。经查明属承包人原因造成的,应由承包人承担修复和查验的费用。经查验属发包人原因造成的,发包人应承担修复和查验的费用,并支付承包人合理利润。

承包人不能在合理时间内修复缺陷的,发包人可自行修复或委托其他人修复。

③缺陷责任期的延长

由于承包人原因造成某项缺陷或损坏使某项工程或工程设备不能按原定目标使用而需要再次检查、检验和修复的,发包人有权要求承包人相应延长缺陷责任期,但缺陷责任期最长不超过2年。

④进一步试验和试运行

任何一项缺陷或损坏修复后,经检查证明其影响了工程或工程设备的使用性能,承包人应重新进行合同约定的试验和试运行,试验和试运行的全部费用应由责任方承担。

⑤承包人的进入权

缺陷责任期内承包人为缺陷修复工作需要,有权进入工程现场,但应遵守发包人的保安和保密规定。

⑥缺陷责任期终止证书

在缺陷责任期内,包括延长的期限终止后14天内,由监理人向承包人出具经发包人签认的缺陷责任期终止证书,并退还剩余的质量保证金。

⑦保修责任

合同当事人根据有关法律规定,在专用合同条款中约定工程质量保修范围、期限和责任。保修期自实际竣工日期起计算。在全部工程竣工验收前,已经发包人提前验收的单位工程,其保修期的起算日期相应提前。

三、公路工程专用合同条款的主要内容

公路工程专用合同条款是在通用条款中明确指出要在合同专用条款中予以具体规定的数据、信息以及与工程所在地具体情况有关的规定,是合同不可缺少的部分。公路工程专用合同条款是对通用合同条款的进一步细化及补充,条款的编号必须和合同通用条款的保持一致。

专用合同条款是以监理人作为发包人授权的合同管理者对合同实施管理,监理人的具体权限范围,由发包人根据合同管理的需要确定。

1. 公路工程专用合同条款设立的基本情况

(1)通用合同条款中条款指明,该部分内容需在专用条款中予以具体明确规定的内容。例如通用合同条款中第1.1.3.4条指出,"单位工程指专用合同条款中指明特定范围的永久工程",那么,在专用条款中就必须具体"单位工程指在建设项目中,根据签订的合同,具有独立施工条件的工程"。

(2)通用合同部分条款中指示不明或者释义比较简略,在专用条款中予以进一步细化。例如通用合同条款中第1.6.4条"图纸的错误"指出,"承包人发现发包人提供的图纸存在明显错误或疏忽,应及时通知监理人",那么在专用条款中将该条款进行细化,规定为"当承包人在查阅合同文件或在本合同工程实施过程中,发现有关的工程设计、技术规范、图纸或其他资料中的任何差错、遗漏或缺陷后,应及时通知监理人。监理人接到该通知后,应立即就此做出决定,并通知承包人和发包人"。

(3)通用合同条款中注重共性,难免忽略部分细节条款,专用条款中需增加约定的补充条款。例如专用条款在通用条款第24条"争议的解决"条款中,针对适用于采用仲裁方式最终解决争议的项目增添了第24.4、第24.5款,"24.4 仲裁——对于未能友好解决或通过争议评审解决的争议,发包人或承包人任一方均有权提交给约定的仲裁委员会仲裁。仲裁可在交工之前或之后进行,但发包人、监理人和承包人各自的义务不得因在工程实施期间进行仲裁而有所改变。如果仲裁是在终止合同的情况下进行,则对合同工程应采取保护措施,措施费由败诉方承担。仲裁裁决是终局性的并对发包人和承包人双方具有约束力。全部仲裁费用应由败诉方承担;或按仲裁员会裁决的比例分担。""24.5 仲裁的执行——任何一方不履行仲裁机构的裁决的,对方可以向有管辖权的人民法院申请执行。任何一方提出证据证明裁决有《中华人民共

和国仲裁法》第五十八条规定情形之一的,可以向仲裁委员会所在地的中级人民法院申请撤销裁决。人民法院认定执行该裁决违背社会公共利益的的,裁定不予执行。仲裁裁决被人民法院裁定不予执行的,当事人可以根据双方达成的书面仲裁协议重新申请仲裁,也可以向人民法院起诉。

2. 公路工程专用合同条款主要针对以下内容进一步明确或细化

(1)一般约定

①词语定义

合同条款的技术标准、已标价工程量清单,工程和设备条款的单位工程、永久占地和临时占地。

②图纸和承包人文件

图纸的提供、承包人提供的文件。

(2)承包人

①承包人的一般义务:工程的维护和照管、其他义务;

②承包人员中主要管理人员和技术骨干的管理;

③撤换承包人项目经理和其他人员;

④工程价款应专款专用;

⑤承包人现场查勘;

⑥承包人遇不利物质条件的处理。

(3)施工设备和临时设施

①承包人提供的施工设备和临时设施中费用承担;

②要求承包人增加或更换施工设备的处理方法及费用承担。

(4)交通运输

道路通行权和场外设施中相关手续的办理人及相应费用承担者。

(5)施工安全、治安保卫和环境保护

承包人的施工安全责任及安全生产费用的计算。

(6)工程质量

①工程质量验收依据;

②清除不合格工程的处理。

(7)变更

①变更的范围和内容;

②变更的估价原则;

③承包人的合理化建议奖励。

(8)暂列金额

(9)价格调整

①物价波动引起的价格调整处理原则;

②定值权重计算方法;

③采用价格调整公式进行调价的规定。

(10)计量与支付

①计量方法及单价子目的计量;

②预付款、预付款保函及预付款的扣回与还清;

③发包人不按期支付的处理;
④质量保证金的计算及扣留;
⑤竣工结算的竣工付款申请单;
⑥最终结清的最终结清申请单。

(11)保险
①投保内容、保险金额、保险费率、保险期限等;
②第三者责任险的保险费率和保险金额;
③其他保险的计算及投保;
④保险生效的证据和保险单副本的期限;
⑤对各项保险的一般要求。

(12)不可抗力
①不可抗力的具体内容;
②因不可抗力解除合同的处理。

(13)违约
①承包人违约的情形;
②对承包人违约的处理;
③解除合同后的付款。

(14)索赔
①最终索赔通知书的处理;
②承包人索赔处理程序。

3. 公路工程专用合同条款主要针对以下内容进行补充

(1)一般约定
①词语定义:合同中的补遗书,合同当事人和人员中的承包人项目总工,工程和设备中的分布工程和分项工程,其他中的竣工验收、交工、交工验收证书、转包、专业分包、劳务分包和雇佣民工;
②合同文件的优先顺序;
③合同协议书;
④严禁贿赂。

(2)发包人义务中的提供施工场地

(3)监理人
①监理人的职责和权力;
②商定或确定。

(4)承包人
①分包中的专业分包、劳务分包、发包人对承包人与分包人之间责任分配;
②联合体中联合体的组成与结构变动的前提;
③承包人员管理中的特殊岗位的工作人员人员管理;
④可预见的不利物质条件;
⑤投标文件的完备性。

(5)材料和工程设备
发包人提供的材料和工程设备中,承包人对材料和设备的检验和验收。

(6)测量放线

监理人使用施工控制网中,施工控制网其他承包人的使用权。

(7)施工安全、治安保卫和环境保护

①现场工作的人员安全保障措施;

②安全防护设施的设置;

③施工过程中施工安全措施处理;

④环境保护方面的条款和规定。

(8)进度计划

①合同进度计划中施工进度计划和施工方案说明的编制;

②合同进度计划的修订;

③年度施工计划;

④合同用款计划。

(9)开工和竣工

①分部工程开工报审表的提交;

②承包人无权要求延长总工期的情形;

③异常恶劣的气候条件;

④承包人的工期延误处理;

⑤工期提前的处理;

⑥工作时间的限制。

(10)暂停施工

暂停施工由承包人负责的情形。

(11)工程质量

①工程质量责任制;

②执行质量责任追究制度;

③承包人的质量管理;

④监理人的质量检查;

⑤工程隐蔽部位覆盖前的检查中,通知监理人检查。

(12)试验和检验

试验和检验费用。

(13)变更

设计变更程序依据——《公路工程设计变更管理办法》。

(14)计量与支付

进度付款证书和支付时间。

(15)竣工验收

①竣工资料的内容及份数;

②验收的前期准备;

③实际交工日期的计算;

④交工验收费用承担;

⑤竣工文件。

(16)缺陷责任与保修责任

①缺陷责任期内承包人的义务及进入权；
②保修期的计算及责任。
(17)索赔
争议评审组的组建。
(18)争议的解决
①仲裁；
②仲裁的执行。

四、项目专用合同条款的主要内容

"项目专用合同条款"是在"通用合同条款"及"公路工程专用合同条款"中明确指出要在专用条款或数据表中予以具体规定的数据、信息或与工程所在地具体情况有关的规定，是必备的配套条款，不能缺少，否则"通用合同条款"及"公路工程专用合同条款"就不完善。编制项目招标文件中的"项目专用合同条款"时，可根据招标项目的具体特点和实际需要，对"通用合同条款"及"公路工程专用合同条款"进行补充和细化，除"通用合同条款"明确"专用合同条款"可做出不同约定及"公路工程专用合同条款"明确"项目专用合同条款"可做出不同约定外，补充和细化的内容不得与"通用合同条款"及"公路工程专用合同条款"强制性规定相抵触。同时，补充、细化的不同内容，不得违反法律、行政法规的强制性规定和平等、自愿、公平和诚实信用原则。

1. 项目专用合同条款进行补充和细化的内容

(1)"通用合同条款"中明确指出"专用合同条款"可对"通用合同条款"进行修改的内容(在"通用合同条款"中用"应按合同约定""应按专用合同条款约定""除合同另有约定外""除专用合同条款另有约定外""在专用合同条款中约定"等多种文字形式表达)。

(2)"公路工程专用合同条款"中明确指出"项目专用合同条款"可对"公路工程专用合同条款"进行修改的内容(在"公路工程专用合同条款"中用"除项目专用合同条款里有约定外"。"项目专用合同条款可能约定的""项目专用合同条款约定的其他情形"等多种文字形式表达)。

(3)其他需要补充、细化的内容。

2. 项目专用条款数据表

为了使合同条款中确定的或有待项目专用条款来约定的信息和数据简明突出，在项目专用合同条款中专门编制了项目专用条款数据表。它是项目专用合同条款中适用于本项目的信息和数据的归纳与提示，是项目专用合同条款的组成部分。

项目专用条款数据表反应的信息和数据主要有以下内容：
(1)发包人和监理人。旨在明确发包人、监理人及其联系地址。
(2)缺陷责任期。主要明确缺陷责任期的计算年限。
(3)图纸修改和补充时间。明确图纸需要修改和补充时，签发给承包人的最迟期限。
(4)监理人权利。明确需要经发包人事先批准的监理人权利。
(5)材料、工程设备、施工设备和临时设施的供应。确定发包人是否提供材料、工程设备、施工设备和临时设施，以及明确发包人负责提供部分材料、设备和设施的相关规定。
(6)施工控制网相关资料的期限。规定发包人提供测量基准点、基准先和水准点及其书面资料的期限，承包人将施工控制网资料报送监理人审批的期限。

(7)逾期违约金及提前交工奖金。规定承包人逾期交工需要支付的违约金及限额,承包人提前交工的奖金及限额。

(8)承包人的合理化建议奖励。约定承包人提出的合理化建议降低了合同价格或者提高了工程经济效益的,发包人按所节约成本的或增加收益的具体比例给予奖励。

(9)物价波动引起的价格调整方法。明确物价波动引起的价格变化是否进行调价;若需调价时,调价方法是价格指数调整价格差额还是造价信息调整价格差额,以及采用价格调整公式进行调价的调整频率是一年还是半年。

(10)计量与支付:
①规定开工预付款、材料预付款的付款比例。
②承包人在每个付款周期末向监理人提交进度付款申请单的份数。
③进度付款证书最低数额或签约合同价比例,以及逾期付款违约金的利率,利率以日计。
④质量保证金比例及限额。规定质量保证金占月支付额的比例,以及质量保证金限额为合同价格的比例。
⑤承包人向监理人提交交工付款申请单和最终结清申请单的份数。

(11)竣工验收申请报告。明确竣工资料的份数。

(12)施工期运行。明确单位工程或工程设备是否需要投入施工期运行,以及需要投入施工期运行的具体规定。

(13)试运行。明确工程及工程设备是否需要进行试运行,以及需要试运行时的具体规定。

(14)保修期。确定保修期的计算方法。

(15)保险:
①建筑工程一切险的保险费率。
②第三方责任险的最低投保额以及保险费率。

(16)争议的解决。明确争议的最终解决方法是仲裁还是诉讼,以及采用仲裁方法时的仲裁委员会名称。

第二节 FIDIC合同条件概述

一、FIDIC合同条件特点

为了规范国际工程咨询和承包活动,FIDIC先后发表过很多重要的管理文件和标准化的合同文件范本,目前作为惯例已成为国际工程界公认的标准化合同。合同格式有适用于工程咨询的《业主—咨询工程师标准服务协议书》,适用于施工承包的《土木工程施工合同条件》《电气与机械工程合同条件》《设计—建造与交钥匙合同条件》和《土木工程施工分包合同条件》。1999年9月,FIDIC又出版了新的《施工合同条件》(新红皮书)《生产设备与设计—建造合同条件》(新黄皮书)《设计—采购—施工(交钥匙工程)合同条件》(银皮书)及《简明合同格式》(绿皮书)。

1. 新版合同条件的编制原则

在正式编制新版合同条件以前,FIDIC便确定了若干编制原则,并在编制过程中得以遵守。

(1)术语一致,结构统一

由于 FIDIC 红皮书第四版和黄皮书第三版的编制者分别属于两个不同的合同委员会,这两个版本无论在语言风格还是在结构上都不太一致,由于两个版本所表达的意图是接近的,甚至是相同的,因而,这种不一致从标准化和应用两方面来看都是不必要的。为了避免新版合同条件间再出现不一致的情况,从一开始,FIDIC 便成立一个单一的工作小组来负责起草新版合同条件(由于 FIDIC 简明合同格式本身的特点,它由另一个合同工作小组来起草)。另外,FIDIC 还成立了一个合同委员会,负责合同工作小组之间的协调工作。

(2)适用法律广,措辞精确

作为一个国际机构,FIDIC 旨在编制一套国际上通用的合同标准文本,因此,在编制过程中,FIDIC 一直努力使新版合同条件不仅在习惯法系(即英美法系)下能够适用,而且还应在大陆法系下同样适用。FIDIC 在合同工作小组中包括一名律师,他必须有这方面的国际经验,在新合同条件形成的过程中来审查有关内容,在切实可行的情况下保证合同中的措辞适用于大陆法系和习惯法系。鉴于以前合同版本中出现的词不达意的问题,这名律师还必须审查合同编写人员所使用的术语,从法律语言来看是否确切表达出其意图。

(3)变革而不是改良

以前的 FIDIC 合同条件版本主要是以工程类型和工作范围来划分各个合同条件版本功能的,如红皮书适用土木工程施工,黄皮书适用于机电工程的供货和安装,橘皮书则适用于包括设计的各类工程。但在这些合同条件中,其风险分担方法不能满足当前国际承包市场的要求,主要是私人业主方面的要求。在编制新版时,FIDIC 决定打破原来的合同编制框架,采用新的体系。从工程类型的划分,工作范围的划分,工程复杂程度以及风险分摊大小分别编制了一套能满足各方面要求的合同版本。从条款的编排上,完全摒弃了原来的顺序,内容编排更加符合逻辑。

(4)淡化工程师的独立地位

在 1995 年编制 FIDIC 橘皮书之前,FIDIC 合同条件中有一个基本原则,即其中有一个受雇于业主,并作为独立的一方代表业主公正无偏地管理承包人的工作。虽然这样做有其自身的优点,但在某些司法体系下,在某些国家,工程师这样一个角色不被理解,甚至不被接受。在工程实践的很多场合中,工程师这一独立的地位并没有得以实现。在编制新版本时,FIDIC 决定,在银皮书中采用"业主代表"来管理合同。在新红皮书和黄皮书中,虽然继续采用"工程师"来管理合同,但他不再是独立的一方,而是属于业主的人员,同时删除了原来要求工程师"行为无偏"一款。作为一种平衡和对原来优点的继承,FIDIC 在新版中仍要求工程师做出决定时应持公正的态度。

(5)实践需要简明合同文本

FIDIC 发现,在实践中,有些业主和承包人对那些虽然精确但十分冗长的合同望而生畏,对小型项目来说尤其如此。因此,FIDIC 认为,应在新版系列合同条件中加入一个简明的合同文本。使用这一文本更有利于一些小型项目或工作类型重复项目的顺利实施。

2.新版合同条件的适用条件

(1)新红皮书

①各类大型或复杂工程;

②主要工作为施工;

③业主负责大部分设计工作;
④由工程师来监理施工和签发支付证书;
⑤按工程量表中的单价来支付完成的工作量;
⑥风险分担均衡。

(2)新黄皮书
①机电设备项目、其他基础设施项目以及其他类型的项目;
②业主负责编制项目纲要(即"业主的要求")和永久设备性能要求,承包人负责大部分设计工作和全部施工安装工作;
③工程师来监督设备的制造、安装和施工,以及签发支付证书;
④在包干价格下实施里程碑支付方式,在个别情况下,也可能采用单价支付;
⑤风险分担均衡。

(3)银皮书
①私人投资项目,如 BOT 项目;
②固定总价不变的交钥匙合同并按里程碑方式支付;
③业主代表直接管理项目实施过程,采用较松的管理方式,但严格竣工检验和竣工后检验,以保证完工项目的质量;
④项目风险大部分由承包人承担,但业主愿意为此多付出一定的费用。

(4)绿皮书
①施工合同金额较小、施工期较短;
②既可以是土木工程,也可以是机电工程;
③设计工作既可以由业主负责,也可以由承包人负责;
④合同可以是单价合同,也可以是总价合同,在编制具体合同时,可以在协议书中给出具体规定。

3.新版合同条件的主要内容

FIDIC(1999 版)合同条件的主要条目如表 6-1 所示。这些合同条件不仅被 FIDIC 成员国广泛采用,而且世界银行、亚洲开发银行、非洲开发银行等金融机构也要求在其贷款建设的土木工程项目实施过程中使用以该文本为基础编制的合同条件。

这些合同条件的文本不仅适用于国际工程,而且稍加修改后同样适用于国内工程,我国有关部委编制的适用于大型工程施工的标准化范本都以 FIDIC 编制的合同条件为蓝本。

FIDIC(1999 版)合同条件条目表　　　　　　表 6-1

条序号	条　　目			
	新红皮书	新黄皮书	银皮书	绿皮书
1	一般规定	一般规定	一般规定	一般规定
2	雇主	雇主	雇主	雇主
3	工程师(即监理工程师)	工程师(即监理工程师)	雇主的管理	雇主代表
4	承包人	承包人	承包人	承包人
5	指定的分包人	设计	设计	由承包人设计
6	职员和工人	职员和工人	职员和工人	雇主的责任
7	生产设备、材料个工艺	生产设备、材料和工艺	生产设备、材料和工艺	竣工时间

条序号	条　目			
	新红皮书	新黄皮书	银皮书	绿皮书
8	开工、延误和暂停	开工、延误和暂停	开工、延误和暂停	接收
9	竣工试验	竣工试验	竣工试验	修补缺陷
10	雇主的接收	雇主的接收	雇主的接收	变更和索赔
11	缺陷责任	缺陷责任	缺陷责任	合同价格和付款
12	测量和估价	竣工后试验	竣工后试验	违约
13	变更和调整	变更和调整	变更和调整	风险和职责
14	合同价格和付款	合同价格和付款	合同价格和付款	保险
15	由雇主的终止	由雇主的终止	由雇主的终止	争端的解决
16	由承包人暂停和终止	由承包人暂停和终止	由承包人暂停和终止	
17	风险与职责	风险与职责	风险与职责	
18	保险	保险	保险	
19	不可抗力	不可抗力	不可抗力	
20	索赔、争端和仲裁	索赔、争端和仲裁	索赔、争端和仲裁	

二、FIDIC 新红皮书——施工合同条件

在国际工程承包市场系"买方市场"的经济规律指导下，工程承包的风险主要落在承包人方面，这是不以人们意志为转移的客观规律，也是承包人应具备清晰的风险意识的根本原因。随着市场经济的不断完善，这种风险分配比例应逐渐地向合理公正化的方向发展。1999年新版红皮书的通用条件共包括20条163款，在这方面也作了重大的改进和完善，主要可归纳为以下6点。

1. 风险分担

为了避免承包人遭遇工程款支付没有保证的风险，新红皮书第2.4条明确规定，承包人有权要求业主通报工程资金落实的情况。而"业主应在收到承包人的任何要求28天内，提出其已做并将维持的资金安排的合理说明，说明雇主能够按照第14条的规定支付合同价格。"这样的规定，在红皮书第4版中是没有的。

当合同双方中的任何一方有违约行为，非违约方有权提出终止合同。在新红皮书中第16条专门提出了"由承包人暂停和终止"的专项条款。如果业主延误支付工程款时，承包人有权暂停施工，甚至有权终止合同。

索赔是合同双方都享有的合同权利。承包人有权按合同规定向业主提出索赔，业主也有权就承包人的违约向承包人索赔。后一种索赔习惯上被称作"反索赔"。在新红皮书第2.5条中，明确提出了"雇主的索赔"专项条款，以维护业主的利益。

对于敏感的涉及承包人合同问题的索赔，在很多的情况下，工程师和业主是不予置理的，或有意拖延，或口头允诺完工后再谈，但工程完工后则不了了之。在新红皮书中，明确了对承包人索赔要求回答的限期，如第20.1条所述："工程师在收到索赔报告或对过去索赔的任何进一步证明资料后42天内，或在工程师可能建议并经承包人认可的此类其他期限内，做出回应，表示批准或不批准并附具意见。"

2.费率或单价的确定

在单价合同中,单价或费率是工程款额大小的决定因素。确定新的、较高的单价,是承包人增加收入的来源,也是业主增加工程投资的根源,成为合同双方密切关注,产生合同争端的焦点。因此,在标准合同条件中明确规定确定新单价或费率的条件,实属必需。新红皮书很好地解决了这一问题,它在第12.3条估价(Evaluation)中对确定新费率或单价做出了这样的规定:"在以下情况下,宜对有关工作内容采用新的费率或价格:①该项工作测出的数量变化超过工程量表或其他资料表中所列数量的10%以上;②此数量变化与该项工作上述规定的费率的乘积,超过中标合同金额的0.01%;③此数量变化直接改变该项工作的单位成本超过1%;④合同中没有规定该项工作作为'固定费率项目'"。

在同时满足以上诸条件的情况下,就应该确定一个新单价。第12.3条中对此还做了其他的详细规定,这对合同的顺利实施提供了基础。

3.变更问题及价值工程

新红皮书第13条"变更与调整"作出了很重要的规定,在这里不仅对变更的程序,还对因法律改变和成本改变的调整(第13.3,13.7和13.8条)做出了具体规定,还提出了有关变更的新论点——价值工程(第13.2条)。

众所周知,承包人在实施合同过程中有3个增加收入的途径,即工程变更,价格调整,以及施工索赔。第13条即对其中的两个途径做出了明确的规定,承包人对此应引起足够的重视。

在变更的程序中(第13.3条)指出,承包人对工程变更可以提出"实施的进度计划,竣工时间的要求",以及"对变更估价的建议书,即费用方面的要求。""工程师收到此类建议书以后,应尽快给予批准、不批准、或提出意见的回复。"这就是说,工程师在下达工程变更指令时,应尽快明确有关工期是否延长及费率如何变更的问题,不能像以前那样久拖不决。

价值工程的提出,在FIDIC历版合同条件中是首次。这反映出对承包人合理化建议的重视,无疑对项目的质量、成本和工期有正面的良好作用,亦对项目合同双方的协作有积极意义。第13.2条规定:"承包人可随时向工程师提交书面建议,提出他认为采纳后将(Ⅰ)加快竣工,(Ⅱ)降低雇主工程施工、维护或运行的费用,(Ⅲ)提高雇主竣工工程的效率或价值,或(Ⅳ)给雇主带来其他利益的建议。"

"假如此项改变导致该部分的合同价值减少,工程师应按照第3.5款的规定,商定或确定应包括在合同价格内的费用。此项费用应为雇主纯收益的50%"。也就是说,承包人的合理化建议如被采纳,其所创造的经济效益由业主和承包人均等分配。这一原则规定,在国际工程合同条件标准文本中是空前的。

4.拖期支付

新红皮书第14.8条"延误的付款"规定:"如果承包人没有在按照第14.7款'付款'规定的时间收到付款,承包人应有权就未付款额按月计算复利,收取延误期的融资费用,此融资费用应以高出支付货币所在国中央银行的贴现率3%的年利率进行计算,并应用同种货币支付。"

众所周知,以前诸版的红皮书"通用条件"中只是原则性地规定要对拖期支付进行计息,却从未在通用条件中对此事做出如此明确的具体规定,这对合同的顺利实施大有裨益。

5.工程质量

国际工程的承包施工发展趋势,是采用新科研成果、新施工技术,以及对生产设备和施工的质量提出很高的要求。

在新红皮书第4.9条中,专门提出质量保证的问题,规定:"承包人应建立质量保证体系,以证实符合合同要求。该体系应符合合同的详细规定。工程师有权对体系的任何方面进行审查。"

对于生产设备和材料的质量要求,在第7条(生产设备、材料和工艺)中做出了明确的规定。第7.5条规定:"如果检查、检验、测量或试验的结果,发现任何生产设备、材料或工艺有缺陷,或不符合合同要求,工程师可以通知承包人,说明理由,拒收上述生产设备、材料或工艺。承包人应立即修复缺陷,并保证上述被拒收的项目符合合同规定。"

一般情况下,一个项目的质量标准和技术要求在作为合同文件组成部分的技术规程中都有具体的规定。承包人应仔细研究此技术规程,使自己的编标报价工作能够比较准确,也使自己的施工工作能够符合合同文件对质量的要求。

6. 合同争端的解决

红皮书第4版第67条"对合同争端的解决"中,着重于通过工程师的调解予以友好解决,如友好解决无效,则可提交仲裁。世界银行在采用 FIDIC 第4版的《通用条件》过程中,对解决合同争端提出了组建"争端评审委员会",简称 DRB 的办法,取得了很好的效果。这是介于"友好解决"和"仲裁"之间的争议调解组织,在一些项目的合同争端解决中取得争议双方的赞同,把合同争议解决于友好协商的范畴内,避免走向法律裁决。

新红皮书采纳了世界银行推荐采用的"争端评审委员会(DRB)"做法,并将其正式写入通用条件,改名为"争端评判委员会"(Dispute Adjudication Board,简写为 DAB),但其功能与组织形式同 DRA 基本相同。无论是 DRB 对解决争端提出的"建议"(Recommendation),或者 DAB 提出的解决争端的"决定"(Decision),都不具备法律效力,争端双方或其中的任一方均可在规定的时间(28天)内,对其表示"不满",拒绝接受其"决定",而要求进一步地将争端提交"仲裁"(Arbitration)来解决。而仲裁庭的裁决则具有法律效力,对争端双方均有制约力。如果任一方拒绝执行仲裁庭的裁决,则可由另一方申请法院强制执行,或按照《联合国承认和执行外国仲裁裁决公约》(简称《纽约公约》)的规定,使国际仲裁的裁决覆盖全世界所有该公约的签约国。由此可见,DAB 的决定和仲裁庭的裁决在法律效力上有原则性的差别。因此,DAB 宜称为"争端评判委员会",以免与"仲裁"混淆。

根据实践经验,组织一个 DAB 的程序相当繁复,聘请 DAB 的专家费用亦相当可观;而且,在一般情况下,咨询(监理)工程师能够比较公正地解决合同争议。因此,对于不大的工程项目(例如合同额低于5 000万美元的工程),可由合同双方在合同的"专用条件"中协商确定聘用一位评判员,或明确仍由咨询(监理)工程师公正地予以解决。

三、FIDIC 新黄皮书——工程设备和设计—建造合同条件

"新黄皮书"的附件中包括母公司保函、投标保函、履约保函、履约担保书、预付款保函、保留金保函、业主支付保函的范例格式,之后是投标书、投标书附录(取代了"黄皮书"的"序言")和合同协议书的范例格式。还为解决合同争端采用了争端裁决委员会(DAB)的工作程序,并附有"争端裁决协议书的通用条件"和"程序规则",以及分别用于一个人或三个人组成的 DAB 的"争端裁决协议书"。

"新黄皮书"定义了共58个关键词,分为六大类:①合同;②当事人各方和当事人;③日期、检验、期限和完成;④款项与支付;⑤工程和货物;⑥其他定义,条理更加清晰。"新黄皮书"保

留了"黄皮书"中所定义的关键词中的23个,去掉了8个,对6个进行了较大的修改,如原来的"缺陷责任期"改为"缺陷通知期","缺陷责任证书"改为"履约证书"。新增了29个关键词,如"基准日期""争端裁决委员会"等。在每个关键词的定义上也都作了不少推敲与改进,使之更为确切。

为了使合同条件的使用者更便于了解和确定合同实施过程中一些合同的关键活动和时间点,"新黄皮书"在其通用合同条件之前给出了按照时间坐标排列的三个典型过程图,即"工程设备和设计—建造合同中主要事件的典型过程""支付事件的典型过程""争端事件处理的典型过程"。

新黄皮书的几个突出特点如下。

1. 有关设计方面的规定

"新黄皮书"的一个突出特点就是对设计管理的要求比"黄皮书"更为系统、明确而严格,在合同通用条件中专门将设计列为一条,包括8款:①一般设计义务;②承包人的文件;③承包人的保证;④技术标准和规章;⑤培训;⑥竣工文件;⑦操作和维修手册;⑧设计错误。

有关设计条款中对承包人的设计人员(无论是承包人自己的设计人员还是其雇佣的设计分包人)提出了原则性的要求。对承包人应提交文件(包括"业主的要求"中规定要提交的技术文件、竣工文件和操作以及维修手册等)的审批程序做出了详细的规定。要求承包人在进行设计时严格遵守工程所在国的法律以及合同中有关技术标准和规章。对于基准日期之后出现技术材料和规章的变化,经业主和工程师的批准应视为变更处理做出了明确的规定。

对于要求承包人对业主方人员提供培训的问题也做了规定。特别强调了承包人在工程实施期间应为编写竣工文件而做好施工记录,保存好有关资料,只有按"业主的要求"提交了竣工文件,才可颁发工程移交证书,并且在竣工检验之前就应提交可供使用的操作和维修手册,否则也不能颁发移交证书。

2. 有关工程师的规定

(1)工程师的撤换问题

因为工程师的公正性是承包人在投标时考虑的风险因素之一,因而"新黄皮书"限制了业主在这方面的任意性,同时与"黄皮书"相比具有更强的可操作性。"新黄皮书"中规定:"如果业主准备撤换工程师,则必须在期望撤换日期42天前向承包人发出通知并说明拟替换的工程师的姓名、地址及相关的经历。如果承包人对替换人选向业主发出了拒绝通知,并附具体的证明资料,则业主不能撤换工程师"。

(2)工程师对设计文件的审批

"新黄皮书"中专门就工程师(包括业主的其他人员)如何审批承包人文件的问题做了详细的规定,赋予了工程师较大的权力。规定工程师随时随地有权去审查承包人应提交的文件。所有"业主的要求"中规定承包人应提交的文件都要经过工程师的审批,并可要求承包人提交相关的进一步的相关文件。审核期限一般为21天。如果在审核期内工程师发现有需要修改或错误之处可申明理由通知承包人,承包人要自费修改并重新提交,并规定在审核期满以前不得开始实施相应部分的工程。

3. 有关业主向承包人的支付问题

"新黄皮书"的支付有三个特点:一是采用以总价为基础的合同方式;二是如果适用的法规发生变化或工程费用出现涨落,合同价格将随之做出调整;三是如果工程的某些部分要根据提供的工程量或实际完成的工作来进行支付,其测量和估价的方法必须在合同专用条件中进行规定。

如同"新红皮书"一样,"新黄皮书"关于业主向承包人的支付问题作了更加严格而明确的规定。如新增了"业主的资金安排"一款,规定业主应承包人的要求应提交其资金安排计划以便保证在工程实施期间对承包人的支付。在专用条件中加入了一段"在承包人融资情况下的范例条款",条款中规定业主方应向承包人提交"支付保函"。对支付时间作了更明确的规定,在工程师收到期中支付申请报表和证明文件之后的56天内,业主应向承包人支付。关于基准日期之后发生的法规变化而产生的价格调整问题,"新黄皮书"中也有较为详细的规定。

"新黄皮书"的期中支付是建立在支付计划表基础上的,此类支付计划表可采用下列形式中的一种:

(1)为竣工时间内的每一个月填写一金额数(或合同价格的一个百分数),但如果承包人的实际工程进度与制定支付计划表时预计的进度有重大差别,则分期付款额会变得不合理,因此,规定对按日历天数计算分期付款额的支付计划表在考虑实际进度的情况下可以被调整;若工程进度落后于制定支付计划表时预计的进度计划,则业主和工程师有权修改分期付款额,如果进度超前则原定支付计划表不变。

(2)此支付计划表可建立在工程实施过程中实际完成进度的基础上,即建立在完成所规定的里程碑基础上,这一方法的可行性在于它要求必须仔细定义支付里程碑,否则可能引起争议。例如一个支付里程碑要求的工作已完成了99.99%,而剩余部分在几个月后才能完成时应如何支付。

4.有关质量保证方面的问题

由于在"新黄皮书"合同方式下业主对工程的管理相对比较宽松,为了保证工程的质量,检验问题就显得格外重要。

要求承包人按照合同规定建立一套质量保证体系。在每一设计和实施阶段开始之前,均应将所有程序的细节和执行文件提交工程师。工程师有权审查质量保证体系的各个方面,但这并不能解除承包人在合同中的任何职责、义务和责任。这是对承包人的施工质量管理提出了更高的要求,也便于工程师检查工程和保证工程质量。

严格的"竣工检验"。因为"新黄皮书"方式下设计是由承包人进行的,工程项目中设备安装和调试所占比重很大,因此,非常注重竣工检验。承包人要依次进行试车前的测试、试车测试、试运行,而后才能通知工程师进行包括性能测试在内的竣工检验以确认工程是否符合"业主的要求"和"性能保证表"中的规定。

增加了可供选择的"竣工后检验",以保证工程的最终质量。对于某些类型的工程,竣工后检验包括采用较为繁杂的接收标准的某些重复的竣工检验,可能是电气、液压和机械等方面的综合检验,工程在可靠性运行期间将持续运行。竣工后检验结果的评估应由业主和承包人共同进行,以便在早期解决任何技术和质量上的分歧。还规定了未能通过"竣工后检验"时补偿业主损失的具体办法。

5.有关风险分担的问题

"新黄皮书"关于业主风险的规定有所变化。总的来讲,由承包人承担了更多的风险。如"黄皮书"中"业主风险"一款中包含的:"(b)在与工程所在国有关的或与运送工程设备必须通过的国家有关的范围内的叛乱、革命、暴动、军事政变或篡夺政权,或内战;(c)由于任何核燃料或核燃料燃烧后的任何核废料、放射性的有毒炸药或任何爆炸的核装置或其核部件的其他危险性质引起的离子辐射或放射性污染",在"新黄皮书"中关于这两项风险修改为"(b)工程所在国内的叛乱、恐怖活动、革命、暴动、军事政变或篡夺政权,或内战;(d)工程所在国的军火、爆炸性物质、离子辐射或放射性污染,由于承包人使用此类军火、爆炸性物质、辐射或放射性活动的情况除外"。最大的变化是将工程所在国以外发生的同类风险转至由承包人承担。这也体现了世界银行同类合同文件中关于风险分担的原则。

"新黄皮书"的风险分担原则与"新红皮书"基本一致,但因为承包人要负责进行设计,所以自然承担了由设计产生的风险。

"新黄皮书"中关于"不可抗力"一条给出了比"黄皮书"更加明确而合理的定义:在本条中,"不可抗力"的含义是指如下所述的特殊事件或情况:(a)一方无法控制的;(b)在签订合同前该方无法合理防范的;(c)情况发生时,该方无法合理回避或克服的;(d)主要不是由于另一方造成的。列举了五条"不可抗力"包含(但不限于)的情况,比"黄皮书"增加了"(v)自然灾害,如地震、飓风、台风或火山爆发"一项。

四、FIDIC 的银皮书——设计—建造与交钥匙项目合同条件

银皮书《EPC 交钥匙项目合同条件》,同其第一版的内容基本相同。银皮书第一版的主题条款有 20 个,其名称同 1999 年新版完全相同,仅仅在两个主题条款的顺序上有无关重要的调整。

银皮书的合同工程内容包括承包人对工程项目进行设计、采购和施工等全部工作,向业主提供一个配备完善的设施,业主只需"转动钥匙"就可以开始生产运行。这是美国人习惯的一个称呼。也就是以交钥匙的方式向业主提供工厂或动力、加工设施,或一个建成的土建基础设施工程。

银皮书同新黄皮书一样,对于承包人向其外国业主提供动力设备或机电产品创造了合同机会,对一个国家的设备出口工作甚有裨益。这也为承包人国家以"出口信贷"方式加大设备出口工作开辟了渠道。其进一步的发展,是以带资承包的方式,向业主国家提供项目的大部分建设资金;通过设计、供货和施工的全套建设工作,建成一个工程项目或生产设施,并经营运行若干年,以确保回收成本和利润以后无偿地交付业主国所有,这就是现已日益推广采用的建设—运营—移交项目(Build-Operate-Transfer,简称 BOT)。

银皮书的条款结构和语言措辞同新黄皮书很相似,在主题条款上仅有一点差别,这就是第 3 条,新黄皮书为"工程师",银皮书则是"雇主的管理"。这一差别的具体表现是:

(1)银皮书合同方式的合同有关人员中不设置工程师,而由雇主(业主)自己进行管理。而工程项目的设计工作由承包人负责完成,业主不需要委托设计咨询公司(即工程师)进行设计。

(2)业主对施工项目的管理,具体由其代表——雇主代表履行。这位代表将被认为具有合同规定的业主的全部权力,除非在极个别特别重要的事项上由业主亲自出面办理,如重大的工程变更和终止合同等。

(3)业主代表有其助手人员,如驻地工程师、设备检验员、材料检验员等。业主的这些人员具有工程师做出"决定"的权力,如批准、检查、指示、通知和要求试验等。

关于解决合同争端的"争端评判委员会"(DAB),银皮书和新黄皮书中亦规定可以建立采用,但同新红皮书中对 DAB 的重视程度有所不同。新红皮书规定,对于重大的工程项目,DAB 应该由 3 人组成,而且必须是常设的,其成员应定期到工程项目上去实地考察。而银皮

书和新黄皮书则规定可以采用一人的独任评判员(或三人评判员),而且可建立临时的 DAB,或称特设 DAB,即这个争端评判委员会可因某一专项争端而设立,此争端解决后即可取消。这样灵活机动地解决争端问题,可以节约人力财力,值得参照采纳。

五、FIDIC 绿皮书——简明合同格式

简明合同格式共计 15 条,包含 52 款,其他三种合同均为 20 条,变动的内容涉及工程师、指定分包人、职员和劳务、永久工程设备、材料和工艺、竣工检验、竣工后检验、雇工提出终止、不可抗力等。一些内容被删除,另一些则被重新改写并编入其他条款。以下是关于 FIDIC 简明合同格式的一些观点以及与其他合同在内容上的主要区别。

1. 简明合同格式的组成

简明合同格式主要由以下五部分组成。

(1)协议书(Agreement):包括承包人的报价、雇主对报价的接受以及附录。

协议书设想了一种简单的报价和接受的程序,目的是为了避免围绕"中标函"和"意向函"可能产生的圈套,更想提供一个清楚和不相互矛盾的方法。协议书附录包括了针对具体项目的全部细节内容。

招标时,雇主在协议书中写入其姓名并在附录中填入适当的内容,将两份复印件连同构成招标文件包的规范和图纸发给投标人。对这两份复印件,承包人必须完成报价部分和附录中留下的空白部分,并签字和注明日期。如果雇主决定接受哪份投标书,则在两份复印件的接受部分签字并将一份复印件返还承包人。承包人一收到该复印件,合同即生效。

如果允许投标后谈判并就规范或价格的变化达成一致,则在各方已经对各自的文件进行恰当改变和小签后仍可使用本格式。如果改变量大,双方应完成一份新的协议书格式。

(2)通用条件(General Conditions)共有 15 条(或称主题内容),包括:一般规定、雇主、雇主的代表、承包人、承包人的设计、雇主责任、竣工时间、接收、修补缺陷、变更和索赔、合同价格和支付、违约、风险和责任、保险以及争端的索赔。

(3)专用条件(Particular Conditions):只列入题目,没有具体的内容。FIDIC 认为对一般的项目,不再需要专用条件,在编写招标文件时可删除此部分内容。

但为了满足某些特殊情况,雇主也可加入专用条件。

(4)裁决规则(Rules for Adjudication):内容包括裁决人的委任、委任条款、支付和得到裁决人裁决的程序。

(5)通用条件应用指南(Notes for Guidance):为了有助于编制和使用本条件的投标文件,还列入应用指南,但它不是合同文件,只是帮助用户尽可能正确地理解 FIDIC 的本意,恰当运用本条件。对某些特殊情况,还提供了修改、删除和增加某些条款内容的建议。

2. 合同条件的主要内容分析

(1)合同条件中的"定义":本条件中的定义与其他的 FIDIC 合同条件不完全一样,主要是由于这类合同条件的简单性要求所致,明显不同的定义包括开工日期、现场、变更和工程。如关于"开工日期"被定义为"本协议书生效日期后第 14 天的日期或双方同意的其他任何日期"。而在施工合同条件中则被定义为"工程师应至少提前 7 天通知承包人开工日期"。

(2)关于雇主的批准:合同条件中"批准(Approval)"一词,只在与第 4.4 款履约保证和第 14.1 款保险有关的条件中,才能视为批准。除此之外,雇主对任何文件的签字认可,不应视为

批准,只能视为雇主已经承认承包人完成了该项合同工作,可以得到相应的进度款,并可进行下一道工序。诸如不合格的工艺或承包人的设计应是承包人的风险,不应在无意中将此风险转移给雇主(尽管有雇主的签字)。因此,"雇主的批准、同意、或未发表意见不应影响承包人的合同义务",这样的规定避免了这方面的争论。

(3)雇主的代表:应注意两个原则,一是雇主应在附录中指定或另外通知承包人,雇主组织中谁被授权在任何时候代表雇主讲话和行动;二是不应阻止需要专业人员帮助的雇主委任代表,但各方均应清楚被委托人被委任的权力。如果雇主需要一个与传统工程师类似的公平的雇主代表,则应在专用条件中说明。

(4)履约保证:合同条件中并未提供履约担保或银行保函的建议格式,如果感到项目的规模有必要通过担保做出保证时,则可按地方商业惯例获得有关的保证,或参照在FIDIC施工合同条件中所附的履约担保或银行保函样本格式,但应在附录中列出对任何保证格式的金额和对保证格式的说明。

(5)承包人的设计:雇主应在附录中向投标人指明在规范中关于设计要求的条款号。承包人只对自己的设计负责。规范中应清楚地列明承包人承担设计义务的范围和程度,以免产生争议。承包人有绝对义务确保其设计达到在合同中定义的预期目的或达到其预期的设计目的。为了防止在这方面产生争议,应在规范中对预期目的进行定义。合同条件中未使用"设计批准"的模糊概念,承包人提交的设计可能被接受、或提出意见返回或被拒绝。

雇主的文件(规范和图纸)优先于承包人投标时提交的设计。如果雇主更喜欢承包人投标时的设计,则在各方签署合同前应修改规范和图纸。如果一方希望保护设计中的智力财产,则必须在专用条件部分做出规定。

(6)雇主责任:在第6.1款共列出16种属于雇主责任的情况。该款将承包人索赔工期和索赔费用的全部依据融合在一个条款中。包括了通常所说的雇主的风险、特殊风险、不可抗力、雇主的设计责任等。但承包人不可对坏天气提出工期延长和费用索赔。

(7)竣工时间:如果发生第6.1款下的事情导致对工程的关键性延误(非关键性延误不批准延长工期),则延长工期的要求是公平而合理的,雇主应给予批准。但批准延期的前提条件是承包人必须提前给出警告通知。如果工程由于承包人原因产生拖期,则承包人向雇主支付误期损害赔偿费的最大金额在附录中做出规定。FIDIC建议取用10%的合同价格。

(8)工程接收:与一般惯例一致,在雇主接收工程前,不一定要完成100%,一旦工程达到预期的使用目的,就应发出接收通知(承包人发给雇主或雇主发给承包人)。该合同条件未对接收部分工程做出规定,如果需要,应在专用条件中做出规定。如果在接收前要求完成任何测试,则应在规范中做出规定。

(9)修补缺陷:合同中没有"缺陷责任期"的定义,但雇主可在从接收工程之日开始计算的一段时期内(通常为12个月),或在接收工程前的任何时间通知承包人任何缺陷,承包人必须在合理时间内修补这些缺陷。承包人对缺陷的责任通常不会随附录中规定的期限到期而结束(尽管那时承包人已没有义务返回现场修补缺陷),但有缺陷意味着违反合同,承包人对此损害负有责任,在这方面应遵守合同适用的法律。

(10)变更和估价:变更估价方法选择的优先顺序是:

①总价应是首选方法,因其包括了变更的真实费用并避免随后对间接影响的争议,雇主可以在指示变更前请承包人提交列清变更项目的费用构成表,以便在指示中列入已达成协议的变更的总价格;

②按工程量表或费率表中的费率进行变更估价；
③使用这些费率作为估价的基础；
④使用新费率；
⑤当变更具有不确定性或对剩余的工作无法确定顺序时，通常采用计日工费率。

(11)合同价格与支付：附录中共列出五种可供选择的估价方法。

①总价方法：总价报价无任何详细的支持性资料，这种方式用于非常小的、工期短的、预计不发生变更的工程，只需向承包人进行一次性支付。

②带费率表的总价方法：总价报价附有承包人编写的费率表作为报价的支持性文件，它适用于比较大的合同，需分阶段支付，也可能发生变更。适用于雇主没有人力自己编定工程量表的情况。

③带工程量表的总价方法：总价报价基于雇主编制的工程量表。这与②项规定相同，但如果雇主有能力编制工程量表，附有雇主工程量表的合同则是一份更好的合同。

④带工程量表的再计量方法：总价是以再计量为前提条件，即以投标人根据雇主编制的工程量表所报的费率进行再计量，这种方法与③项基本相同，但更适用于在授予合同后发生多次变更的合同。

⑤成本补偿方法：承包人编定估算价格，该估价将被根据雇主列出的条件和方法重新计算出的工程实际费用所代替。这种方法适用于在招标时不能确定工作范围的项目。

如果必要，可同时选择上述一种以上的估价方法。例如：在总价合同中可以有再计量的工作内容。对工期较长的项目，如采用该合同条件，则应增加一个新条款以考虑价格调整。也可改编FIDIC其他合同的调价条款作为该合同条件的调价条款使用。

如果采用总价合同且分多次支付，则雇主可要求投标人提交与阶段支付建议相关的现金流预测。在发生工期延长的情况下应调整现金流计划。

期中支付可以有多种方式：以工程估价为基础进行支付（该方法也适用于再计量和成本补偿合同）；以达到里程碑事件为基础进行支付；以各项活动（这些活动已赋予一定的价值）的时间表为基础进行支付。雇主可根据具体情况选择。

扣除的保留金有时可用承包人向雇主提供的保证来代替。保留金保函的样本格式见FIDIC施工合同条件。

合同中未对预付款做出规定，如需支付预付款，则应在专用条件中对此做出规定，包括承包人对预付款将提供的任何保证。预付款保函样本格式见FIDIC施工合同条件。

(12)违约：如果违约的承包人没有在14天内对正式的通知做出反应，即通过采取可行的方法纠正其违约，则雇主可终止合同。但并未要求必须在14天内纠正全部的违约。

如果雇主不按时支付并在收到此种违约通知7天内仍未支付，承包人可以暂停全部或部分工作。如果雇主坚持不予支付或坚持其违约，21天后承包人有权终止合同。但承包人必须在21天内决定是否使用其终止合同的权利。

在发出终止通知的28天内，双方应解决合同终止后的财务问题并完成支付，而不必等到其他人完成工程。

(13)保险：雇主应在附录中准确列出其保险要求，第三方保险、公共责任保险通常是强制保险。对较小的合同，可能在投标人经常投保的承包人全险保险单范围内已包括上述内容，此时通常要求投标人随其投标书一起提交其保险范围的详细内容。

在雇主接收工程后对保险的任何要求，或接收部分工程产生的任何保险要求，应在专用条件中做出规定。如果雇主想自己办理保险,则应在专用条件中做出相应规定。

(14)裁决和仲裁:合同规定的解决方式是先将争端提交裁决人。因此,最好从一开始就委任一名裁决人。FIDIC建议在招标阶段或签订协议书后不久雇主提议一个人作为裁决人行事,同时建议双方就此事应尽可能快地讨论并达成一致。要注意的是,选择当地裁决人,还是选择中立国的裁决人。无论如何,裁决人都应是公平的,但是如果裁决人必须访问现场和举行听证会,则选择第三国裁决人的费用要高得多。

除非争端先提交裁决人裁决,否则仲裁不会开始。应在附录中规定拟采用的仲裁规则,FIDIC建议采用联合国国际贸易法委员会(UNCITRAL)的仲裁规则。然而,如果要求对仲裁进行管理,即由一个仲裁机构监督和管理仲裁,则应采用国际商会(ICC)仲裁规则,ICC仲裁庭和在巴黎的秘书处可以指定和更换仲裁员,并且审查证明资料和裁决的条件格式,监督仲裁员的进度和实施情况。仲裁地是非常重要的,因为仲裁地的仲裁法律将对争端事件的处理产生相当大的影响,如当事人的上诉权利等。

第三节 《建设工程施工合同》(示范文本)概述

一、合同条款的特点

为了规范和指导合同当事人的行为,完善合同管理制度,解决建设工程施工合同中存在的合同文本不规范、条款不完备、合同纠纷多等问题,国家建设部和国家工商行政管理局1991年颁布了《建设工程施工合同》(GF-91-0201)示范文本;经过几年的实践,根据最新颁布和实施的工程建设有关法律、法规,总结了近几年施工合同示范文本推行的经验,结合建设工程施工的实际情况,借鉴国际通用土木工程施工合同条件的成熟经验和有效做法,于1999年12月24日又推出了修改后的新版《建设工程施工合同》(GF-1999-0201)示范文本(以下简称"示范文本")。该示范文本可适用于土木工程,包括各类公用建筑、民用住宅、工业厂房、交通设施及线路管道的施工和设备安装。

为规范建筑市场秩序,维护建设工程施工合同当事人的合法权益,住房和城乡建设部、国家行政工商管理总局对《建设工程施工合同(示范文本)》(GF-1999-0201)进行了修订,制定了《建设工程施工合同(示范文本)》(GF-2013-0201)。该合同自2013年7月1日起执行,原《建设工程施工合同(示范文本)》(GF-1999-0201)同时废止。与1999版施工合同相比,2013版施工合同增加了双向担保、合理调价、缺陷责任期、工程系列保险、商定与确定、索赔期限、双倍赔偿、争议评审等八项新的制度,调整完善了合同结构体系与合同价格类型,更加注重对发包人、承包人市场行为的引导、规范和权益平衡,加强了与现行法律和其他文本的衔接,保证了合同的适用性。

《示范文本》由合同协议书、通用合同条款和专用合同条款三部分组成,并附有11个附件:附件1是《承包人承揽工程项目一览表》,附件2是《发包人供应材料设备一览表》,附件3是《工程质量保修书》,附件4是《主要建设工程文件目录》,附件5是《承包人用于本工程施工的机械设备表》,附件6是《承包人主要施工管理人员表》,附件7是《分包人主要施工管理人员表》,附件8是《履约担保格式》,附件9是《预付款担保格式》,附件10是《支付担保格式》,附件11是《暂估价一览表》。

《示范文本》合同协议书共计13条,主要包括:工程概况、合同工期、质量标准、签约合同价和合同价格形式、项目经理、合同文件构成、承诺以及合同生效条件等重要内容,集中约定了合同当事人基本的合同权利义务。虽然合同协议书文字量并不大,但它规定了合同当事人最主要的义务,经合同当事人在这份文件上签字盖章,就对双方当事人产生法律约束力,而且在所有施工合同文件组成中它具有最优的解释效力。

通用合同条款共20条117款,是一般土木工程所共同具备的共性条款,具有规范性、可靠性、完备性和适用性等特点,该部分条款安排既考虑了现行法律法规对工程建设的有关要求,也考虑了建设工程施工管理的特殊需要。该部分可适用于任何工程项目,并可作为招标文件的组成部分而予以直接采用。

专用合同条款也有20条,与通用合同条款编号一致,是对通用合同条款原则性约定的细化、完善、补充、修改或另行约定的条款。合同当事人可以根据建设工程的特点及具体情况,通过双方的谈判、协商对相应的专用合同条款进行修改补充,使通用合同条款和专用合同条款成为双方当事人统一意愿的体现。专用合同条款为甲乙双方补充协议提供了一个可供参考的提纲或格式。

《示范文本》的性质和适用范围:《示范文本》为非强制性使用文本。《示范文本》适用于房屋建筑工程、土木工程、线路管道和设备安装工程、装修工程等建设工程的施工承包发包活动,合同当事人可结合建设工程具体情况,根据《示范文本》订立合同,并按照法律法规规定和合同约定承担相应的法律责任及合同权利义务。

二、合同条款的内容

《建设工程施工合同示范文本》采用了很多土木工程施工合同条件的条款,为避免重复在此就不做解释及条文说明,仅将合同通用条款的主要条目列为表6-2,以供参考及查阅。

《示范文本》通用条款条目表　　　　表6-2

条号	条目名称	款数	内　　容
一	一般约定	13	词语定义与解释;语言文字;法律;标准和规范;合同文件的优先顺序;图纸和承包人文件;联络;严禁贿赂;化石、文物;交通运输;知识产权;保密;工程量清单错误的修正
二	发包人	8	许可或批准;发包人代表;发包人人员;施工现场、施工条件和基础资料的提供;资金来源证明及支付担保;支付合同价款;组织竣工验收;现场统一管理协议
三	承包人	8	承包人的一般义务;项目经理;承包人人员;承包人现场查勘;分包;工程照管与成品、半成品保护;履约担保;联合体
四	监理人	4	监理人的一般规定;监理人员;监理人的指示;商定或确定
五	工程质量	5	质量要求;质量保证措施;隐蔽工程检查;不合格工程的处理;质量争议检测
六	安全文明施工与环境保护	3	安全文明施工;职业健康;环境保护
七	工期和进度	9	施工组织设计;施工进度计划;开工;测量放线;工期延误;不利物质条件;异常恶劣的气候条件;暂停施工;提前竣工

续上表

条号	条目名称	款数	内容
八	材料与设备	9	发包人供应材料与工程设备;承包人采购材料与工程设备;材料工程设备的接收与拒收;材料与工程设备的保管与使用;禁止使用不合格的材料和工程设备;样品;材料与工程设备的替代;施工设备和临时设施;材料与设备专用要求
九	试验与检验	4	试验设备与试验人员;取样;材料、工程设备和工程的试验和检验;现场工艺试验
十	变更	9	变更的范围;变更权;变更程序;变更估价;承包人的合理化建议;变更引起的变更调整;暂估价;暂列金额;计日工
十一	价格调整	2	市场价格波动引起的调整;法律变化引起的调整
十二	合同价格、计量与支付	5	合同价格形式;预付款;计量;工程进度款支付;支付账户
十三	验收和工程试车	6	分部分项工程验收;竣工验收;工程试车;提前交付单位工程的验收;施工期运行;竣工退场
十四	竣工结算	4	竣工结算申请;竣工结算审核;甩项竣工协议;最终结清
十五	缺陷责任与保修	4	工程保修的原则;缺陷责任期;质量保证金;保修
十六	违约	3	发包人违约;承包人违约;第三人造成的违约
十七	不可抗力	4	不可抗力的确认;不可抗力的通知;不可抗力后果的承担;因不可抗力解除合同
十八	保险	7	工程保险;工伤保险;其他保险;持续保险;保险凭证;未按约定投保的补救;通知义务
十九	索赔	5	承包人的索赔;对承包人的索赔处理;发包人的索赔;对发包人的索赔处理;提出索赔的期限
二十	争议解决	5	和解;调解;争议评审;仲裁或诉讼;争议解决条款效力

第四节 《建设工程委托监理合同》(示范文本)概述

为了规范建筑市场的管理,住房和城乡建设部、国家工商行政管理总局于2000年2月17日年联合颁布了《建设工程委托监理合同》(GF-2000-0202)。近年来,工程建设有关法律、法规等不断更新,工程建设市场不断发展壮大,为了更好地解决市场实际需求,维护建设工程监理合同当事人的合法权益,住房和城乡建设部、国家工商行政管理总局对《建设工程委托监理合同(示范文本)》(GF-2000-2002)进行了修订,制定了《建设工程监理合同(示范文本)》(GF-2012-0202)。该合同由协议书、通用条件和专用条件三部分组成。

一、建设工程委托监理合同协议书

建设工程委托监理合同协议书是一个标准化的合同文件,委托人和监理人就合同约定的各条款经过协商达成一致后,只需填写该文件中委托监理工程的概况、总监理工程师详情、签约酬金、监理及相关服务期限的起止时间、合同签订时间和正副本份数等空白栏目,并经合同双方签字盖章后,委托监理合同即产生法律效力。

协议书中工程概况栏目下需填写的内容包括工程名称、工程地点、工程规模以及工程概算投资额或建筑安装工程费。签约酬金栏目需填写的内容包括签约总酬金,监理和相关服务酬金,以及相关服务酬金所对应的具体类别的酬金(包括勘察阶段服务酬金、设计阶段服务酬金、保修阶段服务酬金和其他相关服务酬金)。

协议书中明确规定,对双方有法律约束力的合同文件,除了协议书本身之外,还包括以下几部分:

(1)协议书;
(2)中标通知书(适用于招标工程)或委托书(适用于非招标工程);
(3)投标文件(适用于招标工程)或监理与相关服务建议书(适用于非招标工程);
(4)专用条件;
(5)通用条件;
(6)附录,即:附录A(相关服务的范围和内容),附录B(委托人派遣的人员和提供的房屋、资料、设备),本合同签订后,双方依法签订的补充协议也是本合同文件的组成部分。

二、建设工程委托监理合同通用条件

通用条件是指只要属于建设工程监理范畴之内的委托合同,不论建设项目的行业性质如何,建设项目的实施地点在哪一地域,该通用条件均可适用。该文件中明确规定了合同正常履行过程中委托人和监理人的义务,合同履行过程中规范双方的管理程序,以及合同履行过程中遇到非正常情况时的责任界限和应遵循的处理程序。

通用条件内容包括:定义与解释、监理人的义务、委托人的义务等,违约责任、支付、合同生效、变更、暂停、解除与终止、争议解决以及其他等。

通用条件作为通用性范本,各条款内容规定明确、具体,双方在签订合同时不需要做任何改动或补充。

三、建设工程委托监理合同专用条件

由于通用条件适用于所有类型工程项目的建设监理,其规定的责任条件和管理程序属于共性因素,而某一具体委托的监理任务又会因项目的专业特点、工程所在地域的条件及所委托的监理工作范围不同而具有独特性。因此,示范文本中要求合同当事人双方经过协商一致后,针对建设项目的个性、所处的自然和社会环境编写专用条件。

专用条件共分为9部分,主要针对通用条件进行说明、修正及补充。

(1)解释:约定合同使用除中文以外的语言,及合同文件的解释顺序。
(2)监理人义务:约定监理人的监理范围和内容,监理与相关服务依据,更换监理人员的其他情形,对监理人的授权范围及限制条件,监理人应提交报告的种类、时间和份数,使用委托人的财产等。
(3)委托人义务:确定委托人代表,委托人给监理人答复的时间。
(4)违约责任:明确监理人和委托人的违约责任。
(5)支付:约定支付货币种类、比例及汇率,酬金支付的次数、时间、比例及金额。
(6)合同生效、变更、暂停、解除与终止:明确合同生效条件,附加工作酬金计算方法,正常工作酬金增加额计算方法。

(7)争议解决:明确争议解决方法,约定调解方式,仲裁或诉讼方式。

(8)其他:约定检测费用和咨询费用支付期限,奖励金额的比例,委托人、监理人和第三方保密事项及期限,著作权限制条件。

(9)补充条款。

复习思考题

1. 《公路工程标准施工招标文件》的适用范围及有别于以往《范本》的特别之处?
2. 《公路工程标准施工招标文件》项目专用合同条款中的数据表主要内容包括哪些?
3. FIDIC合同条件的组成部分及主要特点有哪些?
4. FIDIC合同条件中土木工程施工合同条件对于风险责任是如何划分的?
5. 《公路工程标准施工招标文件》承包人的违约情形有哪些?
6. 2013版施工合同与1999版施工合同相比,《建设工程施工合同(示范文本)》主要特点有哪些?
7. 《建设工程施工合同(示范文本)》中反映质量与检验的条目有哪些?
8. 《建设工程委托监理合同》(示范文本)通用条件由哪些内容组成?
9. FIDIC绿皮书——简明合同格式主要由哪些部分组成?

第三篇 合同管理

第七章 合同管理

> **本章要点**
> - 合同总体策划的概念、依据和过程。
> - 业主的合同策划内容,承包人的合同策划内容。
> - 合同分析的阶段及各阶段的主要内容。
> - 合同分析的主要成果。
> - 合同控制的概念、必要性和类型。
> - 质量控制的管理要点。
> - 进度控制的管理要点。
> - 费用控制的管理要点。

第一节 合同的总体策划

一、合同总体策划的概念

合同总体策划是在项目的实施战略确定后对与工程相关的合同进行合理规划,以保证项目目标的实现。合同总体策划要确定带根本性和方向性的,对整个工程项目、整个合同实施有重大影响的问题,其目标是通过合同保证工程项目目标和项目实施战略的实现。它主要解决以下一些重大问题:

(1) 如何将整个项目划分成一些相对独立的合同,并确定各合同的工程承包范围;
(2) 恰当地选择合同种类和合同条件;
(3) 合同采用的委托方式和承包方式;
(4) 合同的种类、形式和条件;
(5) 重要合同条款的确定,如付款方式、风险分担;对承包人的激励措施、国际招标投标工程中合同所适用的法律的选择、如何通过合同实现对项目严格全面的控制;
(6) 与项目相关的各个合同在内容上、时间上、组织上、技术上、价格上的协调等;
(7) 合同的签订与实施时重大问题的决策。

正确的合同策划不仅能够签订一个完备有利的合同,而且可以保证圆满地履行各个合同,并使它们之间能完善地协调,以顺利地实现工程项目的根本目标。

二、合同总体策划的主要依据

(1)业主方面:业主的资信、资金供应能力、管理水平和具有的管理力量;业主的项目目标以及目标的确定性、期望对工程管理的介入深度、资信状况;业主对工程师和承包人的信任程度、管理风格;业主对工程的质量和工期要求等。

(2)承包人方面:拟选择的承包人的能力、资信,如是否具备施工总承包、设计—施工总承包或设计—施工—供应总承包的能力;企业规模、目前经营状况、管理风格和水平、相关工程和相关承包方式的经验;企业经营战略、长期动机、抗御风险的能力等。

(3)工程方面:工程的类型、规模、特点、技术复杂程度、风险性;工程技术设计的深度和准确程度、工程质量要求和工程范围的确定性、计划深度;招标时间和工期的控制;项目的盈利性;工程风险程序、工程资源(如资金,材料,设备等)供应及限制条件等。

(4)环境方面:工程所在地的法律环境,建筑市场竞争激烈程度,物价的稳定性,地质、气候、自然、现场条件的确定性,资源供应的保证程度,获得额外资源的可能性。

三、合同总体策划的过程

通过合同总体策划,确定工程合同的一些重大问题,它对工程项目的顺利实施、项目总目标的实现有决定性作用。合同总体策划的过程大致可分为四个步骤,见图7-1。

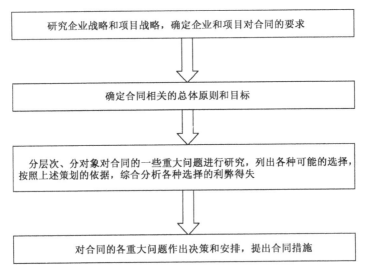

图7-1 合同总体策划的过程

在项目过程中,开始准备每一个合同招标,以及准备签订每一份合同时,都应对合同策划再做一次评价。

四、合同策划的内容

在合同策划的整个过程中,由于各参与方所处的地位不同、目的不同、工作的任务和工作的重点不同,因此其策划的内容也不同。

(一)业主的合同策划

在工程中,业主处于主导地位,他的合同总体策划对整个工程有很大影响。承包人必须按照业主的要求投标报价,确定方案并完成工程。业主通常必须就如下合同问题作出决策。

1. 分标策划作用

项目的工作都是由具体的组织(单位或人员)来完成的,业主必须将它们委托出去。对于业主来说,正确的分标和合同策划能够保证圆满地履行各个合同,促使各个合同达到完美的协调,减少组织矛盾和争执,顺利地实现工程项目的整体目标。一个项目的分标策划也就是决定将整个项目任务分为多少个包(或标段),以及如何划分这些标段。分标策划决定了与业主签约的承包人的数量,决定着项目的组织结构及管理模式,从根本上决定合同各方面责任、权力和工作的划分,所以它对项目的实施过程和项目管理会产生根本性的影响。业主通过分标和合同委托项目任务,并通过合同实现对项目的目标控制。分标和合同是实施项目的手段,通过分标策划摆正工程过程中各方面的重大关系,防止由于这些重大问题的不协调或矛盾造成工作上的障碍,造成重大的损失。

2. 主要的分标方式

(1)分阶段分专业工程平行承包。这是一种传统的工程发包方式,即业主将工程项目的勘察设计、工程施工、材料和设备供应等分别发包给几个独立的承包人:勘察设计承包人、施工(包括土建、安装、装饰)承包人、材料和设备供应商,各承包人分别与业主签订合同,向业主负责(图 7-2),各承包人之间没有合同关系。

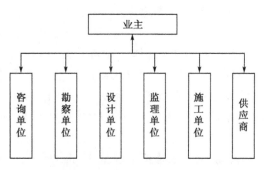

图 7-2 传统承包方式

这种方式的特点有:

①业主的管理工作多,要进行多次招标,计划要求做得较细,因此项目前期工作需要较长的时间。

②由于各承包人分别与业主签订合同,向业主负责,各承包人之间没有合同关系,因此业主必须负责各承包人之间的协调,对各承包人之间互相干扰造成的问题承担责任。在整个项目的责任体系中存在着责任的"盲区"。所以在这类工程中组织争执较多,索赔较多,工期比较长。

③这种方式要求业主的管理和控制比较细,需要对出现的各种工程问题作中间决策,必须具备较强的项目管理能力。如果业主不是项目管理专家,可以委托监理工程师进行管理,当无法聘请得力的咨询(监理)工程师进行全过程的项目管理时,则不能将项目分标太多。

④业主将面对很多承包人,直接管理承包人的数量太多,管理跨度太大,容易出现职责交叉或盲区,造成项目协调的困难、工程中的混乱和项目失控等现象,从而产生合同争议和索赔,最终导致总投资的增加和工期的延长。

⑤分散平行承包,由于承包人之间存在着一定的制衡,如各专业设计、设备供应、专业工程施工之间存在制约关系,因此有利于项目目标的实现。

⑥使用这种方式,对项目的计划和设计必须周全、准确、细致,这样使各承包人的工程范围容易确定,责任界限比较清楚,否则极易造成项目实施中的混乱状态。

(2)全包(统包、一揽子承包,"设计—建造及交钥匙"工程,或"设计—施工—供应"总承包),即由一个承包人承包建筑工程项目的全部工作,包括设计、供应、各专业工程的施工以及管理工作,甚至包括项目前期筹划、方案选择、可行性研究。承包人向业主承担全部工程责任。当然总承包也可以将全部工程范围内的部分工程或工作分包出去(图 7-3)。

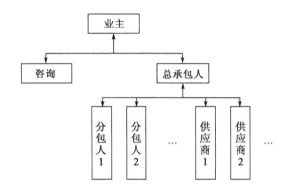

图 7-3 总承包

这种承包方式的特点有:

①业主的管理工作量较少,仅需要一次招标,合同争执及索赔较少,协调容易,现场管理简单,而且项目的责任体系完备。无论是设计与施工的互相干扰、供应商之间的互相干扰,还是不同专业之间的干扰,都由总承包人负责,业主不承担任何责任,业主只要提出工程的总体要求(如工程的功能要求、设计标准、材料标准的说明等),作宏观控制,验收结果,一般不干涉承包人的工程实施过程和项目管理工作。所以全包工程对双方都有利,工程整体效益高。

②承包人能将整个项目管理形成一个统一的系统进行管理,避免多头领导,降低管理费用,同时,方便协调和控制,减少大量的、重复的管理工作,减少花费,使得信息沟通方便、快捷、不失真,对施工现场的管理也有利,可减少中间检查、交接环节和手续,避免由此引起的工程拖延,从而工期(招标投标和建设期)大大缩短。

③对承包人的要求很高。在全包工程中业主必须加强对承包人的宏观控制,选择资信好、实力强、适应全方位工作的承包人。承包人不仅需要具备各专业工程施工力量,而且需要很强的设计能力、管理能力、供应能力,甚至很强的项目策划能力和融资能力。据统计,在国际工程中,国际上最大的承包人所承接的工程项目大多数都是采用全包形式。

④对业主来说,承包人资信风险很大。支付管理费用高、项目控制能力差。因此,业主可以选择让几个承包人联营投标,通过法律规定联营成员之间的连带责任"抓住"联营各方,降低风险。这在国际上一些大型和特大型的工程中十分常见。

(3)当然,业主也可以采用介于上述两者之间的中间形式,即将工程委托给几个主要的承包人,如设计总承包人、施工总承包人、供应总承包人等。这种方式在工程中是极为常见的(图 7-4)。

(4)非代理型的 CM 承包方式,即 CM/non-Agency 方式。

CM(Construction Management)有两种形式,其中非代理型的模式见图 7-5。CM 承包人直接与业主签订合同,接受整个工程施工的委托,再与分包人、供应商签订合同。

在现代工程中,工程承包方式多种多样,各有优点、缺点和适用条件,业主在进行合同策划时应根据业主的具体情况、工程的具体情况、市场的具体情况选择合适的方式。

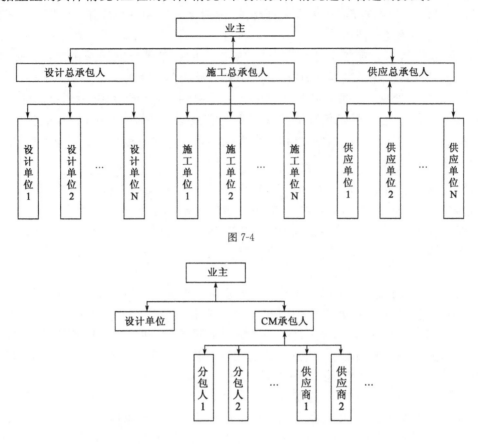

图 7-5 非代理型模式

3. 合同种类的选择

在实际工程中,合同的计价方式有近 20 种。不同种类的合同,有不同的应用条件、不同的权力和责任的分配、不同的付款方式,对合同双方有不同的风险,应按具体情况选择合同类型。相关内容参见第一章第二节中工程合同的类型。

4. 招标方式的确定

招标方式有公开招标、有限招标(选择性竞争招标)、议标等,每种方式均有其特点及适用范围。一般要根据承包形式、合同类型、业主所拥有的招标时间(工程紧迫程度)等决定。相关内容参见第三章第二节工程招标的方式。

另外,在关于招标的策划工作中,还应处理好以下一些问题:

(1)确定资格预审的标准和允许参加投标单位的数量。业主要保证在工程招标中有比较激烈的竞争,必须保证有一定量的投标单位,这样才能取得一个合理的价格,选择余地较大。但如果投标单位太多,则管理工作量大,招标期较长。

在资格预审期要对投标人有基本的了解和分析。一般从资格预审到开标,投标人会逐渐减少。即发布招标广告后,会有大量的承包人来了解情况,但提供资质预审文件的单位就要少一点;买标书的单位又会少一点;提交投标书的单位还会减少;甚至有的单位投标后又撤回标书。对此必须保证最终有一定量的投标人参加竞争,否则在开标时会很被动。

（2）确定合理的定标标准。确定定标的指标对整个合同的签订（承包人选择）和执行影响很大。实践证明，如果仅选择低价中标，不分析报价的合理性和其他因素，则工程实施过程中会产生较多争执，工程合同失败的比例较高。因为它违反公平合理原则，承包人没有合理的利润，甚至要亏损，当然不会有高的履约积极性。所以人们越来越趋向于采用综合评标，即从报价、工期、方案、资信、管理组织等方面进行综合评价，以选择中标者。

（3）标后谈判的处理。一般在招标文件中业主都申明不允许进行标后谈判。这是为了不留活口，掌握主动权。但从战略角度出发，业主应欢迎标后谈判，因为可以利用这个机会获得更合理的报价和更优惠的服务，对双方和整个工程都有利。这已被许多工程实践所证明。

5. 合同条件的选择

合同协议书和合同条件是合同文件中最重要的部分。在实际工程中，业主可以根据需要，自己（通常委托咨询公司）起草合同协议书（包括合同条款），也可以选择标准的合同条件。在具体应用时，可以按照自己的需要通过特殊条款对标准的文本作修改、限定或补充。

对一个工程，有时会有几个同类型的合同条件供选择，特别是在国际工程中。合同条件的选择应注意如下问题：

（1）合同条款应与双方的管理水平匹配。大家从主观上都希望使用严密的、完备的合同条件，但合同条件应该与双方的管理水平相配套，否则执行时会有困难。如果双方的管理水平很低，而使用十分完备、周密，同时规定又十分严格的合同条件，则这种合同条件没有可执行性。将我国的原示范文本与FIDIC合同相比较就会发现，我国施工合同在许多条款中的时间限定要严格很多。这说明在工程中如果使用我国的施工合同，则合同双方要比使用FIDIC合同有更高的管理水平，更快的信息反馈速度。发包人、承包人、项目经理、监理工程师的决策过程必须很快。但实际上做不到，所以在我国的承包工程中常常双方都不能准确执行合同。

（2）应尽可能使用标准的合同条款且最好选用双方都熟悉的标准合同条件，这样既有利于业主管理工作，又利于承包人对条款的执行，可减少争执和索赔，能较好地执行合同。如果双方来自不同的国家，选用合同条件时应更多地考虑承包人的因素，使用承包人熟悉的合同条件。由于承包人是工程合同的具体实施者，所以应更多地偏向他，而不能仅从业主自身的角度考虑这个问题。当然在实际工程中，许多业主都选择自己熟悉的合同条件，以保证自己在工程管理中处于有利的地位和掌握主动权，但结果是工程不能顺利进行。最终承包人受到很大损失，许多索赔未能得到解决，而业主的工程质量则很差，工期也相应拖延。由于工程迟迟不能交付使用，业主不得已又委托其他承包人进场施工，对工程的整体效益产生极大的影响。

（3）合同条件的使用应注意到其他方面的制约。

招标文件由业主起草，业主居于合同主导地位。业主应特别关注下列重要合同条款：

①适用合同关系的法律、合同争执仲裁的机构和程序等。

②付款方式。

③合同价格调整的条件、范围、方法，特别是由于物价、汇率、法律、关税等的变化对合同价格调整的规定。

④对承包人的激励措施，如提前竣工，提出新设计，使用新技术新工艺使业主节省投资，奖励型的成本加酬金合同，质量奖等。

⑤合同双方的风险分配。

⑥保证业主对工程的控制权力，包括工程变更权力、进度计划审批权力、实际进度监督权力、施工进度加速权力、质量的绝对检查权力、工程付款的控制权力、承包人不履约时业主的处

置权力等。

6.重要的合同条款的确定

(1)适用于合同关系的法律,以及合同争执仲裁的地点、程序等。

(2)付款方式。如采用进度付款、分期付款、预付款或由承包人垫资承包。这由业主的资金来源保证情况等因素决定。让承包人在工程上过多地垫资,会对承包人的风险、财务状况、报价和履约积极性有直接影响。当然,如果业主超过实际进度预付工程款,在承包人没有出具保函的情况下,又会给业主带来风险。

(3)合同价格的调整条件、范围,调整方法,特别是由于物价上涨、汇率变化、法律变化、海关税变化等对合同价格调整的规定。

(4)合同双方风险的分担,即将工程风险在业主和承包人之间进行合理分配。基本原则是,通过风险分配激励承包人努力控制三大目标、控制风险,达到最好的工程经济效益。

(5)对承包人的激励措施。各种合同中都可以订立奖励条款。恰当地采用奖励措施可以鼓励承包人缩短工期、提高质量、降低成本、提高管理积极性。通常的奖励措施有:

①提前竣工奖励。这是最常见的,通常合同明文规定工期提前一天业主将给承包人奖励的金额。

②提前竣工,将项目提前投产实现的盈利在合同双方之间按一定比例分成。

③承包人如果能提出新的设计方案、使用新技术,使业主节约投资,则按一定比例分成。

④对具体的工程范围和工程要求,在成本加酬金合同中,确定一个目标成本额度,并规定,如果实际成本低于这个额度,则业主将节约的部分按一定比例发给承包人作为奖励。

⑤质量奖。这在我国用得较多。合同规定,如工程质量达全优(或优良),业主另外支付一笔奖励金。

(6)设计合同条款,通过合同保证业主对工程的控制权力,并形成一个完整的控制体系。

①控制内容。明确规定业主和其项目经理对工期、成本(投资)、质量及工程成果等各方面的控制权力。

②控制过程。各种控制必须有一个严密的体系,形成一个前后相继的过程,例如:

a.工期控制过程,包括开工令、对详细进度计划的审批(同意)权、工程施工出现拖延时的指令加速的权力、拖延工期的违约金条款等。

b.成本(投资)控制,包括工作量计算程序、付款期、账单的审查过程及权力、付款的控制、竣工结算和最终决策、索赔的处理、决定价格的权力等。

c.质量控制过程,包括图纸的审批程序及权力,方案的审批(或同意)权,变更工程的权力,材料、工艺、工程的认可权、检查权和验收权,对分包和转让的控制权。

③对失控状态或问题的处置权力,例如:材料、工艺、工程质量不符合要求的处置权,暂停工程的权力,在极端状态下中止合同的权力等。

这些都有了具体、详细的规定,才能形成对实施控制的合同保证。

(7)为了保证双方诚实信用,必须有相应的合同措施。例如:

①工程中的保函、保留金和其他担保措施。

②承包人的材料和设备进入施工现场,则作为业主的财产,没有业主(或工程师)的同意不得移出现场。

③合同中对违约行为的处罚规定和仲裁条款。例如在国际工程中,在承包人严重违约的情况下,业主可以将承包人逐出现场,而不解除他的合同责任,让其他承包人来完成合同,费用

由违约的承包人承担。

(二)承包人的合同策划

对于业主的合同策划,承包人常常必须执行或服从。如招标文件规定,承包人必须按照招标文件的要求做标,不允许修改合同条件,甚至不允许使用保留条件。但承包人也有自己的合同策划问题。承包人的合同策划主要存在下面几个问题。

1. 投标项目的选择

承包人通过市场调查获得许多工程项目的招标信息,承包人需就是否参与某一项目的投标作出战略决策。其依据为下面几个方面:

(1)政治文化环境,包括国内政局、国际关系、法律规定、风俗习惯、宗教信仰等。

(2)经济环境,包括市场景气、生产水平、劳动力成本、汇率、利率、价格水平等。

(3)自然环境,包括水文、地质、气候、自然灾害等。

(4)承包市场状况和竞争的形势,包括该工程竞争者的数量、竞争对手的状况等。

(5)工程及业主的状况,包括工程的技术难度,施工所需的工艺、技术和设备,对施工工期的要求及工程的影响程度;业主对承包方式、合同种类、招标方式、合同的主要条款等的规定和要求;业主的资信情况,是否有不守信用、不付款的历史;业主建设资金的准备情况和企业经营情况等。

(6)承包人自身的状况,包括公司的优势和劣势、施工力量、技术水平、管理能力、同类工程经验、在手工程数量、资金状况等。

总之,选择的投标项目应符合承包人自身的经营战略要求,最大限度地发挥自身优势,符合其经营战略,不要企图承包超过自己施工技术水平、管理水平、财务能力的工程以及没有竞争能力的工程。

2. 合同风险评价

承包人在合同策划时必须对工程的合同风险有一个总体的评价。合同风险评价主要包括风险的辨识和风险的评估两项工作。

一般情况下,如果工程存在下列问题,则说明工程风险很大。

(1)工程规模大,工期较长,且业主要求采用固定总价合同形式。这种情况下,承包人需承担全部工程量和价格的风险。

(2)业主要求采用固定总价合同,但仅给出初步设计文件让承包人做标,图纸不详细、不完备,工程量不准确、范围不清楚等,或合同中的工程变更赔偿条款对承包人很不利。

(3)业主将做标期压缩得很短,承包人没有时间详细分析招标文件,而且招标文件为外文,采用承包人不熟悉的合同条件,这不仅对承包人风险很大,而且还会造成对整个工程总目标的损害,常常欲速则不达。

(4)工程环境不确定性大,如物价和汇率大幅度变动、水文地质条件不清楚,且业主要求采用固定价格合同。

大量的工程实践证明,如果存在上述问题,特别当一个工程上同时出现上述多种问题,则这个工程可能彻底失败,甚至将整个承包企业拖垮。这些风险可能造成损失的大小,在签订合同时往往是难以想象的,遇到这类工程,承包人应有足够的思想准备和应对措施。

3. 合作方式的选择

在总发包模式下,承包人必须就如何完成合同范围的工程作出决定。因为任何承包人都不可能自己独立完成全部工程,他必须与其他承包人合作,充分发挥各自的技术、管理、财力优势,以共同承担风险。但不同的合作方式其风险分担程度也不相同。

(1) 分包

分包在工程中使用较多,通常在以下几种情况使用:

①经济目的。对于某些分项工程,如果总承包人认为自己承担会亏本,可将其分包给有能力且报价低的分包人,这样,总承包人不仅可以避免损失,还能获得一定的经济效益。

②合理转移或减少风险的需要。有些项目虽然利益大,但风险也较高,承包人经过风险分析,不愿承担或无法承担这样大的风险,就可以通过分包将风险部分地转移给其他承包人,转嫁或减小风险。

③业主的要求,即业主指定承包人将某些分项工程分包出去。例如,业主对某些特殊分项工程只信任某一承包人,要求将该分项工程由该承包人承担;还有在国际工程中,有些国家规定外国承包人必须分包一定量的工程给本国的承包人等情况。承包人在投标报价时,一般应确定分包人的报价,商定分包的主要条件,甚至签订分包意向书。由于承包人向业主承担工程责任,分包人出现任何问题都由总包人负责,所以选择分包人应慎重,要选择符合要求的、有能力的、长期合作的分包人。此外,还应注意分包不宜过多,以免出现协调和管理困难,或引起业主对承包人能力怀疑等现象。

④技术上的需要。总承包人不可能也不需要具备工程所需所有专业的施工能力,通过分包的形式可以弥补总承包人技术、人力、设备、资金等方面的不足。

(2) 联营承包

联营承包是指两家或两家以上的承包人联合投标,共同承接工程。

承包人通过联合承包,可以承接工程规模大、技术复杂、风险大、难以独家承揽的工程,扩大经营范围;同时,在投标中可以发挥联营各方的技术、管理、经济和社会优势,使报价更具竞争力;联营各方可取长补短,增强完成合同的能力,业主较欢迎,易于中标。联营有多种方式,最常见的是联合体方式。联合体方式是指各自具有法人资格的施工企业结成合作伙伴联合承包一项工程,他们以联合体名义与业主签订合同,共同向业主承担责任。组成联合体时,应推举其中一成员为该联合体的责任方,代表联合体的一方或全体成员承担本合同的责任,负责与业主和工程师联系并接受指令,以及全面负责履行合同。

联营各方应签订联合体协议和章程,经业主确认的联合体协议和章程应作为合同文件的组成部分。在合同履行过程中,未经业主同意,不得修改联合体协议和章程。联合体协议属于施工承包合同的从合同。通常联合体协议先于施工承包合同签订,但是,只有施工承包合同签订了,联合体协议才有效,施工承包合同结束,联合体协议也结束,联合体也随之解散。

五、合同总体策划中应注意的问题

合同策划是一个十分重要而复杂的问题,为保证合同的顺利执行,应注意的一个关键问题便是工程合同体系的协调性,这一点处理得好,不仅可以使参与各方责任清楚,减少合同纠纷和索赔,而且能保证合同目标的顺利实现。工程合同体系的协调有以下几方面。

1. 不同时间所订立的合同应协调

由于各合同不在同一个时间内签订,容易引起失调,所以它们必须纳入到一个统一的、完整的计划体系中统筹安排,做到各合同之间互相兼顾。

2.各部门在订立合同时应注意相互间的协调

在许多企业及工程项目中,不同的合同由不同的职能部门或人员管理,例如采购合同归材料科管,承包合同和分包合同归经营科管,贷款合同归财务科管,则在管理程序上应注意各部门之间的协调,例如提出采购条件时要符合承包合同的技术要求,供应计划应符合项目的工期安排,与财务部门一齐商讨付款方式;签订采购合同后要报财务部门备案,安排资金,并就运输等工作作出安排(签订运输合同)。这样才能形成一个完整的项目管理体系。

3.顾及各合同间的联系,工程各相关合同间的协调

为了一个工程的建设,业主要签订许多合同。这些合同中存在十分复杂的关系,业主必须负责这些合同之间的协调工作。工程合同体系的协调就是各个合同所确定的工期、质量、成本、技术要求、管理机制等之间应有较好的相容性和一致性。这个协调必须反映项目的目标系统,技术设计和计划(如成本计划、工期计划)等内容。工程变更不仅要顾及相关的承包合同,而且要顾及与它平行的供应合同,以及它所属的分包合同、供应合同及租赁合同等。在采取调控措施时,也要考虑对整个合同体系中各个合同的影响。

第二节 合同分析与交底

一、合同分析

(一)合同分析的概念和阶段划分

合同分析主要是从履行合同的角度去分析、研究、补充和解释合同的具体内容和要求,将建设工程合同的目标和规定落实到合同实施的具体问题和具体时间上,用以指导项目具体工作,使合同与符合工程管理的需要相适应,为合同执行和控制确定依据。合同分析是工程项目合同管理的关键环节之一,也是合同交底的前提。

合同分析要求我们在准确客观、简明清晰、协调一致和全面完整的基本原则下对项目各阶段合同进行分析。通常来讲,合同分析可分为三个阶段,即项目投标前的合同分析,项目执行期的合同分析和项目合同管理后评价。

(二)各阶段合同分析主要内容

1.投标前合同分析的目的和内容

投标前的合同分析对于正确的投标策略制定,把握项目特点,保证合同计划的执行和各项管理目标的实现具有重要意义。它是工程项目成败的关键环节之一,主要包括以下内容。

(1)合同的计价方式分析

一般来说,业主都要求承包人保证工程质量优良的同时,尽可能降低造价、缩短工期。为了满足这些条件,产生了各种各样的合同形式,业主可以根据工程性质决定采用哪种形式。我国现行的《建筑工程施工合同(示范文本)》把承包价格的确定方式大致分为三种:总价合同、单价合同、成本加酬金合同。三种合同形式各有特点,对于具体项目而言,各种合同计价方式下合同管理的特点不同,管理的重点与难点也不同。

①固定价格合同。合同双方在专用条款内约定合同价款包含的风险范围和风险费用的计算方法,在约定的风险范围内合同价款不再调整。根据风险范围的不同,固定价格合同可分为

固定总价合同和固定单价合同。

a. 总价合同,即总价包干制合同,它的前提是合同内容具体明确,通常是短期合同,设计文件内容和深度满足要求,工程数量准确,合同的质量要求、工期要求、费用要求必须明确。由于费用采用包干制形式,在项目执行期通过延期、变更、索赔调价等合同手段对合同双方的权利义务和经济关系的调节能力大大降低,合同管理的前期工作显得十分重要。合同在质量进度和费用方面的各方权力义务关系平等性以及合同风险性的分析是决定是否投标、投什么标的一个关键因素。如果某项目设计深度不够而又采用包干制合同,这对承包人来说风险是较大的,合同的执行难度也较大。

[例7-1] 某市政工程项目采用总价包干制合同形式,主要原因是业主想进行严格的投资控制,实行总价包死的合同价格形式;而该项目在设计时地下排水设施设计深度不够,致使这部分工程采用的材料规格、型号、质量标准以及工程数量都不明确,但是由于标价竞争激烈,承包人不能报高价;在项目执行时,业主和承包人花了大量时间和精力处理这方面的问题,由于无法采用变更、索赔等合同手段,其结果是承包人承受较大的经济损失。

b. 固定单价合同,即业主开列有工程细目的工程量清单,然后让投标方投标报价,从中选择一家报价合理且各方面条件较优越的投标方作为中标方,双方签订合同后,工程款将根据所完成的工程数量按工程量清单中的单价结算。采用这种合同形式时,通常要求实际完成的工程量与原估计的工程量不能相差太大,否则会造成原定单价的不合理。一般来说,此类合同项目采用FIDIC合同条款进行合同约束,合同双方在执行期的问题与纠纷可用FIDIC条款中的工期管理、工程变更、索赔以及调价等多种方式进行调节,合同执行期的合同管理工作十分重要。

②可调价格合同,在约定的合同价格基础上,如果在合同执行过程中,由于通货膨胀而使所使用的工料成本增加,可根据合同约定的调价方法对合同价格进行相应的调整。发包人需承担通货膨胀引起的不可预见费用增加的风险。需要注意的是,可调价格合同中,必须列有调价条款才可进行调值,其一般适用于工程内容和技术经济指标规定明确且工期较长的工程项目。

③成本加酬金合同,按工程实际发生的成本,包括人工费、材料费、施工机械使用量,其他直接费和施工管理费以及各项独立费,加上商定的总管理费和利润来确定工程总造价。该合同适用于工期紧迫的工程,如抢险救灾、保密等工程,还有在装饰工程中也用的比较多。

(2)合同各方的权利义务关系全面分析

招标文件以合同条款的方式规定了合同双方的权利义务关系。承包人要了解自己的权利和义务,特别是该合同对承包人是否做了特殊要求,该特殊要求对承包人合同目标实现有何影响,具体内容有以下几个方面。

①承包人的一般责任和义务

a. 合同规定的承包人一般责任和义务;

b. 承包人实施工程过程中的一般责任和义务(FIDIC条款第8条、第9条);

c. 收到中标通知书后28天内,办理履约担保(FIDIC条款第10条)的责任和义务;

d. 投标现场考察及投标书的完备性,价格和费率的正确性(FIDIC条款第11条、12条),并应按业主要求进行投标(FIDIC条款第21~25条);

e. 承包人对材料和设备的照管责任和义务,对工程的缺陷修复等的责任和义务。

②承包人的其他责任和义务

a. 承包人施工中使用的设计、施工规范、施工方法等包含专利权时,应自负其责;

b. 承包施工中应支付工程所使用的石料、砂、砾石、土等各种矿产量、使用费和其他费用（FIDIC 条款第 28 条）；

c. 承包人按照合同实施工程时，应尽量避免对公共交通和相邻财产的干扰（FIDIC 条款第 29 条）；

d. 雇佣劳务和第三方的安全等。

（3）合同风险分析

分析项目存在的风险因素及其风险程度，结合企业自身的风险管理能力，决定采取风险管理措施和方法，为制定项目管理决策和项目风险管理提供依据、方法、手段，以决定是否投标或者在生产过程中风险管理的原则和方法等。

（4）重点合同条款分析

对承包人来说，灵活准确地运用 FIDIC 合同的重要条款，采用合理的合同手段将会取得更好的经营效果。重点合同条款主要有延期条款（FIDIC 条款第 44 条）、变更条款（FIDIC 条款第 51、52 条）、索赔条款（FIDIC 条款第 53 条）、价格调整条款（FIDIC 条款第 71 条）、争端与仲裁条款（FIDIC 条款第 67 条）等，灵活有效地使用 FIDIC 条款的变更、索赔、调价对成功经营是非常有帮助的。

（5）合同漏洞和歧义分析

分析并抓住合同的漏洞和破绽，制订切实可行的计划和方案，合同管理者可通过合同手段取得更好的经营效果，这是管理者管理能力和水平的体现。

[例 7-2] 某县有一连接线工程，工程项目小且简单。该工程长 450m，宽 24m，有两道涵洞和一小段挡土墙，总合同价为 300 万元。经过现场考察，投标人发现该路段有一高填方路段，其设计文件的工程数量有较大出入，该路段设计文件的填方高度为 7~8m，其高程是从现有的地面线计算的，而该路段实际堆满了大量建筑垃圾，所以施工时必须先清除建筑垃圾后，重新回填。所以，填方数量大大增加，填方材料不足，需借大量土石方回填。承包人认识到并抓住该漏洞，通过不平衡报价中标，最终并获得了满意的利润。

2. 施工阶段合同分析的主要内容

该阶段工作的主要内容是熟悉和了解投标阶段项目分析的成果，执行合同管理计划。同时善于抓住合同机会，甚至创造合同机会，采用合理的合同手段，谋取好的经营效果。

3. 项目合同管理后评价

在工程项目实施完成后，针对项目全生命周期，对项目合同管理机构、人员，管理过程和方法、手段的运用及其效果进行评价，总结成功经验和失败教训，不断提高企业管理水平。

（三）合同分析的主要成果

合同分析是为了取得更好的经营、管理效果，投入大量的人力物力对项目进行分析，应取得以下几个方面的重要成果。

（1）分析出合同漏洞，使争议内容得到解释，为索赔提供理由和根据。

（2）熟悉项目特点，明确权利义务关系，在合同实施前掌握风险评价方法，落实风险责任，制订风险回应措施。

（3）根据工期、质量、成本等要素的相互关系，将合同工作分解并落实合同责任，提交重点合同条款理解的合同分析报告。

(4)制订出结合企业自身条件的合同管理目标、具体可行的合同管理方案和计划。

(5)了解掌握合同机会存在的可能性,可能利用的合同机会有哪些,不利的合同条款有哪些,如何利用合同谈判和其他措施改善自己的合同处境。

二、合同交底

按照我国现行的项目管理模式,合同交底一般分为两个阶段。

第一阶段:招投标工作结束后,由招标(或投标)单位相关负责人和专业合同管理人员对项目部负责人和专业合同管理人员进行交底。其目的在于分清项目招标(或投标)和项目实施管理的责任范围和界限,改变目前把所有项目管理失误归结为项目实施阶段失误的现实,能更好地监督项目招标(或投标)单位以更加认真、负责的态度做好各自的本职工作,使项目实施管理机构有更好的空间,以更高的热情、更负责的态度实施项目,实施管理的具体工作。

第二阶段:项目实施管理机构的合同管理人员在对合同的主要内容作出解释和说明的基础上,通过组织项目管理人员和各工程小组负责人学习合同条件和合同分析结果,熟悉合同中的主要内容、各种规定、管理程序,了解承包人的合同责任和工程范围,以及各种行为的法律后果等,使大家树立起全局观念,进一步加强项目合同管理的全员参与,使工作协调一致,对合同各方责任、义务和职责更好的把握,便于顺利实现合同履行过程中的变更和索赔。

第三节 合同控制

一、合同控制的基本概念

(一)控制与合同控制

要完成目标就必须对其实施有效的控制,控制是项目管理的重要职能之一。所谓控制,就是行为主体为保证在变化的条件下实现其目标,按照事先拟定的计划和标准,通过各种方法对被控制对象实施过程中发生的实际值和计划值进行检查、对比、分析和纠正,以保证工程项目顺利完成预定目标。

合同控制是指合同管理组织为保证合同所约定的各项义务的全面完成和各项权利的顺利实现,以合同分析的成果为基准,对整个合同实施过程进行全面监督、检查、对比和纠正的合同管理行为。其具体实施控制程序如图7-6所示。

图7-6 合同实施控制程序

合同控制是一种综合管理行为,它需要控制者有丰富的实践经验,有扎实的工程基础,准确的造价计算能力,了解并熟悉法律和合同知识,能灵活运用以上知识达到合同控制目的。

(二)合同控制的类型

1. 前馈控制与反馈控制

项目中控制形式分为两种:一种是前馈控制,又称为开环控制,如图7-7所示;另一种是反馈控制,又称为闭环控制,如图 7-8 所示。

图 7-7　前馈控制　　　　　　　　　　图 7-8　反馈控制

两种控制形式的主要区别是有无信息反馈。就工程项目而言,控制器是指工程项目的管理者。前馈控制对控制器的要求非常严格,即前馈控制的管理者应具备很高的技术管理水平及丰富的实践经验。对于一个工程项目而言,理论上讲,从公路工程项目的一次性特征考虑,在项目控制中均应采用前馈控制形式。但是,由于项目受本身的复杂性和人们预测能力局限性等因素的影响,使反馈控制形式在控制活动中显得同样重要和可行。

公路工程项目实施中的反馈信息,由于受各种因素影响,将可能出现不稳定现象,即信息振荡现象,项目控制论中称负反馈现象。从工程项目控制理解,所谓负反馈就是反馈信息失真,管理者由此信息做出的决策将影响工程进度、质量、费用三大目标的实现。因此,在公路工程施工过程中,管理人员必须尽量避免负反馈现象的发生。

2. 动态控制

工程项目的动态控制是指项目管理者对计划的执行情况适时检查并采取措施纠正偏差的过程。动态控制可分为两种情况:一是发现目标产生偏离后,再分析原因、进行决策、采取措施的管理行为,称为被动控制,如图 7-9 所示;另一种是预先分析、估计工程项目可能发生的偏离,采取预防措施进行控制的管理行为,称为主动控制,如图 7-10 所示。

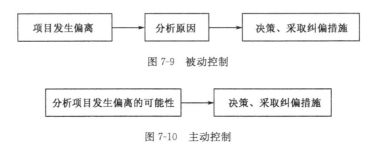

图 7-9　被动控制

图 7-10　主动控制

工程项目的一次性特点,要求管理者具有较强的主动控制能力。但公路工程项目是极为复杂的工程项目,涉及的因素较多,跨越的范围较广。因此,根据工程实际情况,在工程管理实施过程中,除采取主动控制外,也应该辅之以被动控制,主动、被动控制的合理使用,是管理者控制能力和管理水平高低的反映。

(三)合同控制目标与合同计划

合理的合同控制目标及计划是合同控制的基础和前提。合同控制目标与总的管理目标是一致的。合同控制的目的是利用合同手段和方法确保工程质量、进度、费用等目标最合理的实现,依据总目标确定合同管理的质量、进度、费用三大目标,并在全面分析合同特点的基础上制定三方面的详细实施计划。

(四)合同控制的必要性

(1)保证合同目标实现、了解合同执行情况、解决合同执行中问题的方法和手段;
(2)调整合同目标和合同计划的依据;

(3)提高项目管理水平,人员管理能力、项目控制能力的重要方法和手段。

(五)合同控制的依据

(1)国家、地区的法律、法规,各项规范定额标准;
(2)FIDIC 通用合同条款,FIDIC 专用合同条款;
(3)标准合同书;
(4)设计文件,工程量清单;
(5)投标人的施工组织及进度计划等。

二、合同控制与其他项目控制

工程实施控制主要包括成本控制、质量控制、进度控制、合同控制几方面的内容。各种控制的目的、目标、依据见表 7-1。成本、质量、工期是由合同定义的三大目标,承包人最根本的合同任务是达到这三大目标,因此合同控制是其他控制的核心和保证。通过合同控制可以使质量控制、进度控制、成本控制协调一致,形成一个系统有序的项目管理过程。

工程实时控制的主要内容　　　　　　　　　　　　表 7-1

项 目	控 制 内 容	控制目的	控 制 依 据
合同控制	按合同全面完成承包人的责任,防止违约	合同规定的各项责任	合同范围内的各种文件,合同分析资料
质量控制	保证按合同规定的质量完成工程,使工程顺利通过验收,交付使用,达到预定的功能要求	合同规定的质量标准	工程说明、规范、图纸、工作量表
进度控制	按预定进度计划进行施工,按期交付工程,防止承担工期拖延责任	合同规定的工期	合同规定的总工期计划,业主批准的详细的施工进度计划,网络图,横道图等
成本控制	保证按计划成本完成工程,防止成本超支和费用增加	计划成本	各分项工程,分部工程,总工程的计划成本,人力、材料、资金计划,计划成本曲线

(一)质量控制

项目质量控制是对合同执行期质量计划与执行的管理和控制,确保合同质量管理目标的实现。施工中企业建立完善的质量管理体系是质量管理与控制的重点,它包括质量标准、质量控制秩序、质量体系的建立,以及质量因素控制与管理等。施工中与合同相关的质量控制主要是按 FIDIC 条款中规定的质量、责任和义务条款进行的控制。

1. FIDIC 条款关于质量管理的内容

在 FIDIC 条款中有关质量管理的合同条款有:6、7、8、11、12、13、15、16、17、35、36、37、38、39、48、49、50、51、54、61、62、64。具体内容有:

(1)图纸、文件的保管和供给,及有关责任处理(FIDIC 第 6 条)。
(2)工程师有权不断地向承包人发放为使工程合理而正确施工所需要的补充图纸和说明(FIDIC 第 7 条)。
(3)承包人按照合同规定,以应有的精心和努力对工程进行设计、施工,以及缺陷修复,并解决任何质量问题(FIDIC 第 8 条)。

(4)承包人的现场考察(FIDIC 第 11 条)。

(5)工程量清单(FIDIC 第 12 条)。

(6)工程施工和竣工,以及修复缺陷(FIDIC 第 13 条)。

(7)按照原始基准点、基准线高程,准确放线(FIDIC 第 17 条)。

(8)对工程任何部分的形式、质量和数量进行变更(FIDIC 第 51 条)。

①材料、设备的检查验收(FIDIC 第 36、37.1、37.2、37.3 条);

②工程师可拒收不合格的材料和设备(FIDIC 第 37.4 条);

③不合格工程应拆除或返工(FIDIC 第 31 条);

④承包人必须建立自检制度(FIDIC 第 15 条);

⑤工程师可对承包人的不合格管理人员要求撤换(FIDIC 第 16 条);

⑥对隐蔽工程的检查验收揭露和开孔(FIDIC 第 37、38 条);

⑦不合格的工程、材料或设备拆除和运走等(FIDIC 第 39 条);

⑧工程师有权暂停工程(FIDIC 第 40 条);

⑨工程竣工和交接证书颁发(FIDIC 第 48 条);

⑩缺陷责任期的缺陷修复(FIDIC 第 49、50、61、62 条)。

2. 施工材料、工艺、施工技术、质量检评、质量标准对工程质量的控制

质量控制管理是工程项目管理的一项重要内容。项目质量控制受质量管理体系和方法、工程材料、设备、工艺、施工技术、质量检验评定方法和手段,质量标准等多因素的影响。合理利用质量管理程序、手段和方法、质量管理合同条款,才能解决生产质量,以及质量问题和缺陷的修补。

[例 7-3] 某路面大修工程,工程全长 65km,公路等级为三级。原旧路为水泥混凝土,修建于 20 世纪 80 年代后期,在原泥结碎石路面上铺 15cm 厚碎石找平层后,铺筑 20cm 厚 C30 混凝土面层。该路使用 10 多年后出现了大量的病害,如断板严重,路基沉陷严重,车辆必须减速绕避,通行十分困难。业主决定对该路进行大修。大修方案为:路面面层采用 6cm 厚中粒式沥青混凝土,基层采用 20cm 厚 6% 水泥稳定碎石,底基层为用五边形冲压路基破碎原混凝土路面为底基层,局部弯沉不能满足要求路段增铺补强层,并采用 15cm 厚碎石调平层找平。某施工企业施工约 6 个月后,已完成基层工程量 70% 时,基层质量检验发现了严重问题,大多数路段水稳层的弯沉指标检测不能满足设计弯沉要求(66.1mm/100),部分调查数据见表 7-2。

水稳层弯沉值调查表　　　　表 7-2

桩　号	左轮弯沉	右轮弯沉	桩　号	左轮弯沉	右轮弯沉
K55+000	38	26	K55+160	140	56
K55+020	38	36	K55+180	50	26
K55+040	126	30	K55+200	48	12
K55+060	34	20	K55+220	60	66
K55+080	3	36	K55+240	36	32
K55+100	76	60	K55+260	156	94
K55+120	84	56	K55+280	46	70
K55+140	174	76	K55+300	80	132

续上表

桩　号	左轮弯沉	右轮弯沉	桩　号	左轮弯沉	右轮弯沉
K55+320	58	100	K55+440	86	20
K55+340	58	72	K55+460	124	118
K55+360	108	86	K55+480	76	40
K55+380	34	44	K55+500	6	36
K55+400	66	66	K55+520	86	50
K55+420	28	40	K55+540	44	72

同时水稳层很多路段有严重裂纹。此时业主和承包人意识到问题的严重性：有 1 200 万左右的已完工程可能不合格。业主请质监站对出现的问题进行检测，组织路面专家组多次到现场考察，根据质监站的检查结果，专家组得出了以下几点质量原因：

(1)路基底基层施工与水稳层施工工序脱节，造成部分路基强度降低，从而影响水稳层的强度。承包人由于没有五边形冲压施工机械，采用租赁某公司的五边形冲压机械；承包人在未做好水稳层施工准备，即未备好料，甚至未准备好施工队伍的前提下，就展开了底基层施工工作，在 20 天内就完成了底基层施工工作；承包人的水稳层大面积施工在底基层施工完成两个月后才开始。这样，底基层冲压后路基存在大量的裂缝，水通过裂缝浸入路基，使路基被雨水浸泡时间长达约两个月，造成很多路段的承载力大大降低。

(2)碎石材料抽检质量不能满足要求。就碎石材料是否一定采用石灰岩材料问题，水稳层施工前承包人多次找业主要求水稳层材料是否可以采用砂岩破碎料代替，或者在石灰岩中加入部分砂岩进行水稳层施工，因为该地区同时有一条高速公路正在施工，石灰岩材料紧缺，价格高，运距远。技术规范对碎石料的采用未作明确规定，但对其级配、形状、杂质含量、压碎值等指标作了明确规定。考虑承包人的实际情况，加上公路沿线的确有大量满足要求的砂岩料，业主对碎石料的岩性也未作要求。施工时，监理工程师未能对材料作很好的监控，承包人全线料场多，分散开采，材料不合格问题严重。质监站检测结果表明，不合格路段碎石材料的压碎值和级配均不能满足要求。

(3)压实和养护方面。全路段较长，水稳层采用了分散拌和的方式。由于拌和设备、压实设备和运输设备配置不合理，压实往往被延迟，由于施工温度高，混合料失水，压实效果不好，全线对已施工完成路段的覆盖和洒水养护不够。这是水稳层产生裂纹的重要原因。

(4)施工中道路交通的管理力度方面。施工中对交通的组织和管理力度不够，导致部分路段水稳层强度未形成就被重车碾压，有些路段未养护达 7 天就开放交通，这些都会使的水稳层强度遭到破坏。

处理方案：对全线的弯沉值按 20m 间距进行检测，以公里为单位进行评价；对裂纹路段进行调查，据调查结果按以下方式进行修补以满足规范、合同要求：

(1)开放式裂纹较多路段，挖除原水稳层，在原水泥混凝土上局部补强后重铺水稳层。

(2)实测弯沉值与设计弯沉值相差较大路段，增铺厚 15cm 水稳层。

(3)实测弯沉值与设计弯沉值相差较小路段，往往是部分单点的弯沉值大，影响整个路段弯沉值的代表值，采用局部补强处理。

(二)进度控制

公路工程项目的特点是工程费用大,建设周期长,涉及范围广。工程进度直接影响着业主和承包人的利益,如果工程进度符合合同要求,施工速度既快又科学,则有利于承包人降低工程成本,并保证工程质量,也给承包人带来较好的工程信誉;反之,工程进度拖延或匆忙赶工,都会使承包人的工程费用增大,垫付周转的资金利息增加,可能给承包人造成严重亏损,并且拖延竣工期限,也给业主带来工程管理费用的增加,投入工程资金利息的增加,以及工程项目延期投产运营的经济损失等。公路工程进度管理过程中,按照FIDIC管理模式,承包人应编制好符合客观实际、合同条件及技术规范的施工进度计划,并在计划执行过程中,通过计划进度与实际进度的比较,定期地、经常地检查和调整进度计划。监理工程师的主要任务是审批承包人编制的施工进度计划,并对已批准的进度计划的执行情况进行监督,从全局出发,掌握影响施工进度计划主要条件的变化情况,对进度计划的执行进行控制。与此同时,业主则应根据合同要求及时提供施工场地和图纸,并尽可能地改善施工环境,为工程顺利进行创造条件。所以,只有通过这三方面的相互配合,才能确保工程进度目标的实现。

公路工程施工过程中,工程进度监理不仅是时间计划的管理和控制问题,同时还需要考虑劳动力、材料、机械设备等所必需的资源能否最有效、合理、经济地配置和使用,使工程在预定的工期完成,并争取早日使工程投入使用,从而获得最佳投资效益等问题。因此,进度管理的作用就是在考虑了工程施工管理三大因素(工期、施工质量和经济性)的同时,通过贯彻施工全过程的计划、组织、协调、检查与调整等手段,努力实现施工过程中的各个阶段目标,从而确保总工期目标的实现。

[例7-4] 某施工企业承包了一大型立交工程,该立交工程一匝道为跨线立体交叉,该匝道全长185.38m,宽24m,最高建筑高度12m。承包人在该匝道施工中,采用了全匝道满堂架现浇施工方案。工程师审核该方案后认为该方案能满足施工质量和进度的要求,甚至有可能大大提前工期,于是同意了承包人的施工计划。在工程实施过程中承包人发现,按此方案施工支架和模板的用量非常大,需租用大量模板和支架,工程成本比计划增长很多。而如果采用分段流水作业,支架和模板可周转使用,绑扎钢筋的工序和混凝土浇筑工序也结合得更加紧密,同时,并不影响合同工期的完成。承包人通过各种努力,要求监理批准变更原施工计划。以上案例说明,原计划虽然也能完成合同任务,但也存在支架和模板用量大、支架搭设时间长、工作面闲置、工序连接不合理问题。因此,施工计划不能仅考虑工期问题,它涉及包括工艺流程、质量、经济等多个方面。

1. FIDIC条款关于进度控制的内容

FIDIC施工合同条款中,有关工期进度管理的条款共有20条,其条款号为:6、12、14、20、27、36、40、41、42、43、44、45、46、47、48、49、50、51、65、69。主要内容如下:

(1)图纸迟交,详见第6条;
(2)不利的地下障碍与外部条件,详见第12条;
(3)进度计划的修订,详见第14条;
(4)业主的风险及特殊风险,详见第20和65条;
(5)施工中挖到化石等贵重物品,详见第27条;
(6)合同之外的检查与试验,详见第36条;

(7)暂时停工,详见第 40 条;

(8)工程的开工,详见第 41 条;

(9)业主迟交用地权或道路通行权,详见第 42 条;

(10)竣工时间,详见第 43 条;

(11)竣工期限的延长,详见第 44 条;

(12)工作时间的限制,详见第 45 条;

(13)施工进度,详见第 46 条;

(14)误期损害赔偿,详见第 47 条;

(15)移交证书,详见第 48 条;

(16)缺陷责任期,详见第 49 条;

(17)承包人进行调查,详见第 50 条;

(18)变更后额外的工作,详见第 51 条;

(19)业主违约或迟付工程款,详见第 69 条。

2.进度计划及修正进度计划

(1)进度计划

FIDIC 合同条件第 14.1 款规定:承包人在中标通知书签发之后,在条件第二部分规定的时间内,应当以工程师规定的格式和详细程度,向工程师提交一份工程进度计划,以取得工程师的同意。进度计划很有必要,监督实际工程进度,使工程师能够根据 FIDIC 第 6 条规定安排提供图纸、发布指示等;根据 FIDIC 第 59 条规定,确定提出分包合同的时间;协调承包人与在工程现场其他承包人之间的关系等。

进度计划由承包人负责,提交给工程师是为了听取建设性的意见,即如果工程师认为承包人提交的进度计划不明确或者不充分,应将意见通知承包人。实际上,他们通常一起讨论工程师的意见。工程师不应同意一个过于乐观的进度计划,且有权要求承包人提供有关施工方案和具体资料,在进行重大临时工程和施工作业中一般都这样做。工程师应就有关安全问题以及上述施工方法和安排对永久工程的影响等方面仔细审查这些资料,直到认为预定的进度计划能够实现,工程师才能满意。此外,工程师也应该把他关心的问题告知承包人,以引起注意。因此,工程师作为监理方可监督工程进度,但无权改变或干预承包人安全、恰当、准时完成工程施工的责任和义务。

(2)进度计划的修订

FIDIC 合同条款第 14.2 款规定,无论何时,若在工程师看来工程的实际进度不符合第 14.1 款中既定的进度计划时,承包人应根据工程师的要求提出一份修订过的进度计划,以保证工程按期竣工而对原计划所作的修改。

在施工合同实施中,工程师看到承包人的进度与计划相差很大时,则可让承包人提交一份修订的进度计划,以说明在竣工期限内如何完成工程。承包人无权为修订进度计划而得到任何额外付款,因为这是由于承包人的原因造成的。

另外一种情况是,原来制订的进度计划,据工期的长短不同,将开始施工阶段制订的详细些,而对后来阶段做出大致计划,并每隔一段时间,如一个季度,对进度计划进行修订。这种修订的进度计划也有助于后续评估承包人的索赔报告。

FIDIC 第 14.4 款规定:向工程师提交并经其同意的上述进度计划或提供的上述一般说明或现金流量估算表,并不解除合同规定的承包人的任何义务或责任。

[例 7-5] 某施工企业在某高速公路路基施工过程中,遇到了一些特殊情况,致使实际工程进度大大滞后于计划进度,在该合同段中有挖方路段长约 500m,共计 10 万 m^3,施工中遇到了事先未预料的情况,该路段挖方基本上均为坚硬砂岩,砂岩强度达到 40MPa,致使施工单位开挖成本高,且开挖进度缓慢。承包人处境困难,工程进展缓慢获得的计量支付量小,资金周转困难,开挖难度大,成本高,机械设备和人员不足施工进度难以保证,工程师要求递交加快施工进度的方案,业主准备采取措施对承包人进行处罚。按 FIDIC 条款 11 条和 FIDIC 条款 12 条,造成以上被动的原因主要是承包人现场考察不足造成的。为了履行合同,承包人只得增加机械、人员,加班加点工作,虽然赶上了工程进度,但经济损失惨重。

3. 延误与延期

工程延误指的是工程进度方面的延误,是由各种原因而造成的工程施工不能按原定时间要求进行。若延误的原因是由承包人造成的,则称为工程误期,承包人未能履行合同,将受到业主工程师的处罚,包括加快施工进度、指令分包、驱除出场、拖期损失补偿金等合同处罚。工程延期则是非承包人原因造成的,根据发生的情况和后果,承包人可获得合理竣工期限的延长和经济补偿等。延期事件的处理案例如下。

[例 7-6] 某高速公路一号合同重庆段由于气候异常提出的延期,具体情况如下。

重庆合同段:2002 年 7、8 月份,重庆地区连降大雨,降雨量超过本地区 20 年平均水平。由于大雨的影响,迫使正在施工的路基土方工程停工。为此,承包人根据 FIDIC 合同条件第 44 条的规定,提出延期申请。

1)承包人申请延期证据

承包人随工程延期申请附上了 2002 年 7、8 月份的降雨量、降雨天数和前 20 年平均降雨量、降雨天数的对照表以及工地施工记录。前 20 年平均降雨天数和降雨量为向当地气象局索取的统计资料,2002 年的为施工现场实测资料。这些资料见表 7-3~表 7-5。

重庆地区过去 20 年气候数据(1968~1987)　　　　表 7-3

月份	项目	市区	渔洞	綦江	平均值
7月	降雨量(mm)	186.9	161.6	176.4	175.0
	降雨天数(天)	13.6	15.4	13.3	14.1
8月	降雨量(mm)	187.2	175.2	181.3	181.2
	降雨天数(天)	12.9	13.6	11.9	12.8

重庆地区 2002 年气象数据表　　　　表 7-4

月份	项目	市区	渔洞	綦江	平均值	施工现场
7月	降雨量(mm)	260.6	220	248.0	243.0	286.6
	降雨天数(天)	17.0	16.0	17.0	16.7	10.0
8月	降雨量(mm)	255.8	264.4	243.3	254.5	407.5
	降雨天数(天)	14.0	15.0	16.0	15.0	12.0

注:朝阳、通县、大兴县均是施工现场附近的几个区县。

降雨量比较表
表7-5

月份	现测值		施工现场	超过率
	1982~2001年	2002年		
7月份	175	243	286.6	1.64
8月份	181.2	254.5	407.5	2.25
合计	356.2	497.5	694.1	1.949

表7-3~表7-5表明,在施工现场,7、8月份的降雨量分别为常年降雨量的1.6倍和2.3倍,是两个月份的1.9倍。

承包人又申述:在7、8月份的62天中,实际只有6天进行了土方工程施工。其原因是由于全线大部分土是粉质黏土,这种土遇水含水量易增高,且施工现场地下水位只有1.5m,而路基高度平均只有1.6m,所以土方吸收了大量的雨水不易晒干,在这种情况下不能进行施工操作。

计划工作日与实际工作日的差值为其所需延期预计工作日,计算方法为:

$$日历天数-(20年平均降雨天数 \times 影响系数) = 预计工作日$$

计算结果见表7-6。

承包人延期申请计算结果表
表7-6

月份	预计工作日	实际工作日	差值
7月份	$31-14.1 \times 0.7 = 21.1$(天)	6(天)	15.1(天)
8月份	$31-12.8 \times 0.7 = 22.0$(天)	0(天)	22.0(天)
合计	43.1(天)	6(天)	37.1(天)

注:其中,0.7的系数是承包人根据高速公路施工经验所得。申请延期天数为37天。

2)监理工程师评估意见

(1)承包人的延期申请符合合同通用条款第44条和专用条款第44.2(a)子款,而且发生的延误在关键线路上。根据合同专用条款第44.2(a)子款规定,延期申请可以接受。

(2)承包人延期申请报告中,采用0.7的系数来预计工作日的方法,因缺乏可靠依据,所以不能接受。应采用通常将一个下雨日等于1.5个非工作日的办法进行计算。

(3)采用承包人提供的最近20年的降雨平均记录及今年的降雨记录,并采用1.5的影响系数,则由于降雨天数引起的差额工作日为:

7月份　　　　　$(14.1-16.7) \times 1.5 = -3.9 = -4$(天)

8月份　　　　　$(12.6-15) \times 1.5 = -3.3 = -3$(天)

即由于降雨天数差额而需弥补的工作天数为7天。

(4)由表7-7可以明显看出,2002年7~8月份雨量远大于按20年统计的7~8月份平均降雨量,分别超出38.9%和40.1%。施工现场雨量更大,分别超出63.8%和124.9%,而采用1.5系数的计算方法,仅仅体现了常规雨量及下雨天数的影响,没有真正反映特殊雨量和特别异常恶劣气候的影响。因此,以此计算出的天数显然不尽合理。承包人在报告中提出7~8月份实际工作仅6天,经驻地监理工程师核实,基本可以接受。考虑雨天对工作的综合影响及实际工作情况,则由于异常降雨所引起的差额工作日为:

7月份　　　　　$31-(14.1 \times 1.5)-6 = 3.85 = 4$(天)

8月份　　　　　　　　31－(12.8×1.5)－0＝11.8≈12(天)

即综合考虑各方面由于异常雨天的影响,对承包人所提7～8月份由于异常降雨所引起的工程延期的申请报告,批准为16天。

监理工程师用降雨量比较表　　　　　　　　　　　　　　表7-7

月　份	项　目	20年平均值	2002年平均值	差　额
7月份	降雨量(mm)	175	243.0	超38.9%
	降雨天数(天)	14.1	16.7	多2.6
8月份	降雨量(mm)	181.2	254.5	超40.5%
	降雨天数(天)	12.8	15.0	多2.2

[例7-7]　某建设单位(甲方)与某施工单位(乙方)订立了某工程项目的施工合同。合同规定:采用单价合同,每一分项工程的工程量增减风险系数为10%,合同工期25天,工期每提前1天奖励3 000元每拖后1天罚款5 000元。乙方在开工前及时提交了施工网络进度计划如图7-11所示,并得到甲方代表的批准。

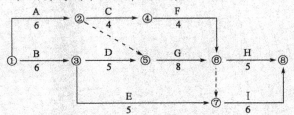

图7-11　某工程施工网络进度计划(单位:天)

工程施工中发生如下几项事件。

事件1　因甲方提供的电源出故障造成施工现场停电,使工作A和工作B的工效降低,作业时间分别拖延2天和1天;多用人工8个和10个工日;工作A租赁的施工机械每天租赁费为560元,工作B使用的自有机械每天折旧费280元。

事件2　为保证施工质量,乙方在施工中将工作C原设计尺寸扩大,增加工程量16m^3,该工作综合单价为87元/m^3,作业时间增加2天。

事件3　因设计变更,工作E工程量由300m^3增至360m^3,该工作原综合单价为65元/m^3,经协商调整单价为58元/m^3。

事件4　鉴于该工作工期较紧,经甲方代表同意乙方在工作G和工作I作业过程中采取了加快施工的技术组织措施,使这两项工作作业时间均缩短了2天,该两项加快施工的技术组织措施费分别为2 000元、2 500元。

其余各项工作实际作业时间和费用均与原计划相符。

问题:

(1)上述哪些事件乙方可以提出工期和费用补偿要求?哪些事件不能提出工作和费用补偿要求?说明其原因。

(2)每项事件的工期补偿是多少?总工期补偿多少天?

(3)假设人工工日单价为25元/工日,应由甲方补偿的人工窝工和降效费12元/工日,管理费、利润等不予补偿。试计算甲方应给予乙方的追加工程款为多少。

答问题(1)

事件1 可以提出工期和费用补偿要求,因为提供可靠电源是甲方的责任。

事件2 不可以提出工期和费用补偿要求,因为保证工程质量是乙方的责任,其措施费由乙方自行承担。

事件3 可以提出工期和费用补偿要求,因为设计变更是甲方的责任,且工作E的工程量增加了60m³,超过了工程量风险系数10%的约定。

事件4 不可以提出工期和费用补偿要求,因为加快施工的技术组织措施费应由乙方承担,因加快施工而工期提前应按工期奖励处理。

答问题(2)

事件1 工期补偿1天,因为工作B在关键线路上其作业时间拖延的1天影响了工期;但工作A不在关键线路上其作业时间拖延的2天,没有超过其总时差,不影响工期。

事件2 工期补偿为0天。

事件3 工期补偿为0天,因工作E不是关键工作,增加工程量后作业时间增加$(360-300)m^3/300m^3=1/5$天,不影响工期。

事件4 工期补偿0天。采取加快施工措施后使工期提前按工期提前奖励处理。该工程工期提前3天。因工作G是关键工作,采取加快施工后工期提前2天,工作I亦为关键工作,采取加快施工后虽然该工作作业时间缩短2天,但受工作H时差的约束,工期仅提前1天。

总计工期补偿 1天+0天+0天+0天=1天

答问题(3)

事件1 人工费补偿 (8+10)工日×12元/工日=216元

机械费补偿 2台班×560元/台班+1台班×280元/台班=1 400元

事件2 按原单价结算的工程量 300m³×(1+10%)=330m³

按新单价结算的工程量 360m³-330m³=30m³

结算价 330m³×65元/m³+30m³×58元/m³=23 190元(应该只补偿增加的60m³的工程的单价)

事件3 工期提前奖励 3天×3 000元/天=9 000元

合计费用补偿总额 216元+1 400元+23 190元+9 000元=33 806元。(费用补偿不对)

[例7-8] 某工程公司承建一大型基建工程,承包人计划将基础开挖的松土,倒在需要填高修建停车场的地方,但由于开工的头3个月当地下了大雨,土质非常潮湿,实际上无法采用这种施工方法,承包人几次书面要求业主和工程师给予延长工期。如果延长工期,就可以等到土质干燥后再使用原计划以挖补填的方法。但工程师和业主坚持:在承包人提交来自国家气象局的证明文件证明该气候确实是非常恶劣之前,不批准延期。为了按期完成工程,承包人不得不在恶劣天气期间进行施工。由于不能采用以挖补填的方法,承包人将基础开挖的湿土运走,再运来干土填筑停车场。承包人因此而向业主提出了额外成本索赔。

在承包人第一次提出延期要求的18个月以后,业主和工程师同意因大雨、湿土延长工期,但拒绝承包人的上述额外成本补偿索赔,因为合同并没有保证以挖补填的方法一定是可行的。承包人坚持认为自己已按业主和工程师的要求进行了加速施工,所以提交仲裁。仲裁人考察了下列5个方面,同意承包人的意见。

(1)承包人遇到了可原谅延误,因业主最终批准了延期;
(2)承包人已及时提出了延期申请,后又提交了详细书面材料;
(3)业主未能在合理时间内批准延期,既然现场的每个人都知道土质潮湿,不能用于回填,就不必要求来自气象部门认可的文件;
(4)业主和工程师的行为表明了他要求承包人按期完成工程;通过未及时批准延期等行为,业主和工程师已有力地表达了希望按期完工的愿望,这实质是已经有效指令承包人按期完工,也就是指令承包人加速施工;
(5)承包人已证明实际上确实已加速施工并发生了额外成本,所以挖补填法是本工程最合理的施工方法,要比运出湿土,运进干燥填料的方法便宜许多。

4. 暂停施工

国际工程项目承包管理中,工程师有暂停工程进展的权力,但遇到停工时,要分清是否是承包人应对暂时停工负责。

(1)工程师指示暂时停工

FIDIC条款第40.1款规定,根据工程师的指示,承包人应按工程师认为必要的时间和方式暂停工程或其任何部分的进展,在暂停工程期间或其一部分时,应进行工程师认为有必要的保护和安全保障。若暂时停工不属于下列情况,则应运用第40.2款。

①在合同中另有规定者;
②由于承包人一方某种违约或违反合同引起的或由他负责的必要的停工;
③由于现场天气条件导致的必要的停工;
④为工程的合理施工或为工程或其任何部分的安全必要的停工(不包括因工程师或业主的任何行动或过失或由第20.4款中规定的任何风险所引起的暂停)。

(2)工程师的决定

暂时停工后,若适于FIDIC第40.2款规定情况下,工程师应与业主和承包人三方协商后,做出如下决定:

①根据第44条规定,给予承包人延长工期的权力;
②在合同价格中增加由此类暂时停工引起的承包人支出的费用款额,工程师应书面通知承包人和业主。

(3)暂时停工持续84天以上

FIDIC第40.3款规定:若工程或其任何部分的停工已持续84天,又不属于承包人原因造成的停工,则承包人可发出书面通知给工程师,要求工程师自接到该通知后的28天内准许已中断的工程或其一部分继续施工。如果此要求得不到批准,承包人可按FIDIC第51条规定,将暂停的工作视为可取消的工程;或者若全部工作都被暂停,可将此停工视为业主违约,并按FIDIC第69条,将此合同视为无效合同,终止其被雇用的义务。

(三)成本控制

1. FIDIC条款关于成本控制的内容

合同条件中关于计量与支付的条款共有32条合同条款,具体的FIDIC合同条款号为:12、14、20、26、27、28、29、30、31、34、36、39、40、42、47、49、52、53、54、55、56、57、58、59、60、63、64、65、66、70、71、72。

2.工程费用的构成(图7-12)

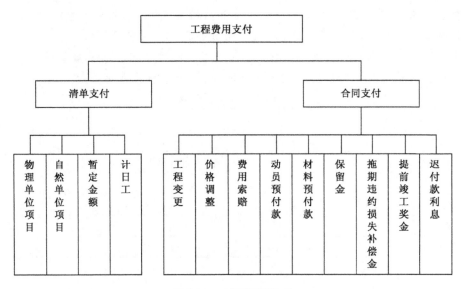

图7-12 工程费用的构成

3.成本控制管理

成本控制管理的主要工作包括:

①做好清单支付工作,严格按清单项目和计量支付规则进行准确的计量支付;

②做好暂定金、计日工、材料预付款、动员预付款、保留金、拖期违约赔偿金、提前竣工奖金、迟付款利息的管理工作;

③重点做好工程变更、价格调整和费用索赔三项工作,这是企业盈亏相关的重要管理工作。

(1)工程变更

依据FIDIC条款51条,根据工程师的判断,如果他认为有必要对工程或其中任何部分的形式、质量或数量做出任何变更,为此目的或出于任何其他理由,他应有权指示承包人进行而承包人也应进行下述任何工作:

①合同中所列出的工程项目中任何工程数量的增加或减少,如监理工程师可根据需要增加结构物的尺寸,以确保构造物的安全。

②取消合同中任何部分工程细目工作,被取消的工作是由业主或其他承包人实施者的除外,如工程师可指令取消部分护面墙的工作。

③改变合同中任何工作的性质、质量及种类,如工程师可根据业主指示对路面结构尺寸和方案进行调整。

④改变工程任何部分的高程、线形、位置和尺寸,如工程师可根据设计变更的内容对公路平、纵面线形进行调整。

⑤为完成本工程所必需的任何种类的附加工作,如工程师把一些新增的零星工程纳入本工程项目。

⑥改变本工程任何部分、任何规定的施工时间安排等,有关规定的施工顺序和时间安排,应符合技术规范的要求。如果由于业主征地拆迁遇到阻碍,无法按进度计划的要求提供施工场地,工程师可和承包人商议先做其他工作。

[**例7-9**] 某项目第一合同中,在中心桩号为K××处有一座下穿铁路的顶进桥,由于原设计考虑不周,不能满足工程施工以及铁路部门的需要,因此业主提出对原设计进行变更。变更内容涉及几何尺寸、顶力方向、顶力设备和其他工程等4个方面的变化。该顶进桥变更前后的主要工程数量如表7-8所示。鉴于原铁路顶进桥在工程量清单中仅为一项,为估算变更后的费用,采用商定的加权系数法。试计算该桥变更后的费用。

变更前后主要工程数量表   表7-8

原 设 计		新 设 计	
A_1 混凝土	1 298m³	A_2 混凝土	1 584m³
B_1 钢筋	131.5t	B_2 钢筋	198.4t
C_1 钢板	6.712t	C_2 钢板	5.443t
D_1 开挖	5 894m³	D_2 开挖	7 210m³
E_1 填方	2 684m³	E_2 填方	2 684m³
F_1 顶力	4 110t	F_2 顶力	5 680t

解:步骤一 计算原设计各项目金额和所占权重及总价

$A_1 = 1\ 298(m^3) \times 220(元/m^3) = 285\ 560(元)$ 26.28%

$B_1 = 131.5(m^3) \times 2\ 304(元/m^3) = 302\ 976(元)$ 27.88%

$C_1 = 6.712(m^3) \times 2\ 304(元/m^3) = 15\ 464(元)$ 1.42%

$D_1 = 5\ 894(m^3) \times 6.17(元/m^3) = 36\ 366(元)$ 3.35%

$E_1 = 2\ 684(m^3) \times 3.32(元/m^3) = 8\ 911(元)$ 0.82%

$F_1 = 437\ 532(元)$ 40.26%

合计   1 086 809(元)   100%

在以上计算中,A_1 的单价是取自清单有关项,平均后得出;$B_1 \sim E_1$ 单价均取自清单对应项;F_1 代表除 $A_1 \sim E_1$ 以外的因素,包括临时工程、施工方法、铁路特殊需要和设计单位要求以及其他的不可预见因素等的综合影响。

原清单总价:$C_{原} = A_1 + B_1 + C_1 + D_1 + E_1 + F_1 = 1\ 086\ 809(元)$

步骤二 计算新设计的总价

(1) 与原设计项目工程数量相对应的新设计费用

$$C_{新1} = C_{原} \times \left(0.262\ 8 \times \frac{A_2}{A_1} + 0.278\ 8 \times \frac{B_2}{B_1} + 0.014\ 2 \times \frac{C_2}{C_1} + 0.033\ 5 \times \frac{D_2}{D_1} + 0.082 \times \frac{E_2}{E_1} + 0.402\ 6 \times \frac{F_2}{F_1}\right) = 1\ 086\ 809 \times \left(0.262\ 8 \times \frac{1\ 584}{1\ 298} + 0.278\ 8 \times \frac{198.4}{131.5} + 0.014\ 2 \times \frac{5.443}{6.712} + 0.033\ 5 \times \frac{7\ 210}{5\ 894} + 0.008\ 2 \times \frac{2\ 684}{2\ 684} + 0.402\ 6 \times \frac{5\ 680}{4\ 110}\right)$$

$= 1\ 458\ 467(元)$

(2) 变更后的设计增加以下新内容的费用

① 直径0.8m桩共计168m

参考原清单单价,按直径1.2m桩价格566元/m换算:

新单价 $566 \times (0.4^2 \times \pi) \div 0.6^2 \times \pi = 251$ 元/m

另一个比较接近的是直径为1.0m的桩单价为214元/m。

考虑完全是新增项目,需要组织新设备、人力等,监理工程师认为采用单价 251 元/m 比较合理,故

$$C_{新2}=168(m)\times 251(元/m)=42\ 168(元)$$

②沥青路面新增的费用

$$C_{新3}=114\ 188(元)$$

③求新设计总价

$$C_{新}=C_{新1}+C_{新2}+C_{新3}=1\ 458\ 467+42\ 168+114\ 188=1\ 614\ 823(元)$$

(3)计算工期变更费用

该项目净增: $C_{新}-C_{原}=1\ 614\ 823-1\ 086\ 809=528\ 014(元)$

$$(C_{新}-C_{原})\div C_{原}=528\ 014\div 1\ 086\ 809=48.6\%>25\%$$

若设该项目变更后的金额已超过合同价格的 25%,那么根据合同条件第 52 条,超出 25%的部分,可调整单价,现按两种方式计算变更费用。

①对超过 25%部分使用原单价

则变更后的新总价: $C_{变新}=C_{原}\times 1.486=1\ 614\ 823(元)$

变更后净增费用: $C_{新}-C_{原}=1\ 614\ 823-1\ 086\ 809=528\ 014(元)$

②按承包人、业主和监理工程师三方协商同意的系数扩大法调整

按投标书的规定求得扩大系数为 1.246 0,那么可予调整的部分为:

$1\ 614\ 823-1\ 086\ 809\times 1.25=256\ 311(元)$,即应将 256 311(元)进行调价。

调价后金额为:$256\ 311\times 1.246\ 0=319\ 364(元)$

则变更后的新总价: $C_{变新}=1\ 086\ 809\times 1.25+319\ 364=1\ 673\ 528(元)$

变更后净增费用: $C_{新}-C_{原}=1\ 673\ 528-1\ 086\ 809=586\ 719(元)$

(2)价格调整

根据 FIDIC 合同条件第 70 条的规定:在合同执行期间,随着劳务、材料或影响工程施工成本的任何其他事项的价格涨落而引起的施工成本增减时,应根据合同专用条件规定的价格调整公式给予调价,将相应的金额加到合同价格上或从合同价格中扣除。价格调整的计算要点和例子如下。

①确定价格指标 i

世界银行贷款公路项目或涉外公路项目的投资风险与市场物资产品的价格波动有关,而物价波动的指标在土木工程项目施工中包括工程所在国和外国的劳动力、工程材料、机械设备及其运输等。就使用材料而言,建设一条高速公路需要投入水泥、木材、钢材、沥青、砂石等。为了平衡物价风险,必须选择对工程投资、工程成本影响较大且投入数量较多的主要材料作为代表。一般来说,参与调价的指标取 5~10 个为宜。

世界银行贷款公路项目京津塘、西山、成渝、济青线的招标都规定取 8 个,即劳力、设备供应与维修、沥青、水泥、木材、钢材、碎石等材料供应及运输。如果以上八个指标中的某几种材料由业主以固定的价格提供给承包人,因为其不参与调价,则 $i<8$。

②测算权重系数 C_i

权重系数一般取到两位小数,其测算方法有指标费用计算方法和百分比计算两种,下面介绍第一种。所谓指标费用计算法,即由业主根据标底资料或投标人根据投标资料中的合同价中所包含的劳力、材料、设备、运输费用进行初步计算,确定权重系数。其计算公式为:

$$C_i = \frac{W_i}{C_P} \qquad C_0 = 1 - \sum C_i$$

式中：C_i——权重系数；

C_P——有效合同价；

C_0——固定不调价系数。

[例7-10] 某高速公路 E 标段有效合同价为 24 187 万元，参与调价的指标有 8 个，以劳动力、钢材为例测算权重系数。经分析，合同价格构成中劳力费用占 1 208.4 万元，钢材费用占 3 036.2 万元。

因而有：

$$C_1 = W_1/C_p = 1\,208.4 \div 24\,187 = 0.05$$
$$C_2 = W_2/C_p = 3\,036.2 \div 24\,187 = 0.13$$

经全面测算，包括其他 6 个指标在内的汇总权重系数为 0.84，则固定不调价系数为

$$C_0 = 1 - \sum C_i = 1 - 0.84 = 0.16$$

③确定物价比值系数

D_i 表示第 i 个指标的现价指数与基价指数之比值。合同条件规定，投标截止日期前 28 天原产地国家统计局公布流通使用的基础物价指数为参与调价指标的基价指数(E_{10})，工程开工后原产地国家统计局公布流通使用的现行物价指数为参与调价指标的现价指数(E_{11})。

现价指数按指数的选择基期的不同分为定基物价指数和环比物价指数。定基物价指数是指以某一固定期为基期所计算的相对价格指数，并规定以一个年度为期限编制的环比指数为年度环比指数。国际上习惯使用定基物价指数。我国每年公布一次本年度相对于上年度的各种物价指数，即环比物价指数，公布时间一般为次年 3 月。

我国获得世行贷款的公路项目招标文件关于价格调整的规定是：以投标截止日期前 28 天所在年度的价格指数为基价指数，通过连乘法计算各年度相对招标当年的定基物价指数，并规定招标当年完成的工作量不参与调价。

如果设第 i 个调价指标投标截止日期前 28 天所在年份的基价指数为 E_{10} 次($E_{10}=100$)，次 j 年国家公布的相对于次($j-1$)年的现价环比指数为 E_{ij}，则次 j 年第 i 个指标相对于招标当年的定基物价指数 D_{ij} 为：

$$D_{ij} = \prod \left(\frac{E_{ij}}{E_{10}}\right) = \prod E_{ij} \times 100^{(-j)}$$

[例7-11] 某省一世行贷款高速公路项目 1990 年 6 月 30 日为投标截止日期，钢材为其第 4 个调价指标。该省统计局每年 3 月以上年度现价指数为 100 推算并公布的钢材现价环比指数如表 7-9 所示，试计算各年度定基指数。

钢材环比指数 表 7-9

年度	1991	1992	1993	1994
序号(j)	1	2	3	4
环比指数 E_{4j}	112.4	117.3	125.6	129.8

解：投标截止日期前 28 天所在年份为 1990 年，因此应以 1990 年为基期计算 1991 后的定基指数。

1991 年相对于 1990 年的定基指数为：

$$D_{41}=\frac{E_{41}}{E_{40}}=1.124$$

1992年相对于1991年的定基指数为：

$$D_{42}=\frac{E_{41}}{E_{40}}\times\frac{E_{42}}{E_{40}}=1.318$$

同理可计算

$$D_{43}=1.656 \quad D_{44}=2.149$$

(3)费用索赔

费用索赔是指工程实施过程中，一方由于另一方的原因而造成的费用损失或增加，根据合同的有关规定，受损方通过合法的途径和程序，正式向另一方提出认为应该得到额外费用的一种手段。工程的双方是指业主和承包人，业主有向承包人索赔的权利，承包人也有向业主索赔的权利。

依据FIDIC合同条件第51条的规定，工程变更的含义是非常广义的：它既包括对全部工程项目或部分工程项目其中的任何一种进行变更，增加、变更或取消等，也即为：工程进展中形式的变更，工程数量的变更，或工程质量要求及标准方面的变更；同时又包括合同方面任何形式、内容、数量的变更等。

承包人依据FIDIC合同条件51.1和52.1及52.2款索赔工程变更款项时，既可索赔到工程费用，也可能索赔到利润。有时，工程变更后原工程量表中无此细目单价。

[例7-12] 工程变更后承包人提出的索赔要求及处理。

国外某公路工程有一部分工程为一人行天桥工程，施工中发现原设计图纸错误，工程师通知承包人暂停一部分工程施工，并下了工程变更令，待图纸修改后再继续施工。另外，由于额外工程，工程师又下达了变更令。承包人对此两项延误除提出延长工期外，还据FIDIC合同条件第51条和52条提出了费用索赔。

①承包人的计算

a. 因图纸错误造成的停工与工程变更，使三台机械设备停工，损失共计37天。

汽车吊：45美元/台班×2台班/日×37个工作日＝3 330美元
大型空压机：30美元/台班×2台班/日×37个工作日＝2 220美元
其他辅助设备：10美元/台班×2台班/日×37个工作日＝740美元
小计　　　　　　　　　　　　　　　　　　6 290美元
现场管理附加费15%：　　　　　　　　　　943.5美元
总部管理附加费10%：　　　　　　　　　　629.0美元
利润5%：　　　　　　　　　　　　　　　393.12美元
合计：　　　　　　　　　　　　　　　　8 255.62美元

b. 增加额外工程的变更，使工程的工期又延长了一个半月，要求补偿现场管理费。

24 000美元/月×1.5月＝36 000美元

以上两项共计：承包人索赔损失款为44 255.62美元。

②监理方的计算

经过工程师和计量人员的审查和讨论分析，原则上同意承包人的两项索赔，但认为承包人索赔金计算有误。

a. 因图纸错误造成工程变更和延误,有工程师指示变更和暂停部分工程施工的证明,承包人只计算了受到影响的机械设备停工损失,这是正确的。但不能按台班费计算,而只能按租赁或折旧率计算,核减为5 200美元。

b. 额外工程变更方面,经过工程师审查后认为,增加的工作量已按工程量清单的单价支付过,按投标的计价方法,这个单价是包含了现场管理费和总部管理费的。因此,工程师不同意延期引起的补偿费用。

就额外工程增加所需的实际时间计算是需一个半月,这也是工程师已同意的。但所增加的工程量与原合同工程量及其相应的工期比较,原合同工程量应为0.6个月的时间。即按工程量清单中单价付款时,该0.6个月的管理费和利润均已计入在投标计算的合同单价中了,而1.5月－0.6月＝0.9月的管理费和利润则是承包人应得的损失补偿。

监理方的计算如下:

每月现场管理费: 19 073 美元

现场管理费补偿: $19\,073 \times 0.9 = 17\,165.7$ 美元

总部管理费10%: 1 716.6 美元

利润5%: $(17\,165.7 + 1\,716.6) \times 5\% = 944.1$ 美元

合计: 19 826.4 美元

以上两项补偿总计为: 25 026.4 美元。

③比较承包人和工程师两方面的计算,承包人索赔金额比工程师算出的高19 229.22美元。但因工程师的计算是公正合理的,承包人接受了工程师的计算结果。

复习思考题

1. 什么叫合同的总体策划?
2. 合同策划的依据有哪些?
3. 合同策划的过程是怎样的?
4. 业主的合同策划包括哪些内容?
5. 承包人的合同策划包括哪些内容?
6. 合同分析的主要内容有哪些?
7. 什么是控制?控制可分为哪几类?
8. 质量控制要点有哪些?
9. 费用控制要点有哪些?
10. 进度控制要点有哪些?

第八章 索赔管理

> **本章要点**
> - 索赔的基本概念、分类及产生索赔的原因。
> - 三方索赔管理的关键内容。
> - 索赔费用和索赔工期的条件及计算方法等。

第一节 概　述

一、索赔的概念

索赔是当事人在合同实施过程中，根据法律、合同规定及惯例，对并非由于自己的过错，而是由于合同对方应承担责任的情况造成损失后，向对方提出补偿要求的过程。在工程建设的各个阶段，都有可能发生索赔，但在施工阶段的索赔发生较多。

索赔具有广义和狭义两种解释。广义的索赔是指合同双方向对方提出的索赔，既包括承包人向业主的索赔，也包括业主向承包人的索赔。狭义的索赔仅指承包人向业主的索赔。

对施工合同双方来说，索赔是维护双方合法利益的权利，它与合同条件中双方的合同责任一样，构成严密的合同制约关系。

施工索赔是在工程承包合同履行中，当事人一方由于另一方未履行合同所规定的义务或者出现了应当由对方承担的风险而遭受损失时，向另一方提出赔偿要求的行为。在实际工作中，"索赔"是双向的，我国《建设工程施工合同（示范文本）》中的索赔就是双向的，既包括承包人向发包人的索赔，也包括发包人向承包人的索赔。通常情况下，索赔是指承包人（施工单位）在合同实施过程中，对非自身原因造成的工程延期、费用增加而要求发包人给予补偿损失的一种权利要求。

索赔有较广泛的含义，可以概括为如下3个方面：

（1）一方违约使另一方蒙受损失，受损方向对方提出赔偿损失的要求；

（2）发生应由业主承担责任的特殊风险或遇到不利自然条件等情况，使承包人蒙受较大损失而向业主提出补偿损失要求；

（3）承包人本人应当获得的正当利益，由于没能及时得到监理工程师的确认和业主应给予的支付，而以正式函件向业主索赔。

二、索赔的分类

由于索赔贯穿于工程项目全过程，可能发生的范围比较广泛，其分类随标准、方法不同而不同，主要有以下几种。

1. 按索赔的合同依据分类

按索赔的合同依据可以将施工索赔分为合同中明示的索赔和合同中默示的索赔。

(1) 合同中明示的索赔。合同中明示的索赔是指承包人所提出的索赔要求,在该工程项目的合同文件中有文字依据,承包人可以据此提出索赔要求,并取得经济补偿。这些在合同文件中有文字规定的合同条款,称为明示条款。

(2) 合同中默示的索赔。合同中默示的索赔,即承包人的该项索赔要求,虽然在工程项目的合同条款中没有专门的文字叙述,但可以根据该合同的某些条款的含义,推论出承包人有索赔权。这种索赔要求,同样有法律效力,有权得到相应的经济补偿。这种有经济补偿含义的条款,在合同管理工作中被称为"默示条款"或称为"隐含条款"。默示条款是一个广泛的合同概念,它包含合同明示条款中没有写入、但符合双方签订合同时设想的愿望和当时环境条件的一切条款。这些默示条款,或者从明示条款所表述的设想愿望中引申出来,或者从合同双方在法律上的合同关系上引申出来,经合同双方协商一致;或被法律和法规所指明,都成为合同文件的有效条款,要求合同双方遵照执行。

2. 按索赔目的分类

按索赔目的可以将施工索赔分为工期索赔和费用索赔。

(1) 工期索赔。由于非承包人责任的原因而导致施工进程延误,要求批准顺延合同工期的索赔,称之为工期索赔。工期索赔形式上是对权利的要求,以避免在原定合同竣工日不能完工时,被发包人追究拖期违约责任。一旦获得批准合同工期顺延后,承包人不仅免除了承担拖期违约赔偿费的严重风险,而且可能提前工期得到奖励,最终仍反映在经济收益上。

(2) 费用索赔。费用索赔的目的是要求经济补偿。当施工的客观条件改变导致承包人增加开支,要求对超出计划成本的附加开支给予补偿,以挽回不应由他承担的经济损失。

3. 按索赔事件的性质分类

按索赔事件的性质可以将工程索赔分为工程延误索赔、工程变更索赔、合同被迫终止索赔、加速施工索赔、意外风险和不可预见因素索赔和其他索赔。

(1) 工程延误索赔。因发包人未按合同要求提供施工条件,如未及时交付设计图纸、施工现场、道路等,或因发包人指令工程暂停或不可抗力事件等原因造成工期拖延的,承包人对此提出索赔。这是工程中常见的一类索赔。

(2) 工程变更索赔。由于发包人或监理工程师指令增加或减少工程量或增加附加工程、修改设计、变更工程顺序等,造成工期延长和费用增加,承包人对此提出索赔。

(3) 合同被迫终止的索赔。由于发包人或承包人违约以及不可抗力事件等原因造成合同非正常终止,无责任的受害方因其蒙受经济损失而向对方提出索赔。

(4) 加速施工索赔。由于发包人或工程师指令承包人加快施工速度,缩短工期,引起承包人人力、财力、物力的额外开支而提出的索赔。

(5) 意外风险和不可预见因素索赔。在工程实施过程中,因人力不可抗拒的自然灾害、特殊风险以及一个有经验的承包人通常不能合理预见的不利施工条件或外界障碍,如地下水、地质断层、溶洞、地下障碍物等引起的索赔。

(6) 其他索赔。如因货币贬值、汇率变化、物价、工资上涨、政策法令变化等原因引起的索赔。

4. 按索赔的处理方式分类

(1)单项索赔

单项索赔是针对某一干扰事件提出的索赔。索赔的处理是在合同实施的过程中,干扰事件发生时,或发生后立即执行。它由合同管理人员处理,并在合同规定的索赔有效期内提交索赔意向书和索赔报告,它是索赔有效性的保证。

单项索赔通常处理及时,实际损失易于计算。例如,工程师指令将某分项工程混凝土改为钢筋混凝土,对此只需提出与钢筋有关的费用索赔即可。

单项索赔报告必须在合同规定的索赔有效期内提交工程师,由工程师审核后交业主,由业主做答复。

(2)总索赔

总索赔又叫一揽子索赔或综合索赔。一般在工程竣工前,承包人将施工过程中未解决的单项索赔集中起来,提出一篇总索赔报告。合同双方在工程交付前后进行最终谈判,以一揽子方案解决索赔问题。

三、索赔的原因

引起索赔的原因是多种多样的,通常包括以下几个方面。

1. 业主的违约

业主违约常常表现为业主或其委托人未能按合同规定为承包人提供应由其提供的、使承包人得以施工的必要条件,或未能在规定的时间内付款。比如:业主未能按规定时间向承包人提供场地使用权,工程师未能在规定时间内发出有关图纸、指示、指令或批复,工程师拖延发布各种证书(进度付款签证、移交证书等),业主提供材料等的延误或不符合合同标准,监理工程师的不适当决定和苛刻检查等。

2. 合同缺陷

合同缺陷常常表现为合同文件规定不严谨甚至矛盾、合同中的遗漏或错误。这不仅包括商务条款中的缺陷,也包括技术规范和图纸中的缺陷。在这种情况下,工程师有权作出解释。但如果承包人执行工程师的解释后引起成本增加或工期延长,则承包人可以为此提出索赔,工程师应给予证明,业主应给予补偿,一般情况下,业主作为合同起草人,要对合同中的缺陷负责,除非其中有非常明显的含糊不清或其他缺陷,根据法律可以推断承包人有义务在投标前发现并及时向业主指出。

3. 施工条件变化

在工程施工中,尽管在开始施工前承包人已分析了地质勘察资料,并且也进行了现场实地考察,但很难准确无误地发现施工现场的全部问题,如果发生了有经验的承包人也无法预料的施工条件的变化,会对合同价格和工期产生较大的影响。在这种情况下,必然会引起施工索赔。

经常遇到的施工条件变化包括:不利物质条件,如无法合理遇见的地下水、地质断层等;发现化石、古迹等;发生不可抗力事件,如洪水、地震等自然灾害。

4. 工程变更

土木工程施工中,工程量的变化是不可避免的,施工时实际完成的工程量会超过或小于工程量表中所列的预计工程量,在施工过程中,工程师发现设计、质量标准和施工顺序等问题时,往往会指令增加新的工作,改换建筑材料,暂停施工或加速施工等。这些变更指令必然引起施工费用的增加,或需要延长工期。所有这些情况,都迫使承包人提出索赔要求,以弥补自己不应承担的经济损失。

5. 工程师指令

工程师指令通常表现为工程师指令承包人加速施工、进行某项工作、更换某些材料、采取某种措施或停工等。工程师是受业主委托来进行工程建设监理的,其作用是监督所有工作按合同规定进行,督促承包人和业主完全合理地履行合同、保证合同顺利实施。为了保证合同工程达到既定目标,工程师可以发布各种必要的现场指令。相应地,因这种指令(包括错误指令)而造成的成本增加和(或)工期延误,承包人当然有权进行索赔。

6. 国家政策及法律、法令变更

国家政策及法律、法令变更,通常指直接影响工程造价的某些政策及法律、法令的变更,比如限制进口、外汇管制或税收及其他收费标准的提高。无疑,工程所在国的政策及法律、法令是承包人投标报价的重要依据之一。就国内工程而言,因国务院各有关部、各级建设行政管理部门或其授权的工程造价管理部门公布的价格调整,比如定额、取费标准、税收、上缴的各种费用等的调整,可以调整合同价款(专用条款另有规定者除外);如未予调整,承包人可以要求索赔。

7. 其他承包人干扰

其他承包人干扰通常是指其他承包人未能按时、按序进行并完成某项工作,各承包人之间配合协调不好等而给本承包人的工作带来的干扰。大中型公路工程项目,往往会有若干承包人在现场施工。由于各承包人之间没有合同关系,工程师作为业主委托人,有责任组织协调好各个承包人之间的工作。否则,将会给整个工程和各承包人的工作带来严重影响,引起承包人索赔。比如,某承包人不能按期完成其工作,其他承包人的相应工作也会因此延误。在这种情况下,被迫延迟的承包人就有权向业主提出索赔。在其他方面,如场地使用、现场交通等,各承包人之间也都有可能发生相互干扰的问题。

8. 第三方原因

第三方的原因通常表现为因与工程有关的其他第三方的问题而引起的对本工程的不利影响。比如,业主在规定时间内,按规定方式向银行寄出了要求向承包人支付款项的付款申请,但由于邮路延误,银行迟迟没有收到该付款申请,因而导致承包人没有在合同规定的期限内收到工程款。在这种情况下,由于最终表现出来的结果是承包人没有在规定的时间内收到款项,所以承包人往往会向业主索赔。对于第三方原因造成的索赔,业主给予补偿之后,应根据其与第三方签订的合同或有关法律规定再向第三方追偿。

四、索赔的条件

索赔的根本目的在于保护自身利益,追回损失(报价低也是一种损失),避免亏本,因此是不得已而为之。要取得索赔的成功,必须符合三个基本条件。

1. 客观性

确实存在不符合合同或违反合同的干扰事件,它对承包人的工期和成本造成了影响。这是事实,有确凿的证据证明。由于合同双方都在进行合同管理,都在对工程施工过程进行监督和跟踪,对索赔事件都应该也都能清楚地了解。所以承包人提出的任何索赔,首先必须是真实的。

2. 合法性

干扰事件非承包人自身责任引起,按照合同条款对方应给予补(赔)偿。索赔必须符合本工程承包合同的规定。合同作为工程施工中承发包双方应遵守的"最高法律",由它"判定"干扰事件的责任由谁承担,承担什么样的责任,应赔偿多少等。所以对于同样的索赔事件,采用不同的合同条件,就会有不同的结果。

3. 合理性

索赔要求应合情合理,符合实际情况,真实反映由于干扰事件引起的实际损失,采用合理的计算方法和计算基础。承包人必须证明干扰事件与干扰事件的责任、与施工过程所受到的影响、与承包人所受到的损失、与所提出的索赔要求之间存在的因果关系。

五、索赔的依据

索赔的依据主要是法律、法规、合同条件及"惯例"。由于不同的工程采用了不同的合同文件,索赔的依据也就不完全相同,合同当事人的索赔权利也不同。

六、索赔证据

索赔证据是当事人用来支持其索赔成立或与索赔有关的证明文件和资料。索赔证据作为索赔文件的组成部分,在很大程度上关系到索赔的成功与否。证据不全、不足或没有证据,索赔是很难获得成功的。

在工程项目的实施过程中,会产生大量的工程信息和资料,这些信息和资料是开展索赔的重要依据。如果项目资料不完整,索赔就难以顺利进行。因此在施工过程中应始终做好资料积累工作,建立完善的资料记录和科学管理制度,认真系统地积累和管理合同文件、质量、进度及财务收支等方面的资料。对于可能会发生索赔的工程项目,从开始施工时就要有目的地收集证据资料,系统地拍摄现场,妥善保管开支收据,有意识地为索赔积累必要的证据材料。常见的索赔证据主要有:

(1)各种合同文件,包括合同协议书及各种合同附件、中标通知书、投标函及投标函附录、技术规范、图纸、已标价工程量清单、承包人有关人员、工程报价单或预算书、有关技术资料和要求等。具体的如发包人提供的水文地质、地下管网资料,施工所需的证件、批件、临时用地或占地证明手续、坐标控制点资料等。

(2)经工程师批准的承包人施工进度计划、施工方案、施工组织设计和具体的现场实施情况记录,各种施工报表等。

(3)施工日志及工长工作日志、备忘录等。施工中发生的影响工期或工程资金的所有重大事情均应写入备忘录存档,备忘录应按年、月、日顺序编号,以便查阅。

(4)工程有关施工部位的照片及录像等。保存完整的工程照片和录像能有效地显示工程进度。因而除了标书上规定需要定期拍摄的工程照片和录像外,承包人自己应经常注意拍摄工程照片和录像,注明日期,作为自己查阅的资料。

(5)工程各项往来信件、电话记录、指令、信函、通知、答复等。

(6)工程各项会议纪要、协议及其他各种签约、与业主代表的谈话资料等。

(7)发包人或工程师发布的各种书面指令书和确认书,承包人要求、请求、通知书等。

(8)气象报告和资料。如有关天气的温度、风力、雨雪的资料等。

(9)投标前业主提供的参考资料和现场资料。

(10)施工现场记录。工程施工过程中的有关设计交底记录、变更图纸、变更施工指令等,工程图纸、图纸变更、交底记录的送达份数及日期记录,工程材料和机械设备的采购、订货、运输、进场、验收、使用等方面的凭据及材料供应清单、合格证书,工程送电、送水、道路开通、封闭的日期及数量记录,工程停电、停水和干扰事件影响的日期及恢复施工的日期等。

(11)工程各项经业主或工程师签证的资料。如承包人的付款申请、监理确认的工程量计量单等。

(12)工程结算资料和有关财务报告。如工程预付款、进度款拨付的数额及日期记录、工程结算书、保修单等。

(13)各种检查验收报告和技术鉴定报告。

(14)各类财务凭证。

(15)其他。包括分包合同、官方的物价指数、汇率变化表以及国家、省、市有关影响工程造价、工期的文件、规定等。

七、索赔程序

索赔程序是指从索赔事件产生到最终处理全过程所包括的工作内容和工作步骤。由于索赔工作实质上是承包人和业主在分担工程风险方面的重新分配过程,涉及双方的众多经济利益,因而是一项烦琐、细致、耗费精力和时间的过程。因此,合同双方必须严格按合同规定的索赔程序进行工作,才能圆满解决索赔问题,承包人的索赔才能获得成功。

具体工程的索赔工作程序,应根据双方签订的施工合同产生。在工程实践中,比较详细的索赔工作程序一般可分为以下主要步骤。

1. 索赔意向通知

索赔意向通知是一种维护自身索赔权利的文件。在工程实施过程中,承包人发现索赔或意识到存在潜在的索赔机会后,要做的第一件事,就是要在合同规定的时间内将自己的索赔意向用书面形式及时通知业主和工程师,亦即向业主或工程师就某一个或若干个索赔事件表明索赔愿望、要求或声明保留索赔的权利。索赔意向的提出是索赔工作程序中的第一步,其关键是要抓住索赔机会,及时提出索赔意向。

索赔意向通知,一般仅仅是向业主或工程师阐明索赔意向,所以应当简明扼要。通常只要说明以下几点内容:索赔事由发生的时间、地点、简要事实情况和发展动态,索赔所依据的合同条款和主要理由,索赔事件对工程成本和工期产生的可能不利影响。

《公路工程标准施工招标文件》、FIDIC合同条件及我国《建设工程施工合同(示范文本)》中均规定,承包人应在知道或应当知道索赔事件发生后28天内要将其索赔意向以正式函件通知工程师。承包人未在前述28天内发出索赔意向通知书的,丧失要求追加付款和(或)延长工期的权利,业主和工程师也有权拒绝承包人的索赔要求,这是索赔成立的有效、必备的条件之一。因此,在实际工作中,承包人应避免合理的索赔要求由于未能遵守索赔时限的规定而导致无效。在实际的工程承包合同中,对索赔意向提出的时间限制不尽相同,只要双方经过协商达成一致并写入合同条款即可。

合同条款要求承包人在规定期限内首先要提出索赔意向,是基于下述考虑:

(1)提醒业主或工程师及时关注索赔事件发生、发展的全过程;

(2)为业主或工程师的索赔管理做准备,如应进行合同分析、收集证据等;

(3)如属业主责任引起索赔,业主有机会采取必要的改进措施,以防止损失的进一步扩大。

对于承包人来讲,索赔意向通知可以对其合法权益起到保护作用,使承包人避免"因被称为'志愿者'而无权取得补偿"的风险。

2.索赔资料的准备

从提出索赔意向到提交索赔文件,是属于承包人索赔的内部处理阶段和索赔资料准备阶段;此阶段的主要工作有:

(1)跟踪和调查索赔事件,掌握事件产生的详细经过和前因后果。

(2)分析索赔事件产生的原因,划清各方责任,确定由谁承担,并分析这些索赔事件是否违反了合同规定,是否在合同规定的赔偿或补偿范围内,即确定索赔根据。

(3)损失或损害调查或计算。通过对比实际与计划的施工进度和工程成本,分析经济损失或权利损害的范围和大小,并由此计算出工期索赔和费用索赔值。

(4)收集证据。从索赔事件产生、持续直至结束的全过程,都必须保留完整的同期记录,这是索赔能否成功的重要条件。在实际工作中,许多承包人的索赔要求都因没有或缺少书面证据而得不到合理解决,这个问题应引起承包人的高度重视。

(5)起草索赔文件。按照索赔文件的格式和要求,将上述各项内容系统地反映在索赔文件中。

索赔的成功很大程度上取决于承包人对索赔作出的解释和真实可信的证明材料。即使抓住合同履行中的索赔机会,如果拿不出索赔证据或证据不充分,其索赔要求也往往难以成功或被大打折扣。因此,承包人在正式提出索赔报告前的资料准备工作极为重要。这就要求承包人注意记录和积累工程施工过程中的各种资料,并可随时从中提取与索赔事件有关的证明资料。

3.索赔文件的提交

承包人必须在合同规定的索赔时限内向业主或工程师提交正式的书面索赔文件。《公路工程标准施工招标文件》(2009年版)中的合同通用条款、《建设工程施工合同(示范文本)》中的合同通用条款及FIDIC合同条件中都详细、具体地规定了索赔文件提交的时间限制,这也就体现了索赔的时效性。如果承包人未能按时间规定提交索赔报告,那他就失去了该项事件请求补偿的索赔权力,此时他所受到损害的补偿,将不超过工程师认为应主动给予的补偿额,或把该事件损害提交仲裁解决时,仲裁机构依据合同和同期记录可以证明的损害补偿额。

4.工程师对索赔文件的审核

工程师是受业主的委托和聘请,对工程项目的实施进行组织、监督和控制工作。在业主与承包人之间的索赔事件发生、处理和解决过程中,工程师是一个核心人物。工程师在接到承包人的索赔文件后,必须以完全独立的身份,站在客观公正的立场上审查索赔要求的正当性,必须对合同条件、协议条款等有详细的了解,以合同为依据来公平处理合同双方的利益纠纷。工程师应该建立自己的索赔档案,密切关注事件的影响和发展,有权检查承包人的有关同期记录材料,随时就记录内容提出他的不同意见或他认为应予以增加的记录项目。

工程师根据业主的委托或授权，对承包人的索赔进行审核。审核工作主要分为判定索赔事件是否成立和核查承包人的索赔计算是否正确、合理两个方面。监理工程师应在业主授权的范围内做出自己独立的判断，对索赔做出评估。

(1) 索赔评估。索赔评估主要从下述几方面进行：

① 承包人提供的索赔资料的真实性、全面性、系统性以及能否满足评审的需要；

② 申请索赔的依据是否正确、充分；

③ 索赔的理由是否正确、充分；

④ 索赔数额的计算原则与方法是否正确、数量是否真实、价格是否合理等。

(2) 索赔应具备的条件。承包人索赔的成立必须同时具备以下4个条件：

① 与合同相比较，事件已经造成了承包人实际的额外费用增加或工期损失；

② 费用增加或工期损失的原因不是由于承包人自身的责任所造成；

③ 这种经济损失或权利损害不是由承包人应承担的风险所造成；

④ 承包人在合同规定的期限内提交了书面的索赔意向通知和索赔文件。

上述4个条件没有先后主次之分、必须同时具备，承包人的索赔才能成立。

(3) 工程师对索赔文件的审查重点。审查重点主要有两方面：

① 重点审查承包人的申请是否有理有据，即承包人的索赔要求是否有合同依据、所受损失确属不应由承包人负责的原因造成、提供的证据是否足以证明索赔要求成立、是否需要提交其他补充材料等。

② 工程师应以公正的立场、科学的态度，重点审查并核算索赔值的计算是否正确、合理；分清责任，对不合理的索赔要求或不明确的地方提出反驳和质疑，或要求承包人作出进一步的解释和补充，并拟定自己计算的合理索赔款项和工期延展天数。

5. 工程师与承包人、业主协商后提出索赔处理意见

工程师核实并初步确定应予以补偿的额度往往与承包人索赔报告中要求的额度不一致，甚至差额较大，主要原因大多为对承担事件损害责任的界限划分不一致、索赔证据不充分、索赔计算的依据和方法分歧较大等，因此双方应就索赔的处理进行协商，有时甚至需要反复协商。通过协商达不成共识的，工程师有权单方面做出处理决定，承包人仅有权得到所提供的证据满足工程师认为索赔成立那部分的付款和工期延展。不论工程师通过协商与承包人达成一致，还是工程师单方面做出的处理决定，批准给予补偿的款额和延展工期的天数如果在业主授权范围之内，则可将此结果通知承包人，并抄送业主。补偿款将计入本期或下一期的期中支付证书内，业主应在合同规定的期限内付款；延展的工期加到原合同工期中去。如果批准的额度超过工程师的权限，则应报请业主批准（通常，无论是否超过授权，审批索赔前都应与业主协商）。

对于工期索赔持续影响时间超过28天以上的延误事件，当索赔条件成立时，对承包人每隔28天报送的阶段索赔临时报告审查后，每次均应做出批准临时延长工期的决定，并于事件影响结束后28天内承包人提出最终的索赔报告后，批准延展工期总天数。应当注意的是，最终批准的总延展天数，不应少于以前各阶段已同意延展天数之和。条款规定承包人在事件影响期间每隔28天提出一次阶段报告，可以使工程师能及时根据同期记录批准该阶段应予延展的工期天数，避免事件影响时间太长而不能准确确定索赔值。

工程师经过对索赔文件的认真评审，并与业主、承包人进行了较充分的讨论后，应提出自己的索赔处理决定。通常，工程师的处理决定不是终局性的，对业主和承包人不具有强制性的

约束力。

《建设工程施工合同(示范文本)》合同条件规定,工程师收到承包人送交的索赔报告和有关资料后应在28天内给予答复,或要求承包人进一步补充索赔理由和证据;如果在28天内既未予答复也未对承包人作进一步要求,则视为承包人提出的该项索赔要求已经认可。《公路工程标准施工招标文件》合同通用条款未对监理工程师对索赔的审批期限作出限定,但监理工程师应及时处理承包人提出的索赔问题。

6. 业主对索赔的审查

当索赔数额超过业主对工程师的授权范围(额度)时,应由业主直接审查索赔报告,并与承包人谈判解决,工程师应参加业主与承包人之间的谈判,工程师也可以作为索赔争议的调解人。业主首先根据事件发生的原因、责任范围、合同条款审核承包人的索赔文件和工程师的处理报告,再依据工程建设的目的、投资控制、竣工投产日期要求以及针对承包人在施工中的缺陷或违反合同规定等的有关情况,决定是否批准工程师的处理决定。例如,承包人某项索赔理由成立,工程师根据相应条款的规定,既同意给予一定的费用补偿,也批准延展相应的工期,但业主权衡了施工的实际情况和外部条件的要求后,可能不同意延展工期,而宁愿给承包人增加费用补偿额,要求其采取赶工措施,按期或提前完工,这样的决定只有业主才有权作出。索赔报告经业主审查后,工程师即可签发有关索赔审批书;对于数额比较大的索赔,一般需要业主、承包人和工程师三方反复协商才能做出最终处理决定。

7. 承包人不接受索赔处理结果,可以仲裁或诉讼

如果承包人同意接受最终的处理决定,索赔事件的处理即告结束;如果承包人不同意,则可根据合同约定,进入合同纠纷的解决程序:监理工程师裁定—友好协商或上级调解—仲裁—诉讼,使索赔问题得到最终解决。在仲裁或诉讼过程中,工程师作为工程全过程的参与者和管理者,可以作为见证人提供证据,提供证词、证言。

工程项目实施中会发生各种各样、大大小小的索赔、争议等问题,应该强调的是:合同各方应该争取尽量在最早的时间、最低的层次,尽最大可能以友好协商的方式解决索赔问题,不要轻易提交仲裁或诉讼。因为对工程争议的仲裁或诉讼往往是非常复杂的,要花费大量的人力、物力、财力和精力,对工程建设也会带来不利,有时甚至是严重的影响。

八、索赔报告

(一)索赔报告的一般内容

索赔报告是合同一方向对方提出索赔的书面文件,它全面反映了一方当事人对一个或若干个索赔事件的所有要求和主张,对方当事人也是通过对索赔文件的审核、分析和评价来作认可、要求修改、反驳甚至拒绝的回答,索赔报告也是双方进行索赔谈判或调解、仲裁、诉讼的依据,因此,索赔报告的表达与内容对索赔的解决有重大影响,索赔方必须认真编写索赔文件。

在合同履行过程中,一旦出现索赔事件,承包人应该按照索赔文件的构成内容,及时地向业主提交索赔文件。单项索赔文件的一般格式如下:

1. 题目

索赔报告的标题应该能够简要、准确地概括索赔的中心内容,如"关于××事件的索赔"。

2. 事件

详细描述事件过程,主要包括事件发生的工程部位,发生的时间、原因和经过,影响的范围以及承包人当时采取的防止事件扩大的措施,事件持续时间,承包人已经向业主或工程师报告的次数及日期,最终结束影响的时间,事件处置过程中的有关主要人员办理的有关事项等,也包括双方信件交往、会谈,并指出对方如何违约、证据的编号等。

3. 理由

是指索赔的依据,主要是法律依据和合同条款的规定。合理引用法律和合同的有关规定,建立事实与损失之间的因果关系,说明索赔的合理、合法性。

4. 结论

指出事件造成的损失或损害及其大小,主要包括要求补偿的金额及工期,这部分只需列举各项明细数字及汇总数据即可。

5. 详细计算书(包括损失估价和延期计算两部分)

为了证实索赔金额和工期的真实性,必须指明计算依据及计算资料的合理性,包括损失费用、工期延长的计算基础、计算方法、计算公式及详细的计算过程及计算结果。

6. 附件

包括索赔报告中所列举的事实、理由、影响等各种编过号的证明文件和证据、图表。对于一揽子索赔,其格式比较灵活,它实质上是将许多未解决的单项索赔加以分类和综合整理。一揽子索赔文件往往需要很大的篇幅来描述其细节。一揽子索赔报告的主要组成部分如下:

(1)索赔致函和要点;
(2)总情况介绍(叙述施工过程、对方失误等);
(3)索赔总表(将索赔总数细分、编号,每一条目写明索赔内容的名称和索赔额);
(4)上述事件详述;
(5)上述事件结论;
(6)合同细节和事实情况;
(7)分包人索赔;
(8)工期延长的计算和损失费用的估算;
(9)各种证据材料等。

(二)索赔报告编写要求

编写索赔报告需要实际工作经验。索赔报告如果起草不当,会失去索赔方的有利地位和条件,使正当的索赔要求得不到合理解决。对于重大索赔或一揽子索赔,最好能在律师或索赔专家的指导下进行。编写索赔报告有以下基本要求。

1. 符合实际

索赔事件要真实、证据确凿。索赔的根据和款额应符合实际情况,不能虚构和扩大,更不能无中生有,这是索赔的基本要求。这既关系到索赔的成败,也关系到承包人的信誉。一个符合实际的索赔文件,可使审阅者看后的第一印象是合情合理,不会立即予以拒绝;相反,如果索赔要求缺乏根据,不切实际地漫天要价,使对方一看就极为反感,甚至连其中有道理的索赔部分也被置之不理,不利于索赔问题的最终解决。

2.说服力强

(1)符合实际的索赔要求,本身就具有说服力,但除此之外索赔报告中责任分析应清楚、准确。一般索赔所针对的事件都是由于非承包人责任而引起的,因此,在索赔报告中要善于引用法律和合同中的有关条款,详细、准确地分析并明确指出对方应负的全部责任,并附上有关证据材料,不可在责任分析上模棱两可、含糊不清。对事件叙述要清楚明确,不应包含任何估计或猜测。

(2)强调事件的不可预见性和突发性。说明即使一个有经验的承包人对该事件也不可能有预见或有准备,并且承包人为了避免和减轻该事件的影响和损失已尽了最大的努力,采取了能够采取的措施,从而使索赔理由更加充分,更易于被对方接受。

(3)论述要有逻辑。明确阐述由于索赔事件的发生和影响,使承包人的工程施工受到严重干扰,并为此增加了支出,拖延了工期。应强调索赔事件、对方责任、工程受到的影响和索赔之间有直接的因果关系。

3.计算准确

索赔报告中应完整列入索赔值的详细计算资料,指明计算依据、计算原则、计算方法、计算过程及计算结果的合理性,必要的地方应作详细说明。计算结果要反复校核,做到准确无误,要避免高估冒算。计算上的错误,尤其是扩大索赔款的计算错误,会给对方留下恶劣的印象,并认为提出的索赔要求太不严肃,其中必有多处弄虚作假,从而直接影响到索赔的成功。

4.简明扼要

索赔报告在内容上应组织合理、条理清楚,各种定义、论述、结论正确,逻辑性强,既能完整地反映索赔要求,又要简明扼要,使对方能很快地理解索赔的本质。索赔文件最好采用活页装订,印刷清晰。同时,用语应尽量婉转,避免使用强硬、不客气的语言。

5.按要求的格式编写

索赔报告的格式及其表格,应按照本工程的规定编写、报送。

九、反索赔

所谓反索赔即是发包人的索赔,因承包人原因不能按照协议书约定的竣工日期或工程师同意顺延的工期竣工,或因承包人原因工程质量达不到协议书约定的质量标准,或承包人不履行合同义务或不按合同约定履行义务或发生错误而给发包人造成损失时,发包人也可按合同约定,向承包人提出索赔(又称为反索赔)。

第二节 承包人对索赔的管理

承包人索赔管理,包括对利用索赔机会向业主提出索赔和对业主索赔的预防与反驳两方面的管理。

对向业主提出索赔的管理任务是,通过合同实施过程中出现的不可预见的或合同外的事项,如工程变更、施工条件变化、施工干扰等,索取投标价格以外的、由于索赔事项引起的附加成本开支或工期损失;索赔管理的目标是获得更多的利润或减少亏损。但索赔工作是一项艰巨、复杂、涉及较多技巧和较广的知识面的工作。它要求承包人拥有既懂工程、技术,又懂合同、法律;既懂经营,善交流、谈判,又懂工程估价、财务的复合型索赔人才,以此为基础成立专门的索赔班子,建立完善的工程合同、工程成本、工程进度、工程洽商、工程档案与项目信息管理等管理制度。

树立索赔意识,在工程实施中利用一切客观存在的索赔机会,及时发现和抓住索赔的有利时机;要进行对比分析,以合同文件为依据,以客观事实为基础,讲求诚实信用,不夸大、不虚构事实,做到有理、有义、有节。

一、建立索赔班子

对于工程施工项目多、合同金额大、索赔项目多而复杂的施工企业,应有一名副经理专门负责或分管索赔工作,并建立专门的索赔部门,负责对公司各工程施工项目的索赔工作统一指导和协调。此外,各施工工程的项目经理都应有专人负责索赔管理,以便同公司的索赔部门密切配合,共同开展工程施工中的索赔工作。一般来说,施工项目经理部设立的索赔班子应由下列人员组成:1名有索赔经验的工程师作为索赔的负责人来负责该项目的索赔工作和索赔谈判,1~2名具有工程知识、法律知识、懂合同管理的专、兼职索赔人员,1名成本分析人员。实践证明,这种人员组成方式能够满足索赔和索赔管理的要求,有效地进行索赔工作。在工程规模较小、施工时间较短、估计索赔项数较少、索赔金额小的情况下,项目经理部可以不成立专门的索赔班子来进行索赔和索赔管理工作,而由项目经理直接负责。

索赔部门要有索赔目标、索赔计划,定期召开分析会,寻找已经出现的索赔机会或潜在的索赔机会;要检查已提出索赔项目的索赔进展情况,采取一定措施来保证索赔成功;同时,应保持索赔人员的连续性、索赔工作的连续性、索赔管理的连续性和系统性。对工程规模大、工期长的施工项目,还要保证工程记录、索赔资料收集的连续性、系统性、完备性。

二、熟悉合同文件,把握索赔机会

任何工程项目合同,都有一系列合同文件,其中的合同条款,如《公路工程标准施工招标文件》(2009年版)合同通用条款,对索赔方面有较为详细的规定,这是维护业主利益和承包人合法权益的准则。应用合同文件进行索赔,则必须熟悉和掌握合同文件,特别是合同通用条款;要正确领会合同条款的含义、熟练地应用合同条款,才能及时发现索赔机会,提出索赔要求,争取索赔成功。

索赔机会要通过合同文件结合施工现场实际的跟踪检查来发现,即适时将工程实施情况与合同文件进行对比分析,一经发现有不符合合同文件要求或合同实施中出现偏差(如进度偏差)的问题,就可能出现了索赔机会。

三、适时对项目进行工程进度偏差分析

索赔是由干扰事件造成实际工程施工过程与预定计划的差异引起的,而索赔额的大小常常由这个差异决定。所以网络进度计划必然是分析干扰事件影响的尺度和索赔值计算的基础,工期索赔值应由网络计划关键线路的延长分析得到。

四、建立工程成本预算、核算体系

在施工项目管理中,成本管理包括工程施工预算和估价、成本计划、成本核算、成本控制

(监督、跟踪、诊断)等。它们都与索赔有紧密的联系。工程施工预算和报价是费用索赔的计算基础。工程施工预算确定的是"合同状态"下的工程费用开支。如果没有干扰事件的影响,则承包人按合同完成工程施工和保修责任,业主如数支付合同价款。干扰事件引起实际成本的增加,从理论上讲,这个增量就是索赔值。在实际工程施工中,索赔值应以合同价为计算基础和依据,通过分析实际成本和计划成本的差异得到。

要寻找和及时抓住索赔机会,承包人的人员必须熟悉工程成本的构成要素并具有控制和分析比较工程成本实际发生与预算成本的差异的能力,以便进行费用索赔。

五、保证索赔报告的质量

一经发现索赔机会,就应进行索赔处理,及时、迅速地提出索赔要求和提交索赔报告;提出索赔报告后,就应不断地与业主和监理工程师联系,催促尽早地解决索赔问题;工程中的每一单项索赔应及早独立解决,尽量不要以一揽子方式解决所有索赔问题。索赔报告编制涉及以下问题。

1. 索赔权的论证

索赔报告中应首先论证索赔权利能成立的根据。承包人在索赔报告中必须论证发生的索赔事件、客观事实与索赔依据之间存在的客观的内在联系和因果关系。

从论证索赔权方面看,承包人的索赔人员应对整个施工合同文件很熟悉且能运用自如,这包括合同的通用条款和专用条款,技术规范、工程范围、工程图纸和工程量清单、合同变更、会议纪要及来往函件等。最主要的是吃透《公路工程标准施工招标文件》(2009年版)合同通用合同条款和专用条款的含义。

2. 索赔报告的准确性

在充分论证和肯定了自己的索赔权后,索赔报告的证据资料充分和准确性将对索赔能否成功起决定作用。一份准确的索赔报告,可以说明承包人对此项索赔工作是严肃的、经过深思熟虑的。特别是在提供索赔证据资料时,一定要注意数据的准确性和索赔价款计算的正确性。要做到事实充分,并附有现场照片或记录的声明,使业主和监理工程师信服,能承认索赔的合理性。

承包人应该充分注意对客观事实的准确描述,不应有主观随意性。应该在报告中抓住事实的本质和关键,应该言简意明,用词明确,应该注意计算准确无误;应该完整准确地引用合同条款,而不可断章取义。当然,在实际的索赔操作过程中,承包人往往使所编的索赔报告有不同程度的夸大,但这样做必须注意一定的分寸和限度。因为虚假夸张的证据资料,往往会引起监理工程师和业主的反感,很可能导致连合理的索赔要求也一并遭到拒绝。

3. 索赔报告的格式和内容

索赔报告的格式可根据索赔事件的大小来编写。具体编写可参考第一节的说明。

第三节 监理工程师对索赔的管理

在业主与承包人之间的索赔事件发生、处理和解决过程中,监理工程师是核心人物。在施工合同实施过程中,监理工程师对工程索赔具有很大影响。因为监理工程师是受业主的委托行使合同管理的职权,监理工程师行使职权不当时可能引起承包人索赔;监理工程师对索赔问题的处理意见会对索赔结果起着决定性的影响；监理工程师作为索赔争端的调解人，有利于索赔争议端取得友好解决；在争端的仲裁和诉讼过程中作为见证人，有助于合同纠纷的公正裁决。因此，监理人和监理工程师应加强对工程索赔的管理。

监理工程师的索赔管理贯穿于项目施工的全过程。为了实施有效的索赔管理，监理工程师应本着公正、及时、实事求是、充分协商、诚实信用的原则，做好预防索赔、及时处理索赔事宜。

一、做好索赔预防工作

现代工程项目一般工期较长，规模大，投资多，在实施过程中总会发生一些问题使合同的一方由于非自身原因或风险而遭受损失，因此，在合同中通常赋予受损失一方向另一方索赔以弥补损失的权利。但是，从合同双方的利益出发，应该使索赔事项的发生次数越少越好、损失越小越好。监理工程师应对可能导致索赔事件的各种因素，予以充分估计，避免或减少索赔事件的发生。为此，监理工程师应做好以下工作。

1. 协助业主做好设计文件的审查和学习工作，减少设计错误和设计变更

认真做好设计图纸审查，是减少索赔的一个重要的预防措施。在设计交底前，总监理工程师应组织监理人员熟悉设计文件，并对图纸中存在的问题通过建设单位向设计单位提出书面意见和建议。因此，这个阶段，监理工程师应该通过对设计文件的审查和学习，尽可能地协助业主向承包人提供尽量完善的设计图纸，从而也可尽量避免或减少由于设计原因造成的索赔。另外，监理工程师如果承担设计监理的话，在验收设计文件时，一定要认真审查，把好图纸关。

2. 协助业主做好合同文件签署工作

项目的招标文件和招标工作中的一些事项会直接影响项目实施过程中索赔事项的发生和处理。因此，协助业主做好项目招标工作是索赔预防的一个极其重要的环节。

3. 避免无法预见的不利自然条件，或人为障碍而引起的费用索赔

最常见的是桥梁结构基础或隧道的地质状况恶劣和地下障碍物而导致的费用索赔。

为了避免这类索赔事件的发生，在工程施工前，监理工程师一方面通知施工单位及早对现场进行调查和向公共设施主管单位了解有关地下障碍物的情况，另一方面查阅有关资料，对认为可疑的地段，还应进行深一步的勘探，以掌握地下障碍物或地质情况。如果发现有导致费用索赔事情发生的因素，应及早做好处理，这样不仅可避免或减少索赔事件的发生，还可使施工进度不受影响。

二、避免监理工程师自身责任诱发的索赔

作为业主雇佣并为工程建设管理服务的监理工程师，其失职、权利的滥用、错误的指令、不作为等行为，如果给承包人造成了损失，均会导致承包人提出索赔。这些索赔诱因包括由于提供的放线资料有差误而引起的索赔事件，施工中由于合同以外的检验而引起的费用索赔事件，避免对隐蔽工程事后检查而引起的费用索赔事件，随便指示承包人改变进度计划、施工次序和施工方案，或者必须按照自己提出的方案进行施工等引起的索赔事件等。

三、敦促履行合同责任

业主不及时履行合同责任和义务，是承包人索赔的直接诱因。监理工程师应及时提醒业

主全面、实际履行合同中规定的责任和义务,例如,按时提供施工图纸、按时提供施工场地、按时支付工程费用等,以避免由于这类原因而发生索赔事件。

监理工程师应做好索赔干扰事件的预测、预防工作,发现索赔干扰事件苗头时及时采取有效措施予以消除。工程地质变化、合同缺陷、物价上涨、设计错误等干扰事件的发生是有一定的规律可寻的,作为一个有经验的监理工程师,根据自己的经验并采取相应的手段,是可以对干扰事件的发生可能、发生规律、发生后的影响和损失的大小在一定程度上进行预测的。因此,监理工程师在合同管理工作中,要事先进行干扰事件的预测,并制订相应的防范措施或应对措施。当干扰事件发生时,监理工程师应迅速做出反应,及时按合同规定程序发出指令,控制干扰事件的影响范围和影响程度,减小损失。

四、合理处理索赔问题

1. 做好索赔事件记录

索赔事件发生后,监理工程师应做好有关索赔事件的同期记录,内容包括:

(1)有关各种调查的记录,如对索赔事件的原因、影响范围及调整施工单位的作业计划的可能;

(2)施工现场中由于产生索赔事件而造成人员及设备的闲置,应每天进行记录;

(3)工程损坏的情况,对于不是施工单位的原因而造成工程损坏或已完成的工程要返工,对此种情况,监理工程师应对损坏或返工的工程规模、范围、数量做好检查记录;

(4)其他费用支出情况,监理工程师应对索赔事件所影响的时段内承包人实际支出的各种费用进行调查、核实,并做好有关记录。

2. 缩短停工时间

监理在做索赔事件记录的同时,有停工状况的,应设法缩短停工时间。部分索赔事件,是由于施工单位以外原因导致工程施工中断而引起索赔事件的发生。当这种情况出现后,监理工程师应根据施工单位的施工状况,如果有条件,应立即指令施工单位修改作业计划,缩短停工时间,这样可以减少索赔的额度。

3. 公平合理处理承包人的索赔问题

(1)审核承包人索赔事件的基本步骤

当承包人提出索赔要求时,监理工程师应按下列步骤审核承包人索赔事件:

①登记索赔报告文号与报表;

②调查索赔发生的原因和事实根据,对有疑问的地方或者证据不足之处,要求承包人补充证据资料,并且应亲自进行现场调查研究,了解索赔事项的真实程度;

③审核承包人的索赔申请书中合同条款及合同规定的依据是否正确,确定承包人是否具有索赔权;

④看工程是如何遇到困难并减慢速度,需要另外雇佣多少人员,另行增加多少设备等;

⑤分析与查对计算的索赔数量是否正确,分清责任程度,根据网络分析和费用分析方法测算工期应该延长的天数和经济补偿的款额;

⑥与业主和承包人通报监理工程师的初审意见;

⑦签发索赔批复报告和支付证书;

⑧处理因索赔发生的合同争端等。

(2)审核与处理索赔的准则

由于承包人提出的索赔往往是机会性的,索赔数量较大,有时采用夸大、虚报;移花接木和行贿等手段希望索赔成功。而且有的业主总希望监理工程师拒绝承包人提出的一切费用索赔,以减少工程成本的增加。因此,监理工程师必须正确对待合同条件赋予的裁决索赔的权力,必须大公无私、以独立裁判人的身份调查索赔原因是否成立,审核索赔费用是否实际,做到既维护业主利益又保护承包人的合法权益,树立监理工程师的良好信誉。有理有据的索赔应尽快调查研究,直至合理解决和支付索赔费用,促成索赔争端的友好解决。应确定如下审核与处理索赔的准则:

①依据合同条件中的条款和实事求是对待索赔事件;
②各项记录、报表、文件、会议纪要等文档资料要准确齐全;
③要核算数据正确无误;
④大公无私、不偏不袒,站在公正立场,合理确定索赔额;
⑤避免重复支付。

在施工单位的索赔费用中,还必须注意索赔的费用是否已在合同的其他项目中支付,凡是在其他项目中已支付了费用的,就不能以索赔为名重复支出。

对于监理工程师的处理意见,如果承包人不同意,或者承包人或业主都不满意,工程师有责任听取双方的意见,修改索赔评审报告和处理建议,直到合同双方均表示同意。通常的工作程序是,监理工程师首先要对承包人的索赔处理方案与业主协商一致,然后监理工程师通知承包人进行索赔谈判。如果承包人坚持不同意,而且监理工程师坚持自己的处理建议时,此项索赔争端将提交友好协商或上级调解或提交仲裁。

五、处理好业主对承包人的索赔

业主的索赔依据也是合同文件,直接诱因是承包人违约,如承包人不能按期建成工程,施工质量不符合技术规范的要求,施工中承包人过错产生的工程变更等。对于业主的索赔要求,监理工程师要对照合同条件和具体证据进行研究,肯定合理的要求,对有异议的同业主再次讨论,确定后,根据合同条件的规定,将业主的索赔决定正式通知承包人,并在期中支付中扣回。

第四节 业主对索赔的管理

业主对索赔的管理是项目管理中的一项非常重要的工作。业主索赔管理的主要任务包括索赔的规避,即预防索赔发生和向对方(承包人)提出索赔的反驳。所谓预防索赔是指防止承包人提出索赔,而反驳索赔是指通过索赔管理,反击承包人提出的索赔要求,从而减少由于承包人索赔产生的经济损失。在工程项目的实施过程中,在施工合同双方——业主和承包人之间不可避免地会发生索赔事件,承包人往往会寻求各种机会不断地向业主提出索赔要求。因此,如何减少承包人索赔的机会或降低承包人的索赔数额是业主必须重视的问题。

预防和反驳索赔在索赔管理中具有十分重要的作用。索赔的预防是业主索赔管理的重要内容。业主通过加强合同管理,采取一系列预防对方索赔的措施,如严格依据合同履行义务,防止自己违约,从而达到避免由于自己违约而引起承包人的索赔;再如通过加强协调与沟通,及时发现问题,减少或避免索赔事件的发生,采取措施避免由于自己的失误或协调不力而引起承包人的索赔,从而防止和减少损失的发生。

第五节 工期索赔与费用索赔

一、费用索赔

(一)索赔费用的构成

对于索赔费用的计算,首先要从总体上了解承包人可以索赔的费用及费用的构成。一般情况下,承包人的索赔可以分为损失索赔和额外工作索赔。损失索赔主要是由于业主违约或监理工程师指令错误而引起的,业主应当对承包人因此遭受的损失予以补偿,包括实际损失和可得利益或叫所失利益(可得利益是否补偿要看具体情况而定,大多数情况下,损失索赔只对实际损失进行补偿)。这里的实际损失是指承包人多支出的额外成本,所失利益是指如果业主不违约,承包人本应取得的,但因业主等违约而丧失了的利益,比如业主终止合同后,承包人遭受的预期利润损失可以得到补偿。

额外工作索赔主要是因合同变更及监理工程师下达工程变更令引起的。对额外工作的索赔,业主应以原合同中的合适价格为基础,或以监理工程师确定的合理价格予以付款。

索赔费用的构成与工程款的计价内容几乎相同,通常应包括直接费、现场管理费、上级管理费、利润及额外费用等。

(二)索赔费用的计算

当承包人提出一项索赔要求时,要详细计算索赔款额,明确示出采用的计算方法和计算依据以供工程师审查与核对。索赔款额中具体各种索赔费用可按下述方法计算。

1. 索赔人工费的计算

要计算索赔的人工费,就要知道人工费的单价和人工的消耗量。

人工费的单价,首先要按照报价单中的人工费标准确定。如果是额外工作,要按照国家或地区统一制定发布的人工费定额计算。随着物价的上涨,人工费也要不断上涨。

如果是可调价合同,在进行索赔人工费计算时,也要考虑人工费上涨可能带来的影响。如果因为工程拖期,使得大量工作推迟到人工费涨价以后的阶段进行,人工费会大大超过计划标准。这时在进行单价计算时,一定要明确工程延期的责任,以确定相应人工费的合理单价。如果施工现场同时有人工费单价的提高和施工效率的降低,则在人工费计算时要分别考虑两种情况对人工费的影响,分别进行计算。

人工消耗量,要按现场实际记录、工人的工资单据以及相应定额中的人工的消耗量定额来确定。如果涉及现场施工效率降低,要做好实际效率的现场记录,与报价单中的施工效率相比较,确定出实际增加的人工数量。

2. 索赔材料费的计算

要计算索赔的材料费,同样要知道增加的材料用量和相应材料的单价。

材料单价的计算,首先要明确材料价格的构成。材料的价格一般包括材料供应价、包装费、运输费、运输损耗费、采购保管费等项费用。如果不涉及材料价格的上涨,可以直接按照投标报价中的材料的价格进行计算。如果涉及材料价格的上涨,则要按照材料价格的构成,按照可靠的订货单、采购单,或者官方公布的材料价格调整指数,重新计算材料的市场价格。

$$材料价格 = (供应价 + 包装费 + 运输费 + 运输损耗费) \times$$
$$(1 + 采购保管费率) - 包装品回收价值 \tag{8-1}$$

增加材料用量的计算,要依据增加的工程量,根据相应材料消耗定额规定的材料消耗量指标确定实际增加的材料用量。

$$材料费 = 材料价格 \times 工程量 \times 每单位工程量材料消耗量标准 \tag{8-2}$$

3. 索赔施工机械使用费的计算

施工机械使用费的计算,按照施工机械和索赔事件的具体情况,可按下述方式处理。

(1)工程量增加时

如果是工程量增加,可以按照报价单中的机械台班费用单价和相应工程量增加的台班数量,计算增加的施工机械使用费。如果因工程量的变化双方协议对合同价进行了调整,则按照调整以后的新单价进行机械使用费的计算。

(2)机械设备闲置时

如果是由于非承包人的原因导致施工机械窝工闲置,闲置费用的计算要区别是承包人自有机械设备或是租赁机械设备(是自有或租赁,以承包人的投标文件为准)而分别进行计算。

①对于承包人自有机械设备,闲置费用可视具体情况而按折旧费或折旧费加维护费、保险费、养路费等计算;

②如果是租赁的设备,且租赁价格合理,又有租赁收据,可以按租赁费计算闲置的机械台班费。

(3)施工机械降效

如果实际施工中因受到非承包人的原因导致施工效率降低,承包人将不能按照原定计划完成施工任务;工程拖期后,会增加相应的施工机械费用。确定机械降低效率导致的机械费的增加,可以考虑按式(8-3)计算增加的机械台班数量。

$$实际台班数量 = 计划台班数量 \times [1 + (原定效率 - 实际效率) \div 原定效率] \tag{8-3}$$

其中的原定效率是合同报价中所报的施工效率,实际效率是受到干扰以后现场的实际施工效率。知道了实际所需的机械台班数量,可以按式(8-4)计算由于施工机械降效而增加的机械台班数量。

$$增加的机械台班数量 = 实际台班数量 - 计划台班数量 \tag{8-4}$$

则机械降效增加的机械费为:

$$机械降效增加机械费 = 机械台班单价 \times 增加机械台班数量 \tag{8-5}$$

4. 索赔管理费的计算

(1)工地管理费

通常,工地管理费是按照人工费、材料费、施工机械使用费等之和的一定百分率计算确定的。所以当承包人完成额外工程或者附加工程时,索赔的工地管理费也是按照同样的比例计取。但如果是其他非承包人原因导致现场施工工期延长由此而增加的工地管理费,可以按原报价中的工地管理费平均值计取,见式(8-6)。

$$工地管理费总额 = (合同价中工地管理费总额 \div 合同总工期) \times 批准延期的天数 \tag{8-6}$$

计算的基本思路是:按照正常情况承包人完成计划工作量,则在计划工作量中包含了承包人的工地管理费;由于非承包人原因的停工、且获得延期的批准,承包人在此期间完成的工作量少于计划量,则造成承包人收入的减少,业主应当给予补偿。

在实际工程施工中,由于索赔事件的干扰,承包人现场没有完全停工,而是在一种低效率和混乱状态下施工。例如工程变更、业主指令局部停工等,则使用该公式应扣除这个阶段已完工作量所应占的工期份额。

[例8-1] 某工程合同价为1 856 900元,合同工期10个月,合同中现场管理费269 251元,由于业主图纸供应不及时,造成施工现场局部停工2个月,在这2个月中,承包人共完成89 500元的工作量。则89 500元相当于正常情况的施工期为:

$$89\ 500 \div (1\ 856\ 900 \div 10) = 0.5(月)$$

则由于工期拖延产生的现场管理费索赔额为:

$$(269\ 251 \div 10) \times (2 - 0.5) = 40\ 387(元)$$

(2)企业管理费

企业管理费的计算,一般可考虑采用以下几种计算方法进行。

①按照投标书中企业管理费的比例计算,即:

$$企业管理费索赔额=(企业管理费 \div 企业合同直接费总值) \times$$
$$(直接费索赔款+工地管理费索赔款) \tag{8-7}$$

此方法是将工程直接费作为比较基础来分摊总部管理费。该法简单易行,运用较广。

[例8-2] 某工程争议合同的实际直接费为500万元,在争议合同执行期间,承包人所在企业同时完成的其他工程合同的直接费总额为2 500万元,该期间承包人企业管理费总额为300万元,则

$$单位直接费的企业管理费率 = 300 \div (500+2\ 500) \times 100\% = 10\%$$
$$企业管理费索赔额 = 500 \times 10\% = 50(万元)$$

②按照原合同价中的企业管理费平均计取,即:

$$企业管理费=(合同价中企业管理费总额 \div 合同总工期) \times 批准延期的天数 \tag{8-8}$$

[例8-3] 某承包人承包某工程,合同价为500万,合同工期为720天,该合同实施过程中因业主原因拖延了80天。在这720天中,承包人承包其他工程的合同总额为1 500万元,总部管理费总额为150万元。则:

$$争议合同应分摊的总部管理费 = \frac{500}{500+1\ 500} \times 150 = 37.5(万元)$$

$$日总部管理费率 = \frac{37.5\ 万元}{720\ 天} = 520.8\ 元/天$$

$$总部管理费索赔额 = 520.8 \times 80 = 41\ 664\ 元$$

(3)按原合同价中承包人的企业管理费率计算

通常情况下,要求承包人在报价中要进行单价分析;而公路工程项目招投标中,无论是标底编制或是报价计算,一般都按《公路基本建设工程概算预算编制办法》中的程序和要求进行。其中的现场经费、企业管理费等,通常是按一定费率取值,并可按下式简化计算。

$$现场管理费=工程直接费 \times 现场管理费率 \tag{8-9}$$
$$企业管理费=(工程直接费+现场管理费) \times 企业管理费率 \tag{8-10}$$

5.利润的计算

一般对于工程延误的索赔,由于利润通常是包括在每项实施的工程内容价格之中的,而单

纯的延误工期并未影响或者减少某些项目的实施从而导致利润的减少,因此工程师(或业主)往往很难同意在延误的索赔费用中再考虑利润损失。

在有些索赔事件中也是可以索赔利润的,索赔利润款额的计算通常与原中标合同价中的利润率保持一致,即:

利润额=(直接费索赔额+工地管理费索赔额+总部管理费索赔额)×合同价中的利润率

(8-11)

6.利息的计算

无论是业主拖付工程款或已批准的索赔款,或者是工程变更和工期延误引起的承包人的投资增加,还是业主的错误扣款,都会引起承包人的融资成本增加。按单利计息,其计息按式(8-12)计算:

$$利息额=迟付款金额×迟付款日利率×迟付款时间(日) \quad (8-12)$$

迟付款利率可按当期银行的贷款利率、当期银行的透支利率、合同双方协议的利率取值。在投标书附录中已有约定的,按约定的利率取值;没有约定的,协商确定。

(三)索赔费用的计算方法

1.分项计算法

分项计算法是以每个干扰事件为对象,以承包人为某项索赔工作所支付的实际开支为根据,向业主要求经济补偿。而每一项索赔费用,是计算由于该事项的影响,导致承包人发生的超过原计划的费用,也就是该项工程施工中所发生的额外的人工费、材料费、机械费,以及相应的管理费,有些索赔事项还可以列入应得的利润。

分项计算法可以分为三步:

(1)分析每个或每类干扰事件所影响的费用项目。这些费用项目一般与合同价中的费用项目一致,如直接费、管理费、利润等。

(2)用适当方法确定各项费用,计算每个费用项目受索赔事件影响后的实际成本或费用,与合同价中的费用相对比,求出各项费用超过原计划的部分。

(3)将各项费用汇总,即得到总费用索赔值。

也就是说,在直接费(人工费、材料费和施工机械使用费之和)超出合同中原有部分的额外费用部分基础上,再加上应得的管理费(工地管理费和总部管理负)和利润,即是承包人应得的索赔款额。这部分实际发生的额外费用客观地反映了承包人的额外开支或者实际损失,是承包人经济索赔的证据资料。

为了准确计算实际的成本支出,承包人在现场的成本记录或者单据等资料都是必不可少的,一定要在项目施工过程中注意收集和保留。表8-1给出了分项法的典型示例,供参考。

分项法计算示例 表8-1

序号	索 赔 项 目	金额(元)	序号	索 赔 项 目	金额(元)
1	工程延误	256 000	5	利息支出	8 000
2	工程中断	166 000	6	利润(1+2+3+4)×15%	69 600
3	工程加速	16 000	7	索赔总额	541 600
4	附加工程	26 000			

表8-1中每一项费用又有详细的计算方法、计算基础和证据等。

2. 总费用法

总费用法基本上是在采用总索赔的方式下才采用的索赔款的计算方法。也就是说,当发生多次索赔事项以后,这些索赔事项的影响相互纠缠,无法区分,则重新计算出该工程项目的实际总费用,再从这个实际的总费用中减去中标合同价中的估算总费用,即得到了要求补偿的索赔总款额,即:

$$索赔款额 = 实际总费用 - 合同价中估算总费用 \tag{8-13}$$

表 8-2 为总费用法的计算示例,供参考。

这里要明确,只有当无法采用分项计算法时,才采用总费用法。

在采用总费用法时要注意,管理费的计算一般要考虑实际损失,所以理论上应该按照实际的管理费率进行计算与核实。但是鉴于具体计算的困难,通常都采用合同价中的管理费率或者双方商定的费率。由于实际工程成本的增加导致承包人费用支出的增加,必然增加承包人的融资成本,所以承包人可以在索赔中计算利息支出。

总费用法计算示例 表 8-2

序号	费用项目	金额(元)

1	合同实际成本
	(1) 直接费
	   1)人工费
	   2)材料费
	   3)设备
	   4)分包人
	   5)其他
	     合计
	(2) 间接费
	(3) 总成本(1)+(2)
		1) 200 000
		2) 100 000
		3) 200 000
		4) 900 000
		5)+100 000
		1 500 000
		+160 000
		1 660 000

2	合同总收入(合同价+变更令)	−1 440 000 220 000

3	成本超支(1−2)
	加:(1)未补偿的办公费和行政费
	     (按总成本的10%)
	   (2)利润(总成本的15%+管理费)
	   (3)利息
		166 000
		273 000
		+40 000

4	索赔总额	699 000

3. 修正的总费用法

修正的总费用法是在总费用计算的原则上,对总费用法进行相应的修改和调整,去掉一些比较不确切因素的影响,使索赔款的计算更加合理。修改和调整的内容主要有:

(1)将计算索赔款的时间段局限于受到外界影响的时间段,而不是整个施工期;

(2)只计算受影响时段内的某项或者某些工作所受影响的损失,而不是计算该时段内所有施工工作所受到的损失;

(3)考虑在受影响时段内受影响的工程项目施工中使用的人工、材料、施工机械等资源供

应情况;

(4)可靠的记录资料,如工程师的施工日志,现场施工记录等;

(5)与索赔事项无关的费用不列入总费用中;

(6)对合同价的估算费用重新进行核算,按照受影响时段内该项工作的实际单价进行计算,乘以实际完成的该项工作的工程量,得出调整以后的报价费用。

经过上述各项调整与修正,总费用已经相对来说比较准确地反映出实际增加的费用,作为给予承包人补偿的款额。按修正以后的总费用法计算索赔款,可按下式计算,

$$索赔款额＝某项工作调整后的实际总费用－该项工作的合同报价费用 \qquad (8-14)$$

4. 仲裁裁定法

仲裁裁定法是通过仲裁庭裁决,研究承包人的索赔资料和证据,并听取双方的质证、申辩,最后裁定一个索赔款额,以仲裁庭裁决的方式使承包人得到相应的经济补偿。

仲裁裁定法所依据的资料包括工程项目合同文件,承包人的索赔报告,以及一系列必要的证据和单据。此方法要求承包人提交充足的索赔证据,以便仲裁庭可以此做出公正合理的裁决。

5. 审判判决法

在符合法律规定的仲裁裁定无效或合同中约定产生争议后直接采用诉讼方式时,合同双方对索赔方面的争议可以通过法庭判决的方式来解决。法庭在仔细研究了承包人的索赔资料和证据,并听取双方的质证、辩护,甚至通过社会中介机构进行司法鉴定后,判决一个索赔款额,以法庭判决的方式使承包人得到相应的经济补偿。近几年来,对索赔方面的审判判决案子日渐增加。

(四)工程延期引起的费用索赔

1. 工期索赔与费用索赔的关系

对于某一索赔事件(如施工拖期),工期索赔与费用索赔可能同时存在,也可能二者只居其一,这要根据具体的索赔事件进行具体的分析,分别予以考虑和论证,不应把它们简单地联为一体。有些人误认为不批准工期延长,便得不到经济补偿;或者得到了工期延长,便有权得到经济补偿;或者,得到了经济补偿,便不能再要求延长工期等,这些都是不正确的。

一般来讲,工期索赔与费用索赔有如下一些关系。

(1)凡是属于业主方面原因引起的工期延误,都属于可原谅的和应予补偿的延误,承包人既有权得到工期延长,又能够得到附加开支的经济补偿。

(2)有时,虽然是可原谅并应予补偿的延误,但利用网络进行分析,如果该项延误影响了关键路线(Critical Path Method,CPM)上的工作,则应给予承包人延长工期;如果承包人能证实引起的附加开支,也可给予经济补偿;但如果该项影响不涉及关键路线上的工作,便不应给工期延长,而只予以经济补偿。

(3)凡属于客观原因引起的工期延误,即这种延误来自大自然或社会事态的影响,既非承包人的责任,也不是业主所能控制的,这种延误可原谅、但不予以经济补偿,承包人有权获得工期延长,但不能得到经济补偿。

(4)凡属于承包人方面原因引起的工期延误,承包人既无权得到工期延长,也不能获得任何经济补偿;唯一的办法便是自费采取赶工措施,以免最终不能按期竣工而承担延误损害赔偿费。

根据上述情况,承包人应善于分析形成索赔事项的原因,从合同条件中引用索赔的依据,并系统地积累资料和证据,分别论证和提出工期索赔或经济索赔。

2. 工期拖延时承包人可索赔的费用

(1)人工费的损失可能有两种情况

①现场工人的停工、窝工。一般按照施工日记上记录的实际停工工时(或工日)数和报价单上的人工费单价计算。有时考虑到工人处于停工状态,可以采用最低的人工费单价计算。

②工效降低引起的损失。由于索赔事件的干扰,工人虽未停工,却处于低效率施工状态,使得现场施工所完成的工作量未达到计划的工作量,但用工数量却达到或超过计划数。在这种情况下,要准确地分析和评价干扰事件的影响是极为困难的。通常人们以投标书所确定的劳动力投入量和工作效率为依据,与实际的劳动力投入量和工作效率相比较,以计算费用损失。

(2)材料费索赔

一般工期拖延中没有材料的额外消耗,但可能由于工期拖延,造成承包人订购的材料推迟交货,而使承包人蒙受损失。这种损失凭实际损失证明索赔;另外,在工期延长的同时,材料价格上涨造成的损失,对于可调价合同,这部分损失可用调值公式直接计算。

(3)机械费

机械费的索赔与人工费相似。由于停工造成的设备停滞,一般按如下公式计算:

$$机械费索赔 = 停滞台班数 \times 停滞台班费单价 \qquad (8-15)$$

停滞台班数按照施工日记计算;停滞台班费主要包括折旧费用、利息、保养费、固定税费等,一般为正常设备台班费的60%~70%。

如果是租赁的设备,可按租赁费计算。

(4)工地管理费

如果索赔事件造成总工期的拖延,则必须计算工地管理费。由于在施工现场停工期间没有完成计划工程量,或完成的工程量不足,则承包人没有得到计划所确定的工地管理费,而在停工期间现场工地管理费的支出依然存在。按照索赔的原则,应赔偿的费用是这一阶段工地管理费的实际支出。如果这阶段尚有工地管理费收入,例如在这一阶段完成部分工程,则应扣除工程款收入中所包含的工地管理费数额。但实际工地管理费的审核和分配是十分困难的。特别是在工程并未完全停止的情况下。

(5)企业管理费

对工期延误的费用索赔,一般先计算直接费(人工费、材料费、机械费)损失,然后单独计算管理费。按照赔偿实际损失原则,应将承包人企业的实际管理费开支,按一定的合理的会计核算方法,分摊到已计算好的工程直接费超支额或有争议的合同上。由于它以企业实际管理费开支为基础,所以其证实和计算都很困难。它的数额较大,争议也比较大,一般采用分摊方式,可用式(8-7)、式(8-8)、式(8-10)计算。

3. 非关键线路上活动拖延的费用索赔

由于业主责任引起非关键线路活动的拖延,造成局部工作或工程暂停,且该非关键线路的拖延在时差范围内,不影响总工期,则没有总工期的索赔。但这些拖延如果导致承包人费用的损失,则相关的费用索赔通常有以下几方面:

(1)人工费损失。即在这种局部停工中,承包人已安排的劳动力、技术人员无法调到其他地方或做其他工作,或工程师(或业主)指令不做其他安排;这些损失应按实际计工单由业主支付,计算方法与前面相同。

(2)机械费损失。为这些局部工程专门租用或购置的设备已经进场,由于停工,这些设备无法挪为他用,停滞在施工现场,这一损失也应由业主承担。

在发生上述情况时,承包人应请示工程师,服从工程师对现场施工及对涉及工人、设备的指示。

(3)对于工地管理费,一般情况下,由于承包人当月完成的合同工程量变化不大,而且总工期没有拖延,则不存在对工地管理费的索赔。

(五)工程变更的费用索赔

工程变更的费用索赔不仅涉及变更本身,而且还要考虑由于变更产生的影响。例如,所涉及的工期的顺延,由于变更所引起的停工、窝工、返工、低效率损失等。

1. 工程量变更

工程量变更是最为常见的工程变更,它包括工程量增加、减少和分项工程的删除或增加等。它可能是由设计变更或工程师和业主新的要求而引起的,也可能是由于业主在招标文件中提供的工程量表不准确造成的。

(1)对于固定总价合同,工程量作为承包人的风险,一般只有在业主修改设计的情况下才给承包人以调整价格。

(2)对于单价合同,工程量表中所列工程量仅为估算工程量,结算是按照实际完成的工程量来进行的,只有在竣工结算时有效合同价变化超过15%,或当某一分项工程占合同价超过2%,同时该分项工程量的增加或减少超过原工程量清单中工程量的25%时,才应调整该分项的合同单价。调整的一般规则是:工程量增加,该分项的单价降低;工程量减少,则该分项的单价增加,新单价仅适用于超过部分的工程量。

(3)按照FIDIC合同条件规定,业主可以删除部分工程,但这种删除仅限于业主不再需要这些部分工程的情况。业主不能将在本合同中删除的部分工程再另行发包给其他承包人,否则承包人有权对该被删除工程中所包含的现场管理费、上级管理费和利润提出索赔。

(4)对附加工程,承包人无权拒绝,而且它的价格计算应以合同单价作为依据。工程量可以按附加工程的图纸或实际工程量计算。

(5)对额外工程,承包人有权拒绝执行,或要求重新签订协议,重新确定价格。

2. 工程质量的变化

由于业主修改设计,提高工程质量标准,或工程师对符合合同要求的工程"不满意",指令承包人提高建筑材料、工艺、工程质量标准,都可能导致费用索赔。质量变化的费用索赔,主要通过量差和价差分析确定。

(六)加速施工的费用索赔

在工程承包实践中,承包人可以对如下情况提出加速施工的索赔:

(1)由于非承包人责任造成工期拖延,业主希望工程能按时交付,由工程师指令承包人采取加速措施。

(2)工程未拖延,但由于运营等原因,业主希望工程提前交付,与承包人协商采取加速措施。

(3)由于发生索赔干扰事件,已经造成工期拖延,但双方对工期拖延的责任产生争执。在未明确责任的前提下,工程师(业主)指令承包人必须按期完工,承包人被迫采取加速措施,但最终经承包人申诉或经调解、仲裁,工期拖延为业主的责任,承包人工期索赔成功,则业主应补偿承包人为赶工而发生的费用。

加速施工的费用索赔计算是十分困难的,这是由于整个合同报价的依据发生了变化。它涉及劳动力投入的增加、劳动效率降低(由于加班、频繁调动、工作岗位变化、工作面减小等)、加班费补贴;材料(特别是周转材料)的增加、运输方式的变化、使用量的增加;设备数量的增加、使用效率的降低,管理人员数量的增加;分包人索赔、供应商提前交货的索赔等。

(七)工程中断和合同终止的费用索赔

工程中断的费用索赔和它的计算基础基本上和工程延期的费用索赔相同。

对合同终止的索赔,一般工程承包合同都有相应的规定,解除合同并不影响当事人的索赔权利。索赔值一般按实际费用损失确定,首先应进行工程的全盘清查,结清已完工程的价款,结算未完工程成本,以核定承包人的损失。另外还可以提出如表8-3所列的一些费用。

合同终止时费用索赔内容 表8-3

费用项目	内容说明	计算基础
人工费	遣散工人的费用,给工人的赔偿金,善后处理工作人员的费用	
机械费	已交付的机械租金,为机械运行已做的一切物质准备费用,机械作价处理损失,已交纳的保险费	按实际损失计算
材料费	已购材料,已订购材料的费用损失,材料作价处理损失	
其他附加费用	分包人索赔; 已交纳的保险费、银行费用等; 开办费和工地管理费损失	

二、索赔工期及其延期的批准

(一)工期延长论证

承包人在施工索赔过程中,要对工期的延长进行论证,一个是获得展延工期,使承包人免于承担误期的罚金,另一个可以探讨承包人获得经济补偿的可能性。

在进行工期延长论证时,承包人要明确以下几个基本工期:

(1)合同计划工期。这是承包人在投标报价文件中所确定的施工期,是为了完成招标文件中所规定的工作内容,承诺完成的工期。一般来说,是业主在招标文件中所提出的施工期,是从工程开工之日起到建成工程所需要的施工天数。

(2)实际施工工期。是在工程项目的施工过程中,在具体的施工条件下,建成"全部工作内容"实际所花费的施工天数。实际的施工天数因为会受到各种施工干扰因素的影响,会超出合同计划工期。如果实际工期的增加是由于非承包人的原因造成的,则承包人有权利得到相应的工期补偿,即:

$$工期延长天数 = 实际工期 - 合同计划工期 \qquad (8-16)$$

(3)理论工期。是指在施工过程中,假定按照原定施工效率,完成"全部工作内容",理论上所需要的工作时间。在实际施工工期和理论工期中所讲的"全部工作内容"是指实际上完成的全部工作,既包括合同范围以内的工作,也包括工程量的增加和超出合同范围以外的工作。

如果在实际工作中,承包人完全按照合同原定的施工效率施工,则实际工期应该等于理论工期;如果承包人采取一些加速施工的措施,则实际工期要小于理论工期,这时:

$$加速施工挽回的工期=理论工期-合同计划工期 \tag{8-17}$$

(二)工期延误的计算

1. 网络分析法

网络分析法是进行工期分析的首选方法,适用于各种干扰事件的工期索赔,并可以利用计算机软件进行网络分析和计算。网络分析法就是通过分析干扰事件发生前后的网络计划,对比两种情况下工期计算的结果来确定工期索赔值,是一种科学合理的分析方法。

网络分析中要考虑两个重要问题:

(1)实际工程施工中时差的利用问题。在实际工程施工中必须考虑索赔干扰事件发生前的实际施工状态。由于多数索赔干扰事件都是在合同实施过程中发生的;在索赔干扰事件发生前,有许多活动已经完成或已经开始,这些活动可能已经占用了线路上的时差,使索赔干扰事件的实际影响远大于上述理论分析计算结果。

(2)不同索赔干扰事件对工期索赔之间的重叠影响。

2. 比例分析法

前述的网络分析法是最科学的,也是最合理的。但它需要的条件是,必须有计算机的网络分析程序,否则分析极为困难,甚至不可能。因为稍微复杂的工程,网络活动可能有几百个,甚至几千个,人工分析和计算几乎是不可能的。

在实际工程中,干扰事件常常仅影响某些单项工程、单位工程或分部分项工程的工期,要分析它们对总工期的影响,可以采用更为简单的比例分析方法。

(1)以占合同价的比例计算

[**例 8-4**] 在某道路工程施工中,业主延迟提供某段软土路基的地基处理设计图纸,使该段路基工程延迟 10 周。该段路基工程合同价为 240 万元,而整个合同段合同总价为 800 万元。则承包人提出工期索赔为:

工期索赔=受干扰部分的工程合同价×该部分工程受干扰工期拖延量÷
整个工程合同总价
=240 万×10 周÷800 万=3(周)

(2)按单项工程工期拖延的平均值计算

[**例 8-5**] 某工程有 A、B、C、D 四项单项工程。合同规定由业主提供水泥。在实际施工中,业主没能按合同规定的日期供应水泥,造成工程停工待料。根据现场工程资料和合同双方的信函等证明,由于业主水泥提供不及时对工程施工造成如下影响:

(1)A 单项工程 500m³ 混凝土基础推迟 21 天;

(2)B 单项工程 850m³ 混凝土基础推迟 7 天;

(3)C 单项工程 225m³ 混凝土基础推迟 10 天;

(4)D 单项工程 480m³ 混凝土基础推迟 10 天。

承包人在一揽子索赔中,对业主材料供应不及时造成工期延长提出索赔如下:

总延长天数=21+7+10+10=48(天)

> 平均延长天数=48÷4=12(天)
>
> 工期索赔值可在平均延长天数的基础上,再适当考虑各单项工程的不均匀性对总工期的影响的增加值,于是有
>
> 工期索赔值=12+4(为考虑不均衡性影响增加值)=16(天)

3. 其他方法

在实际工作中,工期补偿天数的确定方法可以是多样的,例如在干扰事件发生前由双方商讨,在变更协议或其他附加协议中直接确定补偿天数,或按实际工期延长记录确定补偿天数等。

复习思考题

1. 索赔的概念及其产生的原因。
2. 索赔的依据以及成功的基本条件。
3. 承包人、监理工程师和业主各自的索赔管理重点。
4. 索赔报告的基本组成及编写要求。
5. 分析索赔费用计算方法的特点及不同方法之间的优缺点。
6. 某工程正在实际施工中,因业主由于规划变动拟对原设计方案进行调整,要求施工方停工,待修改设计方案后方可继续开工。业主方口头通知施工方停工后并要求施工单位不要撤离施工现场,随时可能开工,但方案待讨论,市场调研需时间。结果该工程停工4个月,停工工期120天。承包人以此对业主方提出索赔,试问索赔事件是否成立?若成立,承包人可得到的索赔包括哪些?
7. 某公路工程开工后,一个关键工作面上发生了几种原因造成的暂时停工:2月10日至2月26日承包人的施工设备出现从未出现的故障;4月1日到4月5日工地遭遇了百年不遇的洪水,造成了4月3日到4月9日该地区的供电全面中断;5月24日承包人在施工中发现业主提供的地质资料不准确,经与业主、设计单位协商确认,将原设计进行变更,设计变更后工程量增加。承包人针对以上三个工程事件分别向业主提出索赔,指出上述事件的索赔是否成立并说明理由。

第九章　工程项目合同终结管理

> **本章要点**
> - 项目合同终结管理的主要任务。
> - 项目合同终结工作及合同终结的方法。
> - 合同后评价的作用及内容。

第一节　工程项目合同终结管理概述

一、项目合同终结管理的主要任务

项目合同终结工作是项目合同涉及的相关各方共同开展的一项项目终结工作,这涉及有关项目合同中止、终止或终结与项目的完工交付等方面的内容。

项目合同的终结需要伴随一系列的项目合同终结管理工作,包括合同成果的检查与验收、项目合同及其管理的终止等。需要说明的是,项目合同的提前终止也是项目合同终结管理的一种特殊工作。项目合同终结管理的主要任务包括以下几个方面。

1. 整理项目合同的文件

这些文件指与项目合同和项目承发包合同有关的所有文件,包括合同书、合同变更记录、承包人提供的技术文件、承包人工作绩效报告以及与合同有关的检查结果记录等。合同的主文件和支持细节文件都应该经过整理并建立索引,以便日后使用。以上这些整理过的项目合同文件应该包括在最终的项目整体文档记录中。

2. 开展项目合同的审计

项目合同的审计是对项目合同工作的全面审查。合同审查的依据是有关的合同文件和相关的法律与规定。合同审查的目标是要确认项目合同管理活动的成功之处、不足之处以及是否存在违法违纪现象,以便从中吸取经验和教训。项目合同审计不能由项目业主内部的人员来进行,而是由国家或专业审计部门来进行。

3. 办理项目合同的终止

当承包人全部完成项目合同所规定的义务后,项目业主的合同管理团队就应该向承包人提交项目合同已经完成的正式通知。在项目合同中一般有对于正式结束和终止项目合同相应的协定条款,项目合同的终止活动必须按照这些合同条款规定的条件和过程开展。

二、项目合同终结的工作内容与方法

项目合同终结工作包括对合同最终成果的验收与交付工作和合同最终成果的产权或所有

权的交付以及项目合同终结手续的办理等工作。合同最终成果的验收与交付工作又包括项目最终成果的全面验收检查和在出现问题时的整改,以及最终的项目合同双方的最终成果的交割和项目合同终止手续等工作。不同项目因最终成果不同可能会有不同的项目合同终结工作。

项目合同的终结方法包括:为合同终结提供任何处理合同条款与条件的方法,办理项目合同终结的法律手续的方法,确定项目团队和处于项目合同终结的项目相关利益主体的任务、责任和角色的方法,正式验收与移交项目合同规定的最终成果的方法,在发生项目合同纠纷时如何处理纠纷的方法等。

第二节 工程项目合同后评价的内容

一、合同后评价的作用

按照合同全生命期管理的要求,在合同执行后必须进行合同后评价,将合同签订和执行过程中的利弊得失、经验教训总结出来,提出分析报告,作为以后工程合同管理的借鉴。

二、合同评价的内容

由于合同管理工作比较偏重于经验,只有不断总结经验,才能不断提高项目管理水平,才能通过工程项目不断培养出高水平的合同管理者,所以这项工作十分重要。但现在人们还不十分重视这项工作,或尚未有意识、有组织地做这项工作。合同后评价包括如下内容。

1. 合同签订情况评价

合同签订情况评价包括:
(1)预定的合同战略和策划是否正确,是否已经顺利实现;
(2)招标文件分析和合同风险分析的准确程度;
(3)有无约定不明条款,有失公平甚至显失公平的条款,不切实际的条款,以及缺款少项的情况,应该如何解决;
(4)该合同环境调查,实施方案,工程预算以及报价方面的问题及经验教训;
(5)合同谈判中的问题及经验教训,以后签订同类合同的注意点;
(6)各个相关合同之间的协调问题等。

2. 合同执行情况的评价

合同执行情况的评价包括:
(1)本合同执行战略是否正确;
(2)是否符合实际;
(3)是否达到预想的结果;
(4)在本合同执行中出现了哪些特殊情况;
(5)应采取什么措施防止、避免或减少损失;
(6)合同风险控制及利弊得失;
(7)各个相关合同在执行中协调的问题等。

合同执行情况的评价还应包括合同全面履行的情况。所谓全面履行包括实际履行和适当履行。实际履行就是标的的履行。施工合同的标的是施工项目,它是否符合协议书约定的标准。适当履行就是合同条款或者合同内容的全部履行。《建设工程施工合同(示范文本)》质量控制方面的条款约13条,进度控制方面的条款约22条。在合同实施中,它们各履行了多少条,履约率有多大,未能履行的原因和对策如何。

3. 合同管理工作评价

这是对合同管理本身,如工作职能、程序、工作成果的评价,包括:

(1)合同管理工作对工程项目的总体贡献或影响;

(2)合同分析的准确程度;

(3)在投标报价和工程实施中,合同管理子系统与其他职能协调中的问题,需要改进的地方;

(4)索赔处理和纠纷处理的经验教训等。

4. 合同条款分析

合同条款分析包括:

(1)本合同的具体条款,特别是对本工程有重大影响的合同条款的表达和执行利弊得失;

(2)本合同签订和执行过程中所遇到的特殊问题的分析结果;

(3)对具体的合同条款如何表达更为有利等。

从订立合同直至合同终止应有专人管理合同的评审和评价工作;前面介绍的评价内容,可以列表进行,还可以更全面细致一些。

复习思考题

1. 项目合同终结管理的主要任务有哪些?
2. 项目合同终结工作包括哪些?
3. 项目合同的终结方法包括哪些?
4. 合同后评价有何作用?
5. 合同评价包括哪些内容?
6. 对合同的签订情况应怎样评价?
7. 对合同的执行情况应怎样评价?
8. 对合同管理工作应怎样评价?

参 考 文 献

[1] 中华人民共和国合同法(主席令9届第15号),1999.
[2] 中华人民共和国招标投标法(主席令9届第21号),1999.
[3] 中华人民共和国招标投标法实施条例(国务院令第613号),2011.
[4] 工程建设项目招标范围和规模标准规定(国家发展计划委员会令第3号),2000.
[5] 中华人民共和国国家标准.GB/T 50326—2006 建设工程项目管理规范[S].北京:中国建筑工业出版社,2006.
[6] 住房和城乡建设部,国家工商行政管理总局.GF-2013-0201 建设工程施工合同(示范文本)[M].北京:中国建筑工业出版社,2013.
[7] 住房和城乡建设部,国家工商行政管理总局.GF-2000-0202 建设工程委托监理合同[M].北京:中国建筑工业出版社,2000.
[8] 中华人民共和国行业标准.CECA/GC 6—2011 建设工程招标控制价编审规程[S].北京:中国计划出版社,2011.
[9] 中华人民共和国行业标准.JTG F80/1—2004 公路工程质量检验评定标准[S].北京:人民交通出版社,2004.
[10] 公路工程施工招标投标管理办法(交通部令2006年第7号令),2006.
[11] 交通部.公路工程施工招标资格预审办法(交通部2006年57号),2006.
[12] 《标准文件》编制组.标准施工招标文件(2007版)[M].北京:中国计划出版社,2008.
[13] 《标准文件》编制组.标准施工招标资格预审文件(2007版)[M].北京:中国计划出版社,2008.
[14] 交通运输部基本建设质量监督总站.公路工程施工监理招标文件范本[M].北京:人民交通出版社,2009.
[15] 中华人民共和国交通运输部.公路工程标准施工招标文件[M].北京:人民交通出版社,2009.
[16] 中华人民共和国交通运输部.公路工程标准施工招标资格预审文件[M].北京:人民交通出版社,2009.
[17] 成虎.工程合同管理[M].2版.北京:中国建筑工业出版社,2011.
[18] 李启明.土木工程合同管理[M].东南大学出版社,2008.
[19] 成虎,陈群.工程项目管理[M].3版.北京:中国建筑工业出版社,2009.
[20] 刘庭江.建设工程合同管理[M].北京:北京大学出版社,2013.
[21] 王卓甫,丁继勇.工程总承包管理理论与实务[M].北京:中国水利水电出版社,2014.
[22] 刘燕,涂忠仁.公路工程造价编制与管理[M].3版.北京:人民交通出版社,2014.
[23] 方俊,胡向真.工程合同管理[M].北京:北京大学出版社,2006.
[24] 周中意.公路工程招投标与合同管理[M].重庆:重庆大学出版社,2006.
[25] 沈其明,李红镝,万先进,等.公路工程合同管理与索赔及案例分析[M].北京:人民交通出版社,2014.
[26] 交通部工程建设监理总站.合同管理[M].北京:人民交通出版社,1993.
[27] Fédération Internationale Des Ingénieurs-Conseils. Conditions of Contract for Con-

struction. 1999.
[28] Fédération Internationale Des Ingénieurs-Conseils. Conditions of Contractfor Electrical and Mechanical Works. 1999.
[29] Fédération Internationale Des Ingénieurs-Conseils. Conditions of Contract for EPC Turnkey Projects. 1999.
[30] Fédération Internationale Des Ingénieurs-Conseils. Short Form of Contract. 1999.

人民交通出版社股份有限公司 公路出版中心
土木工程/道路桥梁与渡河工程类教材

一、专业基础课

1. 材料力学（郭应征）…………………… 25元
2. 理论力学（周志红）…………………… 29元
3. 工程力学（郭应征）…………………… 25元
4. 结构力学（肖永刚）…………………… 32元
5. 材料力学（上册）（李银山）…………… 49元
6. 弹性力学（孔德森）…………………… 20元
7. 水力学（第二版）（王亚玲）…………… 25元
8. 土质学与土力学（第四版）（袁聚云）… 30元
9. 土木工程制图（第三版）（林国华）…… 39元
10. 土木工程制图习题集（第三版）（林国华）… 25元
11. 土木工程制图（第二版）（丁建梅）…… 39元
12. 土木工程制图习题集（第二版）（丁建梅）… 22元
13. ◆土木工程计算机绘图基础（第二版）
    （袁 果）………………………………… 45元
14. ▲道路工程制图（第四版）（谢步瀛）… 36元
15. ▲道路工程制图习题集（第四版）（袁 果）… 26元
16. 交通土建工程制图（第二版）（和丕壮）… 39元
17. 交通土建工程制图习题集（第二版）
    （和丕壮）………………………………… 22元
18. 现代土木工程（付宏渊）……………… 36元
19. 土木工程概论（项海帆）……………… 32元
20. 道路概论（第二版）（孙家驷）………… 20元
21. 桥梁工程概论（第三版）（罗 娜）…… 32元
22. 道路与桥梁工程概论（第二版）（黄晓明）… 40元
23. 道路与桥梁工程概论（苏志忠）……… 33元
24. 公路工程地质（第三版）（窦明健）…… 23元
25. 工程测量（胡伍生）…………………… 25元
26. 交通土木工程测量（第四版）（张坤宜）… 48元
27. ◆测量学（第四版）（许娅娅）………… 45元
28. 测量学（姬玉华）……………………… 34元
29. 测量学实验及应用（孙国芳）………… 20元
30. ◆道路工程材料（第五版）（李立寒）… 45元
31. ◆道路工程材料（申爱琴）…………… 45元
32. ◆基础工程（第四版）（王晓谋）……… 37元
33. 基础工程（丁剑霆）…………………… 40元
34. ◆基础工程设计原理（第二版）（袁聚云）… 36元
35. 桥梁墩台与基础工程（第二版）（盛洪飞）… 49元
36. ▲结构设计原理（第三版）（叶见曙）… 59元
37. ◆Principle of Structural Design（结构设计原理）
    （第二版）（张建仁）…………………… 60元
38. ◆预应力混凝土结构设计原理（第二版）
    （李国平）………………………………… 30元
39. 专业英语（第三版）（李 嘉）………… 39元
40. 土木工程材料（孙 凌）……………… 48元

二、专业核心课

1. ◆路基路面工程（第四版）（黄晓明）… 59元
2. 路基路面工程（何兆益）……………… 45元
3. ◆▲路基工程（第二版）（凌建明）…… 25元
4. ◆道路勘测设计（第三版）（杨少伟）… 42元
5. ◆道路勘测设计（第三版）（孙家驷）… 52元
6. 道路勘测设计（裴玉龙）……………… 38元
7. ◆公路施工组织及概预算（第三版）（王首绪）… 32元
8. 公路施工组织与概预算（靳卫东）…… 45元
9. 公路施工组织与管理（赖少武）……… 35元
10. 公路工程施工组织学（第二版）（姚玉玲）… 38元
11. ◆桥梁工程（第二版）（姚玲森）……… 62元
12. 桥梁工程（土木、交通工程）（第三版）
    （邵旭东）………………………………… 59元
13. ◆桥梁工程（上册）（第二版）（范立础）… 54元
14. ◆桥梁工程（下册）（第二版）（顾安邦）… 49元
15. 桥梁工程（第二版）（陈宝春）………… 49元
16. ◆桥涵水文（第四版）（高冬光）……… 28元
17. 水力学与桥涵水文（第二版）（叶镇国）… 46元
18. ◆公路小桥涵勘测设计（第四版）（孙家驷）… 31元
19. ◆现代钢桥（上）（吴 冲）…………… 34元
20. ◆钢桥（第二版）（徐君兰）…………… 45元
21. ▲桥梁施工及组织管理（上）（第二版）
    （魏红一）………………………………… 39元
22. ▲桥梁施工及组织管理（下）（第二版）
    （邬晓光）………………………………… 39元
23. ◆隧道工程（第二版）（上）（王毅才）… 65元
24. 公路工程施工技术（第二版）（盛可鉴）… 38元
25. 桥梁施工（第二版）（徐 伟）………… 49元
26. ▲隧道工程（杨林德）………………… 55元
27. 道路与桥梁设计概论（程国柱）……… 42元
28. ◆桥梁工程控制（向中富）…………… 38元
29. 桥梁结构电算（周水兴）……………… 35元
30. 桥梁结构电算（第二版）（石志源）…… 35元
31. 土木工程施工（王丽荣）……………… 58元

三、专业选修课

1. 土木规划学（石 京）………………… 38元
2. 道路规划与设计（符锌砂）…………… 46元
3. ◆道路工程（第二版）（严作人）……… 46元
4. 道路工程（第二版）（凌天清）………… 35元
5. ◆高速公路（第三版）（方守恩）……… 34元
6. 高速公路设计（赵一飞）……………… 38元
7. 城市道路设计（第二版）（吴瑞麟）…… 26元
8. 公路施工技术与管理（第二版）（廖正环）… 40元

注：◆教育部普通高等教育"十一五"、"十二五"国家级规划教材
▲建设部土建学科专业"十一五"规划教材

9. ◆公路养护与管理(马松林)……………… 28元
10. 路基支挡工程(陈忠达) 42元
11. 路面养护管理与维修技术(刘朝晖) 42元
12. 路面养护管理系统(武建民) 30元
13. 道路与桥梁工程计算机绘图(许金良) 31元
14. 公路计算机辅助设计(符锌砂) 30元
15. 交通计算机辅助工程(任　刚) 25元
16. 测绘工程基础(李芹芳) 36元
17. GPS测量原理及其应用(胡伍生) 28元
18. 现代道路交通检测原理及应用(孙朝云) 38元
19. 公路测试新技术(雒　应) 36元
20. 道路与桥梁检测技术(第二版)(胡昌斌) 40元
21. 特殊地区基础工程(冯忠居) 29元
22. 软土环境工程地质学(唐益群) 35元
23. 地质灾害及其防治(简文彬) 28元
24. ◆环境经济学(第二版)(董小林) 40元
25. 桥位勘测设计(高冬光) 20元
26. 桥梁钢—混凝土组合结构设计原理
　　(黄　侨) 26元
27. 桥梁结构理论与计算方法(贺拴海) 58元
28. ◆桥梁建筑美学(第二版)(盛洪飞) 30元
29. 桥梁美学(和丕壮) 40元
30. 桥梁检测与加固(王国鼎) 27元
31. 桥梁抗震(第二版)(叶爱君) 20元
32. 钢管混凝土(胡曙光) 38元
33. 大跨度桥梁结构计算理论(李传习) 18元
34. ◆浮桥工程(王建平) 36元
35. 隧道结构力学计算(第二版)(夏永旭) 34元
36. 公路隧道运营管理(吕康成) 22元
37. 隧道与地下工程灾害防护(张庆贺) 45元
38. 公路隧道机电工程(赵忠杰) 40元
39. 地下空间利用概论(叶　飞) 30元
40. 建设工程监理概论(张　爽) 35元
41. 建筑设备工程(刘丽娜) 39元
42. 机场规划与设计(谈至明) 35元

四、实践环节教材及教参教辅

1. 土木工程试验(张建仁) 38元
2. 土工试验指导书(袁聚云) 16元
3. 桥梁结构试验(第二版)(章关永) 30元
4. 桥梁计算示例丛书—桥梁地基与基础(第二版)
　　(赵明华) 18元
5. 桥梁计算示例丛书—混凝土简支梁(板)桥
　　(第三版)(易建国) 26元
6. 桥梁计算示例丛书—连续梁桥(邹毅松) 58元
7. 结构设计原理计算示例(叶见曙) 40元
8. 土力学与基础工程习题集(张　宏) 20元
9. 道路工程毕业设计指南(应荣华) 34元
10. 桥梁工程毕业设计指南(向中富) 35元

五、研究生教材

1. 路面设计原理与方法(第三版)(黄晓明)……… 68元
2. 沥青与沥青混合料(郝培文) 35元
3. 水泥与水泥混凝土(申爱琴) 30元
4. 现代无机道路工程材料(梁乃兴) 42元
5. 现代加筋土理论与技术(雷胜友) 24元
6. 道路规划与几何设计(朱照宏) 32元
7. 高等桥梁结构理论(第二版)(项海帆) 70元
8. 桥梁概念设计(项海帆) 68元
9. 桥梁结构体系(肖汝诚) 78元
10. 高等钢筋混凝土结构(周志祥) 27元
11. 结构分析的有限元法与MATLAB程序设计
　　(徐荣桥) 28元
12. 工程结构数值分析方法(夏永旭) 27元
13. 箱形梁设计理论(第二版)(房贞政) 32元

六、应用型本科教材

1. 结构力学(第二版)(万德臣) 30元
2. 结构力学学习指导(于克萍) 22元
3. 结构设计原理(黄平明) 47元
4. 结构设计原理学习指导(安静波) 35元
5. 结构设计原理计算示例(赵志蒙) 40元
6. 工程力学(喻小明) 55元
7. 土质学与土力学(赵明阶) 30元
8. 水力学与桥涵水文(王丽荣) 27元
9. 道路工程制图(谭海洋) 28元
10. 道路工程制图习题集(谭海洋) 24元
11. 土木工程材料(张爱勤) 39元
12. 道路建筑材料(伍必庆) 37元
13. 路桥工程专业英语(赵永平) 44元
14. 工程测量(朱爱民) 30元
15. 道路工程(资建民) 30元
16. 路基路面工程(陈忠达) 46元
17. 道路勘测设计(张维全) 32元
18. 基础工程(刘　辉) 26元
19. 桥梁工程(第二版)(刘龄嘉) 49元
20. 工程招投标与合同管理(第二版)(刘　燕) 39元
21. 道路工程CAD(杨宏志) 23元
22. 工程项目管理(李佳升) 32元
23. 公路施工技术(杨渡军) 64元
24. 公路工程试验检测(乔志琴) 47元
25. 工程结构检测技术(刘培文) 52元
26. 公路工程经济(周福田) 22元
27. 公路工程监理(朱爱民) 33元
28. 公路工程机械化施工技术(徐永杰) 22元
29. 城市道路工程(徐　亮) 29元
30. 公路养护技术与管理(武　鹤) 58元
31. 公路工程预算与工程量清单计价(第二版)
　　(雷书华) 40元

教材详细信息,请查阅"中国交通书城"(www.jtbook.com.cn)
咨询电话:(010)85285867,85285984
道路工程课群教学研讨QQ群(教师)　328662128
桥梁工程课群教学研讨QQ群(教师)　138253421
交通工程课群教学研讨QQ群(教师)　185830343
交通专业学生讨论QQ群　　　　　　433402035